科学的历史与哲学丛书

总顾问：曹效业　潘教峰
主　编：袁江洋

十一世纪中国的科学、技术与社会

苏　湛　刘晓力／著

科学出版社
北京

图书在版编目(CIP)数据

十一世纪中国的科学、技术与社会 / 苏湛，刘晓力著. —北京：科学出版社，2016.8
（科学的历史与哲学丛书）
ISBN 978-7-03-048894-7

Ⅰ. ①十… Ⅱ. ①苏… ②刘… Ⅲ. ①科学技术-关系-社会发展-研究-中国-11世纪 Ⅳ. ①N092 ②K244.107

中国版本图书馆 CIP 数据核字（2016）第 136710 号

丛书策划：侯俊琳
责任编辑：邹 聪 张翠霞 / 责任校对：邹慧卿
责任印制：赵 博 / 封面设计：黄华斌

科学出版社 出版
北京东黄城根北街16号
邮政编码：100717
http://www.sciencep.com

北京厚诚则铭印刷科技有限公司印刷
科学出版社发行 各地新华书店经销
*

2016年8月第 一 版　开本：720×1000 1/16
2026年1月第四次印刷　印张：20 1/2
字数：350 000

定价：188.00元
（如有印装质量问题，我社负责调换）

总 序

这里呈现的是一个"无形学院"十余年持续进行的一系列研究及成果。这个"无形学院"的大本营是中国科学院大学人文学院科学文化研究中心，其成员现在分属不同的学术机构。有关工作始于这样一种构想：将哲学的思考与历史的探究密切结合在一起，在长时段的历史时空中理解科学及其历史。

在这种长时段的视角中，我们可以找到两条相互交织的研究线索，其一是科学思想的发展历程，其二是科学实践的制度化进程。在第一个维度上，我们可以在柯瓦雷 (A.Koyrè) 的科学思想史研究纲领、霍尔顿 (J.Holton) 的"基旨分析"，乃至文德尔班 (W.Windelband) 关于"人类思想的永恒结构"的探讨中找到编史灵感；同时，也可以在默顿 (R.K.Merton) 社会学研究的"中层策略"中发见基于学科史的研究界面，如以物理学史、化学史等学科史为基础展开哲学思考，并将对于科学的哲学思考建立在这种思考之上。从科学编史学思考上升至科学哲学思考，这意味着，要回到原点重新思考一切问题，甚至有必要对科学哲学关于科学发现的概念框架进行系统更新。

在思想史中，我们尝试沟通思想史方法与社会史方法，探讨新的综合的进路。通过引入"SMV 分析" (S：Science；M：Metaphysics or Methodology；V：Value Analysis)，我们尝试解析个人、群体乃至整个文化的知识传统及相关的科学传统。无论是对于一个像牛顿这样的"完整的人"，还是对于完整的科学家群体或科学文化，通过比较不同的思想家、不同的群体及不同的文化之间在 S、M、V 这三个界面上的差异，理解相关的历史互动进程。这种做法实际上预设这样一个前提，任何人类社会均是知识社会，只是不同社会或文化在不同时期对知识的类型有不同偏好。西方的知识传统中历来容纳着一个具有系统和相对独立意义的科学传统,而在古代中国,科学技术缺乏这种系统性,不存在与西方自然哲学相对应的完整的自然知识体系。最近,我们做了一个科学文化史的系统研究方案,对"人文传统"进行分类,借鉴柏拉图情感、理性、意志三分法,识别三类人文传统。其中,以理性为特征的人文文化及相关传统,与我们通常所说的科学文化及科学传统,在本质上是完全一致的,如启蒙运动以科学为典范。在此意义上,科学本身即是一种人文。

越出思想史界面,从哲学思考角度重置思考与分析进路,需要以库恩、哈金 (Ian Hacking) 这样的当代科学哲学家乃至后现代相对主义论者为参照,而不仅仅是在由霍尔顿、默顿、萨顿 (G.Sarton)、柯瓦雷等史学思想家构成的学术语境中思考问题。当然,作为职业科学史学者,我们从来就不曾怀疑,在科学理论(指可演绎出可观察语句的理论)的背后,存在着一套形而上学的东西,从科学史角度看,这些东西可谓根深蒂固、经久不变。它们是科学理论之母,可以保护理论,也可以孕育新理论。

转入科学史-科学哲学的综合思考,我们有以下一些明确的目标:

(1) 它要为实验正名,因此需要分析实验在哲学思考中、在历史上兴起与失落的过程,需要探讨 20 世纪以"假说-演绎模式"为核心来发展的科学哲学思潮,探讨何以由此走向相对主义。

(2) 它要回避简单回到逻辑经验主义老路的做法,因此它从一开始便承认"观察渗透理论",却不认同"范式不可通约论",因此它要回答何以跨范式、跨 style 乃至跨文化理解是可能的——在此方面,我们可以以外部世界同一性及卡尔纳普"相似性原理"为参考资源,而且是必要的——因为这类理解和思考是创新的源泉。

(3) 它要从着重探讨空间上并置的"科学共同体"转向在长时段历史上的"学术思想谱系",同时,要将科学-创新进程理解为"多主体游戏",以"学术联合体"概念替代"共同体"。

(4) 它要基于学科史上的重要案例,揭示形而上学的长时段的历史作用。这些形而上学,是人类探索自然现象及过程的基本的智力底座,没有它们,连外部世界的同一性和统一性都无法为人类思想者所意识到,也就没有自然哲学,没有物理学、化学了。落实在学科史的界面上,如在化学史上,我们便可以看到元素论化学和原子论化学这两大化学传统(我们称之为元化学理论),自古希腊以降,这两大传统及相关实践相互交织、相互砥砺,终于在拉瓦锡 (A.L.Lavoisier)、道尔顿 (J.Dalton) 时代导致了现代化学学科的诞生。光学史及其他许多学科史上亦存在类似现象。

（5）它要揭示在理论缺位（前科学时期、科学理论更替期等）情形下，正是这些元科学理论引导着相关的实验探索，使之不致成为一盘散沙，由此，要研究或然性的"猜想""推理"过程，如最佳说明推理（皮尔士"溯因推理"）等，借以说明人的智慧与人的经验探索之间的互动过程。

（6）它要对实验探索进程作系统理解，区分实验的类型、层次（可将实验层次分为"知其然"与"知其所以然"两个层面，下属各类平行实验、对照实验、探究性实验等），描述"实验的精致化进程"；它要恢复实验的判决性意义，以实验系统（而非单个实验，如单个可观察语句的检验）的整体支持与反驳来解释科学理论的接受或遭受拒斥的过程。

（7）还有，它要以历史为指归，要趟过"史料的雷区"，在一系列的案例研究中站住脚跟，到目前为止，我们所研究的案例涉及玻意耳 (R.Boyle)、牛顿 (I.Newton)、拉瓦锡、麦克斯韦 (J.C.Maxwell)、海森伯 (W.K.Heisenberg) 与玻尔 (N.Bohr) 等。

这套丛书的一半内容就是表现上述科学思想史－科学哲学探究进程的部分结论的。还有一半的内容用于呈现我们关于科学制度化进程研究的结果。

制度化研究通常属于社会学范畴，但这套丛书旨在从历史角度来考察制度化进程。历史方法就社会学研究而言，本来就是一种基本方法，与经验调查方法相当，如《金枝》《十七世纪英格兰的科学、技术与社会》等作品均大量使用历史手法。

社会学中的制度研究主要涉及人才、资源、评价、互动机制等方面的制度，描述其结构与功能，并通过经验调查来呈现研究者的理论构造。历史视角下的"制度化进程"当然也涉及前述内容，但视角变化后，我们主要研究科学制度化进程的不同相态、动因及深层理念的制度表达。

现代科学的制度化进程，从历史角度看，可分为四个相互交错的相态，其一是科学技术学会的出现与发展，在此方面，可进一步细分为三个子类：以科学为主的（如皇家学会）、以技术为主的（如富兰克林学会），以及科学－技术兼顾型的（如月光社）学会；其二是现代科学诸学科的建立与发展（我们的研究只涉及化学学科）及相关社会化进程；其三是科学的国家化进程，所谓科学的国家化进程，系指科学作为子系统整合于国家机器之中并形成科学—技术—经济—军事—文化综合体的进程，在此进程中，科学系统的独立性和自主性往往随之下降；其四是超国家界面的科学，如苏东阵营、欧盟的科学技术体系以及国家之间合作兴办的科学事业。

除分相态研究外，丛书还包括一本带有论述制度化进程及动因的理论著作。它试图说明，科学传统总是生长于更广泛的知识传统之中，由于各种文化传统相异，科学传统的发展路径亦相异；近代科学传统是世界文化长期汇聚之果；科学原发国家与后发国家的科学发展机制及路径相异；科学制度化进程不同相态在时间始于不同历史时段，其具体制度特征与相应的社会-文化与境及时代特征有关；科学制度化的动因可分为三种基本类型，一者以求真为直接目标（如近代科学）、一者以致用为直接目标（如宗教、医疗）、另一者兼顾前二者，或表述为"求真+致用"（学院科学），或表述为"致用+求真"（国家科学）。

近年来，我们的研究受到了中国科学院的纵向支持，有关课题包括"现代科学技术制度化进程研究"及"重大原始科学创新的哲学基础和思想方法论"等。在此，我们要对中国科学院给予课题支持表示诚挚谢意！

袁江洋

2014年11月19日于北京中关村东路55号

序　言

　　本书改写自我的同名博士论文。自 2006 年我开始在北京师范大学攻读博士学位，到今年，刚好过去了十年时间；而如果从我开始为我的论文收集研究资料并着手编写基于《中国人名大辞典》的数据库开始算，则刚好是十二年。

　　我愿意把这个"故事"再讲一遍。如果和我以前"讲"的不一样，那或者是过了这么多年我对史实的理解更客观、更清晰了，或者是过了这么多年我在史实上增加了很多辉格解释。总之，那篇论文，同时也是这本书的最初构想，诞生在本书共同作者刘晓力教授讲授的科学社会学课上。当时我还是刚入学的硕士研究生，并且刚刚从物理专业改学科技哲学。那门课程需要交一份作业，要求是题目任选，只要与课程有关就可以。我于是模仿课上讲过的《十七世纪英格兰的科学、技术与社会》，做了一篇关于北宋名人职业兴趣分析的研究。当时我并不知道"集体传记"这种方法还有那么多说道，也不知道"古代科学"这个概念藏着这么大的陷阱——如果知道就不做了。至于数据来源，我选择的是《辞海》——上世纪七十年代末那版，纯粹是因为我家书架上有，而且它的分卷体例为我提供了天然的职业兴趣领域划分依据。

　　那篇文章的结论现在看来错得离谱。原因很简单，《辞海》能够提供的样本太少了。但当时我还自以为发现了某些"规律"，那就是这些人物基本上都聚集在宋仁宗庆历和宋神宗熙宁两个时代——虽然现在看来，这纯粹是出于编纂者对"庆历新政"和"熙宁变法"的偏爱（应该考虑到，那套书编纂的时候正值改革开放启动之际），并且我当时采用的时间分组方式也过于疏漏。而正是这一谬误，让我错误地，但现在看来也是正确地，认为这个问题有进一步研究的价值。我当时考虑，要认真地研究这个问题，需要找到一个更好的数据来源——中国的"国民传记词典",而这部词典,我当时是知道存在的,那就是《中国人名大辞典》。

当时对我的这份不那么常规的作业,以及附带的轻率结论和疯狂计划,晓力老师不但没有反对,反而还表示不错,可以考虑做一下。只是当时一来我手里没有《中国人名大辞典》——那还是我首次遇到我想看的书不在我父亲的藏书之列的情况,不过自此以后这就成了"常态"了;二来我当时其实也没有真的打算做这件事,所以就暂时放下了。

然而,一年后我偶然得到了《中国人名大辞典》,这让我唯一的借口消失了。但下决心动手做仍不是个容易的决定——只要看到《中国人名大辞典》的厚度你就知道为什么不容易了。但是最终在"千里之行,始于足下"这句话的鼓励下,我还是开始动手编写数据库,并把《中国人名大辞典》的词条一条一条地敲进去。与默顿相比,最好的地方就在于,我有电脑和 Access 数据库。如果说我没有把整本《中国人名大辞典》都照默顿方法做一遍的野心,那是骗人。但无论在当时,还是后来,我都明白这是不现实的。所以我的数据库中虽然预留了其他词条,但重点一开始就放在宋代,我脑子里一直想着庆历、熙宁的那两座尖峰。在后来的研究中我才意识到这一偶然且建立在谬误上的决定是多么幸运。不过,事实上当时我并没敢指望在有生之年真能做出点什么,权当是一项类似集邮的业余爱好。这件事也教会我,无论做什么事情,你的第一个动作必须是开始做。

情况在我确定继续攻读博士后起了变化。尽管从我的前途出发,晓力老师建议我尝试报考一些名声更为显赫的学校,但同时也暗示,如果我坚持报考她的博士,她将很愿意接受我自己的博士论文选题。当然这倒不算什么特别优待,如果愿意享受这种自由的话,她给她的每个博士生选题自由。而我意识到,博士论文可能是我在有生之年完成上述研究的唯一机会——在编写数据库的工作持续两年以后,我已很清楚这项工作需要什么数量级的工作量,而人生中又有几个三年可以让你除了吃饭睡觉什么都不用管只去做这一件事呢?

过程一言难尽,收集资料、考订每个样本的资料、反复修改数据库架构、添加信息点,以及潜入历史系游彪教授的研究生班旁听了一年宋史研究课,算是入了宋史的门儿。最终当我把所有数据绘制成曲线的时候,期待中的两座尖峰没有出现,但结果更加令人惊喜。具体的结果都已经写在书里了,这里不再赘述。我当时激动难耐,立刻将这一结果告知了晓力老师。

当时在我看来,把数据库做好、把所有能统计的数据统计出来,这项工作已足够优秀了。把《中国人名大辞典》编成数据库，这项工作是独一无二的。而且学物理的时候不是一直都是这样吗？把实验步骤写清楚，把数据曲线画出来，完成。难道还要我拟合出函数来不成？但晓力老师可不买账，她一直逼问我数据背后的原因是什么。并且她严肃地指出，使默顿伟大的不是他在图书馆里抄的卡片，而是他关于清教主义与科学革命关系的论断。如果我打算让她在我的答辩申请书上签字，那就必须回答这个问题：是什么导致了宋人职业兴趣的变化？她同时还提出了另一个致命的问题，那就是"中国古代科学"这个概念指什么。关于这个问题为什么是个问题，以及对这个问题的讨论，本书中自有分解，这里不多赘言，但我当时几乎完全没意识到——尽管对于研究科学哲学和科学史的人来说，这显然应该是个常识。刘老师提出的这两个问题彻底改变了那篇论文的方向，也奠定了今天这本书的基调。这也是我坚持要求（尽管她一再谢绝，但最终还是我的态度更坚决一些）将她列为本书第二作者的最主要的原因。正如每一个学哲学的人都知道的，重要的不是如何给出答案，而是如何正确地提问。与此相比，她与我关于相关问题进行的大量讨论，以及她为论文修改付出的大量工作反而是次要的了。是她提出的问题，决定了今天这本书的内容，而不是别的。

就我博士论文当时的完成情况而言，由于时间仓促，其实并没有能够很好地回答刘老师提出的两个问题。不管别人怎么看，我自己是不满意的。幸运的是，在我博士毕业后的这段日子里，我有幸进入中国科学院自然科学史研究所，在袁江洋教授麾下工作（尽管他通常会很谦厚地用"合作"来定义我们俩之间的关系，但在我自己形容的时候我还是倾向于用更恭敬一点儿的表述）。我们近年来一起完成的一系列研究工作使我对晓力老师提出的两个问题有了更深刻的理解。

晓力老师的第一个问题涉及为什么那些看起来与在欧洲促成了现代科学诞生的要素相类似的中国对应物没有起到相同的效果，甚至起到了反作用。而且有趣的是，至少就宋朝的案例而言，那些妨碍科学的萌芽在古代中国产生的因素，看起来并非像一般被隐含假设的那样，是反动的、偏执的、愚昧的，正相反，这些理念以及建立在其基础上的政策和制度相当理性，并且就当时的情况而言，是非常务实的。最终正是因为这些理念没有能够得到忠实的贯彻——而不是由于科学或技术的落后——导致了北宋及南宋的灭亡。而这又不得不让我回过头来审视我从小被灌输的，而我自己也深信不疑的功利主义科学观。如果发展科学技术就是为了使国家强大，那么宋人显然作出了至为正确的选择。直到他们亡国，他们一直在东亚地区保持着全方位的技术领先，在天文学、数学和自然哲学领域就更不用说了，但这并不能帮助他们免于两次遭受都城沦陷、皇帝被俘的屈辱。那么，他们为什么还要在这项"无用"的事业上浪费精力，而不把精力用在更生死攸关的整顿内政、调整防务上呢？即便这项事业有助于在八百年后使这个早已不再是大宋帝国的国家强大，又与这些宋代的政治家、思想家和爱国者们有什么关系呢？如果不承认科学在增进人类对真理的认识方面的独立价值，则答案无非如此。

晓力老师的第二个问题则涉及现代科学的古代源流。现代科学不是从天上掉下来的，它包含了古已有之的大量知识、大量议题，乃至支撑科学的很多社会机制也是在前现代社会中出于其他目的被发明出来并逐步演化于斯的。那么这些知识和社会机制，在它们被视作科学的一部分以前，原本的存在方式是什么？从事这些知识研究和维持这些社会机制运行的人，他们的目的和出发点是什么？他们赖以谋生以及获得社会奖励的渠道是什么？总之，在前科学革命时代，那些与现代科学有关或部分承担着今天科学所承担的社会功能（比如提供基本的世界观承诺）的知识和学术事业，它们的运行机制是什么？只有弄清这一点，才能像物理学家常说的，构建出一个模型，让我们理解现代科学在欧洲何以诞生，以及在其他地区何以未生。

带着这些新的理解，本次出版过程中我对书稿进行了大幅修改，增加了第一章——其主体内容是中国科学院战略规划局资助的"现代科学技术制度化进程研究"项目成果的一部分，我认为这些内容对于解答上述两个问题大有裨益；同时几乎重写了导言、第四章和第八章，对其他各章也进行了不同程度的调整。

在此谨代表我个人以及本书共同作者刘晓力教授向在本书成书过程中与作者进行过讨论并提出过修改建议的袁江洋教授、刘孝廷教授、李建会教授、董春雨教授、田松教授、吴彤教授、任定成教授，以及已故的胡新和教授表示感谢。同时也感谢为本书出版付出了辛勤劳动的编辑同志。谨代表我个人感谢在写作过程中给予我大力支持的家人。

最后，我希望说，谨以此书献给已故历史学家——我的外公荣孟源研究员。将我的第一本学术专著献给他是我一直以来的一个心愿。愿我们将自然的真理看得更加清晰，愿我们将人类的历史看得更加清晰。

苏　湛
2016年夏7月于半亩园

目 录

总序 / i
序言 / v

导言 ··· 1
    第一节　北宋——中国科技的"黄金时代"？ ················· 1
    第二节　研究方法 ··· 3
    第三节　关于"科学"与"科技活动参与者"概念的界定 ········ 5
    第四节　本书的内容和研究范围 ······························ 15

第一章　科学和技术在古代社会中的存在方式 ··················· 18
    第一节　中国古代知识系统的结构 ····························· 18
    第二节　科学技术知识在中国古代学术系统中的位置 ········ 19
    第三节　国家机器中的科技事务 ······························ 41

第二章　宋人职业兴趣的计量研究 ································ 54
    第一节　资料来源 ··· 54
    第二节　数据处理 ··· 60
    第三节　统计与分析 ··· 69

第三章　北宋的科技相关政策与科技成果产出……90

第一节　科技成果产出率……90
第二节　科技相关政策与科技发展……95
第三节　最受关注的科学技术分支……101

第四章　不同社会群体的科技活动及其动机……108

第一节　北宋的主要社会群体……108
第二节　不同社会群体的科技活动……127
第三节　各社会群体在北宋科技生活中的位置……147

第五章　科技活动中的地域因素……158

第一节　统计分组方式……158
第二节　东南崛起——北宋区域发展的重要趋势……160
第三节　从职业偏好看地域文化差异……163
第四节　不同地区入选者的科技活动……168

第六章　学术倾向对科技活动的影响……176

第一节　各大儒学学派对科技的态度……176
第二节　安定、泰山学派对科学的态度与成就……179
第三节　熙宁儒学纷争及其后果……187

第七章　北宋的社会风尚变迁及影响……204

第一节　"祖宗家法"——北宋国家精神的基调……204
第二节　庆历变革——历史的分界点……220
第三节　熙宁党争——宋学精神气质的形成……228

第八章　抑制北宋科技发展的因素……242

第一节　自然知识的边缘化地位……242
第二节　北宋儒学变革的影响……256
第三节　社会结构因素……266

结语……273

参考文献……275

附录　《中国科学技术史·年表卷》考证……286

导　言

第一节　北宋——中国科技的"黄金时代"？

　　宋代是中国历史上的一个重要朝代。在宋代，中国社会的各个方面都发生了微妙的变化：科举入仕的官僚取代门阀士族成为统治集团的主体；对土地私有和买卖的承认宣告了封建领主制的最终瓦解；带有农奴色彩的部曲制和均田制被不包括人身依附关系的新型租佃制取代；此外，工商业的空前发展导致了市民阶层的壮大，并由商人和新地主、新官僚首次构成了特权阶层以外的富裕人群……（陈植锷，1992：59-77）。

　　凡此种种，被称为"唐宋变革"，这种变革的主要特征是封建等级制度——尤其是基于血统的血亲封建制的崩坏，贵族与平民、主户与佃户之间的身份差异被弱化甚至消解。因此，钱穆有"论中国古今之变，最要在宋代……宋以下，始是纯粹的平民社会"（钱穆，1974）的论断；而一些国外学者更将宋代视为中国"近世"的起点（内藤湖南，1992；李华瑞，2003），甚至世界近代化的序幕（麦尼尔，1996：28-61；Sanderson，1995；McNeill，1995）。

　　与此同时，宋代也被公认为是中国传统文化与科技发展的最高峰。陈寅恪称："华夏民族之文化，历数千载之演进，造极于赵宋之世，后渐衰微，终必复振。"(陈寅恪,1980)王国维亦认为:"宋代学术,方面最多,进步亦最著。"(王国维,1997)而科技方面,李约瑟更一针见血地指出:"每当人们研究中国文献中科学史或技术史的任何特定问题时,总会发现宋代是主要关键所在。不管在应用科学方面或在纯粹科学方面都是如此。"(李约瑟,1990:139)一项由金观涛等(1982)前辈学者进行的定量性研究也印证了这一观点:"中国历史上出现过科学技术发展的两个高峰,一在东汉,一在北宋。其中,北宋的高峰尤其令人瞩目,它像一座高临四围的孤峰,在它上面似乎有一道无形的屏障,后来的增长速度远比北宋低而难以逾越。"(图0-1)

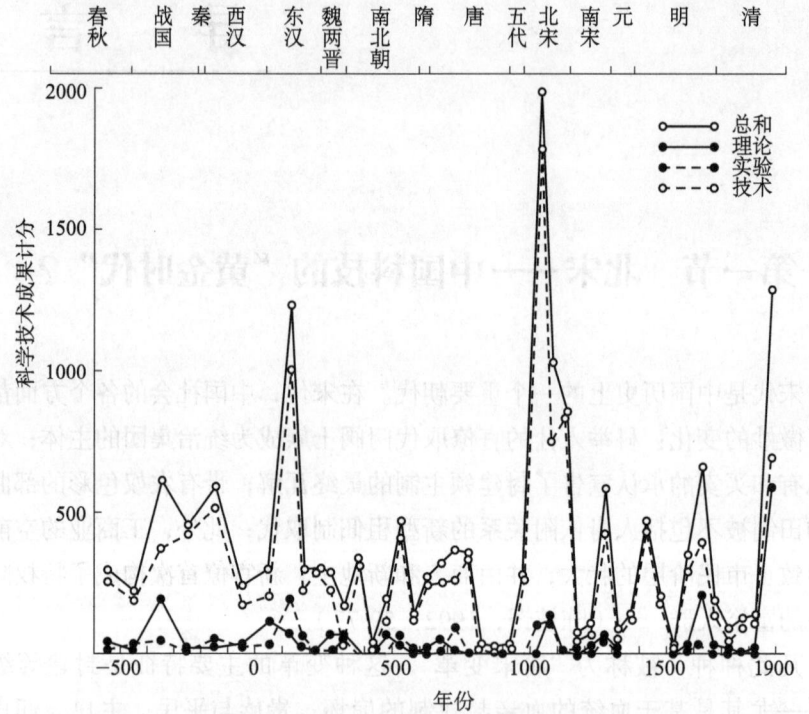

图0-1 中国古代科学技术水平净增长曲线(以五十年为单位)
资料来源:金观涛等(1982)

以上这些成就不仅令人神往,更给人以辽阔的想象空间,至有"如果宋朝文明的发展不被(女真族和蒙古族的入侵)打断,中国能否独立发展出现代经济制度和政治制度",甚至"中国能否独立发展出现代科技"这样的假设出现①。尽管被训练"只凭史实说话"的专业历史学家对此类假设性问题的

---

① 类似设问也常常出现在关于明清史的讨论中。

态度一向是不予置评,但这的确是一个迷人的想法,并且吸引了众多年轻的历史爱好者。

遗憾的是,这种想象恐怕永远只能停留在想象中。这不仅仅是因为这些事在历史上实际没有发生,还因为有证据显示,这些事从根本上就不可能发生——至少在科技方面是如此。事实上,早在"靖康之变"——导致北宋灭亡的悲剧性事件前半个多世纪,宋人的科技创造力已经在明显下降了。按照金观涛等的科技成果计分统计(图0-1),在11世纪上半叶的科技高峰过去后,11世纪后半叶中国的科技成果计分直接跌落了几乎一半,并在接下来的一个世纪里继续迅速下跌。具有讽刺意味的是,在女真族入侵的12世纪上半叶,这个计分下跌的幅度比之前和之后的承平年代相对还要缓和一些,而蒙古族在13世纪后半叶的入侵和征服甚至看上去还带来了中国古代科技发展的又一个小高潮。当然,战争对技术创新的刺激作用也许可以部分地解释这一结果——类似的例子在人类历史上屡见不鲜。不过这并不是重点,重要的是,上述事实说明,相比于来自外部的干扰,宋代科技,乃至整个中国古代科技,在辉煌过后的迅速衰落,更可能是在某种内在趋势的作用下发生的。特别是考虑到北宋灭亡的突然性——事实上直到"靖康之变"前夜,当时的北宋王朝还被时人视作完美的"太平盛世",甚至是北宋建国以来形势最好的时期——这种衰落同样无法用大的历史政治背景或所谓"王朝兴衰周期率"来解释,而是有着更深层次的原因,植根于每个宋人思维和行为方式中的无法逆转的原因。

第二节 研究方法

关于中国古代科技缘何衰落,或者说拥有辉煌科学文明史的中国为何没能发展出现代科学的问题被通称为"李约瑟问题",历来是中国古代科学史领域讨论的热点。解答"李约瑟问题"可以说是大多数关于中国古代科技史的长时段研究的终极目标。而宋代科技史,同样是中国古代科学史研究的热点,关于宋代重要科技成就和科技事件的专题或短时段研究不胜枚举。不过,以一个朝代,特别是宋代为样本,来剖析这个时代、这个社会的科技创造力在一百多年间的变化起伏过程,以及这种变化的原因的中时段研究,目前还不多见。

进行这类研究,一种可取的研究方法是集体传记(collective biography)

方法。这是一种介于针对个人的微观研究与针对整个社会的宏观研究之间的方法。作为一种历史学和社会学研究方法,"集体传记"这个词经常被与"群体志"(prosopography)混用,但这两个概念实际仍存在微小差别。"集体传记"这个名字可以看成是对该项研究所采用的程序的客观描述,即对一群人物的众多传记进行综合性的分析和理解。而"群体志"一词则隐含着更宏大的研究目标:就这个词的构成而言,包括"面部的"(prosopo-)和"描画"(-graphy)两个词根,其中前者的引入又是来源于古希腊修辞学中的prosopoeia一词,这个词在汉语中通常被译为"拟人",但与汉语修辞中的"拟人"不同,prosopoeia所强调的并不是赋予非生命物体以人格,而是指让虚幻的人物具体化、让抽象的概念具体化,比如在戏剧中通过其他角色之口预先描绘出一个尚未出场的人物的形象——就如同其字面意思所说的,是"脸的塑造"(国内也有译者据此将prosopography译作"颜面术")。由此可以很形象地看出群体志方法的工作方式:通过对彼此联系的一群人物的比较研究和综合分析,使他们每一个人的面孔,从他们同侪的传记中以及从他们的相互联系中显现(刘兵,1996)。

从这个意义上,可以把集体传记理解为一种具体的操作手段,而群体志则是一套系统的研究方案。一般而言,群体志研究必然需要使用集体传记方法——作为一个最基本的步骤,但其绝不仅止于此。它通常被期望不仅能够说明被研究的群体共同的行为模式,而且能够揭示这个群体的各个成员之间的相互关系。

科学社会学家默顿(Robert King Merton)曾使用集体传记方法研究牛顿时代的英国,并出版了经典著作《十七世纪英格兰的科学、技术与社会》,但就这部著作本身而言,其中既没有出现"集体传记"一词,也没有出现"群体志"一词,默顿自己使用的词是"统计"[①]。通过集体传记方法,默顿揭示了潜藏在17世纪英国科学革命背后的社会精英职业兴趣选择方面的微妙变化,并将清教在17世纪英国的兴盛与这种社会风尚变化,特别是皇家学会会员们科学研究热情的来源联系起来(默顿,2000:30-183)。这对于本书所要讨论的问题有很大的启发意义。在某种意义上,我们所要解答的问题与默顿当年试图解答的问题恰恰相反:为什么在一个经济高度繁荣、社会政治氛围相对开明(与当时的世界其他地区和中国封建时代的其他时期相比)

---

① 事实上,一般认为"群体志"这个概念是英国历史学家劳伦斯·斯通(Lawrence Stone)在1971年的一篇论文中提出的。就西方学术界的认识而言,更多的学者使用"集体传记"这个词来描述默顿的著作,将其奉为这种方法的最重要代表,甚至奠基之作。应该说,无论是否应该将集体传记方法的开创归功于默顿,毋庸置疑的是,《十七世纪英格兰的科学、技术与社会》的成功与集体传记方法在历史学和社会学领域的流行有直接关系。也有一些西方文献在介绍默顿的工作时使用的是"群体志"一词。

的社会中,科技创造的活力不但没有像近代欧洲那样加速增长,反而每况愈下——我们知道,按照一般的假设,经济和政治因素一向是被预期与科学和技术的进步成正比例关系的。从这个意义上说,本书所面对的案例比默顿当年处理的更加有趣。而经济、政治这些影响科技发展趋势的常规因素的失效,也迫使我们必须向仅剩的、最重要的一个因素——人的因素中去寻找答案。不过鉴于古代中国的现实情况:当时尚未形成一个密切联系的、具有社会学上的共同体意义的科学共同体,而只能勉强定义出一个"古代科学家",或者按照本书将要使用的概念——"科技活动参与者"的松散集合,因此无论默顿使用的方法应该被称作集体传记还是群体志,本书认为,采用"集体传记"这种较为谦恭的表述来描述下面将要展示的研究,应该是更得体的。

除了使用集体传记方法外,本书将使用各种其他的历史学、社会学研究方法,包括统计计量、考据、比较研究等,以求尽可能客观地描述北宋科技发展的实际状况,并分析其社会文化方面的原因。

第三节 关于"科学"与"科技活动参与者"概念的界定

在将集体传记方法应用于中国古代科技史研究以前,还有一个问题必须解决,那就是圈定研究对象。默顿研究的17世纪正是现代科学兴起的时代,今天我们称之为科学的知识部门或者说社会领域已经初步形成。并且对于默顿而言,科学家或者说以科学为职业兴趣的人也有一个比较容易操作的甄别标准,事实上,他的研究是以皇家学会会员为中心来进行的。但是11世纪中国的情况却与此截然不同。无论是作为一种知识、一种技能,还是一个兴趣领域,当我们在谈论"古代科学技术"的时候,我们所指的是什么呢?当我们在谈论"古代科学家"的时候,我们指的又是什么呢?

一、关于"科学"

在组成"科学技术"这个复合名词的两个概念中,"技术"的概念相对比较明确。作为人类改造自然的手段,凡有生产劳动发生,就必然伴随着技术的存在,这是不分文化、不分地域的,甚至从古人刚刚开始学会使用自己的双手的时候就已经在进行了。因此,当我们谈论"技术"的时候——无论我们谈论的是哪个国家、哪个时期,人们都知道指的是什么。

但"科学"则不同。直到19世纪的最后几年,中文里还不存在这样一个概念。而且事实上,不仅是中国,直到16世纪以前,在全世界范围都根本不存在今天人们用"科学"这个词所指称的那种事物——这样说的意思是,像今天人们谈论"科学"这个概念时所处的那种心理状态,在16世纪以前从未出现过。而既然"科学"(这里使用它的狭义指称,即只包括自然科学)是从16世纪开始才在欧洲出现的,那么,我们怎么能够在11世纪中国的背景下谈论一个当时还不存在的事物的"发展状况"呢?

但事实是我们不仅能够谈论这个概念,而且在谈论这个概念的时候还能相互理解,甚至还能以此作为一个研究领域。这意味着,"古代科学"这个概念看来还是能够用来指称某些事物的——无论它们是什么。很可能,这些事物在当时,乃至在16世纪以前,从未被当成同一个范畴下的事物来理解。但既然能够用同一个名词来指称它们,就说明它们具有某种内在的共性,可以被根据这种共性归为一类①。

那么"中国古代科学"这个概念所指称的是什么呢?这涉及两个问题:①人们实际上是怎样使用它的;②人们为什么要这样使用它,即他们使用它时的心理状态是什么。

首先,就人们如何使用这个概念而言,可以从前人在研究"中国古代科学史"时所谈论的都是哪些内容来入手。回到"中国科学技术史"这个概念的源头,可以看到第一个提出"中国的科学"这个概念的李约瑟博士所谈论的内容。比如,在谈论天文学的时候,他谈到了中国古代的各种宇宙学说,尤其是大加赞赏"宣夜说",称这种对宇宙的看法"要比欧洲的水晶球先进得多"(李约瑟,1975:115)。那么应该可以说,李约瑟是将"宣夜说"视为"中国古代科学"的。

那么,他为什么将"宣夜说"视为"科学"呢?从李约瑟的叙述来看,这应该是因为它描述了一种"在无限的空间中飘浮着稀疏的天体的看法"(李约瑟,1975:115),而这又与现代天文学中的无限宇宙理论之间具有一致性。于是我们就得到了"中国古代科学"这个词的第一种指称:与现代科学观点具有某些一致性的(或曰"正确的")观点或学说。

---

① 当然,这样的一个范畴就像所有的范畴一样,是建构的。但我们所能建构的只是这个范畴的定义,即一个事物入选这个范畴的充要条件。但任何一个事物本身所具有的性质却不是我们可以建构的。也就是说,必然是这些事物天生具备某种共同的性质,才可能组成一个范畴。这种性质是一直存在的,只是在16世纪前,人们并没有以它为条件建立范畴。

其次，他还谈到了中国古代的天象记录，尤其是关于至和元年超新星的记录（李约瑟，1975：610-614）。这颗超新星今天已经众所周知，并且被几乎所有的科学史著作视为中国古代最重要的"科学成就"之一。但是它被称为"科学"的原因显然与"宣夜说"不同。因为当时的人们用来解释这种现象的天人感应理论明显不是"正确的"——事实上，今人得到关于超新星的"正确"理论也不过是20世纪30年代的事。所以，这一事例只能用"中国古代科学"的另一种指称来解释：正确记录、描述了某种自然现象。

再次，被称为"科学"的也不都是正确的内容。这一点在现代科学中已经被很多案例说明过了。比如，我们现在知道李森科理论是错误的，但不能因此说李森科不是科学家。而在李约瑟的著作中也能看到，他并没有把那些"错误的"理论排除在他研究的范畴外，比如"盖天说""平天说"。又如，在讨论中国古代的日月食研究时，他曾谈到甘德关于"日食是从太阳中心向四周展开的"说法（李约瑟，1975：571）——注意，不仅是用来解释现象的理论，而且连对现象的描述本身也错了，但李约瑟仍然将它包括在了中国古代日月食理论的发展史中。那么对于"中国古代科学"一词在此处的指称，大概可以理解为：与现代科学活动有相同旨趣，即以了解自然、理解自然、解释自然为目的而进行的活动。

除了以上三种情况以外，还存在第四种情况，它既不是正确的理论或现象描述，在目的上也与现代科学完全异趣。事实上，李约瑟对"中国天文学"这个概念的使用本身就属于这种情况。他谈到了"中国天文学的官方性质"和历史上的官方"天文学机构"。但我们知道，尽管这种机构确实也承担着通过天文观测掌握时间、历法，进行天象预报等与现代天文台相重合的职责，但总的来说，它更主要的目的和更经常性的工作实际上是占星。特别是他专门着重谈论了"周王的占星家（保章氏）"，将其作为古代"中国天文学"建制内的一部分，这说明他在谈论"中国天文学"时确实是将占星包括在内的。而这一类指称之所以能够成立，应该是因为它们与现代科学有共同的研究对象或使用某些相同的手段、工具。

以上例子虽然都来自李约瑟博士的著作，但实际上现有的研究"中国古代科学史"的著作都在这四种指称的意义上使用着"古代科学"这个概念。本书对"11世纪中国的科学"的定义也就是建立在这四种指称之上，即符合现代科学理论的观点和行为、对自然现象的准确记录、以探索自然之理为目的的行为，或者在方法和研究对象上与现代科学相通的活动。

必须说明的是，尽管"古代科学"并不是一个在古代历史上真实存在过的概念——与其说当时存在一个统一和独立的科学技术领域，倒不如说是在几个互不相干的领域中存在某些用今天的标准看可以被称为"科学技术"的碎片——但在今天谈论和研究"古代科学"并非完全没有意义。站在今天的角度，这些碎片，无论是其中与现代科学相一致的部分，还是经过试错后已被抛弃的部分，都是构成我们今日之科学大厦的材料的一部分。也许它们对于古人并无意义，或是各自拥有不同于科学意义的其他意义，但对于现代人而言，对于现代的科学史研究者而言，要完整了解现代科学的形成过程，特别是要理解它何至演进于斯，那么就有必要了解这些知识、这些观点、这些问题、这些方法在历史上以及在何种语境下是如何被发现、发明和提出的；同时也有必要了解发现、记录和研究这些知识、提出这些问题、发明这些方法的人是如何从事这些活动、取得这些成就的，他们当时的（通常不同于现代科学家的）动机是什么；理解这些知识在当时被创造、积累、传播的机制是什么。这其中还包含着一个略带辉格主义色彩的假设，即所有这些知识的积累对于促进现代科学在一个国家的形成是有益的；且一个社会积累此类知识的效率越高，它与现代科学——我们所知道的积累科学知识的最有效率的方式——之间的距离，就一定意义而言，就越近。从这个角度说，本书正是要考察在一个典型的中国古代社会中，科学知识的积累效率——无论积累它们的目的是什么——是否真的那么高，以及如果确实很高的话，那么它们为什么没有能够变得更高，或者为什么后来下降了。

二、关于"科技活动参与者"

与"古代科学"相比，"古代科学家"这个概念更加令人尴尬。

今天人们提到"科学家"这个名词时，通常是指以科学为职业的人，比如科研机构和高校中专事科学研究工作，并以此领取薪水的人。中国科学院的院士、大学物理系的教授，当然都属于科学家范畴。

然而这一定义虽然对今天的现状颇为适用，却对历史上的很多情况难以自圆其说。因为在现代科学的发展历程中，在"科学家"成为一种社会认可的职业以前，曾经存在一个漫长的非职业化阶段。在历史上著名的今天被称为"科学家"的人物中，哥白尼是职业教士；笛卡儿一生大部分时间在荷兰当寓公；莱布尼茨为自己选择的职业是律师，直到55岁出任普鲁士科学院院长以前从未担任过任何与自然科学有关的职位；而玻意耳不但从未因研究科学获得酬劳，反而一直自己花钱去建造实验室、购置设备和雇佣助手。这些杰出人物在严格意义上都不能算是"以科学为职业",但在今天却没有人能够质疑他们的科学家身份(尽管在他们自己的时代,他们实际上通常自称并且被称作"自然哲学家",而不是"科学家")。还不仅如此,即便是在科学已经基本完成职业化进程的19世纪,詹姆斯·焦耳仍然以啤酒厂老板的身份把自己的名字留在了科学史上;甚至直到今天,仍然存在着被称为"业余天文学家"的群体,尽管他们不从任何科研机构领取薪水,但有时却会做出一些足以改写科学课本的发现,就像百武裕司所做的。从这些案例看,也许应该把"科学家"定义为在科学上取得杰出成就的人。

但这个定义同样不够全面。就以业余天文学家来说,毕竟并不是所有业余天文学家都能够经常取得重要的天文发现,除了百武裕司这样的幸运者外,大部分业余天文学家很可能一辈子都发现不了什么有价值的东西(事实上大部分职业科学家也一样)。那么那些没有发现彗星或小行星的业余天文学家的所作所为和百武裕司有什么本质上的区别吗?没有。换个更极端的问法,在百武裕司发现彗星以前,他也并没有什么"杰出科学成就",那么,我们应该说在此之前的百武裕司并不是一位科学家,而在彗星来的那一夜,或者在他的发现被官方天文台确认为一颗前所未见的新彗星的那一瞬间他就突然变成一位科学家了吗?那么爱因斯坦呢?他是在1905年突然变成科学家的吗?那么他是在开始动笔撰写关于光电效应的论文时成为科学家的,还是在1905年6月9日出版的《物理学纪事》被送到第一位读者手上的时候呢?显然,以成败论英雄对于定义"科学家"这个概念来说同样不是个太好的主意。

那么除了有据可查的职业和有口皆碑的科学成就以外,还有什么是能够标识科学家身份的呢?或者说有什么特征是百武裕司、爱因斯坦,以及其他所有有名的或无名的、职业的或业余的科学家所共同具备的呢?联合国教科文组织倒是给出过一个可操作性很强的定义:所有拥有大学本科以上理学学历的人。不过这显然是一个为了便于制作统计报表而勉强规定的定义,其粗暴性显而易见。暂且不讨论一位在华尔街担任基金经理的物理学博士是否还可以被称作科学家,至少按照这个定义,法拉第肯定是不能算作科学家的,华罗庚的资格也很可疑,莱布尼茨和拉瓦锡虽然完成了大学学业,但主修的却是法学,看来也不合格。即便是只考虑今天的情况,大学学历与科研工作之间的联系也仍然不是100%必然的,在落后国家和地区,以及在刚刚提到的业余科学家群体中尤其如此。

说到业余科学家,北京师范大学的田松教授为区分业余科学家与"民间

科学家"①曾提出过一些标准,也许不失为一种从行为上定义"科学家"这个概念的依据。这些标准包括:

……尊重科学共同体的指导……不想推翻现有的科学基础,只是想踏踏实实地做一点基本的科学工作……

……与科学共同体保持着正常的交流,爱好者之间的交流有时也十分频繁……

……认可并遵守科学共同体的话语体系和评价标准……

(田松,2003:10-15)

以上这些标准综合起来可以概括成一句话,就是:按照现代科学的工作范式行动。这样的人,即便他是业余的,即便没有像样的学历,也尚未取得什么重要成就,也应该被认同为科学共同体的成员,也就是科学家。

从科学社会学的角度说,这第四种定义应该是最合理的。但这个定义却并不适用于"古代科学史"研究。因为即便我们能够定义一个"古代科学"的范畴,我们也无法凭空创造一套当时并不存在的行为范式。正如前文指出的,在古代中国并不存在一个统一的能够被称为"科学"的领域;与此相对应,也不存在一个统一的、秉持一定共同信念的科学共同体,更遑论一套共同的范式。同理,联合国教科文组织的定义也行不通,因为当时既不存在大学,也不存在理科。

"以科学为职业"的定义倒是勉强说得通,按照前文给出的"古代科学"的定义,确实有一些古代职业似乎可以被纳入这个范畴,比如医生以及官方天文机构里的天文官。不过正如前文提到的,古代的官方天文机构有一多半是占星机构,而且有相当一部分天文官恐怕都是只负责占星工作的(如周朝的"保章氏")。因此如果将所有的天文官都称为"科学家",就如同宣称"占星师是科学家"一样。又如,在宋代以前,炼丹是几乎所有道士都会做的工作。而我们知道,炼丹这种活动从操作上看基本上与现代的化学实验没什么区别。但没有人会接受"所有的道士都是科学家"这样的说法——尽管有时人们会把特定的某几位道士归入"中国古代科学家"的行列,比如葛洪、孙思邈等。

至于"在科学上取得杰出成就",这个定义倒是经常被使用——事实上

---

① 田松使用的原词是"业余科学爱好者"和"民间科学爱好者"。"民间科学家"或"民间科学爱好者"是不同于业余科学家的另一类人,他们通常没有受过哪怕是中学以上的科学教育,其知识来源基本上是科普图书和科普节目,却对推翻现有科学理论、构建新的科学体系怀有极大热情,其主要研究方向通常集中在证明热力学第二定律错误或证明狭义相对论错误等方面,其中也有极少数水平相对比较高的成员,甚至知道广义相对论的存在并试图证明其是错误的。

大部分人在谈及"古代科学家"这个概念的时候，都是在这一种意义上来使用这个词的。比如说"沈括是中国古代最杰出的科学家""北宋的科学家苏颂"等，包括刚刚提到的葛洪、孙思邈也是在这种意义上被称为科学家的。但是这种使用方法，正如前文中指出的，完全是一种以成败论英雄的方式。以炼丹而言，除了葛洪之外的其他丹师，他们所做的工作，以及他们对自己所从事的行为的理解，与葛洪有什么区别吗？那么为什么不将他们也称为"古代科学家"呢？更何况，如果说科学家是"在科学上取得杰出成就的人"，那么这个"杰出"的标准是什么呢？在任何以统计学方法进行的研究中，标准的模糊都会成为引入主观性的一个危险的根源。

综上所述，本书干脆避免使用"古代科学家"这个尴尬的概念，而代之以一个描述性的概念——"科技活动参与者"，即所有参加过科学（如前文所定义的）或技术活动的人物。

三、中国古代科技活动参与者的构成

"科技活动参与者"的定义意味着这个群体只是一个根据特设性条件人为划定的集合，而不是一个具有社会学意义的"共同体"。不过这个集合也并不是完全松散的，事实上它由若干个内部联系相对密切的类群组成，并且各类群间有时还能够通过某种机制产生制度化的联系。

第一个类群是在当时被称作"方技"的领域内从业或进行过这方面工作的人，主要包括：司天监、翰林医官局等宫廷机构中的伎术官（如杨惟德）；以各种科技或准科技活动为主业的民间医生（如庞安时）、术士、工匠（如毕昇），以及一部分道士、僧人（如怀丙）；受命主管司天监、将作监等技术部门并因此在相关科技领域取得了一定造诣的文武官员（如沈括、李诫）；一些对天文、医学或工程技术有特殊兴趣，并投入精力进行了专门研究的非主流文人（如傅肱、郏亶）。这些人是古代社会中唯一一类无论在工作目的上还是在工作内容上都与现代的科学家或工程师定义比较接近的人物。有一种意见主张可以将这个群体作为英国皇家学会会员的近似的对等对象，进行专门的集体传记研究。然而遗憾的是，这些人绝大多数都没有在史书上留下名字，即使有幸留下名字，也经常是除了名字以外的生平事迹全不可考。如果将研究对象限定在他们身上，我们会发现我们最终能够使用的样本将稀少到无法支撑任何有意义的结论。更何况就中国古代科学和技术的发展而言，他们的贡献其实只占了一部分，甚至算不上比较大的那部分。如果只考虑他们，那么显然是无法看清中国古代科技发展的全貌和内在逻辑的。

第二个类群是正统儒家学者，他们研究的完全是传统四书五经框架内的问题，只是其中一些工作刚巧涉及今天被划入"数学""物理"等"科学"领域的问题。这些问题主要来自传统儒学中的易学、礼、乐等分支。他们的代表包括今天被写入数学史的易学家邵雍、因参与勘定雅乐而见于声学史和计量学史的大儒胡瑗，以及根据古礼记载成功复制出指南车并使其重新出现在天子仪仗中的礼部尚书燕肃……尽管这些学者的研究内容按照今天的标准的确可以被界定为科学或技术，但他们的研究动机却与今天的所谓"科学活动"大异其趣。虽然我们仍然不妨将他们列入古代科学家的名单，但我们必须清楚，他们无论与上述的方技家相比，还是与牛顿以来的现代科学家相比，都有根本的区别。

还有一类儒学学者，他们所谈论的话题倒的确可以被视作标准的自然科学话题，即关于世界本原和物质本性的问题。而且无论从研究动机看还是从研究对象看，他们都与古希腊自然哲学家甚至现代基础科学家没有什么本质区别，就连研究方法都与古希腊自然哲学异曲同工（尽管不能与现代基础科学相提并论）。但由于这些学者的学问根本于"五经"中的《易经》和《尚书·洪范》，以很早就被现代科学判决为"谬论"的阴阳五行、灾异谴告理论为核心，因此除了王充、张载等少数几个被规定为中国古典唯物主义思想旗手的学者之外，其他人关于这一问题领域的言论、见解很少被纳入科学史研究的视野。可是如果张载的学说可以被归入"科学"一类，那么就似乎没有充分的理由将其他人在同一领域内的工作——哪怕是错误的工作——打入另册。

接下来的一类人是一般的地方官员或边境将领。对于这些人而言，组织、管理和参与农田水利、城防堡垒等民用或军用工程的建设是他们日常工作的一部分。不过，尽管他们中有些人在工程技术上的造诣可能已达到专家水准，但站在他们的立场上，与其说他们是在参与一项工程技术工作，倒不如说他们是在执行政治任务。他们对科技活动的参与并不取决于他们的个人兴趣、教育或专长，而仅仅是他们开展民政或军事工作的众多方式之一。而在后面的统计中我们将看到，这一群体在至今仍有迹可寻的宋代科技活动参与者中所占的比例是最高的，甚至高到足以影响统计曲线的总体走向。

最后一类例子最为极端，这些学者自身的兴趣领域与我们称之为"科学技术"的领域几乎完全无关。实际上他们主要是文学家或艺术家，只是因为在他们死去一千年以后，他们的艺术鉴赏著作或他们闲来收集的奇闻轶事恰巧被发现可以映射到某一项现代的技术或知识上，所以才意外地在科学史中得到一席之地。比如，唐询的《砚录》被认为包含着矿物学知识，何薳的《春渚纪闻》中的灵异故事则被发现隐藏着可以被现代物理学印证的光学原理①。不过如果想要了解中国古代科学知识积累和传播的机制，就绝不能把这一类人物排除在外。因为他们的这些活动代表了所谓"中国古代科学"被记录和传承的一条十分重要的渠道。在后面的章节中，我们会展示，在北宋时期，这种艺术谱录与杂录笔记编写活动的活跃程度与科学技术活动的活跃程度密切相关，即便不一定是直接的因果关系。事实上久负盛名的沈括的《梦溪笔谈》也属于这一传统。

在这几类人中，第二类、第三类、第四类、第五类中的很大一部分，以及第一类中的一小部分以当时的标准来看都属于同一个大的社会集团：儒生，或者叫文人，也就是当时的知识分子阶层。无论从当时的社会生活角度说，还是在科技活动参与者这个集合之内来看，他们无疑都是最重要的一个集团。他们之间通过师生关系、同学关系、同乡关系、同僚关系、宾主关系、朋友关系及姻亲关系等社会关系密切地联系在一起，并通过他们的学术、政治活动或私人交游与其他重要的社会集团——贵族、武人、僧道等相连接。借助这张关系网，科技活动参与者的上述几个类群得以相互沟通。

有趣的是，正如社会学家在社交网络的研究中发现的，在两个群体的互动中，群体成员们的作用是不平均的，总能找到少数几个特别活跃的成员对两个群体的沟通起到至关重要的作用。尽管作者所能获得的材料尚不足以支持类似的社会学式的研究，但在对本书所涉及的所有研究对象的浏览中，我们同样发现了活跃沟通者存在的迹象。最意义深刻的是，通过某些机制，其中一些沟通者甚至能够起到联结当时地位比较低下的伎术官、江湖术士、民间工匠等在科技活动中至关重要的社会集团的作用——或者是通过担任司天监、将作监等机构或某些工程的提举官，或者是凭借自己广泛的交游圈子。某些最活跃的沟通者本身就同时从属于很多不同的类群。比如著名的东坡居士苏轼，他既是一位对医学和炼丹学有浓厚兴趣的方技爱好者，又是发起并领导过多项水利工程建设的地方官，同时他留下的大量杂说、笔记甚至诗歌也时常被发现"蕴含"着某些"科学"元素。值得注意的是，当出现这种情况时，这个人同时扮演的几个角色间有时可能存在某种联系，但更可能根本

---

① 《春渚纪闻·卷九·跃鱼见木石中》："徐州护戎陈皋供奉，行田间，遇开墓者，得玛瑙盂，圆净无雕镂纹，盂中容二合许，疑古酒卮也。陈用以贮水注砚，因间砚之，中有一鲫，长寸许，游泳可爱。意为偶没池水得之，不以为异也。后或疑之，取置缶中，尽出余水验之，鱼不复见。复酌水满中，须臾一鱼泛然而起，以手取之，终无形体可拘。复不可知为何宝也。"（何薳，1982：142-143）戴念祖认为书中记载的实际是一种底部装有复合透镜的器皿，盛水后由于水的折射改变了焦距，使盂底花纹的虚像显现出来（戴念祖，2002：294-295）。

毫不相关。也就是说，即便在同一个人身上，他所表现出来的各种"科学"事迹，也可能是由相互间完全没有因果关系的、源自不同职业兴趣的孤立事件所集合成的。

最后，还存在两个有必要专门澄清的问题。

第一，当我们谈论"科学家"或"科技活动参与者"的时候，我们究竟是应该将视线聚焦于那些被今人写进科学史的"成功者"，即那些发现和记载过被现代西方科学判定为"正确"的自然现象或原理，或发明过某项被现代人认为"有意义"的技术的人物（正如很多经典科技史著作所做的），还是应该包括所有对我们今天称之为科学技术的领域有所涉足、对相关问题发表过见解（甚至是被现代科学判定为"谬论"的见解）的人物？或者问得更直接些：后一类人是否有资格被作为科学史研究的研究对象，关于他们的研究是否有意义？

如果说科学史的目的就是记录和研究那些"有用的"知识的积累过程，那么的确，只有前一类人物才有资格被称为"科学家"。但从科学社会学的角度看，却是后一种更符合科学和技术在现实中的存在状态。因为无论在哪个时代，科技工作者的队伍中都不仅仅包括那些拥有足以被载入史册的新发现的幸运儿。自己没有新创造，仅仅以运用和传授现有知识、技能为生的守成者们才是任何一个时代"科技工作者"中的大多数，在技术领域尤其如此。而那些为数不多的开拓者，特别是理论方面的开拓者，他们花费一生创造的新理论还十之八九会被历史判决为"错误的"。反倒是有些人，对于我们一般视为科学技术的领域毫无兴趣，却因为无意中发现或记载了被后世科学家视为有用或有意义的"科学知识"而被载入科学史（在古代这种情况更为常见）。如果因此将前者排除在"科学"之外，而将后者称为"科学家"，那无疑是对当时的科学与社会实际情况的极大扭曲。

第二，怎样理解在科技活动中的"督办"或"提举"这类角色？我们知道这种情况在北宋乃至整个中国古代都很多。事实上大部分官员的诸如兴修水利、城池的事迹都是指组织或督办此类工作。甚至最著名的"苏颂建造水运仪象台"的事迹，实际上也是指"提举"。苏颂本人在写给皇帝的奏折中就诚实地说明了：

> 国朝太平兴国初，巴蜀人张思训首创其式（指张思训的机械浑仪）……自思训死，机绳断坏，无复知其法制者。臣昨访得吏部守当官韩公廉，通《九章算术》，尝以钩股法推考天度……因说与张

衡、一行、梁令瓒、张思训法式大纲，问其可以寻究依仿制造否。其人称，若据算术，案器象，亦可成就。既而撰到《九章钩股测验浑天书》一卷，并造到木样机轮一座。臣观其器范，虽不尽如古人之说，然水运轮亦有巧思。若令造作，必有可取①。

也就是说，水运仪象台基本上完全是韩公廉设计的，苏颂的贡献主要是进行组织。

不过即便如此，我们还是将这种活动算作科学活动之列。首先，这种现象包括很多不同的情况，简单地说可以包括两大类：一类是提举官本人对相关科技领域有比较高的造诣，并对具体的科研攻关过程有比较深入的参与，如苏颂参与水运仪象台的研制、沈括提举修订《奉元历》②、苏轼经划杭州的城市水体工程③等。显然，这应该可以视作提举官本人参与科技活动的充分证据。而另一类则是提举官主要只负责行政管理，不大过问技术上的细节，或者工作本身不需要太多复杂的技术知识（如很多城建工程）。

但问题是在实际的历史记录中，除上边举的几个例子外，对绝大多数此类记录，是无法清晰考证出其究竟属于上述哪一种情况的。至于每一项工程的技术含量，除被明确记载使用了特殊新技术的工程外（如福建洛阳桥），也很难作出有把握的判断。

不过，有理由相信，即便是后一种情况，提举官本人也不可能完全对相关的领域一无所知。皇帝能够派遣他们执行此类任务本身就可以说明一定的问题，而且在执行任务的过程中、在具体工作人员给他们的汇报中，以及他们为了向皇帝复命而收集整理的信息中，他们应该会或多或少地对相关领域有一些了解。因此，将后一种情况算在"科技活动"范围之内，也并不是完全没有道理的。

第四节　本书的内容和研究范围

本书尝试以集体传记方法为核心方法，辅以宋代的史料记录、对宋代科技成果的统计计量等数据材料，对宋代科学技术活动的活跃程度及其变化情况进行考察，进而尝试对中国古代知识社会的内在运行逻辑做出大体的描述。

---

① 《玉海·卷四》（王应麟，1977：114-115）。
② 《宋史·卷三百三十一》（脱脱等，1977：10 654）。
③ 《苏轼文集·卷三十·申三省起请开湖六条状》（苏轼，1986：866-870）。

就集体传记方法而言，目前国内外已经完成的众多以科学史或科学社会学为出发点的集体传记研究，通常采用的方案有两种。除了默顿在《十七世纪英格兰的科学、技术与社会》中采取了将科学家放到整个17世纪英国社会精英阶层中进行对比性研究的方案外，其他绝大部分作品都聚焦于科学团体或科学家群体内部（刘兵，1996）。

对于大多数近现代案例而言，后者无疑是一种事半功倍的研究方案。但对于中国古代科技史，尤其是宋代以前的科技史研究而言，这一方案的意义与可行性都有待探讨。因为正如本章第三节反复强调的，当时并不存在一个拥有一致的理念、认同、动机、目标的科学共同体。即便能够按照本书的方式定义出一个"科技活动参与者"的集合，它也不具备科学共同体的结构和社会学意义。这个集合中的各个类群或子类群在某种程度上倒具备类共同体的特征，但它们其实是当时存在的其他共同体的一部分，比如儒学共同体、文官共同体。如果仅仅因为这些人碰巧撞上了一些与"科学"有关的东西，而将他们与那些和他们有着相同的职业或研究兴趣，而只是运气不好没有撞上"科学"元素的同道截然分开，那么我们不但无法理解当时知识分子社会和知识创造、积累和传播机制的全貌，而且即便只是想理解其中在今天被称为科学的部分，也不可得。因此，必须把上述的各个类群放回到他们当时所属的社会群体中去理解，把科技活动参与者们放回到北宋社会精英群体中去理解。我们所面临的不仅仅是"倘若我们要更充分地评价对科学和技术的兴趣的成长，就几乎不能忽视一般职业兴趣的分布情况"（默顿，2000：36），而是我们想要了解的东西本身就藏匿在众多"一般职业兴趣"之中。

因此本书采取前一种方案，以《中国人名大辞典》（臧励和等，1921）为基本数据来源，对北宋社会精英群体进行整体分析，讨论在当时的背景下，他们从事今天被我们定义为"科学"的活动的动机，以及影响或制约这些活动活跃程度的因素（如他们出生的地域、社会角色、学术派别等）。

在时间范围的选择上，本书将研究范围集中在宋真宗咸平四年（1001年）到宋徽宗宣和二年（1120年）的一百二十年内，主要考察这一百二十年内的北宋社会精英职业兴趣变化、科技成果产出和科技诏令发布等情况。这并非仅仅是为了屈从于我们今天使用的西方式的时间概念，而是参考历史事实作出的选择。

众所周知，北宋王朝建立于后周显德七年即宋建隆元年（960年）正月初三日的陈桥兵变。但建立之初的宋朝与其说是那个后来发生庆历新政、熙宁变法的统一王朝，倒不如说更像五代乱世的第六位继承者。当时的北宋不但国土依然四分五裂，在政治制度和政治传统上，也基本承袭了五代遗风，包括皇位传承中无休止的谋篡与残杀。为了跳出五代王朝二世而终的历史宿命，太祖、太宗两代君臣进行了一系列领土战争与政治改革，直到宋真宗时才通过盟约基本结束了北方与西北的边境战争，实现了社会的重新稳定和经济、文化的恢复发展，并完成了各项政治制度的重建与调整。直到这时，中国才最终完成了从五代乱世到一个正常、稳定的统一帝国的蜕变，进入延续一百二十多年的平稳发展阶段，并开始确立属于北宋的独特的文化风格与精神气质。而这场政治与文化转型的完成刚好发生在西方历法中的 10、11 世纪之交。当然，如果严格遵循历史，我们更有理由将研究的起始点定在宋真宗继位的至道三年（997 年）或澶渊之盟完成后的景德二年（1005 年），但对于一项时间跨度超过一百年的历史研究而言，这样的斤斤计较并没有明显意义。

而在结束点的选择上，本书稍微越过 11 世纪的界限，将 12 世纪最初的二十年也包括进来，因为北宋在这二十年中政治和社会发展状况与之前仍具有较强的连续性，同时也显示出一些有趣的特征，有助于我们对北宋科技史上的一些曾经经常被提起的论题作出更清晰的判断，比如新党的改革对北宋科技与社会的作用。至于宋徽宗统治的最后几年，鉴于它们与混乱的靖康－建炎时代（1126～1130 年）混在一起而损害了与其他年代的可比性，因此本书选择把它们排除在外。考虑到宋徽宗统治的绝大部分时间已经被涵盖在本书的研究范围之中，做出这一点儿微不足道的舍弃并不会过多地妨碍我们对这一时代的理解。

> # 第一章
> ## 科学和技术在古代社会中的存在方式

既然古代社会并不存在"科学"这个概念,同样也不存在今天这样的支持科学研究的社会体系,那么今天我们称为科学的知识在古代社会中是以何面貌出现的呢?这对于理解这些知识在当时的积累和传播模式,以及理解影响它们传播效率的因素,当然也包括对于理解中国古代知识社会的特征和运行逻辑,至关重要。

第一节 中国古代知识系统的结构

任何知识的流通都可以分为三个环节:创造(收集)、传播(传承)和使用。知识的创造包括现象、规律的发现,理论的构造,以及经验事实的记录收集等。知识的传播又可以分为在空间中横向传播和在时间中纵向传播,后者也就是所谓的传承。在古代,无论知识的横向传播还是纵向传承,主要渠道有两条:一是以书籍为载体,通过著书立说来传播自己的理论、观点或见闻;二是通过教育,或者是借助体制化的教育系统,或者是以非体制化的私人授徒的形式。知识的创造和传播都主要和知识中知的维度发生作用,这二者间的结合也比较紧密,它们共同构成了一个社会中学术系统的主体。这一系统包括知识的分类(分科)体系、按照这一分类体系被积累和保管起来的古往今来的知识(通常是以书籍的形式)、学习旧知识和创造新知识的方法、相关的术语体系、保存和维护这些知识及相关范式的制度体系（包括学术机构、图书馆制度等）、上述知识和范式的传承体系（教育系统）等。

知识的使用也可以大体分为两种情况，一种是利用知识创造知识，即以旧知识为基础创造出新知识，由此就回到了知识的创造环节，其所作用于的同样是知识中知的维度，通常在学术系统内部就可以完成。另一种则是利用知识去解决实际问题，这又可以分为两类，一类是利用知识去为人们答疑解惑、提供建议咨询，一如宫廷中的占星家们做的工作；另一类则是与技术结合，以知识为指导发展某种工具或操作手段，用这些工具和手段去满足人们的需要。这后两类情况所涉及的都是知识中行的维度，尤其是后者。由于在古代，知识与技术的互动加速机制建立起来以前[①]，技术界与知识界之间的互动一直是偶然的、非制度性的，因此尽管不乏技术发展从来自学术界的信息帮助中获益的案例，且技术领域的杰出成就也经常能及时地被学术系统记录下来，纳入后者保存的知识仓储中，但总体而言，执行知识的行这个维度的社会系统是独立于学术系统的。它们有自己的生存方式和运行逻辑，甚至有自己的知识保存和传承机制。具体而言，这个系统由官方为解决具体问题、满足具体需求而设立的各种部门以及民间的相关行业组成，它的成员——技术和知识的掌握者们——通过出卖自己的手艺谋生，并通过师徒手口相传的形式完成知识在系统内的传承。这个系统（暂且称之为技术系统）经常因成员的个人关系与学术系统产生交集（比如通过两个系统各自成员的偶然交往，或者某些成员同时介入两个系统），从而得以交换一些信息和资源。但总体而言它们之间的联系是有限的，几乎可以近似地看作两个孤立的系统来分别加以分析。

第二节　科学技术知识在中国古代学术系统中的位置

中国古代学术系统，其实仍是一个笼统的概念，它事实上包括了大量不同的知识系统和谱系。其中至少有三套彼此相对独立的系统是影响比较大的，即儒学系统、道教系统和佛教系统，也就是古人所说的"三教"。尽管在上千年的传承中，这三套系统存在着密切的互动，并且相互很深刻地渗透进了对方的知识基因，不过从总体上讲它们仍相互独立，分别拥有自己的学

---

① 事实上，在人类历史上这一加速发展机制直到文艺复兴以后才建立起来（金观涛等，1982）。

说、学术典籍、术语体系、知识分类方式，以及教学、传承系统；同时，三套系统也都各自包含着一些今天被我们归入不同科学学科的自然知识，如天文学（三者中都包括）、医学（三者中都包括）、化学（特别是在道教系统中）等。当然，按照上述标准，古代中国存在过的摩尼教、景教、伊斯兰教等宗教的附属知识系统也都可以被识别为独立的知识系统，就像道教和佛教一样。不过这些知识系统或者早早断绝，融入了其他知识系统中，如摩尼教和景教；或者传入中国较晚，且较为封闭，对中国整体文化影响较小。因此，本书只以儒、道、释三种在古代中国影响最大的知识系统为例讨论科学技术知识在中国古代学术系统中的存在方式。

一、儒学知识系统

儒学是中国古代的三种主要知识系统中势力最强大的，无论从规模上、影响力上还是从资源的占有上来说，它都是无可争辩的主流。儒家本是先秦诸子百家之一，与墨家并称显学。至汉武帝用董仲舒之言独尊儒术，儒学遂成为受到国家支持的官学。然百家虽遭罢黜，其学说却并未被真的抹杀，而是被吸收进儒学，成为儒学知识体系中的一部分。所以后世儒学虽以儒家价值观为正统、尊奉孔子为先师，但其实所包含的并不仅仅是儒家一家的知识，而是中国除宗教知识系统以外的整个世俗知识系统的总和。

（一）儒学的知识分类系统

儒学的知识分类系统在历史上经历过多次演变。儒学始于孔子，对孔子所传学术的分类就存在两种说法：一种即所谓的"孔子六艺"——诗、书、礼、乐、易、春秋；另一种则是所谓的"孔子四科"："从我于陈、蔡者，皆不及门也。德行：颜渊，闵子骞，冉伯牛，仲弓。言语：宰我，子贡。政事：冉有，季路。文学：子游，子夏。"[①] 后世遂以德行、言语、政事、文学作为儒者的四门功课，名为"四科"。

六艺与四科，可以理解为两套相互交叉的分科体系，前者是以知识内容和课程设置为标准进行分类，后者则是以人才培养的效果和目标为标准进行分类。按照前一种标准，后世又演化出刘向的《七略》、阮孝续的《七录》，以及至后世影响最深远的"四部"分类法（左玉河，2004：45-76）。这些知识分类法的大体对应关系如表1-1所示。

---

① 《论语·先进第十一》（孔子和朱熹，1985：44）。

表 1-1　中国不同朝代有代表性的知识分类方式

刘向《七略》	阮孝续《七录》	《隋书·经籍志》	郑樵《通志》	《崇文总目》/四库全书
六艺略	经典录内篇	经部	经类	经部
			礼类	
			乐类	
			小学类	
—	纪传录内篇	史部	史类	史部
诗赋略	文集录内篇	集部	文类	集部
—	—	—	类书类	子部
数术略	术技录内篇	子部	天文类	
方技略			五行类	
			医方类	
—			艺术类	
诸子略	子兵录内篇		诸子类	
兵书略				
—	佛法录外篇	佛经		
—	仙道录外篇	道经		

从这些知识分类法的演变中，也可以看出中国儒学知识系统之演进的一些趋势：首先是兵学的地位逐渐降低，由最开始《七略》中的自成一学，一变而在《七录》中与诸子之学合并为《子兵录》，再变则彻底沦为诸子之一，没于子部。与此同时，与中国古代天文历算和古典自然哲学知识有关的数术之学，以及关于医学等技术的方技之学也遇到了同样的命运。尽管南宋时郑樵重新将数术、方技从诸子之学中析出，并细分为天文、五行、医方三类，又新增了类书、艺术二类，反映了两宋之交文化、知识领域的繁荣，以及知识分子阶层崇尚博通的风尚，但重儒经、轻诸子的四部分类法已作为官方正统确立下来，被用于官修的《崇文总目》，并为后世所因循。

从另一个角度说，这一演进也可以理解为儒学知识系统对其他知识的吸纳与融汇过程。盖汉初之时，儒学尚只为诸子百家中声势比较显赫的一派，即便在汉武帝实行独尊儒术政策以后，儒学与其他学派知识之间的界线最初也还比较分明。但是随着儒家学说成为中国知识分子所受教育的基本组成部分，"儒者"渐成中国世俗知识分子的泛称，其最初的门派色彩实际趋于淡化，儒学与其他门派知识之间的边界也逐渐模糊，并最终把这些知识融入自己的体系，按照自己的旨趣进行整理。这个过程，与其说是儒学对诸子百家的并吞，倒不如说是整个知识阶层的儒家化和知识传承、发展土壤的儒学化，使得这些知识只能在儒生中找到可能的传承者和研究者（正如欧洲的基督教化使古希腊的知识在中世纪只能依托基督教的知识系统来保存和传播一样）。

另外，从人才培养的效果和目标出发，或者更确切地说，按照儒学及儒学国家对人才的期望和需求来分类，后世又发展出了大体对应于四科的义理、考据、辞章、经世四学。其中义理、考据、辞章三学原本来源于西汉经学研究中的义理、训诂、章句三门功课，这三学既是当时经学研究中需要用到的三种主要技能专长，也是三个主要研究方向。宋代儒学变革以后，在批判汉唐辞章考据之学的基础上兴起的新宋学发展为两途，一途以二程、朱陆为代表，高倡义理之学；另一途以新学、蜀学，以及南宋事功学派为代表，主张为学与致用并重，要求学者于义理之学以外也要研究经世致用之学。后者所倡导的这种经世致用的学术研究方向最终在清代以经世之学或经济之学的名字被明确地放置在与义理、考据、辞章相并列的地位上，构成所谓的"儒学四门"（左玉河，2004：29-38）。曾国藩认为，儒学四门实际上就是传统的孔子四科，所谓"义理者，在孔门为德行之科，今世目为宋学者也。考据者，在孔门为文学之科，今世目为汉学者也。辞章者，在孔门为言语之科，从古艺文及今世制义诗赋皆是也。经济者，在孔门为政事之科，前代典礼、政书、及当世掌故皆是也"[①]。

以四部之学来对应儒学四门，大抵经、史、集三部可以与义理、考据、辞章三门建立部分的对应关系：经部括义理之精；史部得考据之法；集部汇辞章之成。唯有四部中的子部，本以容百家之言，并不在四门之列。而四门中的经世之学作为义理、考据、辞章之学的最终目的则杂于四部之中——是非大义、治道之本求诸经；前代得失、君臣言行观于史；历代公文、书制、名臣奏议见于集；至于军事、刑名、农桑、医药、历法等治理国家需要用到的各个方面的具体知识，则在子部，纪昀之所谓"治世者所有事也"。

（二）儒学教育体系

需要指出的是，尽管以曾国藩为代表的历代大儒多以义理、考据、辞章、经世四学并重，但就教育而言，四学中真正被官学教育系统作为教学内容、拥有制度化的学校教学体系的，其实只有经学一科而已。

---

① 《曾国藩全集·诗文·杂著·劝学篇示直隶士子》（曾国藩，2001：385）。

儒学之教学传承系统，由乡学（包括府、州、县学）、国学两级官学系统，私塾、书院等私立学校，辅以家学和学者私相授受等非制度化传承方式组成。其中私塾主要面向启蒙教育，以 6～10 岁的幼童为教学对象，其因发起人不同又有由授课者独资兴办、靠收取学费维持的一般私塾，由富户巨室出资延请教师、以培养本家子弟为首要目的的家塾，依托于封建宗法制度和宗族组织、以宗族名义出资兴办的族塾，以及由地方名流、绅士等富裕阶层捐资兴办（背后通常也有地方政府的支持）的带有公益性质的社学、义学等。官学和私学中的书院则主要面对更年长一些的学生，教学内容也更加精奥深刻[1]。官学本出自古司徒之制，古者学在官府，官、学一体，官学实为中国古代学校之始。书院兴起于唐代，然究其源头，则其滥觞实启于孔子杏坛讲学；汉时亦有名宿大儒筑室聚徒，号"精舍""精庐"者；至唐始有书院之名、学校之形，后宋、明渐盛。此外，仕宦之家，耳濡目染，亦有祖父子相承之家学，其于汉魏时曾在儒学传承体系中占据着十分重要的地位；至唐宋，其重要性虽有所下降，但仍尚有"三苏"父子、"三孔"兄弟等以家学名世，成就千古美谈者。至于以学问相交，从游唱对、约为师友，则历代皆蔚然成风，宋之欧门、苏门皆是，前述聚徒讲学之风最初也是由这一风气扩展和延伸而来，盖世有以学、德名于时而遗贤在野者，必从游者众，从游者众，遂成学派、精舍、书院。

而在这几种教育机构或知识传承途径中，历代官学，除了唐代国子监曾小规模设立书学、算学、律学，北宋苏湖州学曾设立治事斋，用以培养底层专业技术人才以充胥吏，其余作为官学主体的太学、国子学、四门学，以及各州、县乡学，所教授的都是四书五经等儒家经典。当时的所谓太学、国子学、四门学诸学校，并不是以教学内容来划分，而是以教学对象来划分，盖国子学"掌教三品以上及国公子孙，从二品以上曾孙为生者"，太学"掌教五品以上及郡县公子孙，从三品曾孙为生者"，四门学"掌教七品以上，侯伯子男子为生及庶子为俊士生者"，而其课程设置则一概是以五经以及研究、解释五经的著作为内容的[2]。而在私学中，制度化程度相对较高、教学的系统性相对较强的书院，教学内容也同样基本上只包括经学。

---

[1] 官府设立的学校中也有面向启蒙教育的宗学（面向宗室子弟）和小学（面向公卿勋贵子弟），不过在大多数朝代其招生范围和规模都很小，仅服务于聚居京城的王公贵族，性质上与民间富室大族的家塾、族塾相差无几，且其管理亦通常不在国家统一管理学政的国子监系统，而归宗正寺等机构。唯宋代推太学三舍法之行，曾短暂地配套建立过州府、国家两级，面向平民幼童的小学学校，但入元后由于私学兴盛且效能远优于官办小学等原因，旋即废除。明清官府虽明令各地兴办社学作为启蒙教育机构，但办学主体已下放民间，官府仅提供部分经济援助和政策优惠。故此处不对官办启蒙教育机构做单独讨论。

[2] 《新唐书·卷四十八·百官三》（欧阳修和宋祁，1975：1266-1267）。

至于考据、辞章、经世之学的教育，一部分是化入经学教育之中进行的。儒家五经——《诗》《书》《礼》《易》《春秋》，其中《春秋》本为东周鲁国之国史，经孔子修订而成，其中的史学思想和史学方法作为中国传统史学的根基为历代史家所宗；《尚书》、"三礼"（《周礼》《仪礼》《礼记》）所载为上古以至于西周的典章、制度，其研习过程中发展出的考据方法亦颇为史家所用；而《诗经》则是中国最早的诗歌总集，子曰"不学诗无以言"，可见其时已用之为孔子"言语之科"的教材；至于经世之学，则如其融于四部之中一样，泛泛地融入教授们对经义的日常讲解中。

然而这种以经学教育代替一切教育的做法对于求学者相关方面才能的培养当然是远远不够的。实际上历代之学者除熟读四书五经外，列于史家者还往往要广泛阅读前朝史传、方志、典章文献，并精通天文、历法等学；文学之士不但要博览前人诗文之精品，还需进行文学理论方面的学习——前者除《诗经》已在五经之内，尚有《楚辞》《乐府》，著名的《昭明文选》也是为满足这方面的需要而编纂的，唐宋时有"文选熟，秀才足"之说，可见其在当时诗文教育中的地位，而文学理论方面最著名者当属南朝梁刘勰的《文心雕龙》，唐宋以后各种"诗话""词话"更是不胜枚举；经世之学所涉及的知识则更为浩瀚、复杂，熟知本朝及前朝之律法、制度、典章、故实及历代治道得失固然是基本要求，而根据为官任事期间所处的岗位和职责的不同，兵家、农家、天文、地理乃至医药卫生、工程技术等方面的知识都在可能需要涉猎的范围之内，至于行政经验，更需要在实践中逐渐积累。而以上这些知识无论在官学系统中，还是在书院教育中，都是不会教授的。因此，这一部分知识的传承和发展就只能靠那些非制度化的途径来实现，包括通过学者的自主阅读和钻研、家学传承，以及被称为"从游"的松散师生关系。

（三）儒学知识系统中的科学技术知识

在儒学吸纳百家学术的过程中，中国古代各种关于自然和工艺的知识（为简便起见，下面姑且统称为科学技术知识）当然也与其他知识一样，最终成了儒学知识体系的一部分。然而这里要再次重申，这些古代的"科学技术知识"仅仅是与今天被称为科学和技术的知识系统内的知识有某种重合之处，它们与现代科学技术本身完全是不同的东西。尤其是科学方面，除了数学和医学（在某些更严格的定义中，这两个学科不被归入科学，而被视为与科学平权的独立知识系统）以外，只有农学，作为一种实用性知识系统在研究旨趣和基本研究对象上古今区别不大，以及天文学，在部分研究目的、研究对象和研究方法上与现代天文学重合，并有一定的前后继承性。其他绝大部分今天被归入物理、化学、生物、地理等学科的知识在古代都只是以碎片的形式散落在古人按照自己的兴趣构建起来的知识分科体系中的。而即便是技术，对它的理解和分类方式也与今天迥异。

为便于理解这些碎片在儒学知识体系中的存在方式，本书以成书于宋代的《通志》和《崇文总目》两种分类法为例，列出其中包含有科技相关知识的类目（表1-2）。

从表1-2中可以看到，除了医学、天文、农学等古今重合度比较大的学科外，大多数科技知识碎片在儒学知识分类系统中的排列，如果用现代学科分类的眼光来看的话，都可以用杂乱无章来形容。一门科技知识，比如气象学知识，在儒学体系中可能被分散在好几个完全不同的类目中，包括史学、兵学、天文等；而同时在儒学知识体系的某一个小分支中，也可能会包含好几种今天被我们划分入不同科学学科的知识。然而在当时的儒家知识分子看来，这样的划分却是完全合理的。

表1-2 科技知识在儒学知识分类体系中的位置

《通志》			涉及的科技知识	备注	《崇文总目》	
类	家	种			类	部
经	易	数	数学		易	经
	书		自然哲学	《洪范》等篇	书	
	诗	名物	博物学		诗	
	春秋	地理	地理学		春秋	
	尔雅	释名	博物学		小学	
乐		声调、钟磬、管弦、吹鼓、琴	声学		乐	
礼	周官		技术	《考工记》等篇	礼	
	月令		历法		岁时	
	仪注	陵庙制、车服	技术		仪注	
		耕籍	农学			
史	正史		天文、历法、气象等		正史	史
	编年	运例	历法		编年	
	地理		地理		地理	
	食货	货宝	矿物、采矿、冶金		杂史	
		器用	技术			
		豢养	动物学、畜牧学			
		种艺	植物学、农学			
		茶	植物学、农学			
		酒	酿造			

续表

《通志》			涉及的科技知识	备注	《崇文总目》	
类	家	种			类	部
子	道家		医学、炼丹术、自然哲学等		道家	子
					道书	
	名家		逻辑学		名家	
	墨家		几何、物理、机械等		墨家	
	杂家		农学、物理、技术等	《吕览》《淮南子》《梦溪笔谈》	杂家	
	农家		农学		农家	
	兵家	兵书、营阵、兵阴阳	军事地理、气象、占卜、军工技术		兵家	
	天文	天文	天文、气象、星占	—	天文	
					占书	
		历数	历法	—	历数	
		算术	数学		算术	
	五行		占卜、自然哲学		卜筮	
					五行	
	艺术	艺术	博物学、矿物学等	包括《禽经》《砚录》等杂录	艺术	
	医方		医学		医书	
	类书		百科全书式著作		类书	

这再次提醒我们，在讨论中国古代的"科学技术"时，必须牢记，这些知识对古人的意义与对我们的完全不同。无论是当我们惊叹于他们的成就，还是叹息于他们在某个问题上与重要科技进步的失之交臂时，都必须意识到，我们所关心的这些问题，对他们来说可能根本就是无所谓的。

二、道教知识系统

道教知识体系是中国古代仅次于儒学的另一大本土知识体系。尽管道教在起源和发展中与儒学和佛教都有很密切的交流和相互影响，不过其世界观、价值观、方法论，以及概念、术语体系总体上还是迥异于后两者的，并且在知识传承体系上也自成一体。

（一）道教源流及其知识传承体制

与儒学相比，道教的源流要纷芜复杂得多。一般认为汉末张角所创太平道和张修、张鲁之五斗米道是最早的道教教团组织（楼宇烈，1984）。其在当时实为借宗教之名聚集徒众，以对抗官府、图谋叛逆的军政教合一的反政府武装组织，张角直接以太平道为工具策动了耗尽汉室元气的黄巾起义，张修、张鲁则盘踞汉中割据一方，无论从性质、诉求、组织方式还是宗教实践手段上说，他们都与后世道教有较大区别。

尽管道教的教团组织依目前所见之资料只能追溯到张角和张修、张鲁，但其核心教义、基本理论框架、学说的起源却要早得多。张角创教所依托的理论经典《太平经》（亦称《太平青领书》）一般认为是汉顺帝时方士于吉所作，而书中的核心内容更可追溯到西汉成帝时甘忠可的《包元太平经》（任继愈，2001：19-20）。两书的内容大抵是以战国和汉初的黄老派哲学[①]为哲学基础，兼引先秦神仙家的神仙长生理论、汉儒的天人感应和谶纬学说，以及阴阳家和上古巫术的部分神秘主义学说与实践手段，构建出一套自成系统的宇宙、人神和人类社会政治的秩序图景，并试图用以指导政治实践，以致"太平"。而他们所援用的这些理论元素又各自拥有更加久远的源头和漫长的传承历史。特别是作为其关键性内容的神仙长生理论，上可以追溯到以《庄子》和《楚辞》为代表的楚文化中关于"神人""至人"的想象与描述，和燕齐文化中关于海外仙人和不死仙药的传说；中有秦汉初秦皇、汉武求仙问药带来的神仙方士活动高潮（卿希泰，1996：59-74）；本段提到的甘忠可本人及其徒，亦为当时公卿权贵的座上之客，只不过最终因参与宫廷政争而先后被诛（李养正，1989：15-16）。盖神仙方术之说在当时流传已久，只是未形成教团组织，唯汉末朝廷暗弱，纲纪废弛，加之瘟疫肆虐，民不聊生，遂有张角等妖人出世，借其说以蛊惑人心，聚众作乱，从而形成了最早的以道教理论为思想武器的教团。

《太平青领书》和《包元太平经》的最终目标虽然与儒学乃至先秦各家显学一样，还是落在指导君王，建立理想的国家上，但其立论中大量援引神仙长生之说和老庄哲学中的养生理论，以及来自阴阳家、原始巫术、汉代儒学天人感应和谶纬学说的神秘主义内容，这成为后世道家学说的主要特征。张角和张修、张鲁最初都是以用"仙法"为人治病、教人养生长寿为名聚众传教的；黄巾起义被扑灭后，魏、晋及南北朝时期活动于中国南北方的各个小型道教教团或不附属于教团的"杂散道士"，更大多淡化了《太平经》等

[①] 黄老学派虽托名黄帝、老子，但其实并非老庄哲学的直接继承者，甚至与后者多有抵触。其实为战国齐稷下学宫中一些政治学者组成的学派，吸收了老子清静无为和"人法地，地法天，天法道"的思想，主张治国以清静无为、与民休息为本，同时强调依法治国。黄老学派在齐国一度位居显学，成为齐人治国的指导思想。汉朝建立后，自汉高祖至汉景帝，亦皆用黄老学派的思想治理国家，直至汉武帝独尊儒术乃止。

早期道教经典中的政治诉求，专以神仙、养生、强身、治病之术招纳信徒，至游于诸侯、公卿之门。因此，道教的早期来源虽然千头万绪，其传承过程中更派系林立、纷杂难识，但论及其所共同尊奉的基本教义，则大致可归结于修身、养生、求仙（任继愈，2001：43-75）。

可见，道教虽托名老子，后世儒学家在提到道教时，亦往往有意无意地以"老庄之说"概称之，但实际上其并非先秦道家的直接继承者，甚至在很多地方直接与道家学说相悖；相反，秦汉时活跃于燕齐之地，鼓吹长生不死之术的神仙方士，如徐福、李少君等与道教的关系其实更为密切。不过道教中确实也借鉴了老子和庄子的一些思想，如清静无为、道法自然，特别是庄子的逍遥、养生思想。与儒家对现实政治的关注不同，道家把个人的逍遥与长生放在第一位，其小国寡民的政治思想，亦不过是其清心寡欲、顺应天道的养生思想的外推，而这一传统亦为道教所继承。鉴于追求长生原本就是神仙家与老庄哲学共同的旨趣，因此与儒学家相比，道教徒对医疗、保健方面的知识尤为重视。同时，与儒家名义上"敬天法祖"，实际上却只是从实用的政治需要出发，用人类政治秩序去附会宇宙秩序不同，老子和庄子以顺应天道、自然为长生之本的思想也使道教徒更倾向于静下心来认真地观察自然，尝试理解自然的本性。这些都使道教在今人看来似乎站得比儒学离科学更近。

但必须明确的是，道教所鼓吹的神秘主义思想完全是与现代科学的理性精神格格不入的。就理性精神而言，道教甚至远远不如儒学和佛教。早期道教可以说是中国古典神秘主义文化的集中营，不但囊括了神仙家关于神仙、长生药的传说，阴阳家的星象、占卜、风水、奇门遁甲等神秘方术，上古巫鬼文化，乃至汉代儒学体系中关于天人感应和谶纬的神秘主义部分，而且一些发源于汉夷杂居地区的流派，如五斗米道，即后来作为道教符箓派源头的天师道（正一派），还吸收了很多来自当地少数民族的巫术信仰。从积极的意义上看，这些巫术中包含的一些尝试以人力介入自然、干预自然的积极实践，如炼丹术，与现代科学的某些实验手段相映成趣，但其神秘主义的内核注定了它与现代科学终归是南辕北辙。

道教的来源纷芜难辨，其后世传承更派系林立，杂而多端，各派所奉经典、戒律、祖师、修炼方法及组织形式都不尽相同，这决定了其知识传承方式的多样化。其中大抵可以分为以下三种典型模式。

第一类，建立政教合一的教团组织。例如，太平道之"三十六方"、五斗米道之"二十四治"，"方"之"渠帅"、"治"之"祭酒"，既为牧民之官、统兵之将，亦为传道之师。这种方式是道教初创时期的一种原始的组织和知识传承方式，由于其对官方政权的威胁性，在泰平时期是无法见容于任何统治者的，因此这种传承模式自黄巾覆灭、张鲁纳土后就不复出现于世了。

第二类，师徒相授，一脉单传。这种传承方式最为传统，早在秦汉神仙道时期，即已形成了一些有迹可循的传道谱系。至魏晋之际，随着张角伏诛、张鲁称降，太平道、五斗米道的组织形式难以为继，传统的小规模师徒传授方式更一时成为道教传播和发展的主要途径。在通过这种方式形成的传道谱系中，不少公卿贵族赫然在列，使之成为道教向上层阶级传播的最主要渠道。这种传播方式的另一个特征是有在家族或小团体内部传承的内聚倾向，如葛洪之师郑隐原为葛洪祖父葛玄之徒，而洪之岳父鲍靓亦曾向洪传经授道。

第三类，建立宫观，广聚门徒。这种形式形成最晚，却是唐代以来道教的主流。盖因以松散的师徒关系为纽带的组织形式只能使道教小范围传播，难以增加徒众、扩充规模，故南北朝之际，借鉴佛教的寺庙制度，宫观道教随之兴起，道教各大门派都纷纷改造组织形式，广收门徒，以壮声威，遂全面取代旧有的师徒秘传模式。不过宫观道教的组织形式虽有利于迅速扩大规模，但同时也创造了一个更加封闭的修道环境，尤其是对于后期主张清修、禁欲的全真道而言，宫观的院墙将道士群体和世俗社会隔离开来，从而加强了道教知识系统传播和演进的独立性，使道教知识系统的概念、术语及论题体系与世俗知识系统愈行愈远。

（二）道教知识分类体系

关于道教的知识典籍，南北朝以来，直至现代，一直有学者提出不同的分类方案，不过道教内部所沿用的一直是三洞、四辅、十二类的分类体系。这是一种与俗家的四部、七录、十二类等分类体系都截然不同的知识分类方法，它与道教的信仰体系密切关联在一起。

所谓三洞，指《洞真》《洞玄》和《洞神》三部经书。"三洞"概念大约形成于东晋初，"洞"者通也，"三洞"即代表了道教追求的三重境界：通真、通玄、通神。其中，通真为最高境界，即体悟至真大道、白日飞升；通玄次之，即明五行万物之理，可成真人；通神又次之，止得驱策鬼神之力。南朝刘宋道士陆静修首用"三洞"作为经书类目，实际上是用来对应当时道教的三种主要派别和修炼法门。这三派各奉一部主经，主经之下又有若干阐释、发挥、演绎、讨论主经的著作以及其他相关著作，从而形成三个经书系统，是为陆静修所言之"三洞经书"。

三洞经书中,洞真部藏上清派经典,以《上清经》为主经。上清派亦以"茅山宗"名世,其主经《上清经》实出于《黄庭经》(《黄庭》亦为洞真部经典),后者实为道教之医学理论著作,《上清经》吸收了其中关于人体经脉、脏腑、气血穴位方面的学说,演绎发展出一套以个人身心炼养为核心的修炼法门,强调存思、存神,以诵读经典(《上清经》)、存神静修为主要修炼方式。虽然其中金丹、符箓、遁甲、禁咒等为更早的道教家们所重视的法术内容应有尽有,但明显置于次要地位,并已表现出轻丹鼎(外丹)、贬房中的倾向。

洞玄部对应灵宝派系统的经书,以《灵宝经》为主经,道教中以灵宝经箓传人者为阁皂宗。《灵宝经》系的一大特点是大量吸收借鉴了其他道派乃至其他宗教的概念、学说乃至组织方法,尝试构建出一套完整、自洽的世界观和教法体系。在物质观和世界观方面,它借用了先秦阴阳家和汉代儒学的五行思想,以五行来构造道教修炼方术。在修炼手段上,除了受上清派影响,重视存神、诵经,而轻丹鼎、贬房中以外,还借鉴了大乘佛教的思想,主张劝善度人,这成为其区别于其他道教派别的标志性特征。同时,它也吸收了传统五斗米道重视符箓的传统。另外,灵宝派还借鉴和效法天师道与佛教仪式、规制,造作道教科仪、戒律,提出"斋直是求道之本"的主张,故其斋戒礼拜仪式在道教各派中最为完备。凡此种种,可见《灵宝经》的造作者们当时所怀之雄心壮志。

洞神部主经《三皇经》则来源于西晋时流传于北方的帛家道。帛家道是一个比较早期的道派,其道法颇多原始巫术色彩,现存文献中多有其祷祀鬼神、劾召厌胜的记载。帛家道于东晋时已逐渐衰落,一说为上清派所并,《三皇经》本文亦已在唐朝时遭到毁禁。按早期得传《三皇经》的葛洪所说,《三皇经》有避邪恶鬼、祛病除灾的神力,至起死回生、退猛兽、避百毒、止风波,至于风水堪舆、占卜择吉,更不在话下。可见其内容当以各种驱策鬼神、祈福治病的巫术为主,后世教研究者一般推测其为道士施法时使用的符箓书。南北朝时期的道士在此基础上模仿其他教派的经典,增益了部分教义、斋仪等内容,分作洞神部,以足三洞之数,而道教中其他与召神驱鬼有关的著作,此后也大多被归入了此部。从这个意义上说,也可以把洞神部视作广义的符箓派道教在三洞中的代表。

由于三洞书目实际只包括了上清、灵宝两系的道经以及除此之外与鬼神巫术有关的道教著作,包括太平道、天师道经典以及作为魏晋道教修炼方式主流的金丹术著作都被排斥在外，因此后人在三洞基础上又添加了"四辅"书系。所谓"四辅"，盖取辅佐三洞之义，包括合称"三太"的太玄、太平、太清三部，以及号称贯通三洞、三太的正一部。这四部中，太平、正一两部仍然是按教派划分的。太平部所藏即《太平经》残本。当日太平道自张角事败后遂告衰落，后更湮没不传，但《太平经》尚有残本存世，由于其在道教发展史上的声望和地位而得列四辅之一。正一部则收录天师道经典、规仪与修炼法门。天师道是五斗米道的直系继承者，时张鲁割据汉中，以五斗米道御民，追尊其祖张陵为"天师"，加以神话，营造了"天师"信仰，后世遂有"天师道"之名，又因其以《正一经》为主经，故称正一派，"正一部"之名亦源于此。至于太玄、太清两部，太玄部以老子《道德经》为主经，收录所有讨论和演绎老子思想的著作，庄子、列子等道家诸子著作也被归入此部；而魏晋之际盛行一时的金丹派道教著作则划为太清部，以讨论炼丹术特别是外丹术为核心（卿希泰，1996：539-551）。

三洞、四辅合为七部，七部间关系，按道教徒说法为：太玄辅洞真、太平辅洞玄、太清辅洞神，正一则"文宗道德，崇三洞，遍陈三乘"。盖道教奉老子为教主，故以配三洞中被认为境界最高的洞神部；《太平经》传世最早，忝居次席，以配洞玄。此皆道教徒附会之说，并非其中真有什么内容上的联系或继承关系。唯洞神、太清两部，一为符箓术、一为金丹术，皆道家实践法门，亦广义巫术之属，相提并论亦言之成理。至于正一部自命贯通，一者，"三洞四辅"之说初本肇于正一道士①，有溢美之嫌；二者，正一派可能确有博采众长为己用之志，故于各派精华皆有采撷；另按道教教义，三洞四辅经书有品级高下之分，传经必由低到高，循序渐进，入门先传正一经，次太玄、次洞神，直至洞真上清，则正一经实为道教入门之基础课，类似于今天的通识教育。

除此之外，三洞经书每一洞又分为本文、神符、玉诀、灵图、谱录、戒律、威仪、方法、众术、记传、赞颂、章表十二类，合称"三十六部"，四辅则不分类。三洞、四辅、十二类所涵盖的具体内容如表1-3所示。

可以看出，这种分类方法在标准上其实并不完全统一。其中通真、通玄、太平、正一四部主要以教派为依据划分；而洞神、太清两部却是主要由讨论的主题内容而划分出来的；至于太玄部，则完全是为了容纳名为道教原典、实际却无类可归的老、庄诸子著作而设。而随着道教的发展，更有很多新兴

---

① 最早使用三洞分类法的陆静修本人就属正一派系统，而四辅分类则首见于《正一法文经图科戒品》（卿希泰，1996：543）。

教派的新出著作，根本无法在形成于南北朝时期的三洞四辅体系中找到位置，如形成于金元时期、明以后与正一派并列为道教两大派系之一的全真派著作，就无法归入七部中的任何一部。而历代道藏在使用这套分类系统对经书进行归类时，往往造成更大的混乱。例如，现存的明代《正统道藏》，堂而皇之地将灵宝系的重要经书《度人经》六十一卷列于洞真部之首，洞玄部反而误收《上清经》多种；更不可思议的是，本应收录金丹类著作的太清部中竟无一书语及炼丹，而是全部收录了本该归入太玄部的诸子著作，相反金丹类著作则分散于洞神、太玄两部。正是由于这种混乱，历代学者对其颇有微词，重造道术分类系统之议至今尚不绝于耳。而从这种混乱中也恰恰可以看出，相比于儒学知识系统，道教知识系统的系统化、完备化程度实相差为多。

表1-3 三洞、四辅、十二类以及其中的科技知识

部	类	内容	涉及的科技知识
洞真		上清系诸经	
1	本文	经书原文	自然哲学
2	神符	各种符箓的画法	—
3	玉诀	对道经的注解和阐述	自然哲学
4	灵图	对经书原文的图解以及以图像为主的经书	自然哲学
5	谱录	记录高真上圣事迹和功德的经书	—
6	戒律	各种戒律、功过格	—
7	威仪	斋醮科仪方面的经书	—
8	方法	个人修炼及设坛祭祀的方法	医学、养生
9	众术	炼丹术、五行变化、数术	炼丹术、数学及各种技术
10	记传	神仙传记、碑铭、道观等志书	—
11	赞颂	颂唱神灵的经书	—
12	章表	祭祀时呈给天帝的青词等	—
洞玄		灵宝系诸经	同洞真部
	同上		
洞神		《三皇经》及各种驱策鬼神之书	同洞真部
	同上		
太玄		老、庄诸子及相关著作	相关杂著（如《淮南子》）
太平		《太平经》	
太清		金丹术著作	医学、炼丹术相关知识
正一		天师道著作	略
藏外		无法归入三洞四辅者，如全真道书	略

注：这里所说的是三洞四辅理论上的定义，与各类经书在现实中存在的历代道藏（如《正统道藏》）中的位置可能有出入。

（三）道教知识中的科学成分及其地位变化趋势

论及道教中的科技知识，最重要的部分主要集中在三洞十二类中的众术类和四辅中的太清部（表1-3）。与现代科学中的化学、物理、天文学、数学等学科关系最密切，且包含大量技术知识的炼丹术、数术、五行变化等内容理论上都属于这两个部分。此外方法类中涉及练气养生的内容与医学，特别是道教对人体的认识有一定关系；本文、玉诀、灵图部分也有一些论述宇宙观、物质观及人体的自然哲学方面的内容，不过这是每一种宗教或意识形态体系都必然优先回答的问题，并不足为奇，且其中牵强附会、宣扬神秘主义的糟粕居多，纵有一言与现代科学认识暗合，亦不足为训；其余太玄部、正一部，以及无法归入三洞四辅的经书中，有时也会偶尔语及一些现在被认为是科学技术范畴的内容，但就比较零碎分散了。

具有讽刺意味的是，以道教宗教实践的发展脉络来看，恰恰是与科学技术关系最密切的炼丹术、数术的地位在不断降低；而内丹炼养、清修苦行，以及其他神秘主义内容等与科学技术关系较远或根本无关，甚至是背道而驰的内容却越来越受到重视。在道教早期，炼丹术曾经是道教徒宗教实践中最重要的部分。被称为"丹经之祖"的汉代著作《周易参同契》中曾明确反对认为仅靠内丹、服气、凝神守一及房中术等修炼方法就能强身延年的观点，认为外丹服食才是修炼的正道，内丹气功也只不过是作为服用外丹时的配合手段才有意义。到两晋时期，金丹道更成为当时的道教主流，甚至影响到整个上流社会炼丹服药成风。当时的道教代表人物葛洪虽然精通各种道家炼养之术，并且很推崇凝神守一的清修之法，但仍然强调，金丹术才是"仙道之极"。但是到南北朝时期，情况急转直下，当时最盛行的上清、灵宝两大经系中虽然都收录了炼丹术的内容，但已将其置于次要地位，相反将凝神守一、内丹、服气及诵经等活动上升为最重要的修炼手段。相比之下，传统符箓派使用的各种符箓和其他巫术等，虽然地位也在降低，但尚以《三皇经》而独得洞神一部，忝居三洞末席。而金丹派却止得四辅中的太清部，其地位之下降可见一斑。至于宋以后，内丹术日盛、外丹术日微，直到全真道兴起，专以清修服气为务，根本不事外丹；而正一派虽然保留了使用符箓巫术的传统，但在炼制、服食外丹方面也很少实践了。与之相对应的是，在唐宋史籍中尚能看到一些精通自然知识乃至工程技术的道士的身影，而到明清两代，除了尚有道士行医治病的记载，关于道教徒其他方面科技活动的记录已难觅其踪了。

如果参照儒学的发展脉络，不难看出，炼丹术、数术乃至各种巫术在道教中衰落的轨迹与儒学兴起后被归于诸子的各种专门性知识地位的下降具有惊人的相似性。儒家的终极追求是仁政，而决定这一目标能否实现的关键问题被认为是统治者和执行者是否具备高尚的道德、是否明白伦理道德方面的大道理。而道教，虽然追求与儒家不同——道教追求的是个人的长生与肉体升华——但同样把关键问题定位在精神道德的修养和对道经所陈述的万物之理的体悟理解上，认为内心的修炼和对宇宙真理的彻悟才是得道成仙的关键。应该说这种观点其实是与将修炼、改造的对象集中在自身肉体上的早期道教完全背道而驰的，实际上是来自儒学和佛教思想的影响。而在道教思想风尚的这一转变之下，炼丹术以及各种具体的可以用来作用于自然的道术也就下降成了"众术"，成为等而下之的末流技能。依靠这些手段，即便能够成仙，也被认为只能成为地位最低下的"地仙"，而无法升达三清中最高的"玉清境"。

三、佛门知识系统

与儒学和道教不同，佛教不是从中国本土产生出来的知识系统，而是完全外来的。其最早诞生于印度次大陆，本是当时印度思想界在对作为印度统治教派的婆罗门教进行反思的基础上形成的诸沙门教派中的一派。因此，与直接从原始的血亲崇拜、自然神崇拜和巫鬼崇拜传统中成长起来的儒学和道教的信仰体系相比，佛教在宗教形态上从一开始就比前两者更加先进和成熟，事实上后两者在发展中确实大量借鉴了佛教理论框架的样式和组织形式，甚至直接照搬了不少佛教的思想观念。

（一）佛门知识系统概说

与一般的有神论宗教不同，佛教虽并不否认神灵、鬼怪的存在，但并不在人类与神灵或鬼魂间作出截然的区分，而是把他们作为同等的六道众生之一。神——或者按佛教的概念，天人——并不是宇宙的主宰，更不是人类的主宰，他们可能比人类力量更强大，甚至拥有法术，但终究不过是生物；鬼魂也是如此。这样的理念基本上已和无神论没有太多原则性的区别了。因此，佛教并不以某一神灵为信仰，更不指望能够通过乞求神灵的怜悯而获拯救，相反，神本身也是六道中需要被拯救的众生之一。甚至在佛教理论中六道众生通过修炼所能达到的最高境界——佛——同样不是宇宙或人类的主宰，而是大彻大悟、跳出轮回，从而得到解脱的人类或其他生灵；并且一切生灵都可通过修行和彻悟而成佛。换句话说，佛教给出的获得拯救（解脱）的途径不是诉诸神灵和超自然力，而是诉诸智慧和理性。无疑，这样一种信仰要远比狂热、盲从并因此时时伴随着野蛮和血腥的有神论宗教理性、平和得多。

不过与西方基督教相似的一点是，佛教同样是在战乱和困苦的世代，应底层民众对心灵寄托的需求而产生的，因此与基督教对于"救赎"的追求类似，佛教同样以逃脱世间苦难为终极追求[①]。但是与基督教以人间为苦，而以人类死后的彼岸世界——天堂——为脱离苦难的归处的理念不同，由于继承了婆罗门教的轮回观，认为生物死后，其意识会进入六道中另一个刚刚出生的新生命体内，开始一个新的生命周期，由此反复循环，生生不息，因此对于佛教来说，即使死亡也不能使人脱离苦难，只有彻底跳出轮回，达到"寂灭"或"涅槃"，即意识被彻底地消灭，才能最终获得解脱。因此，既然你所听到、看到、感觉到并身处其中的现实世界只会带来痛苦，甚至连死后都不存在一个安乐的彼岸世界——基督教教义尚且允许人类通过人世间的善行和功德换取天堂的通行证，佛教的因果报应说虽然主张善行可以使人在下一次轮回中获得报偿，但只要尚在轮回之中，就仍然无法脱离苦海——而逃离苦难的唯一方法，即修行的全部目的，只是彻底消灭自己的意识，或者说彻底斩断自己的意识和这个世界的关系，这就决定了佛教对现实世界从总体上采取一种虚无主义的态度。

佛教的组织形式沿袭古印度修道者的僧团模式。僧团的基本结构是一位师傅加上众弟子组成，最早的佛教僧团即以佛祖释迦牟尼为尊师，由佛祖和少数弟子组成，后释迦牟尼僧团名声渐起，皈依者渐增，甚至有一些其他僧团的领导者携弟子来投奔，释氏僧团也发展为上千人规模的大僧团，这上千人不论年龄、种姓、地位，一律平等，皆为佛祖弟子，但是以先出家者为上座，后出家者应对他们表示尊敬。僧团既是一种修行和修道者自我管理的组织，同时也天然地是一个教学传道的机构。佛教建立初期一个重要的改革是设立了固定的修行场所"精舍"。印度属热带季风气候，每到夏季大雨连绵不绝。传统的古印度诸教派——包括婆罗门教的修道者，皆有雨季闭门禁足的戒律，谓之"结夏安居"。佛教僧团亦沿袭了此制度，平时在外乞食、传道，雨季则聚集在精舍中集体修行。这不但提高了僧团组织的紧密性，也

[①] 道教中天师道、五斗米道的形成背景与此略同，但后来促成魏晋道教大发展的神仙道和金丹道却更多的是应上层阶级对长生不死的幻想和渴望形成并壮大的。而儒学的信仰体系则是古代国家官方信仰体系的直接承袭者，本质上也可以说是属于上层阶级的。因此在儒、道两教中几乎不涉及作为佛教、基督教等宗教核心议题的"苦难""救赎""解脱"等概念。

提高了佛法传授的效率，是为后世寺庙制度之滥觞（佐佐木教悟等，1966：20-22；湛如，1998）。中国道教在南北朝以后的宫观化发展趋势很大程度上也是受传入中国的佛教寺庙制度的影响。

在知识系统的构建方面，佛教徒将其经典分为"三藏十二部"。"三藏"为经、律、论三藏。经藏，梵文称"修多罗"，即佛所说的经书本文，相当于四库的经部和道教的"本文"类；律藏，梵文为"毗尼"，乃佛教戒律，即教团生活的规则；论藏，即"阿毗昙"，是在经书本文基础上对佛陀思想进行议论和阐发的著作，类似儒学著作中的"传"或道教的"玉诀"。此外，大乘佛教后期又有"五藏"之说，即三藏之外再加上般若藏和陀罗尼藏，也就是慧藏和秘藏，前者记述、称颂佛的智慧，后者为佛教的真言秘咒，即带有巫术色彩的部分。

三藏之外，复有"十二部"或曰"十二分教"的分类法。第一部同样称为"修多罗"，译为"契经"，或称"长行"，即以散文形式直接记载的佛之教诲，也就是一般意义上的经。第二部梵文为"祇夜"，汉译为"应颂"或"重颂"，是以类似于古诗的有韵律的短句形式对长行内容进行复述——"应"者，顺应长行；"重"者，重宣其义；"颂"则指其文体为偈颂形式。第三部称授记，为佛对众弟子未来修证果位所作之印记，也就是记载佛陀明确告诉弟子何时可以成佛的经文。四为讽颂，又作孤起，同样是以偈颂形式写成，但并不是复述长行的内容，而是对教义的独立见解，故称孤起。五为自说，即佛未待他人问法或者无请问佛法者，而自行开示教说的经文，盖佛陀从大事因缘出发，认为教义重大，即便无人求法请问，也要主动开示众生。六称因缘，记载见佛闻法，或佛说法教化之因缘，如诸经之序品，即有关该经在什么情况下，为解决什么问题，对什么人而说的等等记述，属于交代背景、主题、性质、目的等内容。七譬喻，佛说种种譬喻以令众生容易开悟的经文。八本事，载本生谭以外之佛陀与弟子前生之行谊，也就是佛经中所记载的许多有关佛讲述某菩萨或弟子过去几生几世所作所为的种种因缘事业。九本生，记载佛陀前生修行之种种大悲行。十方广，字面意思是宣说广大深奥之教义的经文，实为宣讲菩萨道教理的著作，是教化大乘菩萨的大乘经典的通名。十一希法，又作未曾有法，记载佛在说法中显现出来的种种神力、吉祥、瑞相，其所以名"未曾有"指这些瑞相在人间前所未见，众弟子同声赞叹"未曾有"而得名，亦中国史书中所记之"祥瑞"、基督教所谓"神迹"之属。十二论议，记载佛论议抉择诸法体性，分别明了其义，是一切论书的通称。十二部分类的形成时间似晚于三藏分类，而各部究竟当摄于经、律、论三藏中的哪一藏，历来佛门各派亦有不同说法，很难建立严格的对应关系。

（二）佛教的中国化

佛教之传入中国始于汉代，其勃兴则在东晋至南北朝时期。纵观佛史，佛教中国化的特征是，在佛教徒内部基本继承和延续了印度佛教传统的制度机制、生活方式、概念、理论和议题，而在外部则极大程度地对中国人传统上固有的文化、概念、旨趣做出让步甚至迎合（方立天，1986）。因此，尽管古代中国上至达官显贵，下至劳苦大众，烧香念经、吃斋拜佛蔚然成风，大量佛教术语、典故也进入汉语成为中国文化的一部分，甚至很多人都能随口说出几个佛教名词，但真正能对佛教本身的理论、核心命题说出个所以然的人却不多，并且那些最虔诚地吃斋念佛的善男信女们往往恰恰是对佛教最缺乏理解的一群，或者可以说，在大部分情况下，他们对佛教的信仰建立在以中国民间固有的多神论信仰对佛教概念的曲解或者说误解上。他们所听和所说的固然是来源于佛教的名词，但他们所理解的却仍然是那些他们所熟悉的东西。一个最典型的例子就是佛、菩萨的神灵化。而这似乎也是其他外来知识系统中国化过程中普遍遇到的问题。

当然，这并不是说佛教没有为中国文化带来新内容，只是这些内容往往与它们的原始内涵相去甚远。以中国的底层民众为例，由佛教带来的令他们印象最为深刻的新理念恐怕当属佛教的因果报应和生死轮回观念。可是中国化以后的因果报应理论已经完全脱离了其原本依托的因果律哲学命题，蜕变成了朴素的"善有善报，恶有恶报"的带有功利主义色彩的道德说教。如果说早期佛教的因果报应理论是为了解释现世中种种苦难和不公而援用古印度哲学中原有的因果律命题进行的一种创造，那么中国百姓则只记住了"冥冥之中，自有天数"的神秘谶语，而根本没有接受使用因果律思想进行推理的思维方式。至于佛教因果论中最具哲学洞见的部分，即讨论原因和结果的范畴与相互作用方式的"六因五果"学说，则更无人关心。在轮回观念方面，由于《周易》中原本就包括了天道循环、生生不息的思想，因此佛教轮回观念的传入其实只是特别地补充和完善了中国人世界观体系中关于彼岸世界的部分。佛教宣扬的"跳出轮回"的追求对中国百姓而言也毫无吸引力，反倒是死后还能重新投胎做人的希望更能让他们获得心灵上的安慰。一句话，比起灵魂上的救赎，中国百姓更关心他们的善行，包括他们对佛祖的"虔诚"，能够为他们——根据因果报应理论——换来什么现实的回报，并且最好能立竿见影、马上兑现，所谓"急抱佛脚"是也。只有在万不得已的情况下才会有人退而求其次，把获得回报的希望寄托在下辈子的转世投胎上。

而在中国的统治阶级眼中，佛教又是另一种面貌。首先，从实用角度出发，它被看成是一种应对社会矛盾的良好缓冲剂，可以作为维持统治的有效辅助工具。唐代官员李节就曾在一篇文章中提到："夫俗既病矣，人既愁矣，不有释氏使安其分，勇者将奋而思斗，智者将静而思谋，则阡陌之人将纷纷而群起矣。今释氏一归之分而不责于人，故贤智俊朗之士皆息心焉。其不能达此者愚人也，唯上所役焉。故虽变乱之俗可得而安，赖此也。"①更进一步，随着佛教在中国内地及周围边疆地区的传播，一些朝代的统治者还通过攫取教权直接把佛教变成用来增加自己在国内，特别是边疆少数民族地区信教群众中威信的工具，从而加强对这些地区和人民的控制，这种手段尤其在元清两朝帝王的手中曾经被使用得出神入化。而如果不考虑统治问题，仅从统治者的个人兴趣出发，佛教描绘的得道成佛的前景对相当一部分统治者来说也是颇有诱惑力的。只是这些帝王对"成佛"的理解也已经与其原本所蕴含的解脱、彻悟、寂灭的内涵相差十万八千里了，倒不如说另一个版本的求长生、修神仙。

相比之下，对佛教中的哲学概念理解最确切、吸收最多的反而是作为佛教竞争对手的儒、道两教。尤其是儒学，吸收了大量来自佛教的概念、论题甚至观点，宋明时期理学的兴起直接与佛教的影响有关。不过就其对社会和学术实践的指导作用而言，这种影响很难说是积极的。尽管对佛教概念的借鉴极大地提高了魏晋以来，特别是宋元儒学在哲学上的深度，但佛教虚无主义的世界观以及强调内心反省的修行理念，也成了促使儒学学风从汉之重考据、唐之好文艺的实学之风转变成宋元明空谈性理的浮夸风气的重要因素之一。与此相似，道教从初期热衷以炼丹、巫术等积极手段与自然进行交流的具有积极实践精神的宗教，转变成后期的全真教那样，纯粹以清修苦行为实践方式的宗教，其背后也有佛教的影响（王志远，1986）。

一方面是佛教对中国文化的影响，另一方面中国文化也对传入中国的佛教流派起到了筛选、改造及导向的作用。例如，按照佛教教义，人世间的种种痛苦，其最重要的肇因就是贪、嗔、痴"三毒"，其中"贪毒"中就包括对家庭、亲情的贪恋，因此佛教设立出家制度，鼓励教徒断绝亲情、离家修行，一旦出家，就意味着教徒放弃出家前的一切社会关系，包括对家族和亲人的责任、义务，乃至家族姓氏，更不用说娶妻生子了。而这显然从根本上与注重血亲伦理，特别是强调孝道，并把传宗接代、确保家族延续视为孝道

---

① 《全唐文·卷七百八十八·饯潭州疏言禅师诣太原求藏经诗序》（董诰等，1983：8249）。

最重要一环的儒家核心价值观相矛盾①。然而在北宋时期，一位名叫契嵩的僧人竟然撰写出一部长达十二章的《孝论》，从理论上论证出佛教是主张孝道的。除此之外，他还撰写了一系列论著，逐条论证儒学精神与佛教主张之间的一致性。中国佛教为实现本土化而对主流传统所做的适应由此可见一斑。

除了佛教为缓解与中国固有文化之间的矛盾而进行的这种自我改造，中国文化对流传于中国的佛教派别的筛选，以及对其发展方向的潜移默化的引导同样意义重大。古印度佛教有多达 20 个主要的部派，这些部派大部分都在汉末到南北朝之间传入了中国，其中既包括主张普度众生的大乘派系，也包括强调个人修行的小乘派系。然而最终在中国土地上扎根的全部是信奉大乘法的派系。这显然与儒家"士不可以不弘毅"和"达则兼济天下"的仁义精神相一致。另外，中国佛教虽然号称八大宗派，盛行一时的小宗派更不可胜记，其中不乏直接承袭印度部派佛教中某些著名部派衣钵者，但在民间流传最广、声势最盛的却是在印度本土不见经传的净土宗和禅宗，尤其禅宗，唐晚期以后即成为中国佛教的主流，长盛不衰。究其原因，无非是这两派佛法简单易修。修净土宗，并不需要通达佛经、广研教乘，也不需要静坐专修，只需要心怀虔诚，日念佛号七万声、十万声，终生不辍，就可往生净土。而禅宗的修行方式则更加简易，主张"见性成佛"，认为修行不在于花费的时间长短，更不需要像印度佛教所说的必须经历多少劫数、反复轮回，而是可以凭着一朝顿悟，直接成佛。这一套主张用今天的话说，可以算是佛教里的速成之法。不但如此，为了进一步使修行简便化，中国禅宗还对教义进行了进一步改造。禅宗的修行，最初是要求坐禅的。但是后期禅宗却提出"提水斫柴无非妙道""举足下足长在道场"——索性连坐禅都免了，一举一动都变成了修行（方立天，1986）。这既体现了中国文化注重可操作性的务实精神，又反映了中国人偏爱可以短期内迅速见效的速成手段的功利主义趋向。

（三）佛教与科学

在 20 世纪以来关于宗教与科学关系的讨论中，关于佛教与科学的话题，虽然还远赶不上基督教、伊斯兰教与科学的话题那样热门，但也可以说是比较常见的，并且其中大部分来自中国佛教徒的贡献。与后两者的研究者们专注于称颂这两门宗教在历史上为科学的创立、存续和传播所立下的实际功勋不同，佛教徒们热衷于论证佛的思想原本就是——并且现在仍是，而且未来

---

① 事实上，后来基督教在中国遇到的最直接对抗也发生在基督教教义与孝道理论、实践体系（特别是祭祖制度）之间的矛盾上。

永远都将是——与科学真理相一致的，甚至超前于科学真理。早在20世纪30年代初，便有王季同以电气工程师、中央研究院研究员的身份发表《佛法与科学之比较研究》，用佛教"八识"之说与相对性原理、先天综合判断等现代物理学、哲学概念相附会（王季同，1935：4-7）。近年来，对于佛教学说与量子力学理论之间的"一致性"更颇有津津乐道者。

佛教本为印度人于华夏的思想体系，其很多概念、议题为中国固有的儒、道思想体系自古所无，但是相反，其在印度本土时，却与地理上更处西方的希腊文化颇有交流。因此，当脱胎于古希腊文明的现代科学传入中国，中国的佛教徒们蓦然惊觉，这种当今统治世界、令西方无比强大的学问体系中，竟然有如此多的概念和议题与佛经暗合，而佛教历千载之演变，已被视为中国文化固有的一部分，故而他们觉得抓住了一根救中华文化于危亡的稻草，以为（中国的）佛教文化对于现代科学早已先知先觉，并且有希望进一步借佛教料敌先机，找到一条捷径，一步赶到世界科学发展的前面去，殊不知佛教即便与现代科学有一些暗合之处，也不过是因为二者在传入中国前早有交集，甚至在部分内容上系出同源，然而现代科学在相关议题上的认识深度早已和仍然停留在远古时期的认识层次上的佛教不可同日而语了。至于以佛说"诸行无常"为测不准关系，"色空如一"为波粒二象性，则纯流于穿凿附会，甚至还不如庄生梦蝶和"钵中之脑"之间的联系更有说服力。向佛法中求量子力学，或者向量子力学中求佛法，结果都只能是一样的：既搞不懂量子力学，也成不了佛。

事实上，凡抱着客观态度、摒弃偏见，认真研究过佛教（汉传佛教）与科学关系的科学史家，如李约瑟等，都只能得出一个结论，即佛教思想本身对于科学发展基本上没起到什么积极作用。佛教对外部世界的否定态度决定了它不可能像儒学和道教那样去积极寻求对外部世界的改造。如果说它对中国古代的科学技术发展确实带来过一点儿正面影响的话，那么也只是在促进古印度哲学思想、自然观理念、科学技术知识，乃至传入印度的零星希腊思想文化元素向中国传播的方面。这种传播或者通过隐藏在佛经的字里行间，或者通过随着佛教传播而扩散到中国的印度以及西域僧侣与移民来实现。并且佛教从婆罗门教继承的"五明处"传统——认为一个有知识的人应该精通声明（修辞学）、工巧明（各种技术）、医方明（医学）、因明（逻辑）和内明（经学）五门技能——也确实保证了至少一部分僧人有机会系统地研习技术和医学，并随着传教把这些知识传播四方。特别是有普度众生追求的大乘佛教，由于在践行善举、救死扶伤方面的现实需要，对修习工巧明和医方明方面态度还是相对积极的。这可能也正是历史上能够出现一行、怀丙这样精通科学和技术的僧人的原因。

不过即便是"五明处"传统，以及一行、怀丙的成就，也并不足以支持佛教对中国古代科学技术发展有促进作用的结论。事实上根据一项针对中国古代科技名人的不完全统计，僧侣远算不上一个科技名人辈出的群体——无论就他们在中国古代科技名人中所占的比例而言还是就实际人数而言（马忠庚，2007：313-345）。显然，"五明处"传统带来的利好并不足以完全抵消其他因素对科技的消极作用。并且还必须指出，"工巧明"并非等同于科学技术，而是包括"农，商，事王，书，标、计度、数、印，占相，咒术，营造（建筑、雕塑），生成（养殖技术），防那（纺织、编织、缝纫），和合（调解争讼），成熟（烹饪），音乐等十二种"①，实际上有点儿像儒学知识体系中的诸子学，比之道教的众术则内容更加驳杂。并且类似于儒学的本末之辩、道教的三重境界说，佛教对"五明处"的知识也有明确的等级、本末划分。佛经上明确规定，"五明处"的修行应当次第而取，先是"内明"，而后"因明"，再后"声明"，再后"医方明"，"工巧明"仅仅被放在最后一位，与儒学和道教尊经重道、贱技轻术的理念不谋而合。且儒家、道家知识体系中尚有比较集中地集录各种自然知识和技术的部分，如子部、太清部、众术类等，而佛教的知识体系，如前面所列举的，无论按三藏之分，还是按十二类之分，都完全没有这样的子类别存在。佛经中的自然知识，只是以比它们在儒学和道教知识体系中更零碎的形式散落在佛、菩萨、国王们的问对中。

第三节　国家机器中的科技事务

以上讨论了科学技术知识在中国古代三种主要学术系统中的存在状态。然而如前所述，学术系统只作用于这些知识中知的维度，另有一套系统通过作用于行的维度而支持着科学技术知识在古代社会中以另一种形态存在和发展。这一系统，在粗略的意义上，可以姑且以"技术系统"来代称。它与学术系统尽管不是完全隔离的，但却是相对独立的。

技术系统内部又可以分成两套能够各自独立维持自身运转的子系统——官府系统和民间系统。二者有不同的资源获取途径和运行规则：前者寄身于庞大的国家机器之上，隐匿于形形色色的官僚机构之中，依靠政府制度性

---

① 《瑜伽师地论·卷十五》（弥勒论师，2008：352-353）。

的拨款和俸禄为生；后者则散落民间，通过朴素的民间商业行为，依靠出售技术服务来维持生存。作为官僚体系的一部分，前者的运行不仅受到技术活动内在规律的制约，更重要的是，它要受到中国古代官僚制度运行规则的支配，而且如果技术规律和官僚制度发生冲突（这种情况并不少见），几乎每一次，被无视和牺牲的总是技术规律；相比之下，后者的运行逻辑要简单纯朴得多，但也并不是只受技术本身的规律支配的，除了技术规律外，它还要屈从于商业规律的支配。不过尽管在资源来源和运行规则上各自自成体系，这两个子系统间的人员、信息和资源交流却频繁到足以将它们联为一个整体。民间的技术人才经常被吸纳入官府系统——有时是通过为充实官方技术队伍而进行的对民间优秀人才的不定期选拔，更常见的是官府直接临时性地雇佣民间高手来提供服务；相反，优秀技术人才脱离官府系统重回民间的情况也不少见，至于既在官府系统中当差，又在民间开业或授徒，从而把宫廷中的先进技术传播到民间的，历朝历代更是屡见不鲜。

以下本书将以官府技术系统为例，讨论古代科学技术知识在社会技术系统中的存在方式。作出这样的选择首先是因为相比于官府技术系统，民间技术系统庞大、散乱、纷杂，至今恐怕还没有任何学者有能力对其做出全景式的梳理。与此相反，官府技术系统，由于其规模的有限性，要容易把握得多，史料也更加集中。其次，尽管规模比民间系统小得多，在整个社会技术活动中所占的比重也小得多，但官府技术系统中所涉及的技术门类还是比较齐全的，基本上能够覆盖民间系统中存在的大部分门类，甚至还包括某些民间系统中难觅其踪的门类，因此对中国古代技术系统的整体状况有较好的典型性和代表性。最后，尽管民间系统中的从业者数量远多于官府系统，在社会经济之中的比重也远大于官府系统，但官方技术人员为进行一项技术活动而能够调动的社会资源是任何民间技术人员都达不到的。也就是说，他们代表了中国古代技术在经济许可范围内的极限水平。且尽管民间系统中的最高技术水平者经常超过官府系统（正如后文中将要提到的），但就总体水平而言，在一般的情况下后者肯定是能够达到甚至超过民间系统的中等偏上水平的。因此，即使官府技术系统并不总能代表中国古代技术的最高成就，它们也可以作为评估中国古代技术一般水平的一个比较好的指标。

一、国家对科学技术活动的介入

与西方不同，中国古代一直存在官府介入和参与科学技术活动的传统。

按照英国科学史家罗维（Geoffrey Lloyd）的观点，希腊人一直没能（事实上也不需要）建立起一个发达的国家机器（Lloyd and Sivin，2002：242-245）。用今天的话说，希腊城邦采取的是一种典型的"小政府"的政治模式。这决定了城邦政府既缺乏财力去支持科学研究、购买技术服务，也极少能提出这方面的需求。因此希腊的科学和技术活动主要是通过商业行为和私人资助获取资源的。

而中国，最迟在秦代，就已经建立了强大的、中央集权的国家机器，并且这个国家机器很善于也很乐于利用技术去解决国家治理中的各种问题——从战争到生产。特别需要指出的是，古代中国官府对科技活动的这种介入既不同于科学革命时代的欧洲，也不同于20世纪以来的"国家科学"。

在科学革命时代，各国皇室虽然普遍对科学活动给予支持和资助，如英国国王给皇家学会颁发许可证、法国国王直接出资建立国家科学院，但他们更多的是将新兴的科学作为一种装饰性的事物，并没有指望从中获得什么回报。对技术的发展，他们也并不十分热心——虽然由技术发展带来的经济和军事上的利益是他们所乐见的，但是倒不如说他们更关心经济和军事本身。政府并没有专门的技术管理、促进与推广机构，对本国国内的技术发展只是听之任之，唯一称得上技术政策的，也只是出于商业利益而采取的技术出口限制。只是在一些个别情况下，政府才会主动提出科学或技术需求，并向社会征集解决方案，比如18世纪英国政府为解决海上的经度测定问题而设立的悬赏，但总体而言，当时的欧洲国家还并没有有意识地将科技发展与国家利益联系起来。而20世纪以来，鉴于科学技术对人类社会带来的巨大改变，特别是20世纪上半叶的两次世界大战中科学技术所显示出来的巨大威力，各国都明确意识到了科学技术对国家安全和国内生产力发展的战略性价值，并把科学技术作为国家整体发展战略的一部分，与军事、经济、教育等方面的事务放在一起，统筹发展，这就是我们今天所说的"国家科学"。

而在古代中国，应该说，人们对先进技术与国家利益之间的关系的认识要早得多。中国历朝历代，不但在原则上鼓励技术方面的创新，比如官员或百姓常常可以通过进献某种技术发明或技术方面的著作而获得嘉奖与赏赐（在武器技术方面这样的案例尤其常见），而且常常会动用国家力量去对新技术进行推广——最典型的是在农业领域，汉武帝曾设搜粟都尉一职，专门推广先进的代田法农耕技术，此后历朝历代也多有类似推广农耕技术的举动；另一个例子是北宋时期，一个叫李公义的人进献了一种名为浚川杷的用于疏通河道的新式工具，皇帝命人试验后认为有效，于是竟然专门为这项发明成立了一个称为"浚川司"的新机构，负责使用这种发明疏浚河道①。当然，儒生出身的高级文官们总是会不断地告诫皇帝——正如前面反复提到的——仁德，而不是新技术，才是治理好国家的根本。但基层官吏——具体事务的执行者们，只要它们能帮得上忙，总是很乐于接受新技术。实际上高级官僚们同样不是真的排斥新技术，相反他们在担任下层官吏时往往本身也乐于采用新技术，他们对皇帝的告诫只不过是为了避免皇帝因过度迷信某种新技术而作出草率的决定，比如把胜利的希望寄托在某种新式武器上而草率地发动一场战争，或不顾不同地方的农业条件差异而一刀切地推广某种新农业技术（事实证明这种担忧并非杞人忧天）。

一方面，除了对技术创新的不完全制度化的奖励与支持，朝廷所管理的日常事务中本身就包括很多技术密集型的工作，如修筑城池、兴建水利、饲养战马等，因此管理这些事务的部门都雇佣有大量的相关技术人员，并实际成了（就当时的情况而言）整个国家最大的研发、应用和掌控技术的实体；另一方面，皇帝以及他的朝廷，作为"上天"在人间的代言人，还承担着为天底下的一切事物——包括自然和人事——提供官方解释的责任，比如制定历法、预测日月食、解释地震干旱等灾异，这些都涉及与自然科学有关的知识，需要专门的机构去研究和管理。这两类需求促成了科学技术相关机构在官僚系统内的出现和发展。

二、官僚体系中的科学技术机构

下面仅以北宋为例讨论古代官府中与科学技术相关事务有关的机构设置（表1-4）。

北宋官制杂糅晚唐、五代制度，初期虽然在形式上保留了唐朝三省六部的设置，但其职事多已被沿袭自五代的枢密院、三司等机构架空，至宋神宗元丰年间改革官制，撤并机构，六部职事始得恢复。不过，尽管存在上述问题，北宋中央机构大体的职能划分还是比较清晰的。从大的方面说，北宋中央官署可以分为外朝和内廷两大系统。与国计民生有关的各种行政事务的管理皆在外朝，主要包括三省、枢密院、三司、御史台和群牧司；内廷则是形式上的皇帝私人服务系统，包括打理宫中杂务、照顾皇帝及其家族饮食起居的内侍省、入内内侍省和殿中省，与作为皇帝私人顾问、侍从与秘书机构的翰林学士院、诸殿阁、秘书省、崇文院等。

---

① 《涑水记闻·卷十五》（司马光，1989：295-298）。

表 1-4 北宋朝廷中与科学技术有关的机构

中央官署			机构、职官		执掌	涉及的科技知识	职能	备注
外朝	三省	六部	礼	祠部	医官磨勘、医生试补，校其事而予夺之	医学	管理	—
			兵	职方	掌天下地图，以周知方域之广及城隍堡塞烽候之事，蕃夷归朝内附之事	地理	管理	—
			工	本部	掌经营兴造之众务，凡城池之修浚、土木之缮葺，工匠之程式，咸经度之	工程制造技术	管理、应用、研发	元丰后始实际管理本司事务
				屯田	掌天下屯田之政令	农学	管理	
				虞部	掌山泽、苑囿、畋猎，取伐木石、薪炭、药物，及金、银、铜、铁、铅、锡坑冶废置收采等事	制造、冶金等技术	管理	
				水部	天下川渎、陂池之政令，以导达沟洫，堰决河渠	水利技术	管理、应用、研发	
		九寺	太常	博士	讲定五礼仪式等	自然哲学	研究	—
				协律郎	掌举麾节乐，调和律吕，监试乐人典课	声学	研究、应用、管理	
			太仆		掌天子五辂、属车、后妃、王公车辂，给大、中、小祀牛羊	畜牧、车辆技术	应用	元丰后群牧司职能并入
			光禄	御厨	太官	供御之膳馐，及内外饔饩割烹煎和素膳之事	食品相关技术	应用	—
					珍馐	掌供尚食及内外膳馐米面、饴蜜、枣豆、百品之料		应用	—
					良酝	掌造法糯酒、糯酒、常料之三等酒，以供邦国之用	酿造技术	应用	—
					掌醢	造油醯载，以供邦国膳馐内外之用		应用	—
				牛羊司	掌大中小祀牲牷及太官宴享膳馐之用	动物、畜牧	应用	
			司农		掌仓储委积之政令，总苑囿库务之事而谨其出纳。京都官吏禄廪，诸路岁运至京师，悉掌焉。凡苑囿行幸排比及荐享进御、颁赐植藏之物与造曲糵、给薪炭，皆戒有司以时办具	农学	管理	—
			太府		掌祠祭香、币、帨巾、神位席，及造斗、秤、升、尺	计量	管理	—
		五监	国子	太学		自然哲学	研究、教育	
				算学		数学	教育	崇宁后始立
			少府	本部	掌百工技巧之政令	制造技术	管理	
				文思院	制造金银、犀玉等器物	制造技术	应用	
				绫锦院	掌织纴锦绣，以供乘舆及凡服饰之用	纺织相关技术	应用	
				染院	掌染丝枲币帛			
				裁造院	掌裁造服饰			
				文绣院	掌纂绣，以供乘舆服御及宾客祭祀之用			
				诸州铸钱监		冶金技术	应用	
			军器			制造技术	应用	由三司胄案改
			将作			制造技术	应用	元丰前主要职事归三司修造案
			都水		掌内外河渠堤堰之事	水利技术	管理、应用	
	枢密院				军事决策、军令	各种军事技术	管理、应用	—

续表

中央官署	机构、职官			执掌	涉及的科技知识	职能	备注
外朝	三司	盐铁	胄案	掌修护河渠、给造军器之名物，及军器作坊、弓弩院诸务诸季料籍	工程、制造技术	应用	元丰后废人六部、诸监
			都盐案	掌盐的开采和销售	采矿技术	管理、应用	
			茶案	掌茶叶的种植及销售	农学	管理	
			铁案	掌金、银、铜、铁、朱砂、石炭、锡、鼓铸	采矿、冶金技术	管理、应用	
		度支	发运案	掌汴河、广济、蔡河漕运、桥梁、折斛、三税	交通技术	管理、应用	
		户部	修造案	掌京城工作及陶瓦八作、排岸作坊、诸库薄帐、勾校诸州营垒、官廨、桥梁、竹木、排筏			
	群牧司	左、右骐骥院		掌牧养国马			以枢密使或副使兼判。元丰后职事并入太仆寺
		车营、致远务		掌养饲驴、牛，以驾车乘	动物、畜牧	应用	
		驼坊		牧养橐驼			
		牧养上、下监		掌治疗病马	兽医	应用	
		药蜜库		掌受糖蜜药物，以供马之用			
内廷	秘书省	史馆		编修国史	地理	研究	—
		司天监（太史局）	天文院	掌浑仪台、昼夜测验辰象	天文、历法	研究、管理、应用、教育	太卜隶焉徽宗时算学短暂隶属之
			钟鼓院	掌钟鼓刻漏、进牌之事			
			测验浑仪刻漏所	管理维护和操作使用浑仪、刻漏			
			印历所	掌雕印历书			
	殿中省	尚食、尚药、尚衣、尚舍、尚乘、尚辇六局		供应宫内用度	食品、医药、制造相关技术	应用	—
	内侍省、入内内侍省	御药院		掌按验方书，修合药剂，以侍进御及供奉禁中之用	医学	应用、研究	—
		后苑		掌苑囿、池沼、台殿、种艺、雅饰，以备游幸	工程技术、园艺、植物学	应用	
		造作所		掌造作禁中及皇属婚娶之名拜	制造技术	应用	
		翰林院	天文	掌观测天象，占候卜筮，以其观测所得与司天监对照	天文历法	研究、教育	
			图画		工程绘图、地图测绘	应用、研究	
			医官		医学	研究、应用、教育	—

注：本表根据《文献通考》（马端临，1986：435-610）、《宋会要辑稿》（徐松，1957：2330-4230）、《宋史·职官志》（脱脱等，1977：3767-4156）和《宋代官制辞典》（龚延明，1997）列出。

在外朝诸部门中，御史台仅司职监察，并不涉足具体的行政事务，因此其工作中也基本不会接触与科学技术有关的内容。三省则为尚书省、中书省、门下省的合称，北宋时"三省"之名虽得保留，但实际已合为一署，为北宋最高行政权力机关，以宰相为最高长官，下辖六部、九寺、五监。六部为唐代旧制，是处理各种军国大事的核心机构，其中与科学技术有关的主要是礼、兵、工三部。其中工部所掌多生产、营造之事，与工程技术的关系最为密切，下辖四司的工作内容都与不同方面的工程技术有关。兵部的职事在宋代多被枢密院侵夺，唯独执掌天下地图之任仍由兵部职方司管辖（汪前进，2007）。礼部掌天下考试和各种宗教、礼仪事务，其中的祠部司除管理全国的僧尼、道士外，还负责朝廷聘用的所有医官的考核与资格认定。

九寺管理的主要是一些常备性事务工作，其中与科学技术关系较密切的是太常、太仆、光禄、司农、太府五寺。

其中太常寺尤其值得关注，它相当于当时的全国最高学术机构，掌握着儒家经典的解释权和礼乐制度的制定权，其属官以太常博士和协律郎最为重要。前者相当于太常寺中的首席研究员，通常由德高望重的饱学鸿儒担任，皇帝和朝廷在遇到自然哲学方面的问题时，包括天人感应、五行变化，特别是灾变、异象等，都要由太常博士给出最终解释；协律郎则是乐律问题的专门负责人，由于乐律在儒家体制中是礼仪制度很重要的一部分，因此乐器的音调问题兹事体大，协律郎就是专门负责确定音调、校正音准的，是一个对声学专业知识要求很高的职位。此外与科技知识关系密切的太医署和太卜署传统上也曾隶属太常寺，只是在宋代一改为翰林医官局，归入内侍省系统，一并入司天监，由秘书省管辖。

从科技史角度说重要性仅次于太常寺的是太府寺，其负责管理朝廷各种重大祭祀仪式中所用的器物，其中最为重要的是，它担负着制造和保管作为全国度量衡标准器的斗、秤、升、尺的任务，相当于今天国家计量局的职能。太仆、光禄、司农三寺，太仆掌天子车驾、光禄掌天子饮食、司农掌管天下农业和粮仓，其部分工作分别涉及畜牧、车辆技术、食品相关技术（包括酿造发酵技术）和农业科学技术。

五监同样属于事务性机构，但所管理的工作较九寺更为具体。实际上，除国子监以外，其他四监都是专司兴建、造办工作的机构，相当于国家建筑队和制造工场。其中，都水监专管水利工程的兴建、维护与相关政令；军器监专管军械的研发、制造；其余各种制造、营建方面的工作分属少府、将作二监。大抵织物、珠宝等精细的制品由少府监造办，宫室营建及打造大型器械等粗重的工作由将作监负责，同时少府监还负责管理天下工匠与相关政令，以及北宋政府在全国各地设立的铸币工场。至于国子监，作为全国最高学府，是太常寺之外的另一个国家级学术中心，也设有博士等学术职位，但其职能以教育为主，研究性弱于太常寺。另外，北宋末年设立的算学最初曾短暂隶属国子监。

三省之外，牵涉科学技术工作同样比较多的还有三司。三司内部包括盐铁、度支、户部三个部门，这三个部门在唐代原属户部系统，由于其控制天下财税，责权太重，故唐末被从户部中单独析出，设三司使，不经宰相直接向皇帝负责。三司在元丰改制前掌北宋财政大权，其下辖的三个部门都有工程技术方面的业务。其中，盐铁司掌收盐铁山泽之利，用现在的话说也就是管理矿冶和工商业、收缴商税的部门，尤其盐、铁、茶等重要经济产品，在宋代实行专卖，是国家的重要战略物资与财政来源，这方面的生产技术发展也因此关系到盐铁司的工作成绩。此外，除被服以外军用物资的制造、采买、提供，在宋初也由盐铁司负责，因此该司下还曾设有负责制造军械的胄案，后期并入军器监。度支司掌管天下的仓储和财政开支，仓储物资（主要是钱粮）的发运也在其管辖范围之内，故设发运案，其日常工作主要与运河、桥梁，以及其他交通方面的技术有关。户部负责掌管全国的户口，收缴全国的农业税（古代的主税种）和酒税，此外中央直属的一些手工工场、水利和城池的营建队伍，最初也归户部司管辖，为三司修造案，后划归将作监。

除此以外还有枢密院和群牧司。前者是北宋的最高军事决策机构，地位、权力与三省相当，二者并称"两府"。与军事有关的各种技术和自然知识，枢密院均有涉猎。群牧司则是北宋为管理马政而专门设立的机构。由于骑兵在古代战争中的战略性地位，特别是由于终北宋一朝，一直受到辽和西夏两个游牧民族政权的军事威胁，因此北宋政府极为重视马政，特于两府、三司之外别设直接向皇帝负责的群牧司，以枢密使或副使一员兼任群牧使。群牧司除饲养战马外，还饲养驴、牛、骆驼等役畜。除日常蓄养管理牲畜的机构外，司内还有专门提供兽医治疗和兽药的牧养上、下监与药蜜库。直到元丰改革官制后，群牧司才被废除，职能并入太仆寺。

在内廷诸机构中，与科学技术有关的主要是内侍省、入内内侍省、殿中省和秘书省。

秘书省本为掌管宫内藏书的机构，相当于国家图书馆，唐代将太史、著作两局归入秘书省，使秘书省承担起编修国史的职能，宋初别置崇文院管理宫内藏书，于是修史反而成了秘书省唯一的专职工作。中国传统史学本就涵盖了地理学（以人文地理为主，含少量自然地理），相应的，各种地理志的编修也作为秘书省工作的一部分，由史馆承担。

秘书省内另一个与科技有关的重要机构是司天监，元丰后从古制改称太史局。由于史学研究与天文历法关系密切，因此司天监在北宋被遵照传统放在掌修国史的秘书省编制中。司天监下设天文院、钟鼓院、测验浑仪刻漏所、印历所。其中掌管观象台，专门负责观测和记录星象的是天文院；钟鼓院则掌管设于皇宫文德殿内的钟鼓和刻漏，负责皇宫及整个京城的守时、报时；印历所负责编写和刊印历书。除此之外司天台内还单独设有一个被称为测验浑仪刻漏所的机构，宋初文献上也经常称为"测浑仪"[1]。从文献记载看，遇有重要天文观测任务，北宋政府都会下旨要求司天监（太史局）天文院、翰林天文院（见内侍省部分）和测浑仪所三个机构分别派遣人手做好观测工作。由此看来，这很可能是一个专司使用天文仪器观测（区别于天文院的一般观测），并负责维护、保管仪器的机构。另外原隶太常寺的太卜署[2]在宋初也划归司天监管理，但不置专官。北宋末期司天监还曾短暂地将成立不久的算学收入旗下。

殿中省最初专门负责管理皇帝的吃穿用度，北宋前期一度被架空，职事分由内侍省和诸寺监承担，属官沦为寄禄官[3]。宋徽宗时恢复殿中省的职权并有所扩充，使之成为执掌宫内一切后勤器用的机构。殿中省内设尚食、尚药、尚衣、尚舍、尚乘、尚辇六局，北宋末年又将原属内侍省的尚衣库和御药院并入。其中尚食、尚衣、尚乘三局分掌皇帝饮食、穿戴和御马饲养，职事与光禄寺、少府监、太仆寺等有部分重叠，所涉及的技术和知识也与这三者一样，包括食品相关技术、纺织技术和畜牧、兽医知识。尚药局和御药院共同负责供奉御药，除采购、炮制、管理药物的药工之外，也设有医官、医师编制。尚舍、尚辇二局一掌皇宫的打扫、布置，一掌皇帝出行仪仗，其法定职责里并没有太多直接的技术性工作，但其工作中需要管理的器物用具众多，尤其尚辇局管理皇帝舆辇，必以保证车驾出行的安全可靠为先，故日常修理维护也需要常备一些手工艺方面的技术人员。

内侍省是皇宫中所有内侍宦官的管理机构，北宋后期增设入内内侍省，

---

[1] 按《宋会要辑稿·职官十八》："熙宁二年（1069年）二月，提举司天监司马光言：'……宋朝旧制，司天监天文院、翰林天文院、测验浑仪所每夜专差学生数人台上四面瞻望流星，逐次以闻，及关报史馆。缘流星每夜有之，不可胜数，本系国家休咎，虽令瞻望，亦不能尽记，虚费人工，别无所益。况测验浑仪，近置刻漏，及专用浑仪考察七政，以诸历疏密，委实无暇更瞻望流星云气。'"（徐松，1957：2795-2796）当是熙宁初在原测验浑仪所中增设了刻漏。

[2] 虽然古代占卜之术除了个别方法涉及少量数学方面的内容外，其绝大部分内容皆属荒诞不经的神秘主义糟粕。但作为一门古代学术，它的知识系统的形态与现已被纳入现代科学的天文学、医学的知识在当时的形态十分相似，它们在古代社会中的命运在很大程度上也同病相怜。

[3] 仅用于标识、计算官员的品级和俸禄，而无实际执掌的虚职。

所辖之内侍有权出入后宫禁地，地位较内侍省更高，但二省的执掌并无明确区分。内侍在身份上为皇帝个人的家奴，因此除了照顾皇帝的饮食起居、随侍听用，皇帝的私人事务、私人财产，包括以皇帝个人名义设立一些机构（如翰林院），管辖权都归在内侍省名下，内容包罗万象。不但对外朝系统中已有执掌的各种工程技术类工作，内侍省都另有自己的一套机构和技术队伍，而且对一些外朝机构没有触及的知识和技术，内侍省也有涉猎。

其中最重要的一个机构是翰林院。宋代翰林院为翰林天文院、翰林御书院、翰林图画院、翰林医官院的总称[①]，除御书院专研书法，纯粹属于艺术范畴以外，其他三院的工作都与科学技术有关。翰林天文院是独立于司天监外的独立天文机构，拥有自己的观测器材与编制，但观测与研究结果并不对外公布，也不作为编修国史的依据，仅供皇帝个人参考，并用于与司天监的观测记录相对照，以起到鞭策和监督司天监工作的作用。同时翰林天文院也起着国家天文人才储备库的作用。

翰林医官院则是北宋的太医院，承担着前朝太医署的职能。翰林医官院与御药院及殿中省尚药局的区别在于，后两者的职责更为具体，仅限于照料皇帝本人和后宫眷属的健康，最多在极个别的情况下受皇帝委派去为勋贵重臣诊病、赐药，以示皇恩浩荡；而翰林医官院的职能则更加广泛，除了为皇帝及其家族诊病，翰林医官院还要为京城百官的健康保健工作负责，甚至受皇帝委派去为军队、地方百姓服务，同时医官院还肩负着全国医疗政令的议定、官方医疗人才的培养，乃至医学技术、知识的研究整理等职能，所以研究探索性更强。另外，御药院和殿中省尚药局承担着供应御用药品的职责，翰林医官院则只负责诊病开方，不负责抓药。

至于翰林图画院，虽然绝大多数绘画仅属于艺术范畴，但其中也包括一些实用性门类，比如以刻画机械、建筑细部结构而著称的界画，以及勾画山川地形的技术。宋代史料中就有皇帝派遣翰林图画院的画师帮助军器监等机构绘制技术图纸，以及分赴诸路测绘地图的记载。

在工程技术方面，内侍省设有后苑和造作所两个机构。后苑负责皇家苑囿的兴建、管理与维护，其工作不仅牵涉到将作监触及的土木工程知识、都水监触及的水利知识，以及花卉园艺方面的知识，而且还需要园林整体设计规划方面的学问。造作所则是在后苑中分设的一个独立机构，负责为皇帝

[①] 宋代翰林院制度沿袭自唐代，是皇帝豢养相关方面人才以备听用的机构，入选者实为皇帝的私人门客，在官职待遇上属伎术官序列，品级地位极低，升迁缓慢，同时不许转任他职。除翰林院外另有翰林学士院，为皇帝的私人参谋与秘书机构，翰林学士皆由皇帝亲信的高级文官充任，可参与军国机要的讨论并向皇帝做出建议，并负责替皇帝起草命令、文书，地位显要，是与翰林院完全无关的另一个机构。

制作和研发新奇、稀有的珍宝玩物。这两个机构都是为满足皇帝个人的消遣、享乐需求而设的。虽然从儒家观点看它们不太符合"节用爱民"的道德教化，虽然其所从事的正是儒学家们最切齿痛恨的那种有害于"醇厚风俗"、有害于增进君主仁德的"奇技淫巧"，但仅从技术成就来看，内侍省比外朝诸部寺监都要有作为得多。宋代史料中就记载过很多拥有杰出技术才能的宦官，比如独立发明了固定式干船坞的黄怀信①，以及在北宋政治史上也很有名的宦官宋敏求。

三、官府科技系统的效能

综上所述，可以看到带有科学技术性质的工作在北宋政府的日常工作中占据着非常大的比重。但必须注意，如表 1-4 所示，这些政府部门绝大部分是作为科学技术的应用者出现的，其次是作为管理者，涉足科学技术的研究和教育的则只有极少几个个例。当然，科学研究本非政府的本职工作，这里之所以提出这一点，是要强调，北宋政府虽然已经在国家治理中大量地使用科学技术，但是对于科学技术（或者说带有科学技术性质的古代知识）本身的发展以及人才队伍的培养，却几乎（如果不能说是完全的话）没有任何制度性投入。在以上这张冗长的机构列表中，只有太常寺、国子监、秘书省和翰林院下属的部分机构勉强算得上比较纯粹的研究和教育机构。其他机构，即便附带从事一些研究或研发工作，也只是针对他们具体面临的应用性任务，各种与工程技术有关的部门尤其如此。至于上述几个机构中以学术研究为主要本职工作的，则只有太常寺和隶属于秘书省的史馆。但他们研究的内容从根本上说还是儒家传统的经学和史学，尽管现在我们可以认为其中的部分内容与自然科学有关，但二者的目的、理念和学术旨趣毕竟是完全不同的。

另外，学术旨趣上与现代科学中的相关学科比较接近，并有传承关系的天文学、医学、数学、农学和地理学的分支——地图学等，尽管都能在北宋政府系统中找到对应的官署，但却没有一个是为研究目的设立的，甚至带有研究性质的都不多，只有天文学和医学的相关机构勉强算得上。与农业有关的司农寺和与地图有关的职方司则完全是行政管理机构，他们既不负责农业技术、农作物品种或绘图技术的研究创新，也不负责培养农学家和制图人员，甚至连直接的农业生产或绘图工作都不参与。

---

① 黄怀信所建船坞是中国记载中最早的固定式干船坞。很多学者认为这也是全世界最早的这种类型的船坞，但也有人提出，根据考古遗存，巴比伦人应该已经发明了同类船坞。不过后一种说法尚未有定论（伊永文，1993）。

司农寺只负责督促农业工作的开展、收缴农税和制定农业政策，充其量在一些朝代，他们会以提高农业生产率为目的编纂、颁行一些农书（如元代的《农桑辑要》），但并非常例。相反，更多的农书还是出自更接近生产第一线的地方基层官员（如贾思勰、王祯）和乡村知识分子之手。

而职方司更加消极，可以说只是一个地图的存放机构。真正的地图绘制工作通常由州县地方官组织人员实施，但具体承担任务的是什么人，他们是否会被要求具有某种专业资格，则不得而知。当然如前文提到的，翰林图画院的画师有时会接受一些绘制地图的工作，但这显然不是惯例，事实上这种情况有据可查的记载只在宋真宗时出现过一次。另外，边疆地区的守臣和将领，出于军事上的需要，经常会使用和绘制军事地图，并熟知山川地形及制图方法中的利弊，因此有时也会绘制一些高质量的地图，甚至将自己总结和创造的地图理论、绘图技术总结成书，进献朝廷。但没有证据表明这些知识成果在进献朝廷后得到了任何的整理和推广，或存在任何研究这些知识的机构。

还有一个例外是算学，尽管在北宋它存在的时间极为短暂，但它确实既不是一个应用性机构，也不是一个行政管理机构。问题在于，它同样也不负责研究。从目前所见有关算学制度和职能的所有记载来看，它应该只是一个纯粹的教育机构，并且培养目标是从事账务等需要数学技能的工作的基层小吏。尽管从算学曾隶属司天监的事实来看，它可能也承担过一些辅助天文计算的工作，但这仅限于推测，并且显然不具有一贯性。更重要的是，即便作为教育机构，算学也并没有培养出什么优秀的数学家。尽管宋代在中国古代科学史上以数学发达著称，但历史上留下名字的宋代数学家没有一个能与算学扯上关系。

可见古代中国官府对科学技术工作的介入与现代国家对科学的制度化支持完全不同。尽管同样是明确地以国家利益为目的，但是现代国家不但有意识地支持和发展科学技术，而且它们支持的是整个科学研究和技术创新的事业，而不是只在遇到具体的科学或技术问题时才临时抱佛脚[①]。这种支持建立在这样的信念上，即坚信科学技术，作为一项整体的事业，其发展最终能够为国家带来利益、提升国家的综合竞争力。而这种信念只是在科学革命以后

[①] 当然，在现代的国家科学体制中，政府也需要根据国家需求有针对性地投放科研经费，并且所有国家的科研经费投放都面临制度性支持和项目支持、基础性研究和应用研究的矛盾。但这是国家科学运行中的第二层次的问题，即科研经费如何分配的问题。而第一个层次的问题，即国家应该对科学研究和技术研发提供支持并尽可能地促进其发展的问题，则是没有争议的，这一判断并不以某项发现或发明能够带来什么利益的具体预期为前提。

才首先在西方出现,并逐渐为全世界所接受。

  由此可以理解中国古代的官府介入对科学技术发展的双重影响。一方面,较西方文明更早、规模更大,并且更加制度性地在国家的治理中运用科学技术,这是古代中国能够在技术上取得辉煌成就的原因之一。但另一方面,对科学技术的功利主义态度和短视使古代中国的官府既不会像科学革命之初的欧洲国家那样给予科学技术不附加条件的支持,也不会像现代国家那样为国家的长远战略利益制定持续且长期的科学技术发展规划,当然也不会为某一自然科学或技术研究领域提供制度性支持(军事技术可能除外,但严格地说,军事技术并不是一个专门的技术领域,而是一个综合性技术领域)。而将这一不利因素予以放大的条件,正是前文曾经提到的:在中国古代,官府系统往往是能够为一项事业提供最大宗资金的资助者,与之相比,其他社会力量所能提供的支持简直不值一提。而这一结果又是由古代中国中央政府一极独大的政治传统决定的。与科学革命时期科学技术事业在获取资源方面可以有多种选择不同,在古代中国,如果无法从官府获得支持,则基本上也很难从其他地方获得发展所需的资源。

第二章
宋人职业兴趣的计量研究

在理解科学技术在古代社会的存在形式的基础上，本章将讨论1001～1120年宋人职业兴趣的变迁趋势，特别是与科学技术有关的各种职业兴趣变迁的趋势。为此本书借鉴罗伯特·默顿的工作（默顿，2000），采取计量研究方法。

第一节 资料来源

为进行这样一项计量研究，本书选用的资料来源是商务印书馆1921年版《中国人名大辞典》（简称《大辞典》）。从某种意义上可以把这部书视作英国《国民传记辞典》在中国的对应物，它是中国第一部专门的人物传记辞典，也是最著名的一部。其书"起自太古，断于清末。依据经史，参考志乘及私家撰著各书，偏征金石文字。凡群经重要人名、上古圣贤、历代帝王诸侯，及正史有传之人，无论贤奸，悉为甄录……其它经史所不载，或以著述书画名家，或以工商医卜及各种艺术闻世，以至有名仙释、著称妇女，旁及佣贩屠沽，轶事流传，咸资刊载"[1]。即便不是对于中国"历史上所有取得一定的出众程度的人物都有所提及"，也可以说达到了当时所能达到的最好水平，且至今仍是关于中国历史人物的最全面和最优秀的传记辞典。

---

[1] 《中国人名大辞典·例言》（臧励和等，1921：1）。

同时，这部辞典还有另一个优点——它所采用的史学范式与中国传统史学范式是一脉相承的。辞典所有条目的编写完全以史料的原始记载为蓝本，几乎从不加入编者个人的主观评价。这不但保证了条目内容的准确性、客观性，还能使我们真实地了解到人物在他自己的时代所受到的社会评价，有助于了解当时社会的主流价值取向，而避免了很多现代文献中的辉格主义和意识形态干扰。

不过，受时代所限，《大辞典》作为资料来源也存在一些固有的缺点。

首先，《大辞典》中存在大量直接引自《万姓统谱》《古今图书集成·氏族典》和各地方志的内容，有些人名甚至仅见于这些成书于南宋以后甚至明清的文献。而这些文献本身的可靠性又并非完美无缺，尤其在一些方志、族谱中，甚至存在刻意穿凿杜撰，抬高自己祖先、乡贤的现象[1]。对此，《大辞典》的编者们也有清晰的认识，并已"广为考订，期于正确"[2]，但正如编者所言："鲁莽灭裂之讥，同人虽兢兢不敢自蹈，然心思所未及，耳目所未周，挂漏讹误，尚恐未免"[3]，因此部分错误还是被因循到了《大辞典》中。更何况有些人物的生平史料本就自相矛盾、莫衷一是，便是今日之学界亦未尝能尽辨其真伪，就不要说成书于20世纪初的《大辞典》了。

为弥补这一缺陷，本书参照《宋史》、《隆平集》、《东都事略》、《续资治通鉴长编》（简称《长编》）、《建炎以来系年要录》（简称《要录》），以及宋人文集中的墓志、行状、答和诗文[4]，以及《宋人传记资料索引》等今人研究成果，对研究中涉及的所有样本进行了逐一校正。其中，《宋史》虽成书于元代，且多据宋人著作转抄而成，严格说算不上真正的一手文献，但其优点在于收录宋人史传数目最多，对各人事迹的记载也较为全面，可最大限度地保证资料来源的统一性。而成书于北宋中后期的《隆平集》和成书于南宋的《东都事略》两部别史虽然在记载宋代历史的纪传体史书中成书最早、文献价值最高，但《隆平集》的记载仅止于宋英宗，而《东都事略》的记述又常常过于简略，准确有余而详尽不足，因此只能作为《宋史》的辅翼。至于墓志、行状之类，由于每一篇都出自不同作者之手，缺乏统一标准，繁简详略各不相同，且其中充斥着对记述对象的溢美之词，因此很难作为理解被记述者真实成就的可靠依据，但其优点是在时间上与被描述者最为接近、来源

---

[1] 需要说明的是，这里并非是要批评《大辞典》的编辑方针。事实上，在任何此类史料汇编中都时常会遇到这样的问题，资料的全面性和可靠性正如量子力学中的一对互补量，不可兼得。从另一个角度说，对此类史料的兼容并包，也正是辞典全面性的倚仗。
[2] 《中国人名大辞典·例言》（臧励和等，1921：2）。
[3] 《中国人名大辞典·例言》（臧励和等，1921：3）。
[4] 此类资料由于数目众多，此处不便一一列举，请参见《宋人传记资料索引》（昌彼德等，1986）。

最可靠、叙述最精详，特别是对于正史无传的人物，墓志、行状更是考证其生平行止的唯一依据。此外，成书于南宋的《长编》《要录》虽非纪传体史书，但论及对北宋及南宋初年各种国家大事的记载，则精确详尽无出此二书之右者。特别是书中对朝廷重臣之升黜、迁转、致仕、亡故皆有精确到日的记载，是确定这些人物生平仕履的重要依据。

根据这些史料的不同特点，本书以《宋史》作为校正过程中使用的最基本文献，资料中凡事关人物主要成就和总体评价的问题，皆以《宋史》为准；而在生卒年月、爵禄里籍等细节问题上，如存在多种说法互异或《宋史》语焉不详的情况，则首以墓志、行状为准，次以《长编》《要录》证之，再以《隆平集》《东都事略》核之，并以今人考证参之，如仍然无法定夺，则选取几种说法中可被最多独立史料支持、最合情理的一种作为统计依据。如果上述几种文献都无法提供有效信息，而不得不权取明清著作和方志、族谱之说，那么也必将其内容与相关的宋代史料相比对，无明显乖诞、矛盾之处方予采信（所幸这样的条目并不是很多）。经过这些处理，尽管仍不能声称已经确保了所有数据的百分之百准确，但有理由相信，目前数据的误差应该已经被控制在了可接受的范围之内。

其次，虽然《大辞典》的编纂者在全面性方面已经做出了他们能够做出的最好表现，但仍然存在遗漏历史上比较重要甚至非常重要人物的情况。比如，南宋末年困守襄阳的吕氏兄弟，在辞典中竟只字未被提起；而历来极受科技史学家重视的卫朴、韩公廉等人，也同样榜上无名；至于史书中仅存其名，而既不见于碑传，亦无序跋、表状可记其行止的一般天文学家、医生和技术人员，就更难在《大辞典》中觅其踪迹了①。

尽管如此，本书并不打算利用其他文献来弥补这些"缺陷"。因为这很可能将另一种更严重的主观性引入到研究结果中。更重要的是，这里进行的是一项统计研究，且研究目标是了解宋人对职业兴趣的选择情况。至于这些研究对象在进入他们所选择的职业兴趣领域后能取得多高的职业成就，则并不在本书的考虑之中。换句话说，统计中所涉及的所有入选者，无论其知名度和成就高低，每个人对结果的影响都是平权的。因此，只要不是有意识地丢弃和篡改信息，那么即便《大辞典》中确实遗漏了一些我们现在认为重要或确实重要的人物，也不至于对最终统计结果造成不可控的影响。

---

① 以《宋史》天文、律历、河渠、舆服、乐、兵诸志和记载有宋一代文物故实最为详备的《玉海》诸门中曾经提到过的生活在11世纪到12世纪初的科学技术人员而言，其名不见于《大辞典》者，粗略统计就有二三百人。除卫朴、韩公廉外，姚舜辅、舒易简、黄怀信等众多优秀的天文学家和工程师皆在其列。

上述断言建立在如下假设上：如果这些遗漏只是编纂者在抄录资料时偶然失误造成的误差，那么从理论上说，这些误差在各个年代、各个领域中的分布就应该具有一种统计学上的均匀性。也就是说，在样本足够多的情况下，它们对最终的结论不应构成实质性的影响。

而如果这些遗漏是由编史者对某个特定人群的系统性忽视所致，那么它们更不应该成为我们取得正确结论的障碍。因为如果将目标人群看成一座根据成就和知名度排列的金字塔，越接近塔顶的人成就和知名度越高，那么有理由相信，能够在编史者的记录中留下名字的，将总是这个人群中相对更靠近塔尖的一群——无论编史者对这个人群整体的重视程度如何。也就是说，即便编史者遗漏掉了一些今天被认为很重要的人物，我们仍然可以期望这个人群中（至少在当时看来）最知名人物能够被如实地记录下来，且被记录下来的人物数量与这个群体本身的规模成正比。因此只要不是极端情况（比如入选人数低到仅有个位数甚至0），我们总能将入选者人数视为对这一群体真实繁盛程度的近似正确的反映。

最后要讨论的是前人曾广泛讨论过的倾向性问题。

在上面关于入选人物全面性的讨论中，实际已涉及了《大辞典》中与职业兴趣有关的倾向性。但这仅仅是其中一个方面的倾向性。事实上，不仅是不同职业兴趣领域间存在着受关注程度的失衡，不同年代、不同地域、不同学术派别间都存在着这种情况。

这种倾向性与其说是由编纂者导致的，倒不如说是由编纂者引用的史料导致的。《大辞典》在"例言"的第一条中就明确声明，以"轶事流传，咸资刊载"为编纂方针。这一方针有效地限制了编纂者们根据自己的意志筛选史料。但也正因为如此，史料本身所包含的倾向性被不加辨别地传递到了《大辞典》中。尽管随着所引用史料种类的扩大，掺杂在单一史料中的倾向性将被尽可能多地抵消，但是受整个社会主流文化价值观所限，历史上总有一些职业兴趣领域、一些年代、一些地域或一些学术派别会比另一些得到更多的记载[①]。

在其著作中，默顿曾讨论过不同职业兴趣领域间倾向性的问题。他指出："这样一种倾向性会破坏对十七世纪间不同领域的相对重要性进行比较的可能性。可是，这绝不会影响对该世纪里统一领域内的起伏情况加以比较的可能性。"他同时还设计了一套用来"消除这一因素的任何消极影响"的

---

① 比如，《大辞典》对于方志史料的兼容并包就导致在那些较注重地方修纂的地区，特别是福建、浙江，入选《大辞典》的人数要比其他地区多得多。

方案:"设定任何领域里的总人数为百分之百,而任何给定的五年期间的频率则表示为一个相应于总数的百分比。"(默顿,2000:41)

这套方案似有多此一举之嫌:既然上述比较本来就限定在各个职业兴趣领域的内部,那么是否将给定五年期内的频率表示成该领域内所有人选者总数的百分比也就没有多大的影响了(实际上,按百分比绘出的曲线与直接根据人数绘出的曲线在形状上完全一样)。不过,用百分比来消除倾向性,这种思路还是十分有益的。特别是可以用它来解决默顿没有考虑过的年代倾向性问题。这个问题也许在以17世纪英国为目标的研究中并不明显,但它在本书中却不容忽视。因为在中国古代史中的不同时代,根据当时的编史者不同、社会文化繁荣程度不同,以及社会稳定程度不同(比如战乱造成的修史工作的荒废或历史文献的遗失),所遗留史料的详略程度可能有很大差别①。事实上,在本书的统计中,入选样本数量就显示出了极其规律的随时间上升的趋势(图2-1),这充分说明这种年代倾向性不但存在,而且有明确的方向性。

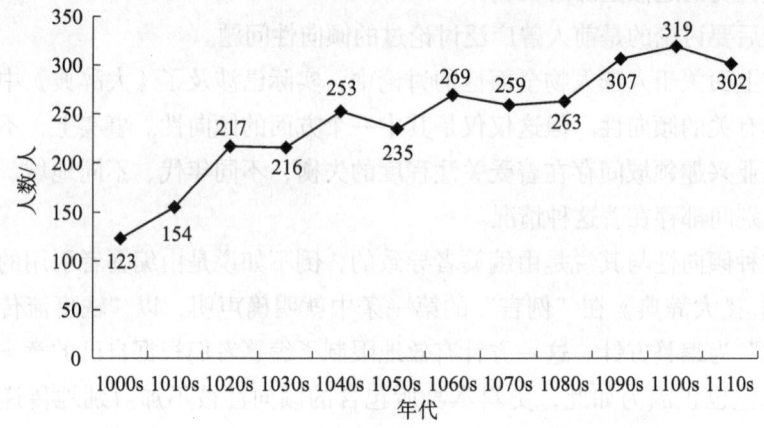

图2-1 入选样本随时间变化情况

为消除这种年代倾向性带来的误差,本书借鉴默顿方案,并改为用每个时段中进入某领域的人员数除以本时段中《大辞典》收录的总人数,求出这个时段中有多大比例的社会精英人物曾对本领域产生过兴趣。我们当然不能确保这一比例就是每个领域在当时社会中相对重要性的真实体现(默顿,2000:41-42),但通过研究这一比例随时间的增减,却可以大致看出各领域

---

① 以宋代编年体史料中地位最为重要的《长编》为例,关于太祖时代的记载年止一卷,至太宗末年扩展到一年两卷,而记载到神宗时代的时候就已经扩展到每月一卷了。这种趋势同样体现在《大辞典》提供的数据中。在本书所划分的12个时间段中,从最初的宋真宗初年到最后的宋徽宗时代,单一时间段内入选的总人数相差了近2.5倍。很难相信这种增长幅度是对各领域中杰出人物增长速度的如实反映。

在不同年代内受关注程度的变化。而且关键在于，这样可以消去年代倾向性的影响。

除了年代倾向性问题，本项研究还面临着一种有效的质疑：编纂者对某一领域本身的重视程度是否保持恒定（王成海等，2007）？对于一批固定的编纂者，也许的确"没有理由猜测"他们"在关于不同职业领域的相对重要性方面的态度上会有任何可察觉的变化"（默顿，2000：41）。但是当这种倾向性根植于由不同时代的众多编史者记录的史料时，这种担心就变得比较现实了。

但是对此作者也有理由做出辩护。首先，由于《大辞典》的记载并非根源于单一史料，而是"广为考订，期于正确"①，因此有理由相信，单一编史者个人的倾向性已经在《大辞典》的编纂过程中被削去了，所遗留的都是符合当时社会风尚的带有普遍性的倾向性。而整个社会风尚的改变，无论在任何一个社会中，都不太可能突然发生，而是通常要经历一个漫长的渐变过程。因此，尽管在一个较大的时间间隔内可以明显地看出这种倾向性的改变，但在相邻的较短时间内，有理由假设它不会发生太大的变化。套用一句自然科学的术语，可以把这种变化想象成"准静态的"。换句话说，尽管随时间变化的倾向性确实可能影响我们对某一领域内繁荣程度总体变化趋势的理解，但统计数据所反映出的这一领域在相邻时间段内繁荣程度的增减关系应该被认为是大致符合现实的。

至于地域倾向性和不同哲学流派间的倾向性（比如记录中程朱门人所受到的偏爱），其所导致的人数上的差异本身并不特别值得担心。因为某个地区或某个哲学流派入选人数的增多往往意味着这个地区或这个流派的一种真实的繁荣，他们被记录得更多，意味着他们掌握的社会资源更多，对整个社会风尚的影响作用更强，因此他们所带来的统计结果的变化是有意义的。相比之下，更令人担心的倒是与此相伴的入选标准的失衡。也就是说，某些地区（如福建、浙江）或学派（如程朱理学）的成员只需更低的知名度和更低的才能就可以被选入《大辞典》。由此带来的麻烦在于，要忽略这一事实对统计结果的影响，就不得不假设知名度或才能水平不同的人群在各项指标上服从同样的统计分布规律。幸运的是，就目前所掌握的情况而言，还找不到明显的证据能证明知名度和才能与其他统计指标间存在任何可察觉的关系。

---

① 《中国人名大辞典·例言》（臧励和等，1921：2）。

第二节 数据处理

本书处理数据的方法是在参考了默顿的工作后结合本书研究对象与研究资料的实际情况制定的。在《大辞典》正文和补遗中收录的四万五千余位中国历史人物中，筛选出生活在1001～1120年的2920人①，为他们建立数据库，并将他们按照每十年一组划分为12组，分别进行统计。

一、时间分组方式

关于"生活在1001～1120年"这一概念，本书的定义与默顿略有不同。在默顿的作品中，他以每个人"初始兴趣发生的大致时间"（默顿，2000：38）作为时间划分的依据。但这在本书中很难实现，因为无论是在简明扼要的史传中，还是在充满溢美之词的行状、墓志、墓表中，关于所谓"初始兴趣"发生时间的信息都是可遇而不可求的。与之相对的是，在本书的研究资料中，关于人物步入自己职业领域的初始时间（简称"入职时间"）大部分是可知的。因此本书将"生活在1001～1120年的人"定义为在1001～1120年步入自己职业领域的人。同样，对12个时间组的划分也是根据这一标准进行的。有理由相信这一调整不会令研究的性质发生本质上的变化。因为如果假设"初始兴趣发生"和"步入职业领域"是每个人都必然经历的两个人生阶段，并且这两件事发生的年龄都存在一个适用于群体内大多数成员的最可几值，那么只需加上或减去一个常数即两个最可几值之间的差，就可以实现两套时间标准的相互转化。这就意味着，最终绘制出的曲线与按照可能存在的初始兴趣发生时间绘制出的曲线相比，可能会出现整体平移，但在走向上将不会存在决定性差别。

在本书中，每个人的入职时间是这样确定的：

（1）对于官员，一般以其入官并授职的时间为准。北宋官员入仕之途有科举、荫补、进纳②、举遗逸、胥吏出官③、从军等（龚延明，1997：25-27）。

---

① 除这2920人外，尚有77人虽然按记载属于宋朝，但无法确定属于北宋还是南宋；另有7人已知生活于北宋，但其生活的具体时间全不可考。这84人皆不计入统计。
② 富裕的平民捐资、献粮帮助国家赈灾、筹饷而被奖励以官职的称为纳粟官或进纳官。
③ 宋代吏、官之间有明确界限，在编制、待遇、社会地位乃至户籍上皆有天壤之别。胥吏的作用是应基层政府驱使奔走之役，来源有招募、差役乃至世袭等。其中少数表现优异者积累年劳后可以经主管官员保举而进格为官，称为"出官"。但这种出身在官场上被认为低人一等，且以此途补官者大多年事已高，补官后的前程亦不过止于小官。

对于纯粹科举出身的官员而言，入仕时间一般也就是其殿试及第的时间①。而荫补的情况稍微复杂一些，因为在古代社会，懵懂小儿甚至襁褓中的婴儿以祖荫补官者亦极其常见，因此荫补官入官时间的早晚往往不足为凭，要以其首次获得实际"差遣"的时间为准②。

（2）对于未出仕的文人、学者，以其获得初步社会声望的大致时间为准。另外，平民进纳补官或举遗逸者，大多在入官前就已是声震一方的富豪、名流甚至天下闻名的耆宿大儒，这些人的入职时间同样要以他们获得初步社会声望的时间为准，而不是根据他们的得官时间。此外，其他官员如被明确记载在入仕前已取得了一定社会声望③，或已得到了其所在领域（主要是政治、经术、文学等领域）内权威人物的认可（如在文学领域中得到苏轼、黄庭坚等人的认可），亦照此标准处理。

（3）有宋一代严防宗室、外戚，尤其对近支宗室，虽予以美爵厚禄，但几乎从不授予实际职事。在这些人身上很难找到一个普通官员那样的清晰的入职时间点。为了将这些入选者也分别划进某一个时间段，姑且取他们出阁④、受封或参加"试宗室艺业"的时间为标准。至于记入统计数据中的几位帝王，由于除宋英宗外皆为少年天子，因此对他们的分组皆取其亲政时间，成年后才被立为太子并即位的宋英宗则取其被立为太子的时间。此外，北宋历史上曾垂帘听政的几位重要皇后的分组皆按其入宫大婚的时间计算。这些标准的社会学内涵与针对官员、学者的标准很可能并不完全一致，但在时间上相差不会太多⑤。特别是考虑到本项研究的取值精确度是以十年为单位的，因此这种程度的偏差应该被认为不会对统计结果造成实质性影响。

（4）僧侣、道士的入职时间按照其皈依宗教的时间计算，对于僧侣而言，也就是其受俱足戒的时间⑥，对道士，则以其悟道故事的记载为准。鉴于

---

① 各人中进士的时间除行状、墓志、正史本传中有清晰记载者外，主要采信《宋登科记考》（傅璇琮，2005）的说法。若《宋登科记考》及其他各种史料间存在矛盾，则采信最原始、最可信且最合理的一种说法。
② 已经荫补入官，又重入科场考取功名者，也视其及第前是否已担任过实际差遣而作相应处理。例如，沈括在取得进士出身前已用荫实授县簿、县令，故将其划入初授县簿时的时间组。
③ 宋人墓表、行状中常有"幼颖异""丱角能属文""游太学有声"的记载，但这通常只是一种礼貌性的恭维。如果没有关于其具体的出众事迹或时人对其具体评价的叙述，本书对此类记载皆不予采信。
④ 宋制除嫡长子（太子）以外的皇子到法定成人年龄时必须离开皇宫出外居住，称为"出阁"。出阁在理论上是皇子置身为独立诸侯，开始单独任事（虽然实际上不会有任何政务让他们处理）的起点。出阁时皇子通常会在原有爵位上进一步晋封王爵，并开设幕府（同样主要是形式上的）。
⑤ 按上述标准对有相关信息可用的入选者进行统计，帝王、后妃和皇亲国戚的平均入职年龄比除僧侣、武将外的其他人群低5.39岁。考虑到这一阶层比一般人拥有更好的教育资源和学习环境，本身就应比其他阶层更容易、更早地取得成就，因此可以相信宗室平均入职年龄更低的结论是符合实际情况的。
⑥ 俱足戒是佛教最高一级的戒律，佛教徒受俱足戒后方可成为正式的僧伽（教团）成员，并开始计算"僧腊"（僧龄）。按佛门制度，少年修道者通常要先出家，在寺庙中居住若干年，经历沙弥（受十戒）阶段并成年后方可受俱。这个阶段大抵相当于普通人的学校学习阶段，因此本书不将其计算在内。就本书所考察的绝大多数僧人而言，其受俱时间即使没有明确记载，也可根据僧腊推出。

这方面多有详细可靠的资料可用，这一部分的时间考证可以说是所有样本中最确凿的。

（5）对于入仕时间没有明确记载的官员，按照其已知的仕履信息参合北宋官员迁转制度逆推其入仕时间[①]。需要说明的是，由于制度所描述的只是一般性原则，而实际情况中官员因立功或考绩优等被减免磨勘年限，或因过失受罚被延长磨勘年限的情况皆属常态，在缺乏史料的情况下完全没有办法将其一一考证清楚，因此这种逆推法将不可避免地带来误差。不过同样，相对于十年的跨度而言，这种误差通常不会造成太严重的影响。

（6）对于上述信息皆不可用，但生卒年明确（或至少可以将其确定在某一个十年以内）的人物，则按照默顿的做法，用他的出生年加上大部分人入职年龄的最可几值作为他的假定入职年龄。这个最可几值是通过对所有入职年龄有明确记载的人物取平均值，再按照 3δ 法则剔除无效数据后得到的。考虑到不同年代和不同职业-身份可能造成的影响，本书还从这两方面对结果进行了验证，最终证明入职年龄的年代相关性并不显著[②]，而在职业-身份方面只有佛教僧侣、皇亲国戚和武将三种人入职年龄偏低且与其他人相差较大。将这些特殊职业挑出来重新计算后，得到应该被加在每个人生年上的最可几入职年龄为：僧人19岁，皇亲国戚21岁，武将23岁，其他人26岁[③]。

（7）此外还有几名生年不明而卒年可知的入选者，也用类似的方法划定他们的假定入职时间。先用他们的卒年减去根据2920名入选者中寿命已知者算出的最可几寿命[④]，得到其大致的出生时间，再按（6）中的方法进行计算。很明显，这样可能导致很大误差。但是好在这样的人物一共只有6名，不会造成决定性影响。

（8）最后，对于包括生卒年在内的信息全不可用的人物，只能以他们被史料记载的最早事迹为时间基准点，参考当时的具体情况，前推若干年。这种处理方式建立在这样一个假设上：凡是能够被史料记载者，必然在当时已拥有了一定的社会知名度，且这种知名度已持续了一段时间；但如果这种知

[①] 北宋文官正常情况下以三年为一任，任满后经吏部考核磨勘，决定其升黜奖惩，留任、调职或迁转。武将、内侍臣也有各自的磨勘迁转规则。

[②] 先根据现有资料分别求出1001～1120年12个十年内各自的最可几入职年龄，再计算这12个最可几值之间的离差，发现只有不到1.02。

[③] 离差分别为5.80、5.31、5.55和6.05。

[④] 对1395名寿命已知的入选者取平均值，并依据 3δ 法则剔除12个无效数据后，取得的最可几寿命为64.80岁，离差为13.00岁。

名度已经持续了非常长的时间，那他们就应该更早地被史料记载。因此，根据他们出现在史料中的最早时间，有理由将他们的入职时间推定在这个时间点之前的一个有限的时间段内。这个时间段的长度是根据不同职业领域获得职业声誉的困难程度大致估算的。比如对僧、道，通常前推十年；画家官至画院待诏者，前推三十年；画院艺学、祗候前推二十年；画院学生和只有民间影响的画家前推十年……这种处理方式造成的误差相对较大，在画家中尤其如此，因为《大辞典》中收录的北宋画家大部分来自《圣朝名画评》（简称《画评》）、《图画见闻志》（简称《见闻志》）、《宣和画谱》（简称《画谱》）和《画继》等书，记载极其简略，除一部分有其他成就者（如一些同时是著名官员或文学家的画家）和极少数有其他传记资料者，剩下的绝大部分都只能按这种方法处理。并且由于其职业领域过于集中，在统计中将其完全忽略同样可能严重影响结果的可靠性。因此本书在统计中暂时保留了这些人物，在后面数据处理中再作进一步讨论。

经过上述处理，2920 名入选者都被成功地归入了其中一个十年期。并且除了上面提到的画家群体外，绝大多数人的入职年龄误差不会超过十年，也就是说即使存在误差，也不会对将要进行的统计造成决定性影响。

二、职业兴趣领域的划分

在职业兴趣领域划分方面，本书的研究对象与默顿的区别在于：他们的职业、兴趣分类方式与今人完全不同，在科学技术方面尤其如此[①]。为此需要一种不同的处理方式。本书采取的方法是：对一般的职业或兴趣领域，如政治、军事、文学、艺术、宗教、方技等，按宋人的观念和习惯进行划分，特别是以《宋史》列传中的传记分类、传统学术中的四部分科法[②]和郑樵的十二类分科法为主要参照系；而对所谓的"科学技术"活动，则单独列出，以现代西方科学的分科理念为标准进行划分。通过这种方法，以求在尽可能清晰、客观地理解宋代社会的同时，又保证我们至少能够谈论所谓的"中国科学技术史"，并将其与西方的同类研究进行比较。

比如，如果某人有作品被历代目录学著作列入经部，或其人按照当时的标准在此领域中有所贡献，就列入经术类。同理，史部作品的作者除特殊情况

---

① 参见第一章和导言第三节。
② 本书主要以清代的《四库全书》和宋仁宗时修成的《崇文总目》为范本。

外[①]都列入史地[②]领域。子部由于内容庞杂，需另行细分：大抵儒法各家对应于经术；医学、术数、天文算法对应于方技；释、道二家对应于宗教；艺术、谱录对应于艺术[③]；兵家对应于军事。至于集部，因为主要是用来收录历代文人诗文作品的，所以从理论上讲应该对应于文学，但是由于这些作品的写作目的和文学水平参差互异，实不宜一概称之为"文学"，因此在文学方面本书改用《中国文学家大辞典·宋代卷》（简称《文学家辞典》）为标准，凡《文学家辞典》所收录的人物则列入文学家名单。此外，有些人物虽然未被《文学家辞典》收录，但其传记资料中有关于文学活动的明确而具体的记载者，亦归入文学家范畴。根据这些原则对样本进行归类，最终总结出八个宋代常见的职业兴趣领域（科学技术除外），包括政治、军事、经术、史地、文学、艺术、方技、宗教。此外还有几类经常被记载的事迹，虽然严格地说不太适合被称为职业（有些或许可以被称为兴趣），但对于理解宋代社会风气的变迁同样可能有所帮助，因此也将其列出作为参考，包括积聚财富（或者按照古人的说法称为"治生"）、教育、美德，以及一些自称或被认为的超自然事迹。

相对于各种传统悠久的职业兴趣领域，对科技活动与科技兴趣的认定则没有那么现成的参考资料，需要对照每个人的传记逐一核实。本书将所有参与过天文、地理、医学、数学、工程、技术、农学、生物学、物理诸学（就当时的实际情况而言，以声、光、力学为主）及自然哲学（包括阴阳感应、五行易象之学）等方面的工作，或在这些方面发表过见解，以至于其著述在今天被发现涉及此类知识的人物都记入此类。特别是，考虑到此类事迹在历

[①] 比如被《四库全书》归入史部政书类的《营造法式》，虽然在宋代以后被当作研究前朝典章规制的史料对待，但其最初的创作目的并不在此，而是为避免当时政府投资的各种工程建设中"斲轮之手巧或失真，董役之官才非兼技，不知以材而定分，乃或倍斗而取长，弊积因循，法疏检察"[《营造法式·进新修营造法式序》（李诫，1925）]的问题而编写的技术规范，相当于现代的工程建设国家标准兼技术手册。即使按照当时的标准看，这也是一部纯粹的工程技术专著，而与历史学的研究旨趣全异，可见清人将其归入史部本就已涉嫌辉格解释。本书凡遇到此类情况，皆不将其视为历史著作，而是按照其实际谈论的内容将其作为方技、军事等领域中的著作处理。

[②] 与今人将地理视为自然科学的一个学科不同，中国古人将地理视作历史学的一个分支。地理学著作的编写理念也在很大程度上与历史学一脉相承。故此处遵循传统，将史、地合为一类，在对科学技术的专门统计中再单独开列地理分项。

[③] 古之"艺术"亦不同于今之"艺术"。"艺术"二字在宋代主要指某一方面的技艺，而不是单指金石书法、绘画音乐，其他如飞鹰走狗、蹴鞠博弈亦皆称"艺术"。在《崇文总目》的"艺术类"目录下，就包括《射法》《弓诀》《棋经》《投壶经》《辨马图》《相鹤经》等书（王尧臣等，1937：189-195）。这些知识或技能有一个共同的特点，它们最初都起源于人们的休闲消遣活动，带有愉悦身心、娱己悦人的目的。后世丛书、目录（如《四库全书》）之编纂者又更于子部之下别创"谱录"一类，与"艺术"并立，用以专门收录《禽经》《蟹谱》等关于花鸟鱼虫之学的著作以及金石文物图谱（永瑢等，1965：981-1005），其内容既析自宋人所称之"艺术"，又部分重合于今人所称之"艺术"。考虑到前面提到的以宋人习惯、观念为准的分类原则，本书所说的"艺术"领域亦指古人所说的"艺术"，并包括后世所说的"谱录"类著作，但是将其中骑射、武术等具有明显军事技能性质的部分剔除出来，归入军事领域[《射法》在《汉书·艺文志》中就曾被列入兵家类（班固，1962：1761-1763），因此这样做并非完全没有依据]。

史上并不是很受重视，常有被史传忽略的情况，因此除了详细检索每个人物的传记资料之外，本书还对照《宋史》诸志和《玉海》诸门中与科技活动有关的记载进行核对，凡见于这些记载的人物，也都归入相关领域①。最终归纳出天文、地理、生物、物理、农学、技术、工程、化学、数学、医学、气象及其他科技活动十二个学科。

其中，天文学参与者指所有参加过历算步推、天象观测（无论是以占星为目的的，还是以编修历法为目的的）、天文仪器等设计制造等活动，或者学习、研究过这些方面的知识，在这些方面发表过看法的人物。

地理学参与者指所有参加过地志、地图的编纂、测绘或进行过相关理论探索（如赵珣作《聚米图经》，讲述军用地图和军用沙盘的制作方法②），曾远行海外或云游名胜并留下相关著作（如王曾奉使契丹并撰写《契丹志》③），留有与矿物学有关的著作或进行过相关活动［如唐询著《砚录》、米芾蓄奇石（丁传靖，1981：678-679），以及中药学研究中涉及矿物性药材的部分］，以及研究过风水、堪舆之学的人物。

生物学参与者指留下过动植物方面的博物学著作［包括艺术类的《禽经》《蟹谱》，地志类的《益部方物略》，记载动植物性药材的中药学著作等（罗桂环，2001）］，讨论或记载过重要的生物学现象，以及发明、使用或记载过生物学相关技术［如宋用臣的"截柳法"（嫁接技术）、④尤叔保利用楝树高大和生长速度快的特性种楝成城等（尤玘，1921：2）］的人物。

物理学则指所有今天被归入物理学范畴下的内容，包括：声学，如欧阳修著《钟莛说》⑤、胡瑗等参与勘定乐律⑥；力学，如沈括的纸人共振试验（振动问题）、怀丙捞铁牛（浮力问题）、沈括《浮漏议》中关于液体流速的议论（流体力学问题）等（戴念祖，1988：11-14）；光学，如史沆用水晶做透镜⑦；计时，如燕肃做莲花漏、苏颂造水运仪象台⑧；度量衡，如高若讷考证古尺⑨；以及其他与物理学有关的内容。

农学包括一切发明、记载和推广先进的农业技术、农业知识、农用工具和良种作物、牲畜的活动，如苏轼作《秧马歌》《马眼糯说》（曾雄生，

---

① 参见导言第三节。
② 《玉海·卷十四》（王应麟，1977：310）。
③ 《玉海·卷十六》（王应麟，1977：341）。
④ 《说郛（涵芬楼本）·卷四·暇日记》（陶宗仪，1986）。
⑤ 《欧阳修全集·卷一百二十九·笔说·钟莛说》（欧阳修，2001：1966）。
⑥ 《玉海·卷一百五》（王应麟，1977：1994-1999）。
⑦ 《说郛（涵芬楼本）·卷四·暇日记》（陶宗仪，1986）。
⑧ 《玉海·卷四》（王应麟，1977：114-118），《玉海·卷十一》（王应麟，1977：244-245）。
⑨ 《宋史·卷二百八十八》（脱脱等，1977：9686）。

2015），秦观著《蚕书》（黄世瑞，1985），宋真宗主持推广占城稻①，以及各种农田水利工作。特别需要补充一句：玩赏性、景观性动植物的饲养、种植方面的知识也属于农学范畴，因此相关专著——如孔文仲《扬州芍药谱》②、李诫《马经》③——的创作，以及相关知识的发展、应用，也都记为农学活动。

技术和工程之间的界限历来比较模糊，这两个概念的定义如同"科学"这一概念一样，家为一说、莫衷一是。本书对这种元概念上的争论不感兴趣，在这里使用这两个概念只是为了区分历史上存在的两种性质上有明显区别的制造或建造活动：那些单项的、具体的、操作较复杂、需要较多专业知识和技能的制造、建造、设计、发明等手工艺活动，本书用"技术"一词代指；那些大规模的、综合性的、有组织的建造活动，则概称为"工程"。例如，指南车④、活字印刷、灌钢工艺⑤在本书中归类为技术活动，而水利、城建、采矿归为工程；某项工程涉及比较复杂的新技术，如带有复杂斗门、船闸装置的水库、运河（黎沛虹和王绍良，1984），创造性地采用种蛎法加固桥体的福建洛阳桥（茅以昇，1973），以及各种涉及复杂构造的建筑活动与建筑学研究（如《营造法式》），则既记为工程活动，也记为技术活动；而对于一般来说技术含量不高，且史料上也未特别提及其在技术方面有所创新的建造要塞、防洪修堤等活动，则只记为工程。

化学活动的案例主要来自两方面。其一是道家的炼丹（外丹）、炼金活动。不过到北宋时，道教的炼丹术已逐渐完成了以内丹修炼代替外丹进补的转变，因此即使在道士入选者中，这种案例实际上也并不多。另一类案例则来自各种涉及化学变化的手工艺技术，如制墨、制颜料⑥及酿酒等涉及有机化学内容的活动。

数学和医学是宋代时就已经独立存在并初具规模的两个学科，其研究内容也与今天差别不大。需要补充的是，北宋《易经》研究中的象数派研究方法在很大程度上与现代数学中的排列组合问题重合，因此本书将象数派的《易》学研究活动也归为数学一类。同理，占卜术中使用数学推算方法的一类占卜活动也记入此类。而医学方面的养生术与内丹学，尽管它们与常规意

---

① 《玉海·卷七十七》（王应麟，1977：1482-1483）。
② 《清江三孔集·卷十八·扬州芍药谱并序》（孔文仲等，2004：218-219）。
③ 《北山小集·卷三十三·劝农使赐紫金鱼袋李公墓志铭》（程俱，2004：594-596）。
④ 《玉海·卷七十九》（王应麟，1977：1525-1527）。
⑤ 《梦溪笔谈·卷三》《梦溪笔谈·卷十八》（沈括，1975）。
⑥ 《宣和画谱·卷四》："道士李得柔……设色非画工比。所施朱铅多以土石为之，故世俗之所不能知也。"（佚名，1971）

义上的医学活动不同——它们不是用来治疗别人的疾病，而是用来增进自己的健康、延长自己的寿命的——但考虑到它们在目的、实践方式及实践主体上与医学高度重合，因此仍将它们也算作医学的一部分。

气象学包括的则是所有涉及大气和地球物理现象的内容，如潮汐、地震、旱灾及各种异常天气现象，实际上也差不多就是《宋史·五行志》中的大部分内容。凡是在这些问题上发表过见解的人物，本书都将他们记入这一项之内。尽管由于这些讨论大部分建立在《洪范》五行、天人感应理论上，有些读者可能会对让这些内容与科学同列感到无法容忍。但正像本书导言中提到，这就是宋人对自然的理解方式。就理解自然、解释自然这个出发点而言，这些讨论不但与今天被奉为中国科学史上一座不大不小的里程碑的张载自然哲学没有区别，而且与今天的科学家们所从事的活动也没有本质上的区别。因此本书根据"讨论自然现象和自然哲学问题"的判断标准将这些内容列入统计之中[①]。

最后，诸如百科全书（如《册府元龟》）的编纂、自然哲学讨论等难以划分具体学科，但又与科学有关的内容别作一类，单独列出。

所有人物，凡有事迹涉及以上十二门学科中的任意一门或几门者，皆视作"科技活动参与者"，记入统计。

三、对跨领域人物的处理

与默顿一样，在本书的统计中也遇到了同一人物在多个职业领域表现出兴趣的情况，而且比默顿遇到的频繁得多。事实上，统计中涉及的2920名人物，大多数都不止涉足过一个领域。这不难理解，相对于近现代社会，古代社会的专业化分化程度要低得多，而且有几类职业身份经常是制度性的重合的，比如官员、学者和文学家这三种身份。

默顿对这种情况的处理方式是"把博学者和那些对几个应用领域感兴趣者划入他们所活动的每一个领域"（默顿，2000：39）。本书也采取这一方案，但考虑到这种情况在本书的研究中出现的频繁程度，有必要对这一处理方式可能遭受的质疑略作讨论。比如，"某个领域中的参与者人数"这个指标所代表的意义是什么？在跨领域案例如此频繁的情况下统计这项指标是否仍有意义？

在默顿的研究中，相应的数据被假设代表着人们对某个领域感兴趣的程度，而后者又被假设将对这个领域的繁荣程度产生影响。这背后隐含着一个

[①] 参见导言第三节。

直观的推理：如果一个领域能够吸引到更多的精英人才为发展这一事业而工作，即在与其他领域的竞争中抢占到更多的人才资源，那么它就会得到更好的发展。

但是考虑研究对象的兴趣领域普遍超过一个，甚至就某些研究对象而言，对所有领域都有所涉足的情况，这一推理可能就不那么顺理成章了。因为在这种情况下，吸引到一位参与者并不意味着这位参与者能够为这个领域的发展作出实质性的贡献，更不能保证在与其他领域的竞争中获得优势。首先，如果这位参与者足够博学多才，那么这个领域能够从他身上得到的可能只有他全部精力的1/8。其次，一个人对于自己涉足的每个领域几乎不可能是平均分配精力的，这就意味着在同时吸引到一位博学人才的时候有的领域从中获得的利益比其他领域更少，这就打破了参与者人数与领域的人才竞争力之间的严格对应关系。特别是在极端情况下，有的人物对某些领域可能真的就仅限于"参与"而已，比如，偶尔提举过一回某项工程建设项目的官员，不要说对工程领域的发展有所贡献，可能甚至连入门都算不上。而按照上述计量方法，并不能识别这种情况[①]。

在跨领域案例不是那么普遍，且跨领域人物的兴趣广泛程度没有那么极端的情况下——比如在默顿的研究中——类似情况也许可以作为误差被忽略。但在本书中，多数样本都是这样。这意味着本书中"某个领域中的参与者人数"这一指标真的就只能简单地代表有多少人"参与过"相关事件，即标记出有人参与和无人问津之间的区别，而无法说明参与的质量、深度，以及这个领域实际获得了多少有效的人力资源来帮助它发展。

尽管如此，作者仍倾向于假设这一指标与领域的繁荣程度之间存在正相关关系，只是所依据的理由不同。第一个理由是经验主义的：很多历史的和现实的经验都显示，参与者——哪怕仅仅是浅尝辄止的外围参与者——人数的增多有助于增加一项事业取得重大成果的可能性。这个条件算不上充分，甚至算不上必要，但确实有一定的效果。第二个理由则来自概率论：一个事件，即便出现概率很低，但如果反复尝试，那么它至少出现一次的概率将以指数方式上升。而一个领域中参与者人数的增加就意味着这个领域中的各

---

① 然而按照一个人物关注领域的数量把他可能付出的精力切分，以求计算出各领域获得的人力资源——比如一个人在八个职业领域中都有所作为，就把他在每个领域中都记为1/8个样本——的方法同样不可行。因为首先，如上所述，我们并不能保证一个人在这八个领域中是将精力平均分配的。事实上根本没有任何可执行的方法能够确定一个人对他所涉足的每一个领域投入精力的精确比例。其次，事实是有些人花1/8精力在某个领域中完成的成就远胜于另一些人在同一领域中百分之百的付出，且这种情况可以说非常普遍。而且每个人的勤奋程度不同，对于一位专注的从业者而言，他投入的是他一生中多少个有效工作时间的百分之百呢？这都是完全无法测量的。

种可能性被尝试的机会增多，以及有关这项事业的知识被相互交流的机会增多，相应的，通过这些尝试获得新发现，以及通过这些交流撞出新思想的机会也会极大地增多。

研究对象的兴趣领域普遍超过一个的事实以及本书采用的处理方式还带来一个结果：各领域参与者人数之和远大于研究样本总数。然而大可不必惊讶于这一结果，这是各领域间存在大量重叠样本所必然导致的，并非统计错误①。

特别值得注意的是，类似现象在科技方面的统计中尤为突出。除了与一般职业兴趣领域一样，存在诸多跨学科人物（沈括、苏轼、司马光等）以外，前文反复强调过的古代科技的一个核心特征也加剧了这种情况。那就是，所谓的古代科技并不是一种严格分科的科学（science），而是大量带有科学性质的"碎片"（fragments about sciences）。而且这些碎片与现代学科之间的对应关系并不那么泾渭分明。在很多情况下，同一块碎片，如同一个研究对象的同一件工作、同一次经历，可能与多个不同学科都可以建立联系②。比如，一种新型农用机械的设计和推广，既可以理解为古人在机械技术方面的成就，也可以算作农学方面的进步；而农学中关于作物和牲畜品种、习性的知识，同时又可以诠释为古人在生物学上的成就；至于农田水利工程的设计和兴建，则既代表着古人的工程设计和执行能力，也代表着他们在农业技术上的认识和实践水平。另如苏颂和韩公廉建造的水运仪象台，它既是一架天文仪器，代表着中国古代天文学成就；同时又是一架复杂的机器，特别是由于擒纵器和其他众多复杂机械结构的使用而被认为是中国古代技术成就的代表；而作为一架计时器，而且是第一架装有擒纵器的计时器，其在物理学的计时研究中意义同样非同小可。对于这样的案例和相关人物，本书都分别独立地记录在每一个与之有关的学科下。

第三节　统计与分析

依据上述处理原则，将 2920 个样本编入数据库，并对各项相关数据进行统计，得出了一些有趣的结论。

---

① 尽管在作者看来这个结果是显而易见和顺理成章的，但是鉴于这部书稿在征求同行意见时曾被提出这样的疑问，还是根据同行建议做此说明。一般而言，本书中对每个职业领域的统计都是独立的，加法运算在各个领域之间并不适用。但"各领域参与者人数之和"这一指标亦有其独特的意义，本章第三节还将进一步讨论。
② 这也与被用作参照系的现代学科分类标准本身就不尽统一有关，比如，生物学、天文学、地理学、物理学、化学、数学、气象学，是根据其研究对象来命名、划分的；而农学和技术类、工程类的大多数学科，则是根据其实用目的来划分和命名的；医学则二者兼而有之。

一、数据整理

经过整理,得到每十年进入政治、军事、经术、史地、文学、艺术、方技、宗教八个一般职业兴趣领域的人数及其在这十年中初次步入职业领域的总人数中所占的比例,统计结果见表 2-1。

表 2-1　1001～1120 年北宋社会精英职业兴趣领域的转移(一般领域)

年代	政治		军事**		经术		史地		文学		艺术		方技***		宗教	
	人数/人	比例*/%	人数/人	比例/%	人数/人	比例/%	人数/人	比例/%	人数/人	比例/%	人数/人	比例/%	人数/人	比例/%	人数/人	比例/%
1000s	73	59.35	39	31.71	24	19.51	20	16.26	38	30.89	24	19.51	9	7.32	15	12.20
1010s	96	62.34	63	40.91	36	23.38	17	11.04	50	32.47	27	17.53	13	8.44	12	7.79
1020s	142	65.44	73	33.64	57	26.27	43	19.82	79	36.41	50	23.04	20	9.22	25	11.52
1030s	142	65.74	87	40.28	50	23.15	27	12.50	66	30.56	42	19.44	17	7.87	21	9.72
1040s	134	52.76	64	25.20	62	24.41	22	8.66	83	32.68	45	17.72	15	5.91	22	8.66
1050s	130	55.32	53	22.55	69	29.36	24	10.21	87	37.02	50	21.28	21	8.94	24	10.21
1060s	145	53.51	49	18.08	81	29.89	34	12.55	95	35.06	67	24.72	18	6.64	36	13.28
1070s	130	50.19	48	18.53	66	25.48	26	10.04	84	32.05	51	19.69	19	7.34	24	9.27
1080s	130	49.43	46	17.49	66	25.10	19	7.22	79	30.04	60	22.81	13	4.94	23	8.75
1090s	169	55.05	66	21.50	62	20.20	31	10.10	87	28.34	74	24.10	13	4.23	27	8.79
1100s	172	53.92	91	28.53	63	19.75	36	11.29	97	30.41	65	20.38	12	3.76	34	10.66
1110s	176	58.28	107	35.43	72	23.84	38	12.58	90	29.80	56	18.54	10	3.31	18	5.96

* 此处的"比例"指各时段中进入此领域的人数与《大辞典》中属于这个时段的总人数之比(参见本章第一节),这与默顿的著作略有不同。

** 既包括职业军人,也包括管理过军务的文官,以及在军事理论上有建树的人物。

*** 包括天文步推、医药炼丹等,参见《宋史·方技传》。

治生、教育、美德和超自然四种特殊事迹的统计见表 2-2。

表 2-2　1001～1120 年北宋社会精英职业兴趣领域的转移(特殊事迹)

年代	治生		教育		美德*		超自然	
	人数/人	比例/%	人数/人	比例/%	人数/人	比例/%	人数/人	比例/%
1000s	4	3.25	7	5.69	7	5.69	3	2.44
1010s	3	1.95	9	5.84	6	3.90	4	2.60
1020s	2	0.92	15	6.91	8	3.69	4	1.84
1030s	—	—	16	7.41	5	2.31	5	2.31
1040s	3	1.18	12	4.72	13	5.12	9	3.54

续表

年代	治生		教育		美德*		超自然	
	人数/人	比例/%	人数/人	比例/%	人数/人	比例/%	人数/人	比例/%
1050s	5	2.13	10	4.26	12	5.11	3	1.28
1060s	1	0.37	15	5.54	17	6.27	4	1.48
1070s	4	1.54	8	3.09	15	5.79	1	0.39
1080s	1	0.38	13	4.94	13	4.94	3	1.14
1090s	—	—	9	2.93	15	4.89	3	0.98
1100s	3	0.94	8	2.51	19	5.96	5	1.57
1110s	4	1.32	6	1.99	13	4.30	—	—

* 对人物进行道德判断是宋代非常流行的一种风尚，北宋中期以后尤其如此。在本书的2920位研究对象中，有很多人都曾在不同的文献中留下关于"美德"的记载，甚至包括在历史上风评并不是太好的南宋宰相万俟卨[①]（这位大人因审理岳飞一案而著名，杭州岳庙前至今还塑有其雕像）。此处对此类记载皆不予采纳，而只计算那些单纯因美德而入选《大辞典》的孝子、善人等。

在对"科学技术"活动的统计中，鉴于各分科中的样本数数量太少，并不具备进行百分比修正的价值，因此只对进入科技领域的总人数做比例修正，其他各分科只统计入选者的绝对数量，结果见表2-3。

表2-3　1001～1120年北宋社会精英职业兴趣领域的转移（科技领域）

年代	科技（全部参与者）		各学科参与者人数										
	人数/人	比例/%	天文	地理	生物	物理	农学	技术	工程	化学	数学	医学	气象	其他
1000s	36	29.27	4	9	1	5	4	5	18	2	3	5	1	1
1010s	54	35.06	4	4	1	7	9	11	34	—	4	9	4	9
1020s	77	35.48	7	13	4	14	13	15	51	1	—	9	4	3
1030s	75	34.72	8	8	1	7	13	14	45	2	5	12	2	8
1040s	67	26.38	8	10	4	2	16	13	42	1	4	9	2	2
1050s	65	27.66	5	7	7	7	14	10	40	3	4	13	—	3
1060s	56	20.66	5	2	—	5	4	11	30	5	4	8	—	1
1070s	53	20.46	3	4	8	6	10	8	26	4	4	4	—	—
1080s	39	14.83	1	8	2	—	5	10	11	3	3	10	—	1
1090s	41	13.36	6	7	3	4	6	10	19	2	4	1	1	3
1100s	49	15.36	2	6	3	1	9	14	27	1	3	6	1	3
1110s	49	16.23	4	10	3	2	5	9	10	21	1	3	4	—	4
总计	661	—	57	88	34	61	110	131	364	20	45	104	16	40

① 《南兰陵孙尚书大全文集·卷六十一·宋故特进观文殿大学士河南郡开国公致仕赠少师万俟公墓志铭》（孙觌，2004：726-729）。

将表 2-1~表 2-3 的数据绘成折线图，得到图 2-2。

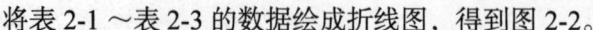

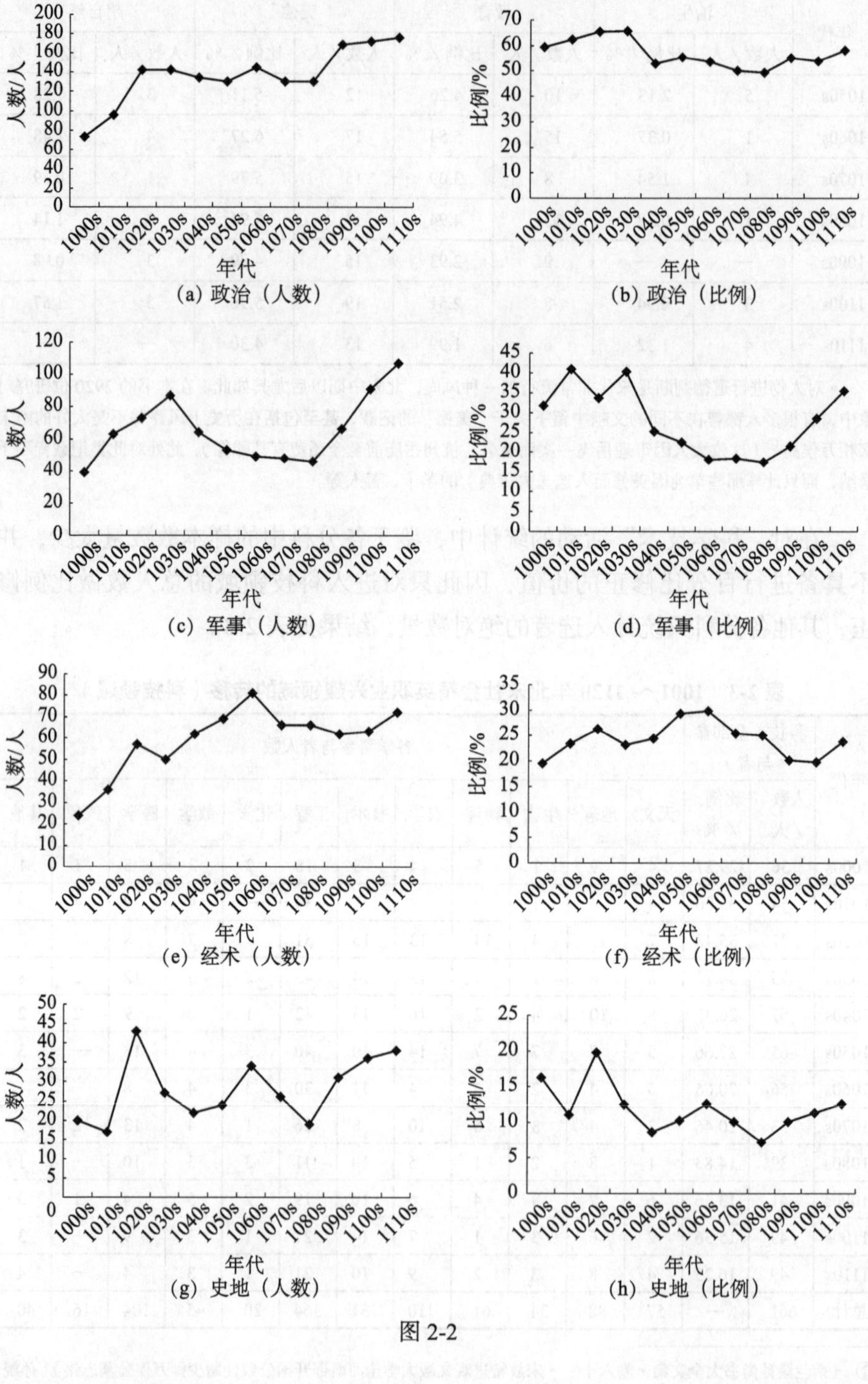

图 2-2

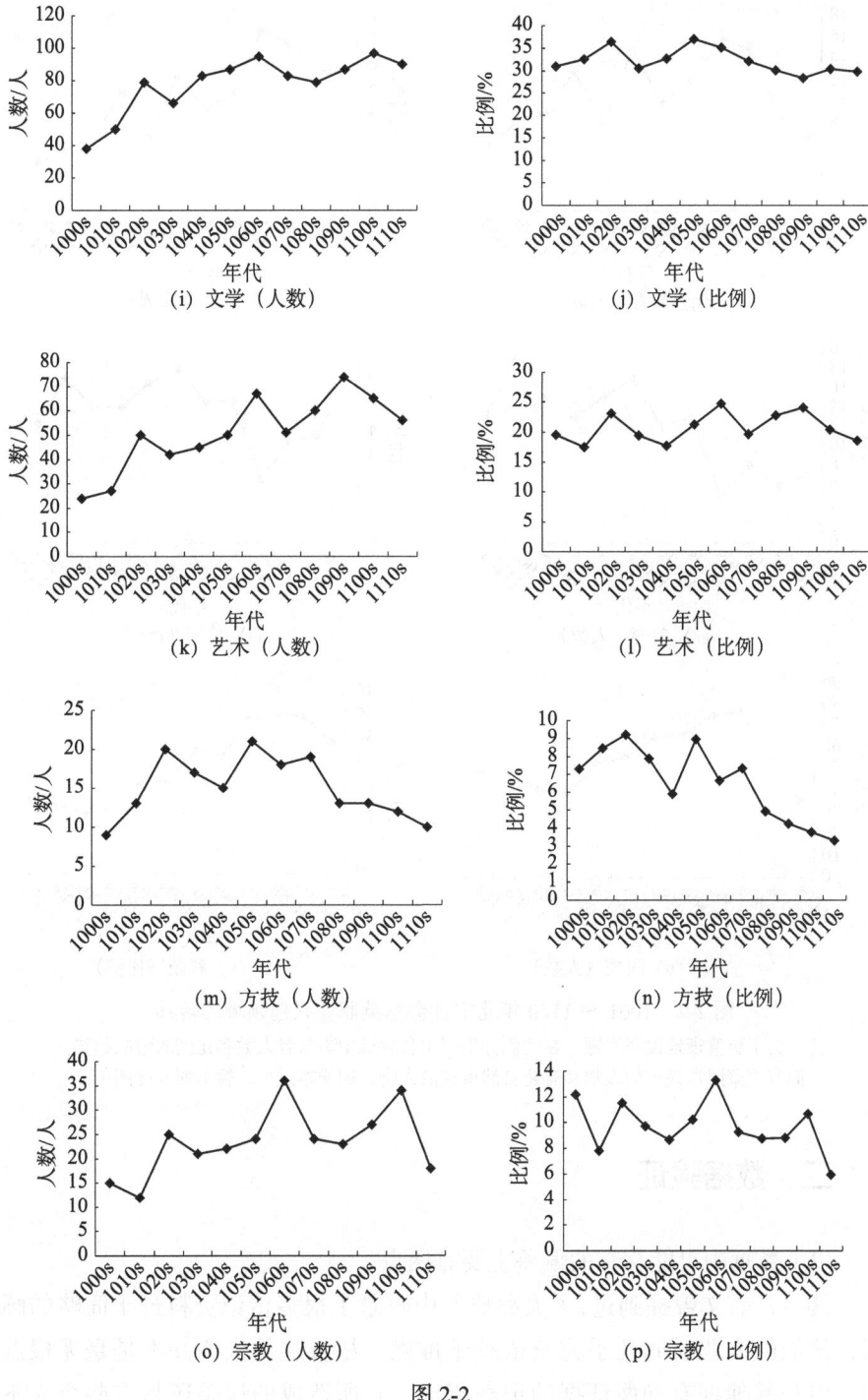

图 2-2

第二章 宋人职业兴趣的计量研究 | 73

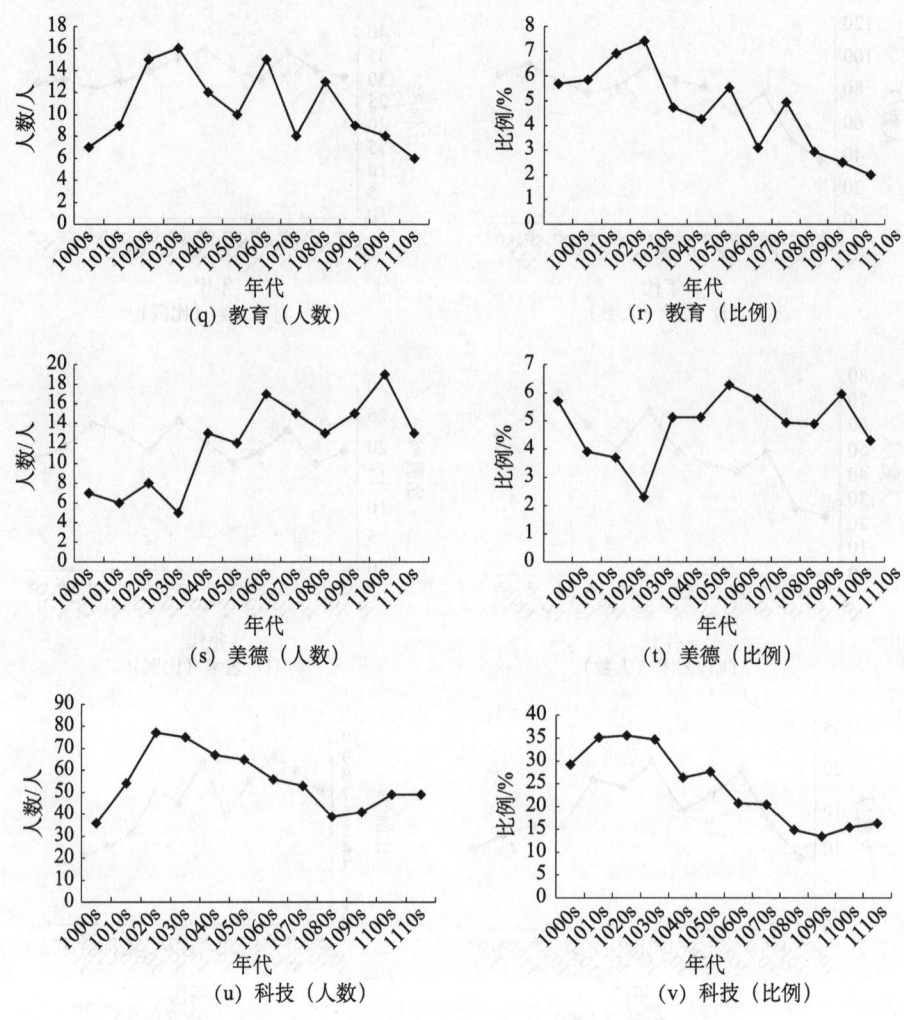

图 2-2　1001～1120 年北宋社会精英职业兴趣领域的转移

注：为了更清晰地说明问题，在两侧分别列出各领域中参与者人数和比例的增减趋势。而有积聚财富兴趣的人物和有超自然事迹的人物，因样本过少，暂不列入此图中。

二、数据验证

以上数据中可能存在的偏差主要有两点。

其一，前文曾提到过，《大辞典》中收录了很多传记资料过于简略的画家，他们的入职时间几乎完全依赖于推测。尽管这种推测并不是毫无根据的，但与其他拥有确凿证据的记载相比，它所造成的误差还是有些令人不安。而且尽管远远比不上政治家和儒学家，但与宗教、方技等领域的从业者人数相比，这批人物的数量还是相当不可忽略的，且完全集中在艺术领域，因此可能造成结论的扭曲（主要在艺术方面）。

其二，从图2-3中可以看出，在统计所涉及的所有科学技术科目中，工程一科的参与人数畸高不下。在参与过科学技术活动的全部661人中，有半数以上都参与过工程活动。且除工程外，其他学科的参与人数都远低于前者，即使人数第二多的技术，其参与者总数也只有工程的1/3左右。图2-3反映了统计时段内科学技术各学科的参与者人数随时间变化情况。可以看到，工程领域的参与者人数不但远远高于其他领域，而且与科技活动参与者总数具有高度一致的增减趋势。这难免让人质疑，本章第二节中得到的有关宋人科技兴趣增减情况的结论，会不会只反映了宋人在工程建设方面的兴趣呢？

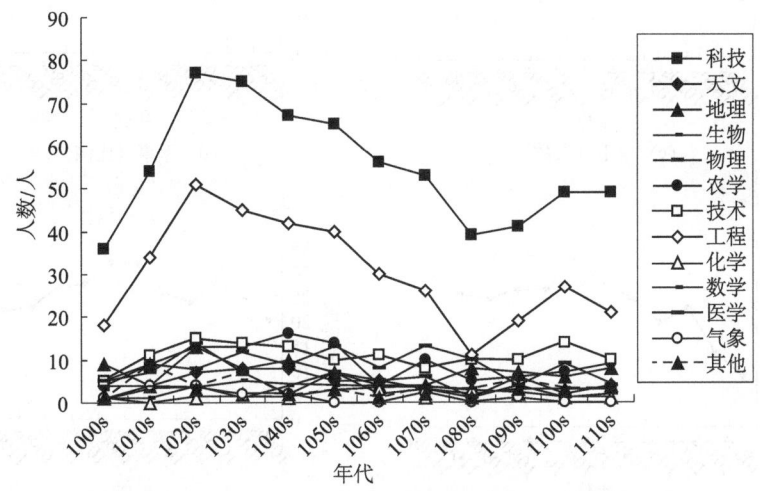

图2-3　1001～1120年北宋科学技术各学科参与人数的变化

考虑到以上两点，本书对数据进行了两项修正：其一，从总数据中剔除掉除绘画外别无建树的人物（差不多也就是除《画评》《见闻志》《画谱》和《画继》等书外别无记载的人物）；其二，从参与科技活动的人物中剔除那些仅仅因为参与过工程建设项目而被记录在案的人物。

令人安心的是，将修正后的数据（图2-4）和原数据进行对比，发现这两项修正对包括艺术、科技在内的所有领域都只有很小影响。这不但使之前的统计结果得到了支持与佐证，也说明了《大辞典》作为资料来源的有效性。

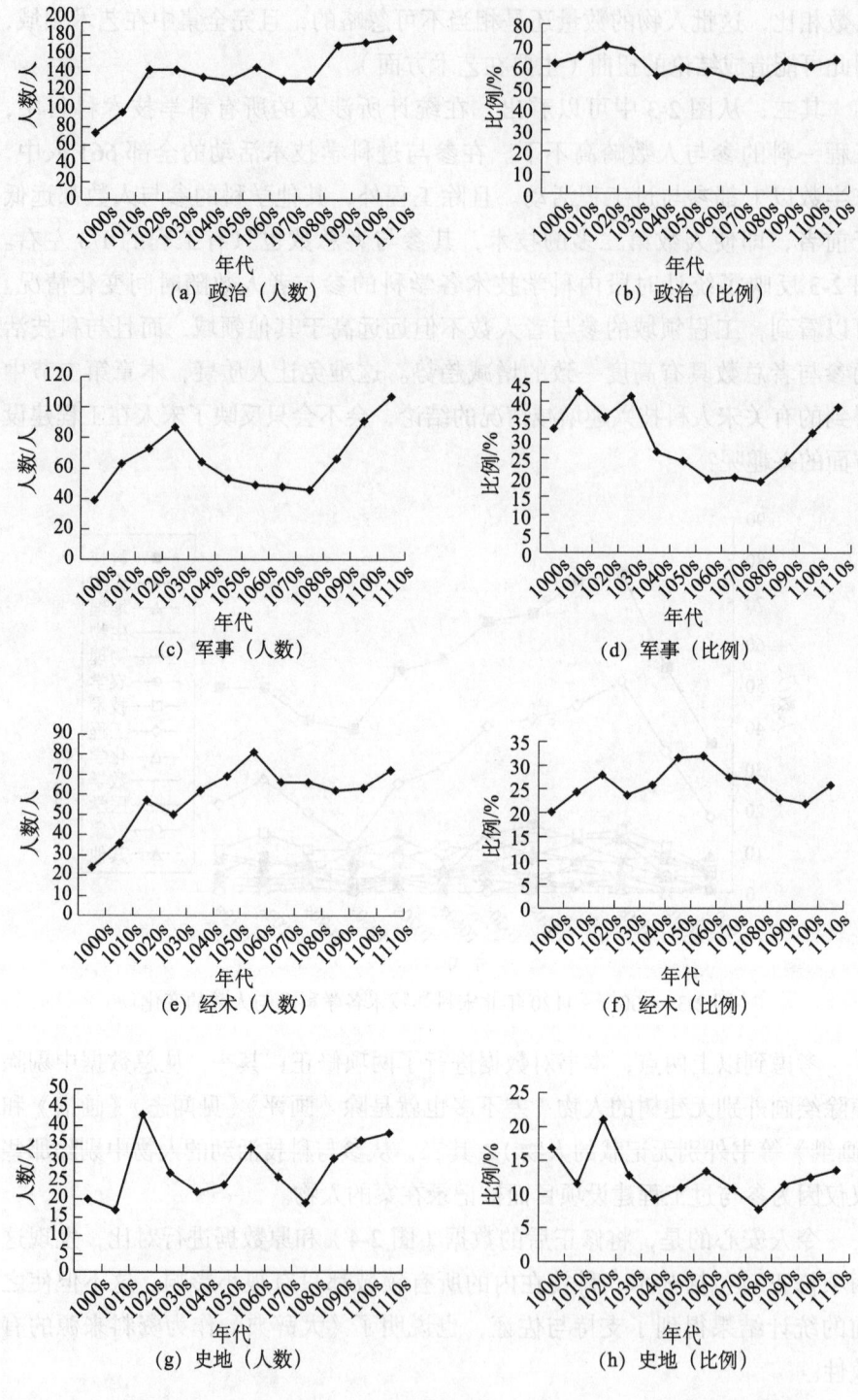

图 2-4

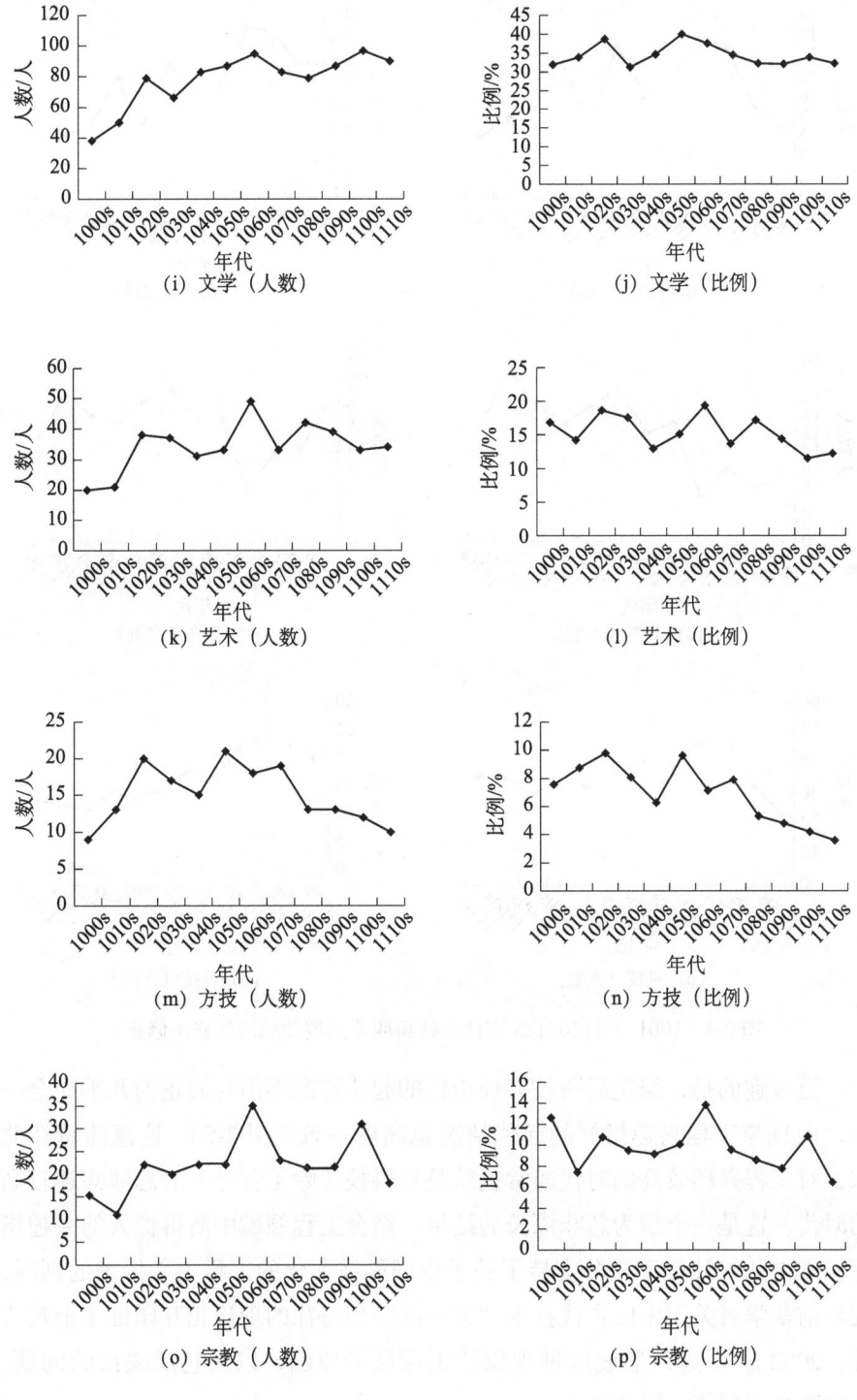

图 2-4

第二章 宋人职业兴趣的计量研究

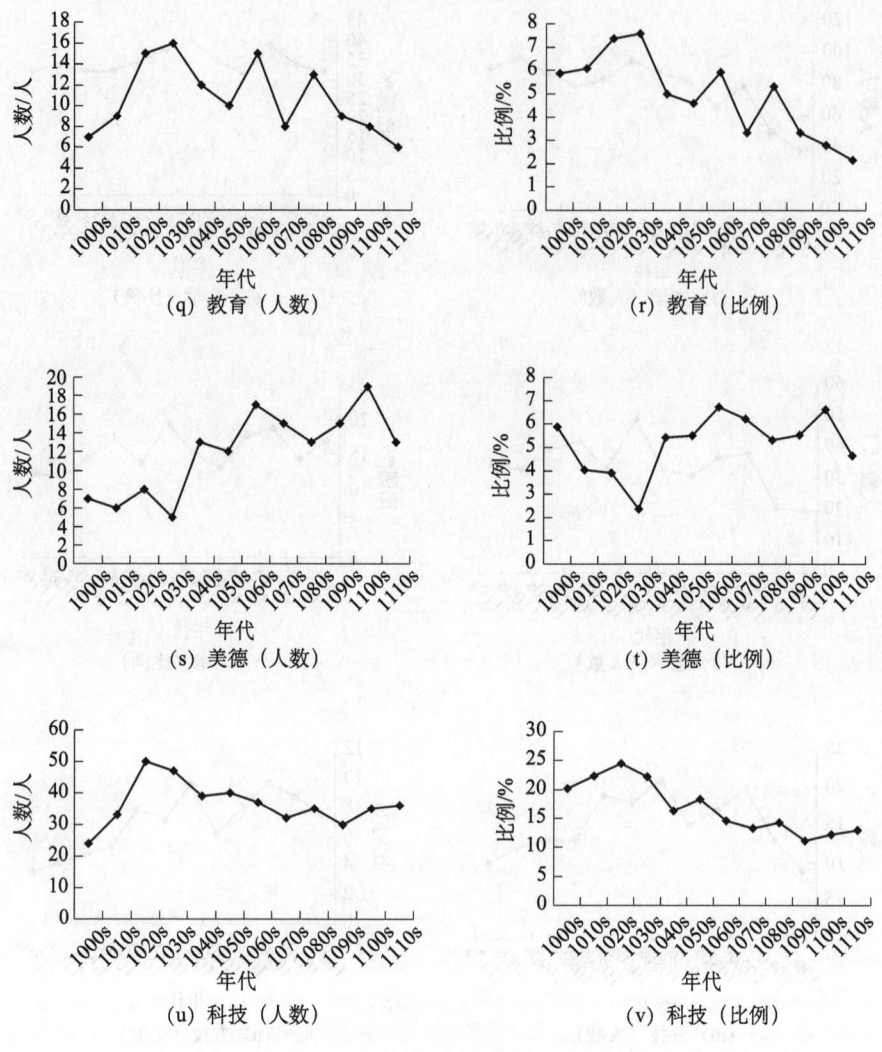

图 2-4　1001～1120 年北宋社会精英职业兴趣领域的转移（修正）

更有趣的是，修正后科技兴趣指标的起伏情况不但与修正前几乎完全一致，而且与工程兴趣指标的起伏情况也高度一致（图 2-5）。这意味着在北宋，对工程兴趣较高的时代通常也就是对科技（除工程外）的总体兴趣较高的时代。这是一个颇为意味深长的结果。结合工程领域中高得惊人的兴趣指标，本书的统计似乎充分支持了关于中国科技文化的工程主义传统的判断，更与前辈学者关于中国古代技术"大一统"型特征的理论相互印证（金观涛等，2002）。不过，造成这种现象的更深层的原因，以及它反映出的问题，还需要参考其他证据才能确定。

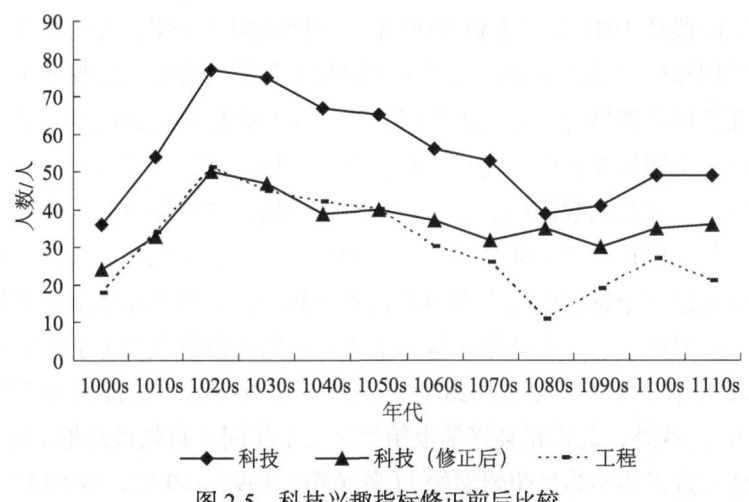

图 2-5　科技兴趣指标修正前后比较

注：为说明工程兴趣指标与修正前后的科技兴趣指标间的关系，将 1001～1120 年参与过工程建设工作的人数变化用虚线在图中标出。

三、数据分析

从统计数据①中可以解读出以下一些信息。

（一）历史分期

根据入选者总数和各兴趣领域随时间变化的情况，可以将北宋社会的发展进程分为五个阶段。

第一阶段，从 1001 年到 1020 年，为期二十年，大约也就是宋真宗统治时期。这二十年间入选《大辞典》的人数变化较大，从 1001～1010 年的 120 人左右，迅速上升到 1011～1020 年的 150 人左右，增长率达到 25%。考虑到入选者数量本身就与当时的社会教育水平和社会文化繁荣程度相关，以及其他几个时段内入选者人数相对稳定的事实，如此剧烈的变化暗示着这个时代正处在一个重要的变革期内。这一点可以从正史中得到证实。真宗时代确实是北宋政治史上的一个关键转折点，北宋的大部分政治制度、政治传统都是在这个时代确立或完善的。与此相对应，这两个十年间科技、军事、方技、经术、文学、政治等领域中的参与者数量和比例都有较大增长。这说明这个时代不仅是一个剧烈的变革期，而且仍处在各社会领域都欣欣向荣的上升期，北宋建国之初的生机与活力尚未完全消退。

---

① 鉴于前文已经验证了原始数据基本上是有效的，后面如无特别说明，都以修正前的原始数据为准。

第二阶段从 1021 年持续到 1040 年，同样为期二十年，大约对应于刘太后听政时期和仁宗亲政初期。这二十年间每十年的入选者人数骤升至 200 人以上，几乎所有领域都在这二十年间达到了参与者比例的最高点，科技、教育和政治三个领域尤其引人注目。在前两个领域，这二十年不但是参与者比例的最高点，也是人数的最高点，而在政治领域，虽然参与者人数比不上宋末的几十年，但相对于之前和之后的几十年，这二十年也处于人数上的相对高点，而且这三个领域中的人数与入选者总数一样，都高度稳定。考察这个时期的历史事件，差不多就是在这二十年正中间的位置上发生了北宋第一次科举制度改革［天圣五年（1028 年）诏进士考试除诗、赋外兼参考策、论以定优劣］。此外，北宋州县兴学也始于这二十年间［自乾兴元年（1022 年）孙奭扩建文宣王庙学为兖州州学始］（陈植锷，1992：79-95，122-125）。

第三和第四阶段分别对应于 1041～1070 年与 1071～1090 年[①]，即仁宗庆历新政到神宗即位，与神宗熙宁变法到哲宗元祐更化（高太后听政时期）这两段时间，共五十年。在这五十年里，每十年的入选者总数又上了一个台阶，达到并维持在 250 人左右。同时这五十年中的历史事件还存在某种有趣的对称性：前三十年是庆历新政和嘉祐之治，后二十年则是熙宁变法和元祐更化，都是在不同时期曾被人称道的事件。此外，与前一个时段一样，这两个时段也各自对应着一次科举改革和一次兴学高潮（陈植锷，1992：95-120，125-134）。不过，以 11 世纪 60 年代为界，这两个时代又存在明显区别。仅以这两个时代而论，以 11 世纪 60 年代为分界线，在分界线左边几乎所有领域都处在上升通道中（只有科技、方技、军事等领域除外），而在分界线右边，几乎所有领域都呈现出衰退趋势——这五十年加起来刚好成了一条 Λ 形曲线，而 Λ 的顶点正位于 11 世纪 60 年代。有趣的是，从史料的记载看，庆历新政和嘉祐之治之为美政，自宋代以来，一向众口一词，基本没有争议；而熙宁变法与元祐更化孰是孰非、孰功孰罪，至今家为一说，莫衷一是[②]，这在某种程度上也暗示了这两个时代的一些微妙区别。

最后一个阶段从 1091 年到 1120 年，对应哲宗亲政时期与整个宋徽宗时期。在这三十年中，每十年的入选者总数进一步升至 300 人以上。政治、史地、文学、科技等领域的参与者人数和比例都有重新回升的迹象；在军事领

---

① 或可将两帝（仁宗、英宗）先后驾崩、四主轮流执政（仁、英、神三宗，以及英宗病重时曾听政的曹太后）的 1061～1070 年与前二十年分开，单分为一段。这十年不但是北宋历史上政权更替最频繁的十年，而且酝酿着北宋政治制度和社会风气的一些重要变化。

② 更有趣的是，尽管对熙宁、元祐之功过是非向来有不同看法，但自北宋末年以来，以一时而论，一向是尊熙宁时自天子以下人皆言崇熙宁，奉元祐时自天子以下人皆言爱元祐。两派如此意见迥异，但在每一个时代中都只能听到对其中某一派的异口同声的支持，而绝无争论者。这着实是一个很有趣的文化现象。

域参与者人数和比例更直线上升——这显然与北宋末年的战乱有关；而方技、教育等领域则出现了参与者人数和比例的双下降；经术领域中的人数虽然维持在之前二十年的水平，但由于入选者总人数明显增加，因此比例上也略有下降，这可能同样与战乱的干扰有关。

（二）高峰与低谷

在默顿的研究中存在一个基本假设，即"职业兴趣的转移"："各种新的活动，连同与其相关的一连串的态度和价值，也许会得到传播和繁荣，这是要以其他职业的牺牲为代价的，因为他们转移了人们对与之密切相连而又显然互不兼容的事业的注意力。"（默顿，2000：36）然而就我们所看到的情况而言，在北宋，更常见的却是众多领域在某些年代的共同兴盛与共同衰落。这很可能与前面提到的"崇尚博通"的传统有关。这一传统使各领域间争夺人才的矛盾不像分科细化的近现代社会那样明显，而是正相反，适宜的社会文化环境很容易使各领域同时展现出繁荣兴旺的局面，因为这些领域所要求的发展条件往往是相通的，比如和平安定的社会局面、热心文化和学术的社会风气……

比如，从上面的数据中就很容易发现这样几个各领域全面繁荣的年代。首先是 1021～1030 年，几乎所有领域都在这十年间达到了发展的高峰，尤其在经术、史地、文学、艺术、方技、宗教及科技这几个领域，不仅在参与者的比例上达到了巅峰，而且就绝对人数而言也明显高于与之相邻的年代，其中几个领域（包括科技在内）甚至达到了整个一百二十年内的最高峰。

继 1021～1030 年之后的是 1051～1060 年和 1061～1070 年这两个十年。政治、经术、史地、文学、艺术、宗教、教育、美德，包括方技和科技等多个领域在这两个十年中分别迎来了参与者数量和比例的又一个高峰。

生活在北宋的苏轼曾说："宋兴七十余年，民不知兵，富而教之，至天圣、景祐极矣。而斯文终有愧于古，士亦因陋守旧，论卑而气弱。自欧阳子出，天下争自濯磨，以通经学古为高，以救时行道为贤，以犯颜纳说为忠，长育成就，至嘉祐末，号称多士。"[①] 从天圣到景祐是 1023～1038 年，大致对应于 11 世纪 20 年代和 30 年代，嘉祐则是 1056～1063 年，对应于 11 世纪 50 年代后期到 60 年代初。可见上述统计数据与时人的感觉基本上是一致的。

此外容易发现，如果把 1021～1030 年、1051～1060 年及 1061～1070 年这几个年代各加上 20 年，那么就刚好分别对应于庆历新政和熙宁变法的大

---

① 《苏轼文集·卷十·六一居士集叙》（苏轼，1986：315-316）。

时代。虽然仅凭这些数字还很难断言究竟是这些优秀人才促成了庆历、熙宁时代的变革，还是积极进取的时代氛围给予了这些当时的社会中坚施展才能的机会，但有理由相信，这二者间的因果关系是存在的。

与此相对，数据中几个低谷也同样明显。一次是在1041～1050年，政治、军事、史地、艺术、方技、科技和教育等领域的参与者比例和人数都出现了较明显的衰退。另一次是1081～1090年，政治、军事、史地、方技、宗教、科技等领域都或多或少地表现出低迷状态。这两个低谷不像前边的发展高峰那么容易理解，特别是1041～1050年与庆历新政的时间刚好重合，似乎不应出现类似的负面表现。但是如果考虑到这两个时代都与恶名昭著的"党争"联系在一起，那么上述疑问也许可以得到理解。作为一项旁证，可以看到，神宗-哲宗两朝的党争比庆历党争持续得更长久、更激烈——实际上不止1081～1090年，之前和之后的十年也都受到了不同程度的影响，而相应的，以1081～1090年为中心的人才低谷也可以在之前和之后的十年中看到痕迹。

（三）兴趣广泛性问题

上面的讨论中最令人印象深刻的是在总样本数持续上升的情况下，在某些年代却出现了几乎遍及所有领域的普遍性衰退——而且不仅仅是比例性衰退，而是参与者人数的实质性减少。这深刻说明了对宋人而言，兴趣广泛性问题在此类统计中的地位有多么重要。因为在样本总数增加的情况下，只有同时被计入多个领域的样本的剧烈减少才能解释上述现象。

统计数据支持了这一推论。根据对政治、军事、经术、史地、文学、艺术、方技、宗教八大一般职业兴趣领域的统计，在各领域全面繁荣的1021～1030年，入选者人均涉足的兴趣领域为2.25个，而在各领域都出现衰退的1041～1050年，入选者人均涉足的兴趣领域只有1.78个（图2-6）。

如果说人均涉足兴趣领域的减少还可能是因为《大辞典》收录人物的门槛随时间不断降低，导致数据中混入了越来越多才华较平庸（因而能力较单一）的官员和儒生，拉低了统计平均值，那么全才式人物的减少应该可以被视作一项更加确凿的证据。

"全才"是一个经常被提起但定义不很严格的概念。在本书中，为符合定量研究的要求，将"全才"定义为在除宗教之外的政治、军事、经术、史地、文学、艺术、方技七个领域中都有杰出表现的人物。即便在"崇尚博通"的古代，这样的人物也绝对是不可多得的——在北宋前期的样本中，这

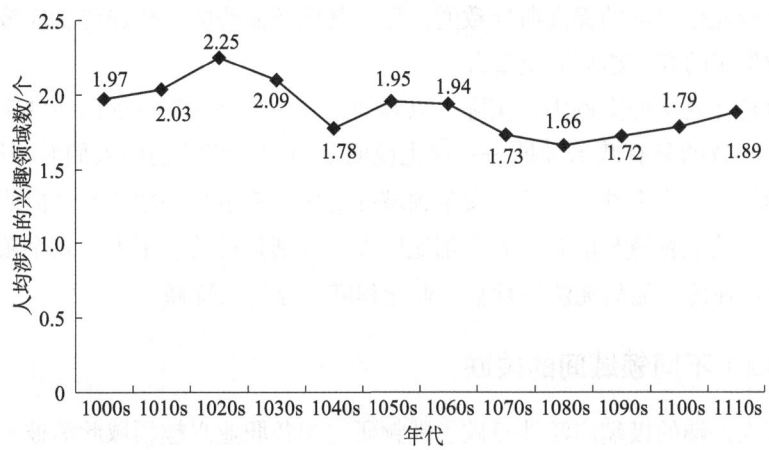

图 2-6　1001～1120 年人均涉足兴趣领域数

样的人才基本上是十年一遇①；但是在 1060 年以后，从 1061 年到 1120 年整整六十年，则只有 1071～1080 年入职的王汉之一人有同时涉足这七个领域的记录，且其在各领域的成就与前六十年中出现的那些人物相比要平庸得多。

也许会有人怀疑，在上述统计中，历来被视为奇技淫巧、少人问津的方技领域将过多的人物挡在了"全才"的门槛外（就本书的统计而言，方技领域的参与者确实远少于其他领域）。但即便将方技排除在外，后六十年中能称为"全才"的也只不过增加了 6 人②，而在前六十年中却增加 13 人③，且其各项成就同样远高于后 60 年中的人物。

从现代观点来看，学科的细化和专业化是大势所趋，因此个人兴趣广泛性的萎缩与百科全书式学者的消失似乎未必是坏事，甚至可以说是一个必然。但是对于北宋这样一个典型的传统中国社会而言，这一现象却具有完全不同的意义。不像近代欧洲的学科分化过程，从原来占据主流的学科 A 的研究者中分化出一些同时对论题 B 感兴趣的研究者，并最终不再研究 A，而专门去研究 B——正如从神学中分化出自然神学，并最终独立为自然科学的过程。这样的分化过程可以称为专业化过程，其后果只是将原来由一个人承担的工作分配给了两个人，在人才供给持续增加的情况下，这不但不会削弱分化后任何一个领域的人才力量，反而能够增强其专业化水平，特别是有利于

---

① 包括夏竦（1000s）、王洙（1010s）、胡宿（1020s）、司马光（1030s）、苏颂（1040s），以及沈括和苏轼（1050s）。
② 晁补之（1060s）、叶梦得（1090s）、李纲和汪藻（1100s）、王竞和徐兢（1110s）。
③ 宋绶、晏殊（1000s），丁度（1010s），文彦博、宋祁、欧阳修、韩琦（1020s），王珪、张方平、曾巩（1030s），王安石、李常（1040s），章衡（1050s）。

分化前处于从属地位的领域。如果一个社会领域中参与者数量的下降仅仅是由社会专业化程度的提高所导致的,那么其比例曲线的变化趋势就应该与人均兴趣领域的变化趋势完全重合①。

但是在北宋的案例中,实际可以看到,唯一与兴趣广泛性曲线的变化趋势完全一致的只有政治领域——这也说明了中国传统社会中人们对"仕途"的兴趣的惊人稳定性。此外,文学领域的变化趋势也与兴趣广泛性曲线大致接近。而其他领域与前者的差距都比较大。特别是科技、军事等几个领域惊人的衰退速度,显然无法用社会专业化程度的提高来解释。

(四)不同领域间的关联

宋人兴趣的极端广泛性打破了默顿研究中各职业兴趣领域此消彼长的假设。在本书的研究中,每个领域的消长都是被独立计算出来的,只反映这一领域自身对人才的吸引力,而不体现它与其他领域之间的竞争力。

然而尽管领域之间的必然竞争关系已被打破,在前述的统计中仍能看到某些领域间似乎存在着关联,其中既有同进同退,也有此消彼长,这就比较

---

① 这一论断可以通过简单的数学推导证明。

假设在某个十年期内样本的实际人数为 n,兴趣广泛指数(即人均涉足兴趣领域数)为 I,领域 A 中的参与者人数为 P,相对于总样本数的比例为 r,则有

$$r = \frac{P}{n}$$

另引进有效样本数 s,定义为:如果某一个样本,在一个职业兴趣领域中出现了一次,那么就记为一个有效样本。比如,一个人同时涉足过 7 个不同的职业兴趣领域,那么就计算为 7 个有效样本。这个量可以理解为一个社会能够为各个职业兴趣领域提供的参与者总数(假设每个领域的繁荣程度都只与参与者数量有关,而与参与质量无关)。易得

$$s = nI$$

随着社会专业化程度的提高,兴趣广泛指数下降,则要维持同样的有效样本数,就需要更多的实际样本。在此情况下,尽管领域 A 在有效样本中占据的份额不变,但它相对于实际样本数的比例却会降低,关系式如下

$$\frac{P_1}{s_1} = \frac{P_2}{s_2} \Rightarrow \frac{P_1}{n_1 I_1} = \frac{P_2}{n_2 I_2} \Rightarrow \frac{r_1}{I_1} = \frac{r_2}{I_2} \Rightarrow \frac{r_1}{r_2} = \frac{I_1}{I_2}$$

即参与者人数在有效样本中所占份额不变的情况下,其与实际样本数之比正比于样本整体的兴趣广泛指数。相邻两个十年间的比例变化曲线斜率为

$$k = \frac{\Delta r}{\Delta t} = \frac{r_2 - r_1}{\Delta t} = \frac{r_2}{\Delta t} \times \frac{I_2 - I_1}{I_2} = \frac{r_2}{I_2} \times \frac{I_2 - I_1}{\Delta t}$$

$\frac{I_2-I_1}{\Delta t}$ 即相邻两个十年间兴趣广泛指数变化曲线的斜率,可以用 k' 表示。又因为 $\frac{r_1}{I_1} = \frac{r_2}{I_2}$,同理易证 $\frac{r_2}{I_2} = \frac{r_3}{I_3} = \frac{r_4}{I_4} = \cdots = \frac{r_i}{I_i} = C$,$C$ 为某一常数。因此有

$$k = Ck'$$

同理可证,对于任一领域,只要参与者在有效样本中所占份额不变,每两个相邻的十年间参与者与实际样本数之比的变化曲线斜率都与同时期兴趣广泛指数变化曲线的斜率仅相差固定的系数 C。

耐人寻味了。尽管对于它们之间是否存在直接的因果关系应该持谨慎态度，但它们共同接受过一百二十年间北宋社会风尚变化的影响，这一点是确定无疑的。这种关联的出现未必可以完全归结为偶然。

首先就总体而言，在一百二十年间出现了下降的领域主要包括科技、教育和方技。无论从比例上看还是从人数上看，它们的下降趋势都十分明显。此外，史地和军事领域在前期也一直处在下降趋势中，直到北宋最后几十年——很明显是由于北宋末年的战乱——才出现了较大回升。

与此相对，人数和比例发生了较大上升的则是关于美德的记载。自从在1041～1050年这方面的人数首次上升至13例以后，就几乎再没有降到过这个水平线以下，这是对"唐宋变革中的道德至上倾向"（严耀中，2006）的一个绝佳注脚。此外，在政治、经术、文学三个领域，虽然参与者的比例并不是持续增长的，但就人数而言，总体上也呈上升趋势。

如果追问这二者间的关系，会发现无论上升的部分还是下降的部分，都体现出同一种研究旨趣的变化，即从形而下转向形而上，从务实转向务虚。喜爱道德说教胜于追求博学多识，纠缠韵脚格律胜于记录风物见闻，热衷思辨"义理"胜于考证文物史实。而这种变化刚好对应于二程理学与江西诗派在北宋后期的逐渐兴盛。

其次，还存在几个领域，它们之中的参与者比例几乎总是精确地同升同降，比如经术和文学，史地和艺术、宗教。前者可能是由于北宋文学家和儒学家的角色经常是重合的，而后者则不太容易理解，因为史地、艺术和宗教三个领域在参与者的构成上似乎并不存在明显的重合性。一个可能的猜测是这三个领域的兴衰与兴趣广泛程度的变化有关，与政治领域不同，这三个领域的下滑趋势是随着兴趣广泛性的降低加倍下降的。有理由推测，当人们的兴趣面普遍更广泛时，他们涉足历史学[①]、艺术和宗教的可能性才会更高。

这项统计中比较令人遗憾的是始终没能找到科技与其他领域间的类似关系。在横跨一百二十年的统计数据中，科技参与者比例的增减有时与经术、文学一致，与史地、艺术相反，而有时又反过来。这可能与古代科技构成的复杂性有关。但总的来说，有迹可循的是，科技领域的总体发展趋势是持续衰落。

（五）庆历拐点

前文曾提到北宋历史上的一个阶段性转折点，即11世纪60年代。多个领域在这一转折点前后其发展趋势由上升转为下降。

---

① 主要是杂志逸闻的收集和史料笔记的编辑方面。

但是在此之前，还有另一个转折点更值得注意，那就是11世纪40年代（即庆历年间及之后两年）。多个职业兴趣领域，包括科技、军事、教育、政治，其参与者比例在这十年中下降到某一水平线之下以后，就再也没有回升到初期的水平。前文讨论过的兴趣广泛性指数也是如此[1]。有趣的是，关于美德的记载恰恰相反（图2-7）。本书第三章将显示，在北宋的科技成果产出量方面，也在11世纪40年代出现了这样的一个拐点[2]。这似乎暗示着，北宋社会在11世纪40年代前后发生了某种——可能是社会风气或社会发展水平方面的——不可逆变化。

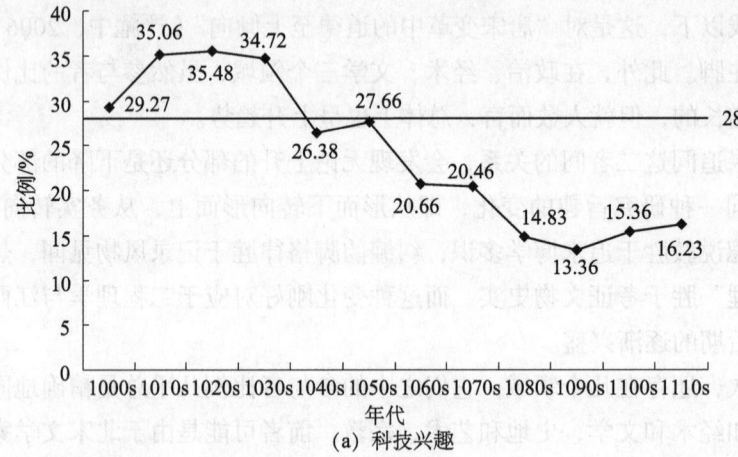

(a) 科技兴趣

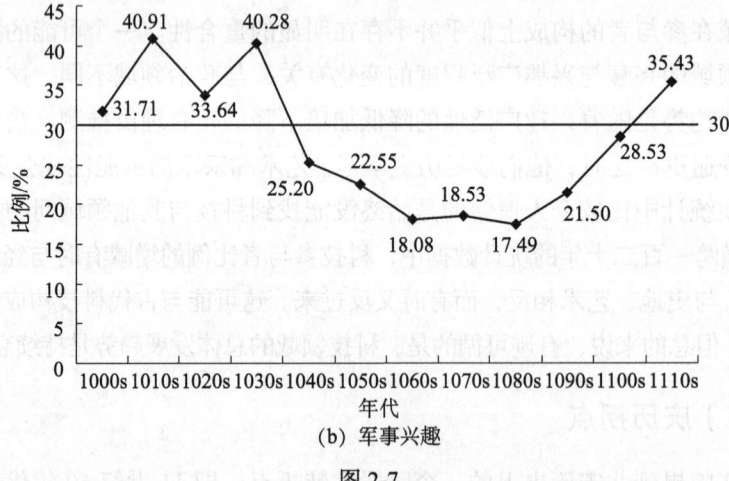

(b) 军事兴趣

图2-7

---

[1] 如前文讨论过的，在政治领域中，这一情况可能只是由兴趣广泛性的下降导致的，但其他领域显然还有别的原因。

[2] 关于科技成果产出量方面的这个拐点，将在第三章进一步讨论。

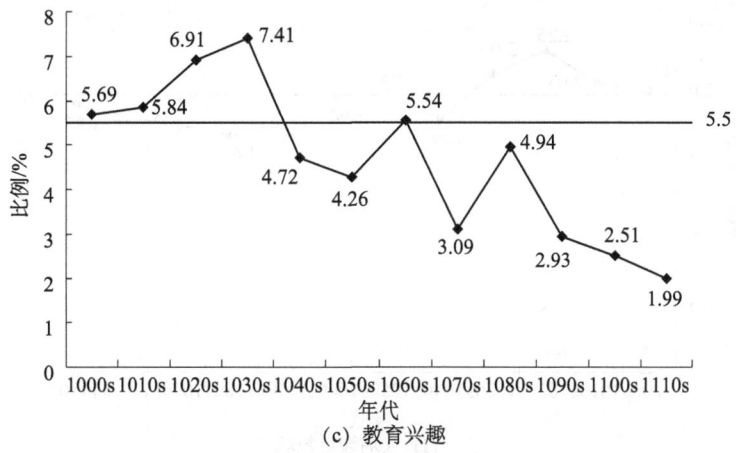

(c) 教育兴趣

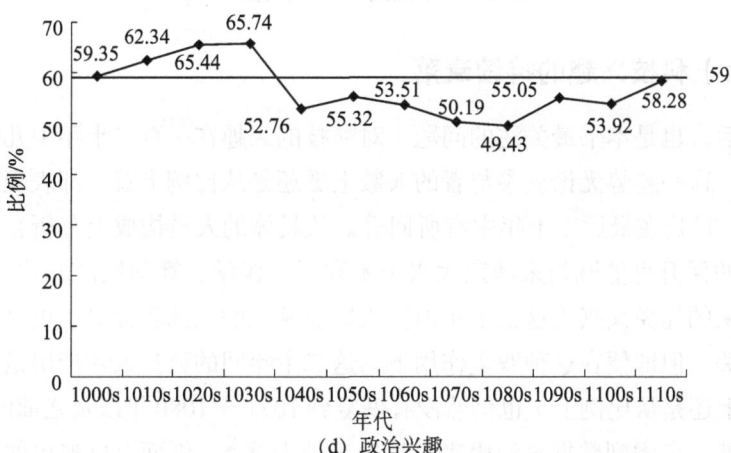

(d) 政治兴趣

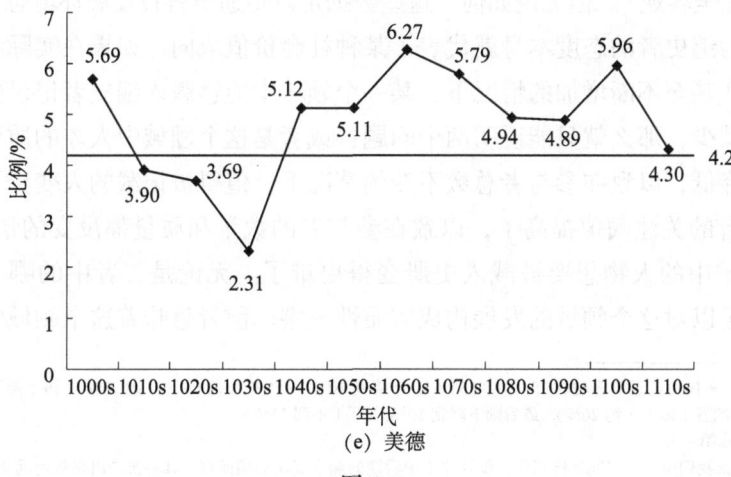

(e) 美德

图 2-7

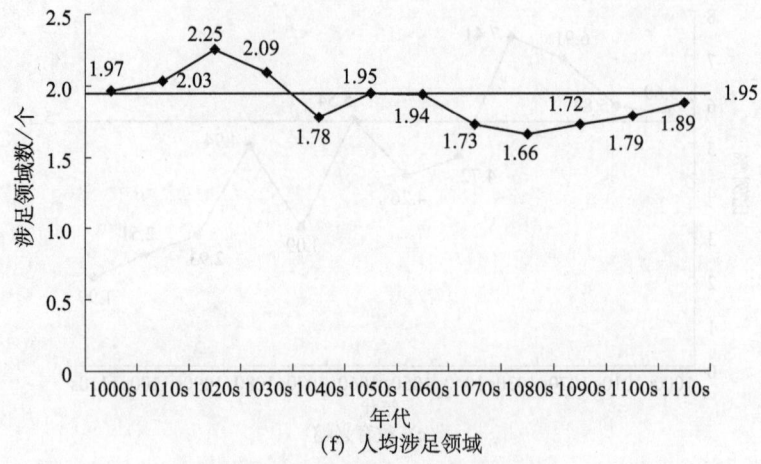

(f) 人均涉足领域

图 2-7　11 世纪 40 年代的变革

（六）科技兴趣的持续衰落

最后，也是本书最关注的问题，对科技的兴趣在一百二十年中几乎一直在下跌，这一趋势无论从参与者的人数上看还是从比例上看，都表现得极其明显①，只是在最后二十年中有所回升。从具体的人员构成上分析，这最后二十年的回升可能既与宋徽宗大兴土木和提高医学、算学地位的政策有关，也与后来的建炎兵兴为这二十年内步入职业领域的人选者提供了更多的发展机会有关。但即便在这种双重作用下，这二十年间的科技人才产出量（无论从数量上还是从比例上）也仍然没有恢复到 1071～1080 年以及之前的水平。

当然，考虑到数据来源中来自编史者的干扰②，纸面上反映出的情况并不一定完全客观③。但无论如何，这些数据足以传递出科技发展环境恶化的信息。因为编史者的态度本身就代表了某种社会价值取向。如果在实际参与者总数不变甚至不断增加的情况下，某一个领域中能够载入编史者记录的人数却不断减少，那么就只能说明两个问题：或者是这个领域中人才的质量发生了显著降低，以致在参与者总数不变的情况下，值得被记载的人变少了；或者编史者的关注阈值提高了，以致在参与者的数量和质量都没变的情况下，这个领域中的人物想要被载入史册变得更难了。无论是二者中的哪一种情况，都足以对这个领域的发展构成实质性损害。前者意味着这个领域吸引优

---

① 从 1021～1040 年最高峰时的 75 人（约 35%），下降到 1041～1060 年的 65 人（约 25%），再下降到 1061～1080 年的五十多人（约 20%），最后则下降到 50 人以下（不到 15%）。
② 参见本章第一节。
③ 实际上就我们所知，情况恰恰相反，仅就北宋中后期的熙宁变法时期而言，其科技产出率就远远高于之前的任何时代。参见第三章。

秀人才能力的降低，以及由此导致的竞争力和发展潜力的下降。后者则意味着社会对这个领域关注度的下降，以及从业者社会地位、社会评价的降低。

这二者中任何一种的效果都不是立竿见影的。大量的年轻人才即便才能比较平庸，但只要老一代的优秀人才仍然健在，他们就仍然可以在老一代的率领下继续贡献与他们数量（而不是质量）相衬的成就；而社会对一个领域评价的降低，也不会立刻导致这个领域中现有从业者的流失和质量下降。但是二三十年后，老一代的优秀人物彻底离开，有才能的年轻人又不再加入，问题就会开始显现。而且这两者往往会互为表里，导致更加持久和深刻的恶性循环：优秀人才因为无法通过这个领域取得功名而对其失去兴趣，这个领域则由于社会精英阶层的远离和人员素质的下降而变得更加声名狼藉。

当然，尽管北宋的科技人才产出量在整体上呈下降趋势，但在整个发展过程中也还是出现过几次阶段性高潮。其中比较明显的是1021～1030年和1051～1060年，都与社会上大多数领域共同繁荣的时代同步，且这两个年代的优势在剔除了只参加过工程建设工作的人物后体现得更明显（图2-4）[①]。这似乎暗示了较为广泛的兴趣范围与较高的科技兴趣之间的关联性[②]。

当然，这一假设并不是没有反例。比如，1061～1070年人们的兴趣范围几乎与之前十年一样广泛，然而科技人才的产出量却在这十年发生了显著下降。假设本书关于兴趣广泛程度与科技兴趣兴盛程度相关的猜测属实，那么就只有一个答案能够解释这种反常现象，即北宋社会主流群体的兴趣在这十年间发生了转向[③]。

---

① 这相当重要，因为相对于工程，科技领域中的其他科目通常更少带有政府色彩和政治任务色彩，而更多地带有个人色彩和创造性。毕竟，就本书的研究目的而言，我们更希望了解社会精英阶层个人科技兴趣和科技创造力的增减，而不是政府对土木工程的热衷程度。
② 参见本节前文。
③ 确切地说，转向了史地、艺术、宗教和教育。参见图2-2，1061～1070年只有以上四个领域在参与者比例上发生了明显增长。

第三章
北宋的科技相关政策与科技成果产出

科技兴趣的衰退似乎并不符合人们对宋代科技发展情况的一般印象。当然，正如本书第二章提到的，这种纸面上的衰退所反映出来的也可能仅仅是编史者（或主流价值观）对科技兴趣的衰退。那么数据中反映出来的这种兴趣衰退是否具有实质性的意义？它是否对科学技术相关领域的发展带来了实质性的损伤？除此之外是否还有其他因素对科技成果的产出造成影响？本章将尝试从北宋 1001～1120 年的科技产出率以及政府对科技相关事务的态度变化来讨论这些问题。

第一节 科技成果产出率

目前能够找到的关于中国古代科技成就的最完整清单是科学出版社 2006 年出版的《中国科学技术史·年表卷》（简称《年表》），这也是目前同类资料中比较权威的一种。为确保资料准确无误，本书作者还依据原始文献对《年表》中的内容进行了重新考证[1]，并剔除了其中一些比较间接或不足以算作"科技成就"的内容[2]。

---

[1] 参见附录 1 和苏湛（2008）。
[2] 比如，像"王安石执政期间，放宽了铜禁，许可民间自由制作铜器物，并予以免税。有利于铜制造业和采炼业的发展"这样的内容，虽然可以算是与北宋冶铜技术的发展有关，但还不能直接算作科技成就。

在计量方法上，仍然沿袭默顿的传统，将《年表》中记载的每一项成就都视为彼此平权的"单位"，而不进行任何建立在价值判断上的加权。这一方面是为了尽可能地减少引入主观性的机会，另一方面正如默顿辩护的："我们的首要目标并不是测定科学进步的速率，而是测定反映在成果上的对科学的兴趣的相对程度……每一科学（发现的）增量，不论它对科学发展有何意义，都被看作是对该领域的兴趣的一个指标，于是，对于这些多少有点非均匀性的单位的可比性和可加性或许可以提出的责难，便由于这些图表的目的而得到消除。"（默顿，2000：71）同样出于上述原因，本书将年表中收录的每一部科技著作——无论其中记载的具体科技成就有多少项、涉及多少个科目——也都只记作一个"单位"。①

一、科技成果产出量的波动

对数据进行处理后得到图3-1。从中可以看到一个有趣的现象：以十年为周期，科技成果数量的上升和下降几乎总是交替出现。其中上升的年代为1021～1030年、1041～1050年、1051～1060年、1071～1080年、1091～1100年及1111～1120年——只有在1041～1050年和1051～1060年两个十年中实现了持续上升，而这两个十年正对应于所谓的"庆历、嘉祐之治"的时代。整个一百二十年的科技成果产出最高峰则出现在1071～1080年，大约也就是著名的熙宁变法时代。可见上述统计结果与历史上这几个时代留给人们的直观印象是可以相互印证的。

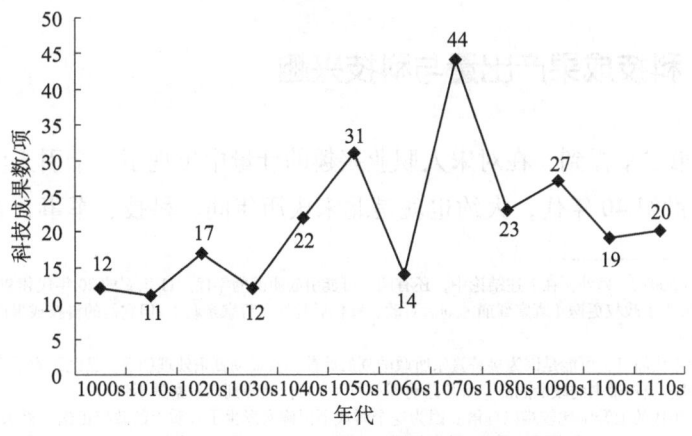

图 3-1　北宋 1001～1120 年科技成果产出

---

① 当然，在某些情况下加权法亦有其独特的意义，如本书引述过的金观涛等几位先生的工作（金观涛等，1982，2002）。

通过与《宋史》进行对比，还可以发现，北宋科技成果产出量的历次下降与王权更迭之间存在着近乎完美的对应关系：11世纪30年代是刘后驾崩－仁宗亲政；60年代是空前绝后地连续两位皇帝驾崩——相应的这十年内科技成果产出量的降幅（按比例计算）也是最大的；80年代则是神宗驾崩－宣仁后听政；哲宗与徽宗间的更迭虽然发生在1100年，但由于处在年代末端，它对它所在的十年几乎没有影响，但接下来的十年却显示了这次王权更迭的后果。

科技创造衰退期重合于国家政权更迭期的现象可能与政权更迭时政府施政方针改变、政治权力重新分割，以及由此导致的周期性社会动荡和政治生态恶化有关。如果这一假设成立，那么11世纪10年代的科技成果数下降将可以同样得到解释。因为在这十年中，虽然没有最高统治者的更迭，但是以宋真宗"东封西祀"并于京师建玉清昭应宫为标志，北宋政坛的政治气候和政治格局同样发生过一次微妙的变化①。

同样根据这一假设，科技成果产出量在1111～1120年的回升将得到完全不同的理解——虽然这确实算是回升（至少不是下降），但考虑到这十年内并未发生任何政权更迭，且当时宋徽宗已连续执政超过十年，他领导的政府已经历了充分的磨合、拥有足够的经验，那么按照上述假设，他们理应取得比今人所看到的出色得多的成绩。而他们没能取得那样的成绩，只能做一种理解，就是当时的科技发展环境确实很糟。有理由猜测，当时很可能存在某种与政权更迭破坏性相当的不利于科技发展的因素。

二、科技成果产出量与科技兴趣

本书第二章提到，在对宋人职业兴趣的计量中出现了一个引人注目的时间点：11世纪40年代，大约也就是北宋庆历年间。科技、军事、教育、政

---

① 参见宫磊（2007）。另外，在上述结论中，还有两个可能引起质疑的年代：11世纪的20年代和90年代。这两个年代都发生了政权更迭（真宗驾崩－刘后听政、宣仁后驾崩－哲宗亲政），但它们的科技成果产出量却是呈上升趋势的。

就20年代而言，可能是因为接替真宗听政的刘后此前一直辅助真宗处理朝政，已经积累了丰富的治国经验，因此政权更迭带来的政治混乱、人心浮动等不利因素可以被降到几乎察觉不到。

而90年代的上升则比较难以理解。因为这个时代不但确实发生了实质上的政权更迭（哲宗亲政），而且无论政策还是人事，都发生了几乎180度的剧变，"党祸"之烈比前一个十年也有过之而无不及（后来因"党人碑"而为人所熟知的所谓"元祐奸党"一词就首创于这十年中）。对此，作者确实提不出完全满意的解释。不过在对比了它前后两个十年的状况后，作者倾向于认为，这十年中的回升并不是因为人们在这十年中做得更好些，而是因为人们在之前和之后的十年中做得更差。

治、美德等领域的参与者比例，以及宋人的兴趣广泛程度在这个时间点前后发生了不可逆的下降或上升。同样的拐点也出现在科技成果产出量的计量中，只是其变化的方向让人有些出乎意料。

按照一般的假设，包括默顿也是这样假设的，一个社会中科技成果的产出量应当与科技领域吸引优秀人才的能力——在本书中也就是科技领域的参与者数量或比例——成正相关。按照这一假设，随着科技活动参与者的减少，北宋的科技成果产出量也应在庆历年以后发生不可逆转的下降。

然而事实正好相反，与北宋科技参与者比例下降到某一水平线以下之后再也没有回升到初期水平的事实也相反，北宋的科技成果产出量自11世纪40年代首次突破20项以后，除了下降最严重的60年代和12世纪初，就再没有降到过20项以下（图3-2）。

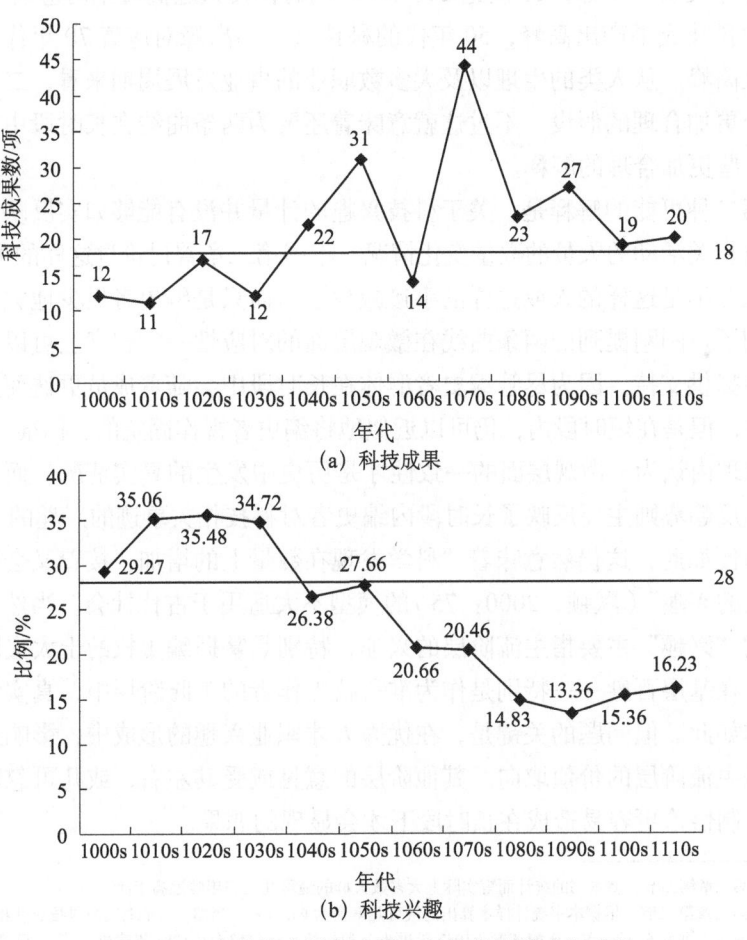

图3-2 北宋科技成果产出量和科技兴趣增减的对比

对这一现象有三种可能的解释。第一种，也是最常被建议的一种，将这一差异归咎于科技活动参与者从步入职业领域到取得科技成就之间的时间差。但这显然是荒谬的。对比图 3-2 中的两幅图会发现，欲令宋人科技兴趣与科技成果的高峰重合，要求假设大部分科技活动参与者，从步入这一领域，到取得成就，中间要间隔四十到六十年的时间。按照这一建议，如果一个人 20 岁开始参与科技相关活动[①]，那么当他取得成就时应该已经 60 岁甚至 80 岁了。而按照当时的医疗卫生条件，大部分人甚至都活不到这样的高寿[②]。

事实上在科技活动参与者的入职时间与成果高产期之间确实存在一个时间差。并且有迹象表明，这个时间差是二十年，而不是四十、五十或六十年。仔细对比图 3-2 的两幅图，会发现尽管整体走向截然相反，但是在微观层面，大约以二十年为时间差，可以在两条统计曲线的阶段性高潮和低谷间建立对应关系。比如，11 世纪 20、30 年代的科技兴趣高峰期对应着 40、50 年代的科技成果产出高峰；50 年代的科技兴趣小高峰对应着 70 年代的科技成果大高峰。从人类的生理以及大多数职业的事业发展周期来看，二十年也是一个更加合理的假设。不过这就意味着还要为两条曲线在长时段中的背离找到一些更加合理的解释。

第二种可能的解释是，关于科技兴趣的计量并没有能够如实反映北宋从事科技相关活动的人员的数量变化情况。本书第二章曾讨论过这样的可能性：有可能并不是这样的人或这样的事迹减少了，而只是编史者更少地关注和记录它们了。刚刚提到的两条曲线在微观层面的对应性一定程度上可以为这种可能性提供支持。因为尽管编史者群体在长时段中会随着成员更迭而逐渐发生变化，但是在短时段内，仍可以近似地将编史者视作固定的、标准一致的。因此有理由认为，微观层面的一致性才是历史中发生的真实情况，而大尺度上的相反趋势则主要反映了长时段内编史者对科技相关事迹的兴趣的下跌。

即便如此，这仍然意味着"科学发现在数量上的增加，接着又会引起人们更大的兴趣"（默顿，2000：75）的模型不大适用于古代社会。当然，这里所说的"兴趣"主要指主流阶层的兴趣，特别是掌握编史权的士大夫阶层的兴趣；在基层百姓——特别是作为准科技工作者的工匠阶层中，真实情况也许并非如此。但问题的关键是，在优秀人才职业兴趣的形成中，影响最大的恰恰是主流阶层的价值取向。其他阶层的意见或受其左右，或几可忽略。而这一机制恰恰更容易造成在长时段下才会显现的恶果。

[①] 参见第二章第二节，就本书的统计而言实际上大多数人群的最可几入职年龄远高于此。
[②] 参见第二章第二节，根据本书统计样本算出的最可几寿命为 64.80 岁。当然，入职时间与科技成就相差四十年的情况也并非完全不存在，比如苏颂（1042 年进士）和他的水运仪象台（1086 年建成），但这只是极个别的案例。

最后，鉴于本章的统计只计算科技成果数量而不考虑其质量，还存在一种可能的解释，即在北宋后期，科技成果的数量虽然变多了，但是作为科技相关活动社会评价和社会关注度下降的后果，这些成果的含金量降低了。

这一理论刚好能够被前人的一项研究所支持，那就是前文曾引述过的金观涛等人的工作（金观涛等，1982，2002）。与本书中的方案不同，金氏等人在对中国古代科技成果进行计量时依据成果的重要性对每一项成果分别进行了评分[1]。这项以五十年为单位进行的计量结果非常清晰。尽管按照本书的统计，就宋人取得的科技成果的数量而言，11世纪后半叶要远远高于前半叶；但加权记分后的结果显示，北宋——同时也是整个中国古代——科技成果的最高计分值并非出现在11世纪后半叶，而是前半叶，且分值相差悬殊（图3-3）。也就是说，11世纪后半叶，尽管科技成果数量较多，但就其重要性而言却要逊色很多。有理由假设这正是由科技人才的平庸化导致的[2]。

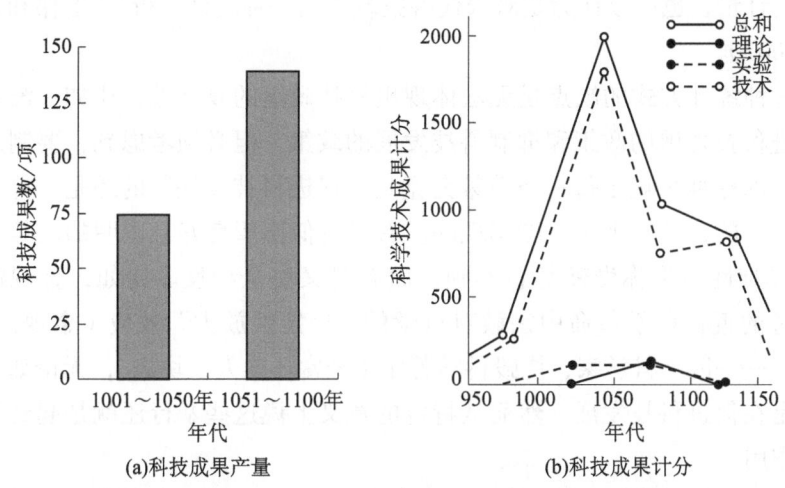

图 3-3　北宋11世纪上、下半叶科技成果的产量与质量

第二节　科技相关政策与科技发展

本章第一节中的统计数据暗示了北宋科技成果产出率与政治波动之间

---

[1] 具体的统计和评分标准请参见金观涛等人的原文。
[2] 由于金观涛等人没有明确地给出其数据来源，无法了解他们对科技成果进行时间划分和评分的具体方式，因此这项论据还存在一些可商榷之处。但考虑到成果数与计分值间的差距悬殊，即使在细节问题上存在争议，也不足以动摇11世纪后半叶科技成果质量下降的总结论。

的有趣联系。按照现代科学社会学及科技政策研究的基本假设，政府影响科技进步和学科发展方向的手段主要是政策引导和宏观调控。当然，在宋代显然还不存在一个如今天这样可以被称为"科技政策"的概念。但是由于各种技术和知识在国家政治生活中的广泛应用，在北宋的各种诏令、律法、制度中，涉及科技相关事务的内容却是十分常见的。韩毅曾对两宋政府在医学方面的各种诏令进行过系统研究（韩毅，2014）；汪前进讨论过宋代的地图管理制度（汪前进，2007）；本书以下将要援引的则是潜伟和吕科伟对宋代科技政策的定量研究（潜伟和吕科伟，2007）。

吕科伟以《宋史》为资料来源，对《宋史》，特别是按编年顺序排列的"本纪"中涉及科学技术的内容进行统计。吕科伟认为，因为《宋史》的本纪是记载皇家日常生活和重大政治事件的……对其（本纪中涉及科学技术的内容）进行句频分析，其实就是关于以帝王为首的统治集团对科学技术关注程度的计量，也可以认为是对宋代科技政策的一种统计分析"（潜伟和吕科伟，2007）。

这种统计方式的缺点是无法体现出科技政策的复杂性，比如，没有区分促进科技发展的政策和抑制科技发展的政策。但必须考虑到，要制定一个统一的标准来规定每一条政策究竟是"促进科技发展"的还是"抑制科技发展"的，是几乎不可能实现的。有时看似愿望良好且聪明的政策所造成的灾难性后果你做梦都想不到，而有时又完全相反。比如，金观涛等谈到过的近代科学革命中宗教对科学的"否定性放大"效应（金观涛等，2002）——囚禁科学家、烧毁科学著作（经常还连人一块烧），无论如何也不像是在促进科技发展，然而从特定的意义上说这些暴行还就是起到了这样的作用。

而吕科伟提供的指标——"关注程度"——要容易把控得多。这背后还隐藏着一个假设：对科技的关注，无论这种关注对科技的评价是积极的还是消极的，只要科技能够成为人们的话题之一，并且能够频繁出现，就已经证明了科技在当时社会生活和政治生活中有何等重要。反过来，如果科技完全不被作为一个话题，或者说它完全是被忽视的，那么同样可以说明当时人们的态度。

按照一般的假设，科技相关政策的改变不但可能影响科技成果的增长，而且可能影响科技工作的社会评价——进而影响科技兴趣的增减趋势。而反过来，社会主流阶层对科技的兴趣和看法也可能影响政府的科技决策，并在政府科技政策的发布频率和内容倾向中表现出来。遗憾的是将吕科伟的工作

（图 3-4）与前文提到的各种统计数据相比较，发现上述假设似乎完全无法在北宋的案例中得到支持。

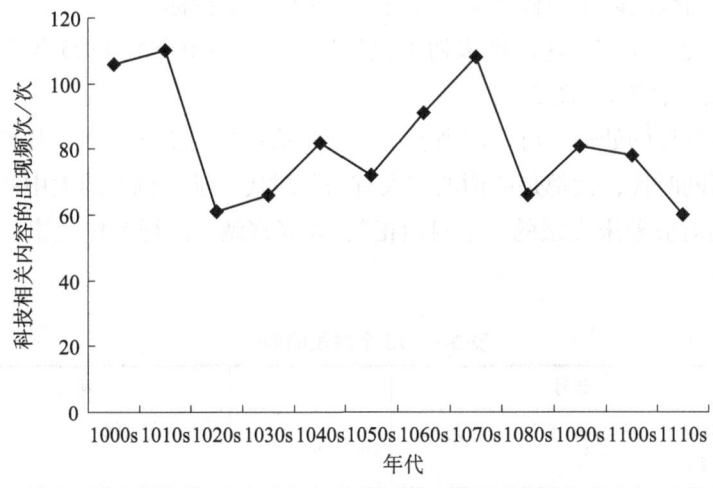

图 3-4　北宋 1001～1120 年科技政策指数变化
资料来源：吕科伟（2006）

首先，无论就科技成果产出量而言，还是就兴趣变化而言，都很难在它们与科技政策指数之间找到明显的对应关系，哪怕是包含着时间差的对应关系。在科技兴趣方面尤其如此，比如，在 11 世纪 60 年代和 70 年代科技政策指数强烈上升的同时，一直存在的科技兴趣的下跌趋势却丝毫没有得到延缓。显然，至少就北宋而言，全社会的职业兴趣变迁并不是政府的政令和态度所能左右的。

其次，虽然在某些年代确实可以在科技政策指数与科技成果产出量之间建立起某种看似合理的因果关系，甚至这种因果关系还可以得到其他独立史料的支持，但是在另一些年代，情况又似乎很不一样。比如，在 11 世纪 70 年代和 80 年代，科技政策指数和科技成果产出量同时达到高峰随后又落入低谷，而这与时人对当时政治环境、社会氛围及施政成果的评价基本上也是相符的；但是与此相反，宋真宗在位的二十年间，科技政策指数达到了一百二十年间的最高水平，而相应的科技成果的产出量却并不高——实际上简直糟透了，称得上是一百二十年中最无所作为的两个十年（图 3-1）。

考虑到真实的历史并不是按照我们一厢情愿切割出的十年或二十年的均匀周期发展的，换一种统计方式，即以北宋历史上的重大历史事件为依据进行分期，也许更有助于理解当时的情况。这样做的缺点是由此分出的各个历史时期长度各不相等，因此它们之间的科技成果和科技政策总数是无法相互比较的，需代之以年均科技成果和科技政策数两个指标。

为了便于比较，这次把宋初也包括进来，从960年到1125年总共分为18个时段（表3-1，图3-5）。

经过这样的处理，可以清晰看出科技政策指数的变化规律：凡科技政策指数较高的时代，大都是所谓的"大有为"时代，唯一例外的大中祥符-天禧年间则对应着宋真宗的"东封西祀"、大兴宫观，同样劳民生事，有过之而无不及。

表3-1 18个时段的划分

帝王	年号	公历	附注
太祖	建隆元年－开宝九年（十二月改元太平兴国）	960～976年	太祖在位期间
太宗	太平兴国二年－雍熙四年	977～987年	太宗登基，至雍熙北伐结束
	端拱元年－至道二年	988～996年	雍熙北伐结束后，至太宗驾崩
真宗	至道三年－景德四年	997～1007年	真宗登基，至以"天书"事改元大中祥符
	大中祥符元年－天禧五年	1008～1021年	大中祥符改元，至真宗驾崩
仁宗	乾兴元年－天圣十年（十一月改元明道）	1022～1032年	仁宗登基，刘后垂帘期间
	明道二年－康定二年（十一月改元庆历）	1033～1041年	仁宗亲政，至"庆历新政"前
	庆历二年－八年	1042～1048年	"庆历新政"，至皇祐以前
	皇祐元年－至和三年（十一月改元嘉祐）	1049～1056年	皇祐改元，至"嘉祐之治"以前
	嘉祐二年－七年	1057～1062年	"嘉祐之治"期间
英宗	嘉祐八年－治平三年	1063～1066年	英宗在位期间
神宗	治平四年－熙宁十年	1067～1077年	神宗熙宁变法期间
	元丰元年－七年	1078～1084年	神宗元丰改制期间
哲宗	元丰八年－元祐八年	1085～1093年	哲宗登基，高后垂帘期间
	绍圣元年－元符二年	1094～1099年	哲宗亲政期间
徽宗	元符三年－大观四年	1100～1110年	徽宗登基，至政和以前
	政和元年－八年	1111～1118年	政和年间
	宣和元年－七年	1119～1125年	宣和年间

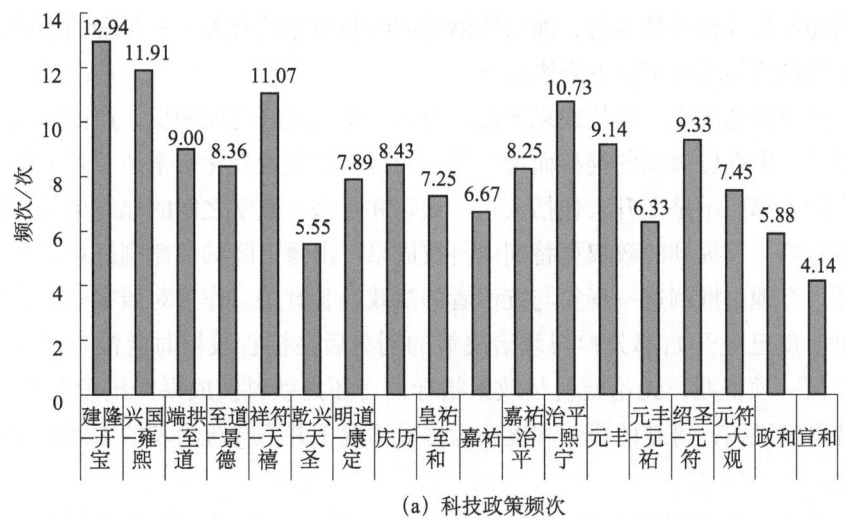

(a) 科技政策频次

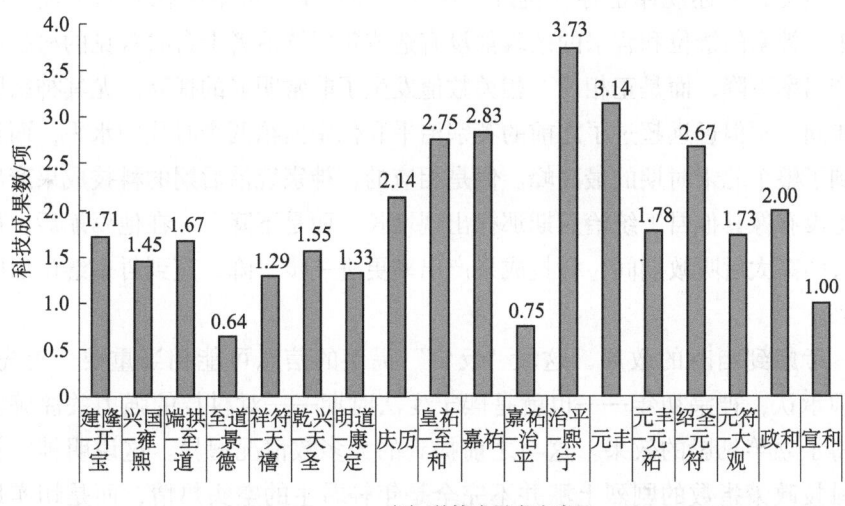

(b) 科技成果产出率

图 3-5　北宋各时期年均科技政策指数与科技成果产出率

而且有趣的是，几乎所有执政时间较长的君主对科技的关注程度都随着时间递减[1]，而到年轻一代的统治者上台时，对科技的关注又会出现一次较大的回升，开始一个新周期。不过这种现象不会出现在同辈人的政权更替中。比如在太祖、太宗兄弟，真宗、刘后夫妻，以及哲宗、徽宗兄弟的权力更替中，科技政策指数都没有出现回升，而是进一步下降了。宋神宗死后，政权转移到他的母亲高太后手中时，情况更是如此。这说明造成科技政策指数变

---

[1] 唯一的例外同样出现在宋真宗身上（仁宗、哲宗即位之初的太后听政时期除外），不过有理由相信这同样是由"东封西祀"和玉清昭应宫等工程的非正常拉动导致的。

第三章　北宋的科技相关政策与科技成果产出 | 99

化的还不是政权更替本身,而与统治者的经验与年龄有关——年轻的统治者显然对科技领域的工作更为热心。

值得注意的是,科技成果产出率方面的变化刚好与此相反,产出率通常是随着君主在位时间的推移而增加的,而每次执政者变化带来的总是成果产出率的下降而不是上升,包括太祖-太宗和哲宗-徽宗之间的兄终弟及。这与本章第一节提到的政权更替期内科技成果产出量下降的规律刚好可以相互印证。有理由推测这一现象与统治者的执政经验有关。作为对照案例,真宗在世时就已经开始部分参与政治决策的刘皇后在接管政权时就没有出现上述任何一项征兆,无论就科技政策指标而言还是就科技成果产出量而言[1]。这些事实说明,科技的繁荣程度在大多数情况下并不与统治者的主观愿望成正比。

当然,上述规律也存在例外。比如,在神宗、哲宗两朝的四个连续时期中,神宗的继位和哲宗的亲政都没有造成年轻统治者上台时常见的科技成果产出率下降,而是正相反,相关数值发生了非常明显的提高。尤其神宗熙宁年间,不但远远超过了之前的英宗治平和仁宗嘉祐两个时代的水平,而且达到了整个北宋时期的最高峰。但是相应的,神宗统治后期的科技成果产出率也没有像其他君王统治后期那样出现增长,而是下降了。在他驾崩后,更年长的高太后听政期间,科技成果产出率更进一步下降,直到哲宗继位后的复兴。

考虑到当时的政局,这段"反常"提供的信息可能相当重要。首先,必须承认,神宗初年——也就是熙宁变法时期——对科技的强力关注确实取得了立竿见影的效果。这与之前提到的大多数情况迥异。这说明神宗初年科技政策指数的剧烈上涨并不完全是年轻君主的空头热情,而是切实地被贯彻到了实际的举措中,并行之有效地取得了成果。但另外一方面,由此取得的科技繁荣又由于过多地依赖政府作为而无法持久。也就是说,它无法像自然发展的仁宗时代那样建立起可持续的良性循环。因此,到元丰年间,当政府对科技领域的关注水平略有下降时,科技成果产出率也立刻出现了下降。

尽管如此,熙宁、元丰年间主导北宋政治的新党在促进科技繁荣方面的成就仍然不容否认(虽然这种繁荣的健康性和可持续性可能还稍有疑问)。特别是参考接下来的两个时期——旧党执政的元祐年间和新党重新执政的哲

---

[1] 实际上,将刘皇后听政的天圣年间的数据与真宗统治的两个时代排列在一起,可以组成近乎完美的递增或递减数列。与其说这十一年是仁宗时代的开始,倒不如说它们是真宗时代的继续。

宗亲政时期，前者的科技成果产出率按规律本应上升，而结果却发生了急剧下降；后者的科技成果产出率按规律本应下降，而结果却实现了大幅上升。二者反差分明。

第三节　最受关注的科学技术分支

就宋朝而言，对不同科学技术分支的受关注程度进行比较，其意义并不在于找到一个"带头学科"或"科学兴趣中心"。因为既然不存在一个统一的科学技术领域和从业者群体，也就谈不上对科学的兴趣在不同分支领域间的分配问题。同样，鉴于各学科在当时的割裂性（甚至在今天看来应该属于同一学科的知识都被割裂在很多不同的碎片中），也不存在任何能够充当科技发展引擎或风向标的带头学科。

但这种讨论对于理解所谓的"中国古代科技"究竟指什么，以及古代中国人发展这些知识的动机却大有帮助。而且最有趣的是，通过对不同资料来源和计量指标的统计数据进行对比会发现，究竟什么是宋代最受关注的科学技术学科，从不同的指标出发会得到完全不同的答案。

事实上仅吕科伟对《宋史》一部文献的计量就得到至少三种答案。一种是对各门学科内容在《宋史》中出现频次进行统计，得到被提及次数最多的学科依次为："天文学（频次 15 971），数学（频次 3526），水利工程（频次 3401），农业科学（频次 2397），轻工业及手工业（频次 2004），大气科学（气象学）（频次 1766），生物科学（频次 1141），医药、卫生（频次 1099）。"（吕科伟和潜伟，2006）另一种是分析《宋史·艺文志》所列书籍的所属学科，得到顺序为："医（医药、卫生书目频次 527）、天（天文学书目频次 249）、农（农业科学书目频次 61）、算（数学书目频次 47）……且医学和天文学的频次明显高于农业和算学（数学），处于更高的层位。"（吕科伟和潜伟，2006）还有一种是计算《宋史》本纪里各学科的出现频次，得到的顺序是天文学（958 次）、气象学（507 次）、水利工程（339 次）、农业科学（298 次）、建筑科学（194 次）……（潜伟和吕科伟，2007）（图 3-6）。

吕科伟认为之所以会出现不同的答案，是因为它们反映了不同维度上的事实：在宋史中的出现频率代表着一个学科的社会关注情况（吕科伟和潜伟，2006）；相关书籍的数量则代表着"学科发展完善程度"（吕科伟和潜伟，2006）；而"本纪是记载皇家日常生活和重大政治事件的"，代表着"以帝王

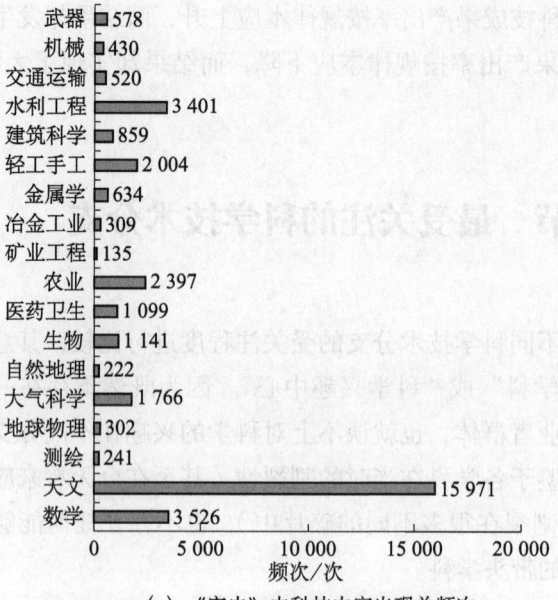

(a) 《宋史》中科技内容出现总频次

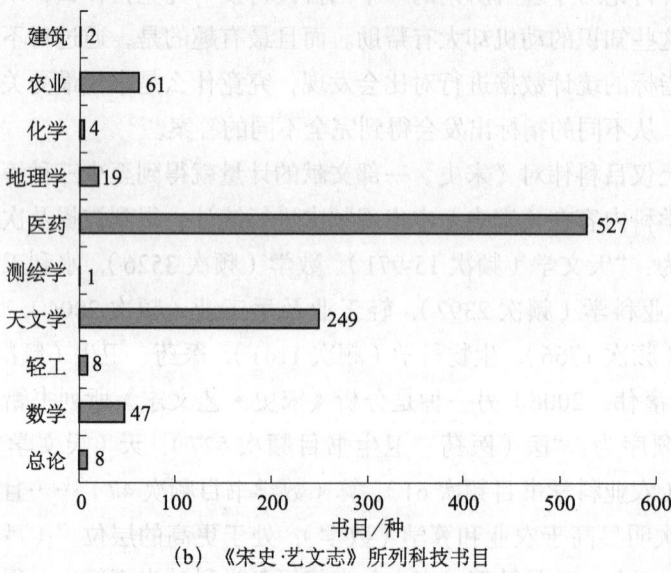

(b) 《宋史·艺文志》所列科技书目

图 3-6

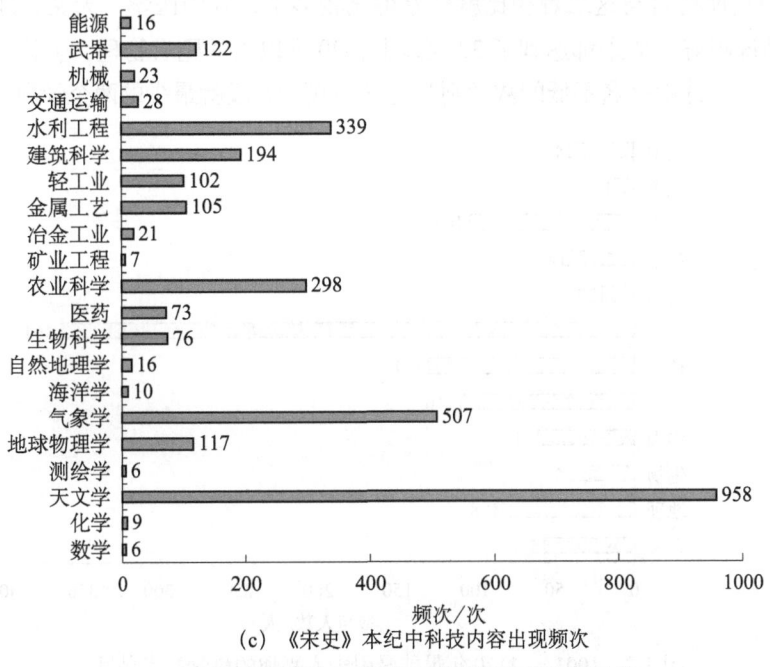

(c)《宋史》本纪中科技内容出现频次

图 3-6　根据《宋史》统计出的宋代最受关注学科
资料来源：潜伟和吕科伟（2007）

为首的统治集团对科学技术关注程度"（潜伟和吕科伟，2007）。这种看法有一定道理。可以想见，一个学科被提到的频繁程度，理应与人们在多大程度上熟悉它，以及与它与日常生活的关系有多么密切有直接关系。但社会大众最熟悉并不意味着这个学科的学科化程度就最高。比如工程和技术，无论在哪个社会里它们都肯定是与社会大众的生活最息息相关的学科之一，但在北宋，实践它们的人肯定远比研究它们并著书立说的人多得多。另外，尽管基于儒家的施政理念，与人民生活关系最密切的学科往往也会受到政府的格外重视，但反过来的情况却未必成立。政府关心的东西未必能够在社会上得到同样的反响。

而从《大辞典》和《年表》中得到的又是另一种答案（图 3-7、图 3-8）。如前面提到的，在《大辞典》收录的所有 1001～1120 年曾参与过科技活动的人物中，参加过工程活动的人数占据了绝对优势（359 人），以下则依次是手工业技术、农学、医学、地理（俱 100 人左右）和天文、物理、数学（俱 50 人左右），涉足生物、化学和气象的人数最少。而在《年表》中，工程类成果的优势虽然没有那么明显，但同样在 1001～1120 年的所有科技成果中稳居第一（58 项），手工业技术则以很小的差距继续排名第二（50 项）。除此以外的其他科目与这二者相比就都差得比较多了，其中医学、天文、地理和农学情况略好，成果都达到了 30 项以上，20 项以上的则有物理、生物，而在吕科伟的统计中排名不低的数学则与化学一起沦为成就最少的两个学科。

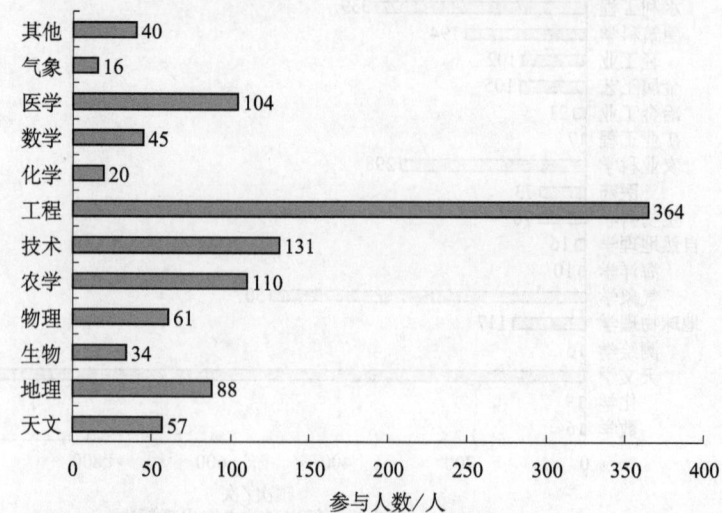

图 3-7　1001～1120 年最能吸引宋人兴趣的科学技术科目

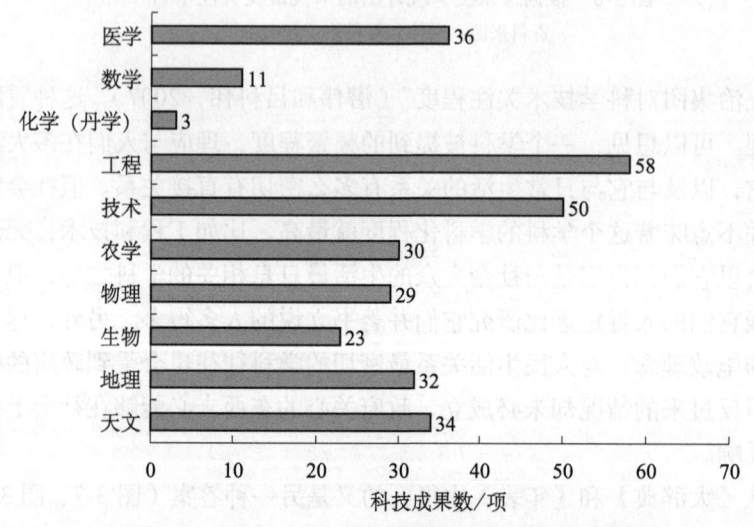

图 3-8　1001～1120 年北宋科技成果（按学科分布）

几种统计结论中有相似点，也有明显的差异。相似的地方是工程、技术、农学等分支在所有统计中都名列前茅，尽管排列顺序略有不同①。这一结

---

① 只有工程、技术等科目在《宋史·艺文志》中的表现除外。吕科伟认为："这从某种程度上反映出我国中世纪时期大多数手工业工匠不愿意将技术公开传授出来，仍停留在师徒关系上。"（吕科伟和潜伟，2006）不过这种观点可能有简单化之嫌。除了从业者们的主观愿望，恐怕更应该考虑当时的社会经济发展水平，以及古代技术公认的"经验性"特征对这一结果的影响。

果中透露的中国古代科技侧重工程技术的结构特征,以及中国社会自秦汉以降的重农主义倾向,在今天已几近于常识,这里不再赘言。比较值得一提的倒是几种统计结果中存在明显差异的部分。这些差异本身提供了极其重要的信息,它们说明,北宋社会的各个阶层、各种力量对科学技术的看法完全是脱节的,在社会需求、政府决策、社会精英的价值观及实际科技成就之间存在着严重的裂隙。

最令人印象深刻的例子就是天文学。这个学科在社会关注程度和政府关注程度方面都占据着对其他学科的压倒性优势,在《宋史·艺文志》中,它出现的次数仅次于医学,而在《年表》中,它也留下了相当可观的成果数量,这些都充分说明了天文学在当时国家生活中的重要性以及当时天文学活动的频繁程度,特别是在《宋史·艺文志》中出现的次数和在《年表》中留下的成果数,更证明了当时天文学共同体的繁荣程度,以及这些天文学家的出色才华。

然而尽管如此,在针对《大辞典》的统计中,天文学却被远远抛在了后面,只是略强于数学。这就是说,尽管当时的天文学无论就政府的重视程度而言,还是就实际的繁荣程度而言,都达到了很高水平,且当时天文工作者的才能也足够优秀,足以帮助他们获得名垂史册的成果,但他们中能够引起当时编史者兴趣的却只是凤毛麟角(而且其中绝大部分还并非职业天文学家,而只是官员和儒生中的业余天文爱好者)。同一事实也可以反过来理解为,在当时有资格进入编史者视野的主流社会精英中,很少有人对天文学发生兴趣。这也就是说,与这一学科的繁荣程度、发展水平和从业者的才华相比,北宋天文学和天文学家的社会评价与社会地位是极低的。

也许有人会引用屈纳特的建立在误解基础上的名言①来反驳这一观点,并且会列举出苏颂、沈括等一大批官至宰相、翰林的高官天文学家(更准确地说应该称作"在天文学上有一定造诣的高官")作为反例。但值得注意的是,这些人见于史册的天文学工作几乎都是在他们奉命担任司天监主管官员时做出的。应该承认,无论从司天监这一部门本身的行政级别来看,还是从上述管理者进出司天监前后的政治成就来看,北宋政府的确把天文工作放在了极其重要的地位上,并选择了最有才华和最受信赖的朝廷重臣管理此事。但这仅仅能够证明统计数据中已经显示出的政府对天文学的重视,而正如本章第二节中谈过的,"全社会的职业兴趣变迁并不是政府的政令和态度所能左

---

① "许多欧洲人把中国人看作是野蛮人的另一个原因,大概是在于中国人竟敢把他们的天文学家——这在我们有高度教养的西方人眼中是最没有用的小人——放在部长和国务卿一级的职位。这该是多么可怕的野蛮人啊!"——弗兰兹·屈纳特(维也纳,1888年)。转引自李约瑟(1975:扉页)。

右的"。

除了天文学，数学领域也存在这个问题。根据吕科伟的统计，数学在《宋史》全文中的出现次数仅次于天文学。当然，这主要是因为他将《宋史》天文、五行、礼、食货等诸志中所有包含数字的观测数据、匠造标准、收支账目都记入了数学的出现频次。不过，这确实能说明宋人使用数学的频繁程度以及数学在宋代社会生活中的重要性。与此相呼应的是，宋代数学学科的完善程度也是各种学科中比较好的——在对《艺文志》的统计中位列第四。但另外一方面，无论就政府的重视程度而言，还是就社会精英的关注程度而言，数学在各学科中的排名都非常靠后，成果产出量也相对较低[1]。尤其从政府的重视程度看，数学在《宋史》本纪中只出现了6次，是所有学科中最低的，这与出现近1000次的天文学形成了鲜明对比。从这个角度说，尽管数学在宋代应用广泛，在社会生活中有很强的重要性，但其社会评价和从业者的社会地位却连天文学都不如。

当然这里可能又会有反对者举出北宋设立算学的例子来证明北宋政府对于数学还是重视的。但一个令人尴尬的事实是，这个传说中的机构从北宋崇宁三年（1104年）六月十一日下旨设立，到宣和二年（1120年）七月二十一日废除，连同其间断断续续地被整建制并入国子监或太史局（司天监）的时间（前后约四年[2]）在内，一共只存在了十六年，即便把它在元丰末年名义上存在的时间[3]也算上，也不过再多出一年半，恐怕任何一个实事求是并认真阅读过相关史料的人都很难把这种情况定义为"算学馆在北宋……

---

[1] 这似乎与人们惯常认识的所谓"宋元数学高峰"有较大出入。有几个原因造成了这一点：第一，这里所说的北宋数学领域表现较差是就各学科的横向比较而言，而所谓的"高峰"则是根据不同朝代数学成就的纵向比较来说的，二者间没有可比性。第二，这里的统计只考虑成果产出量，而不考虑成果的质量，由此造成某些领域被低估而另一些领域被高估是可能的，但无论如何也不会与相关领域的真实繁荣程度相差太远。第三，可能也是最重要的，上述统计的时间范围被限定在1001~1120年，比"宋元数学"的涵盖范围小得多，而事实上所谓宋元数学或金元数学的代表人物，绝大多数都生活在这个时间范围以外——更确切地说是以后。

[2] 按《宋会要辑稿·崇儒三》："（崇宁三年）六月十一日都省札子：'……方今绍述圣绪，小大之政，靡不修举，则算学之设，实始先志。推而行之，宜在今日……'从之。"又，"（大观）四年（1110年）三月二日诏：'算学生并入太史局，学官及人吏等并罢。有合条画事，并具奏听审。'政和三年（1113年）三月二十三日，大司成刘嗣明奏：'……本监申，伏睹旧算学见今空闲，舍屋具存，别无官司拘占。相度欲乞依旧为算学。'从之"（徐松，1957：2208-2210）。另，《文献通考·职官十》："（崇宁）五年（1106年），罢算学，并入国子监。十一月，从薛昂请，复置算学。"（马端临，1986：512）可知北宋自崇宁三年始置算学，两年后即罢入国子监，同年末复置（《宋会要辑稿》未载），四年后又废入太史局，三年后又复置（此次复置《文献通考》未载）。

[3] 《续资治通鉴长编·卷三百五十》：元丰七年（1084年）十二月辛未"又诏许四选参官通算学者依参选人赴吏部试试，合格人上等除博士，中下等为学谕"。又，《续资治通鉴长编·卷三百八十一》：元祐元年（1086年）六月甲寅"看详编修国子监太学条制所状：'……奉圣旨令看详上件，算学虽已准朝旨盖造，即未曾兴工。其试选学官，未有人应格。'"（李焘，1993：8392-8393，9248，9278）"另，《宋会要辑稿·崇儒三》："宣和二年（1120年）七月二十一日，诏：'算学元丰中虽有有司之请，未尝兴建……'"（徐松，1957：2211）可知，虽然宋神宗在元丰七年（1084年）年底批准兴办算学并议定了制度方案，但直到新皇登基后的元祐元年（1086年），不但官署尚未动工，而且连编制中的人员都一个没有敲定，仅是一个停留在批准诏书上的机构。

大部分时间还是存在的"。更重要的是正如第一章指出的，作为一个数学教育机构，算学培养人才的效能可谓惨不忍睹。这一点早在当时就被朝廷认识到了，并直接成了算学被废的原因①。而就今天所知的史料而言，我们没听说过任何一位知名的北宋或南宋数学家是从算学中走出来的。相比之下，北宋前期的司天监至少还培养出过贾宪、朱吉等才能得到时人认可的数学家，尽管他们的事迹在史书上也仅剩下一两句话而已。

与天文学和算学的情况形成鲜明对比的是地理学。在吕科伟提供的三项统计数据中，即使将自然地理、测绘乃至地球物理等所有与地理有关的学科加在一起，其总频次也只能位于所有学科的最底层。但如果按照成果产出量计算，情况就相当不同了，宋人在地理学方面所取得的成就绝对不逊于体系化程度最高的天文学、医学和农学。而在职业兴趣的统计中也显示出类似的情况。

这种现象初看十分令人困惑，但如果研究过所有地理学参与者的具体身份，就会发现这些人主要来自三方面：奉皇命编修、绘制地理志和地图的学术官员，自发编写地方志和撰写游记的一般文人，以及为军事目的而钻研地理测绘的武将与帅臣——都是北宋社会阶级结构中的最顶层成员，尤其第一类奉命编纂地志、地图的官员，往往是未来的翰林、两制、宰辅人选，甚至现任翰林、宰辅亲自操刀的情况也屡见不鲜。因此，尽管宋人的地理学活动并不像作为司天监日常工作的天文学活动那样频繁，但却以质量取胜，这应该是上述统计中地理成果产量较高的一个原因。而地理学参与者们本身社会地位相对较高的事实则可以为职业兴趣方面的统计结果提供解释。此外，一个不应忘记的事实是，与天文学、数学、医学及其他很多学科不同，中国古代地理学（在古代西方也一样）在当时是作为历史学的一个分支而存在的。作为一种历史学，它被主流价值观视作一种值得尊敬的、正当的和重要的学术，因此这门科学及其研究者的社会地位显然要优于天文学等被列为"方技"的学科。

---

① 《宋会要辑稿·崇儒三》："宣和二年（1120年）七月二十一日，诏：'算学……今张官置吏，考选而任使之，大略与两学同，即失先帝本旨；赐第之后，不复责以所学，何取于教养？可并罢。官吏依省罢法。应文籍钱物，令国子监拘收。'"（徐松，1957：2211）

第四章
不同社会群体的科技活动及其动机

如前面反复提到的,中国古代不存在一个完整的"科技领域",也不存在一个完整的科学家群体。当时曾参与过科技活动的人来自不同的阶层,怀着不同的目的。与笼统地讨论"宋人"对"科技"的兴趣相比,更可取的是从每个群体的不同动机、对相关科技领域兴趣的涨落,以及这个群体自身的社会地位变化情况出发进行分析。这不但有助于理解宋人科技兴趣持续衰退的原因,也有助于为前科学时代的"科学知识"都是怎样被聚集起来的这一问题提供一个模型。

第一节 北宋的主要社会群体

宋人的身份可以以两种不同的指标体系来定义。一种是根据其所属的社会阶层,可以把他们分为文官、平民知识分子、武将、皇室贵族、宗教人士(道士和僧人)、宦官及其他底层群体等,此外皇帝本人从某种意义上说可以算作单独的一个阶层;另一种是根据一个人涉足过的领域,把他归入文学家、艺术家、儒学家或历史学家等。

一、可进行集体传记分析的上层群体

第一种指标体系又可称为阶层身份体系。与后一种指标比,这一指标的

显著特征是极强的刚性和排他性。"刚性"的意思是说这些身份属性具有较强的社会强制性，很少以个人意志为转移，且大多数情况下很难改变[1]，更重要的是，在当时的社会制度下，不同阶层身份的司法地位和社会待遇明显不同[2]。"排他性"则意味着在同一时间内，一个人通常只能属于某一个唯一的阶层——尽管在一个人生命的不同阶段可能会发生跨阶层的身份转换，如白衣士人通过科举成为官僚阶层的一员，或者文官与武将间通过改秩程序实现相互的身份转换，但在同一时段内，一个人不可能既是官员又是平民，或者既是文官又是武将。根据《大辞典》提供的传记资料，可以识别出以下几个在北宋上层社会扮演主要角色的阶层群体。

（一）文官-知识分子集团

文官-知识分子集团是北宋最重要的社会集团，这个集团实际上由两个政治、经济地位截然不同的阶层组成：文官阶层与平民知识分子阶层。其中，文官阶层又可以分为高级文官和低级文官两个子阶层，在本书中，这两个阶层的划分以五品为界[3]。这一标准是综合考虑北宋官制和政治传统而划定的。对于宋代文官而言，一旦越过这条门槛，经济待遇、社会地位，以及个人对国家政治生活的影响力，通常都会有很大提升。没有出仕记录的文人、学者则记为平民知识分子（后文中有时也直接用"文人""学者"指代）[4]。

高级文官、低级文官、平民知识分子三个群体，尽管在经济状况、社会地位等方面可能差距悬殊——特别是官员与平民之间存在着身份等级上的鸿沟——但他们之间的血脉联系却绝难割裂。就北宋而言，高级文官几乎全部是由低级文官晋升而来的；而后者又绝大部分由平民知识分子经科举或辟举等渠道产生。即便是那些非科举出身的文官（比如荫补入仕的宦门子弟），

---

[1] 在中国古代各个朝代中，宋代以社会阶层流动性高著称，尤其科举制度为平民子弟搭建了一条可能直通显贵地位的快捷通道，所谓"朝为田舍郎，暮登天子堂"。不过即便如此，这种转换也不可能很频繁地进行，而且从来不是凭个人喜好就能够实现的。

[2] 比如，首先，平民（布衣）与官员的区别在宋代与在其他封建朝代一样，都是绝对的。尽管宋代的社会阶层流动性较好，对官员与平民的接触、交往也没有制度性限制，但无官人和有官人在税收、兵役，以及触犯刑律时的处罚方式与量刑标准等方面待遇都截然不同（王曾瑜，2010：207-220；周密，2002：50-68），甚至在日常可以穿戴的服饰、使用的器具等方面也有不同规定［《庆元条法事类·卷三》（谢深甫，2003：5-8）］。其次，同为官员，文官和武将在官制系统中也有明确的区分，适用完全不同的迁转规则和薪资制度，相互之间不能随意转职。皇室成员，他们的户籍档案由专门机构单独管理，在科举、入仕、司法等方面都有特殊待遇（何兆泉，2006）；对僧人和道士，也有不同于俗人的专门适用法律（董春林，2010），并对他们进行严格的身份管理（度牒制度）。

[3] 具体而言，元丰前散官至朝散大夫及以上；元丰后寄禄官至中散大夫及以上；馆阁官待制以上；六部侍郎及诸寺监正任长官以上；诸路提刑使以上；及知府以上地方官。凡仕履中有上述记录者，记为高级官员。

[4] 的确，对于平民而言，缺乏一种像官员的官职那样明显而严格的标识来把其中的知识分子和"非知识分子"截然分开。但通过与《宋元学案》（黄宗羲和全祖望，1986）进行比对，以及对每个人的具体事迹进行考察，并不难分清究竟该把哪些人归入这一群体。

也往往与平民知识分子保持着千丝万缕的联系。他们间可能会建立师生、同学、朋友、宾主[①]，甚至姻亲关系。最重要的是，他们接受的是同一个文化传统和学术传统的熏陶，接受相近的学术训练，拥有大致相同的核心知识储备、问题意识和概念体系。他们有可能会因社会地位、个人经济状况和学术派别不同而对具体的学术或政治问题抱有不同见解，但总的来说，他们奉行相同的世界观和价值观，即儒家正统价值观。

总而言之，这三个群体结成了一个大的社会集团。所谓"为与士大夫治天下"，北宋崇文抑武、礼重士人的国策使这个集团成为北宋最活跃、最有影响力的社会集团。这个集团吸引了北宋数量最多、最有才智的人才，代表着北宋社会的主流意识形态。在从《大辞典》获取的样本中，76.16%都来自这个社会集团——超过了3/4。

（二）贵族

与世家贵族当道的先唐社会不同，北宋采取抑制豪门、专用科举的人才政策。即便已经以荫补得官的官宦子弟，如果不重新去考一次科举，得一个进士出身，在任职和迁转方面就要受到诸多限制，最终的前程将非常有限。简言之，北宋已不再存在六朝王、谢那样的世袭贵族。虽然仍有一些绵延数代的政治世家，如相州韩氏、三槐王氏、寿州吕氏等，但其子弟也莫不需凭真才实学，经过科举和各种底层职位的磨堪，久历迁转，才能得到重用，其与先唐的世家贵族已完全不可同日而语。对于这些家族，本书倾向于不将其归类为贵族，而是根据每个成员实际的出仕情况将其分别归入官员和平民知识分子群体。本书所定义的贵族群体专指与赵宋皇室有直接血缘或姻亲关系的宗室和外戚。

在北宋，这一阶层的处境是非常微妙的。一方面，他们因其家世、血缘而获得富足的生活、良好的教育和优厚的俸禄；但另一方面，出于防患于未然的目的，他们又受到严密的防范，事业发展空间被严重地限制。以赵姓宗室来说，为避免自西汉以来反复出现的藩王谋反、同室操戈的悲剧，北宋自宋太宗以来对宗室制定了严格的限制措施，虽给予优渥的待遇，但严防其获得军事、政治方面的实权。熙宁前凡宗室子弟皆在年幼时就被授官，但所授都是没有实际职守的武职散官，同时又有宗室不应举、不就藩、不外放的规定。熙宁变法中宋神宗为缓解财政压力，放宽对五服以外（袒免亲及以下）

[①] 平民知识分子到官员门下担任幕僚或门客是非常常见的情况。而且这也经常是平民知识分子获得官身的一条快速通道。

宗室参加科举及出外为官的限制，同时规定对袒免亲以下的宗室不再赐官，只许通过科举获得官身，袒免亲虽仍蒙赐右班殿直（正九品武官），但15岁以后才能除授，同时鼓励宗室袒免亲同样通过科举求官（李国强，2010）。但与普通人相比，即便在熙宁以后，宗室为官还是存在严重的限制。一是五服以内的近支宗室仍被禁止参加科举及担任实职差遣；二是即便被允许出外为官的远支宗室，也被划定了诸多禁区，包括不得在边郡任职、不得任学官和考试官、不得参与机政、不领兵、不拜相等（张邦炜，1988）。

同样的，鉴于前朝外戚乱政的殷鉴，北宋对外戚也有严密的限制，虽然这些限制比宗室所受之限制还是宽松许多（苗书梅，1995）。另外，在社会地位方面，出于礼重文臣的理念，早在宋太宗时就规定了亲王位在宰相之下。因此，北宋皇室成员地位虽尊贵，但仍不及高级文官，外戚就更不用说了。总之，由于朝廷的刻意打压，导致北宋贵族群体虽然拥有较高的文化素质，但在社会上取得的成就却非常有限。在《大辞典》的样本中，这一群体仅占到了3.87%。不过，良好的教育背景、闲适的生活，以及政治上的前途无望，倒使这个群体更容易把热情投入到艺术、文学、学术等方面去。在入选《大辞典》的贵族中，相当一部分人正是凭艺术或儒学经术方面的成就名列史册的。另外，良好的经济条件也使他们经常成为艺术家、学者和方技之士的赞助人。

（三）武将

武将阶层的处境与贵族有相通之处，这不仅是因为他们同是被北宋朝廷刻意防范和限制的一群人，还因为这两个阶层在血缘上的联系。

与文官不同，北宋虽然也有武举制度，但并不作为选拔军官的主要渠道，武举出身的军官也绝少能够晋升到高层。按照陈峰的统计，在《宋史》留名的武将中，武举、蕃将，以及其他出身不明者等加在一起只占3.7%，而占据主流的则是将门、行伍、潜邸及外戚出身的将领，其中最主要的就是将门出身的将领，占到了39.6%（陈峰，2004：1-2）。因此，与文官相比，武将群体的世袭制氛围要浓厚得多。加之北宋朝廷对武人在权力上限制、政治地位上打压的同时，在经济上却给予极为优厚的待遇，以图笼络，消弭其叛逆之心。因此，将门子弟大多一出生就过着优越的生活，享受着较高的社会地位，成年后又能借族荫轻松补官，在军中的晋升机会也比常人多。他们的成长环境与事业路线与大多数通过寒窗苦读入仕，并在底层职位上经历了艰苦的竞争与磨炼，最终通过展示出过人才能而争得统治集团上层位置的文官群体截然不同，而是与同样凭借血统出身而坐享荣华富贵、自幼出入于权贵之家的贵族群体有更多的共同语言。

而且这两个群体在身份上也经常会发生转换。宋朝皇室最喜欢选择位高爵显，但已不再掌权的军队元老缔结姻亲。这也是赵氏一族笼络武人的策略之一。自太祖以降，太宗符后、太宗李后、仁宗曹后、英宗高后、哲宗孟后等皆生于武将之家。而武将世家在与皇室联姻后，也就摇身一变而成为外戚。反过来外戚子弟荫补为官的，则大多数都补为武职，并且与赵姓宗室不一样，宋朝对外戚领兵为将并无绝对限制[1]，相反很多时候反因其外戚身份而更加信任、重用，因此军队高层中外戚出身的军官也不少[2]。虽然本书将外戚计入贵族阶层，在武将阶层的数据中不再重复统计，但外戚大量出任高级将领意味着这两个群体的接触十分密切，甚至在很多时候是相互连通的，其经历、见解、知识结构和价值观也多有相通之处。

除了将门子弟，北宋武将还有一个重要的来源是潜邸亲随，也就是皇帝即位前就跟随在他身边服务的亲信、卫士、随从。这些人的具体出身不一而足，其中不乏本身就来自武将之家的，不过普遍而言其原本所属的社会阶层通常较低。但是与将门子弟和外戚相同的是，他们的官职同样不能说完全是依靠真才实学得来的，而是严重依赖于皇帝私人的恩宠。事实上按照陈峰的研究，潜邸出身的将领无论在能力上还是在品行上都是整个北宋武将群体中记录最差的（陈峰，2004：91-98）。当然，宋朝也并不是没有完全出身于平民的武将。例如，北宋最有名的将领狄青，以及后来的韩世忠、岳飞等，都是布衣从军，最终从普通一兵成长为统兵大将的。《宋史》中类似背景的将领很多，数量仅次于将门子弟。不过详细考察这些人的仕履，会发现他们当兵时大多有入选班直（皇帝贴身卫队）的经历，纯粹边卒出身而能成长为高级将领的极少。可见尽管这些将领的功名确实是一刀一枪打出来的，但曾经在皇帝身边工作的经历仍对其仕途有重要促进作用。

总之，作为一个群体，北宋武将阶层在政治上受到重文抑武的风气压制、制度上受到严密防范；但作为私人，他们与皇帝间往往存在远超文官的亲密关系，且经济上待遇优渥。在教育水平方面，虽然确有部分发迹于潜邸和行伍的将领出身微贱、文化素质低下，但是占最大比例的将门子弟却大都受过最优质的教育，很多人在儒学、文学、书法、艺术方面的造诣并不逊于

---

[1] 但严禁外戚担任枢密使（苗书梅，1995）。由于北宋军制将领兵、调兵两权分立，边将虽然手握重兵，但无枢密院将令不得私自调动，稍有异动立刻就会被捕系治罪。因此，外戚将领虽然能够领兵，但只要无法控制枢密院，就很难对皇权构成威胁。

[2] 在陈峰的统计中占到了12.3%（陈峰，2004：2）。

大多数文官和平民知识分子。与贵族阶层一样，他们也是不得志的民间艺术家和学者的一个可期许的资助来源。另外，北宋政府在修造各种工程时，如疏浚运河、加固堤坝、营造陵墓宫室等，通常都委派武将作为工程主管（有时还会增派一名宦官一同提点）；而边军将领在日常作战中本身也经常会遇到修桥铺路、营建工事之类的工程任务，以及其他技术问题。这些都增加了武将群体接触科技相关事务的机会。

（四）宦官

另一个处境微妙的阶层是宦官，与位高而权轻的贵族阶层正相反，宦官阶层可称位卑权重。宦官本质上是皇帝的私人奴仆，是奴隶，莫说与公卿大臣相比，即便是相对于平民百姓，身份也要低贱一级。但也正是奴隶身份，使他们的位置比君主专制时代的任何其他群体都更接近皇帝。对皇帝来说，无论文武百官还是兄弟妻儿，都是有独立意志的个人，有独立意志就会有独立的思想，就会考虑自身的利益，就会欺瞒和背叛；但宦官不属于人类，他们是会说话的工具，是皇帝自身肢体的延伸，是能够最忠实地贯彻皇帝个人意志的介质。从制度上说，北宋以中书门下掌政令，枢密院掌军令，全国文官、武将的任免迁转、政治决策、军队调动，都要议定于两府，交知制诰草诏，再交给事中审议，虽皇帝不得独断（张邦炜，2005：8-15）。也就是说，皇帝本人原则上无权绕过两府直接给任何文官或武将下达命令[1]。但宦官则不同，他们供奉于内廷，直接听命且只听命于皇帝本人，对皇帝而言使用起来方便得多，也得心应手得多。甚至狼藉的名声本身都成了宦官群体的"优势"所在。士大夫文化中排斥宦官的政治正确、北宋祖宗家法对宦官的严密限制，以及阉人身份造成的与家庭和宗族的割裂，造成了宦官群体社会处境的极度孤立，唯有皇帝是他们获取安全和荣华富贵的唯一凭借，而在皇帝看来，这一点正是确保宦官群体对他个人绝对忠诚的最大保障。

正因为拥有上述诸多"优势"，宦官频繁以皇帝私人代理人的身份出现在宫廷内外的各种事务活动中。其中最著名的传统项目是在军事活动中充任监军；其次是监督管理各种工程，尤其是黄河沿线的水利工程[2]、帝陵及皇家宫观兴修工程等；此外还有其他各种生产制造项目，尤其是试制新式武器、

---

[1] 当然，这一制度并未能够被一直严格执行。特别是自熙宁年间宋神宗频繁以"手诏""内降指挥"等名义绕过两府直接向各级政府和官员下达命令，此制度便逐渐侵坏，至宋徽宗时"内降手诏"甚至几乎完全取代了合法的中书诏命（杨世利，2007）。尽管如此，由于这一制度始终存在，即便神宗、哲宗、徽宗也只能设法绕开它，而没有人敢于公开废除，使得北宋的皇权终究不是完全无所约束。

[2] 北宋首都开封近黄河，近畿乃至京城直接受水患威胁，故贯穿北宋始终，治黄都是由中央政府直接过问的最重要的国家事务之一。

打造天文仪器等技术含量要求比较高的项目；至于皇宫内部、皇家苑囿中的各种修造活动，以及其他各种由内藏库①拨款的项目，就更不用说了（田杰，2009：21-42）。尽管身为奴隶，但是作为皇帝的代言人，他们能够调动用来完成这些工程或修造项目的资源在北宋社会生产力许可的范围之内却是无限的。

（五）僧人、道士

僧人和道士构成了中国古代的职业僧侣阶层。在中古中国以外的绝大多数文明中，僧侣或祭祀阶层由于掌握着国家意识形态的解释权而占据着特权阶层的一角。一些文明，如古印度，甚至将这一阶层置于君王之上。但是在古中国，国家的意识形态是由世俗的儒家知识分子掌握的。僧侣阶层，即使在历史上最崇佛或崇道的时代，也从未能在国家权力体系中分得一席之地②。不仅如此，他们还遭到儒家正统知识分子的排斥。尽管与对宦官的排斥不同，这种排斥并不是基于道德立场的，而是基于意识形态立场的，但结果并没有什么区别。

另外，尽管数量众多且来源广泛的信徒（包括大量来自最上层阶级的信徒）提供了巨大的经济与政治资源，但是由于没有自上而下的统一教会组织③，这些资源被分散在各自独立的寺观与个别僧道手中，对于提升这些寺观与僧道个人的经济、社会地位自然大有好处，而对于提升僧人和道士阶层的整体社会地位和社会评价毫无帮助。相反这些财富还造成了僧人和道士阶层内部的严重贫富分化。

总之，以上诸多事实造成了中国古代僧人和道士阶层地位的模糊性。他们不属于社会金字塔的任何一个层级，而是连通着几乎所有层级。依个体的不同，他们上可游于公卿王侯之门，至为天子座上之宾；下亦可能敝屣褴衫、托钵乞食，与苦力乞丐为伍。更不用说他们来源的广泛性和复杂性——上至皇子，下至弃儿，都可以选择出家修行，都可能成为高僧或高道。

---

① 内藏库不在北宋三司财政体系内，是由皇帝本人直接掌握的金库。初为宋太祖为筹集对辽作战的专项军费而设，宋太宗时进行改组，职能有所扩大。内藏库名下的财产名义上属于天子私财，但实际上经常被用来支付战争费用、赈灾，以及缓解国家财政危机等非经常性的开支。内藏库的管理人员为宦官，动用内藏库储备需皇帝特旨，本质上是宋代增强皇帝对财政的直接控制力的一项措施（董春林和雷炳炎，2013）。
② 尽管历史上确有某些僧人和道士因皇帝的宠信一度获得过左右国家政治的能力，但这种宠信和权力仅仅是个人性的，并且完全依附于皇权，与宫廷中经常发生的其他妃嫔、宦官、奸臣擅权的故事没有任何本质区别。相反，作为一个阶层，无论僧人、道士还是其他宗教性质的群体，在中原王朝统治区域内都没有形成过足以造成社会影响的政治势力。
③ 从另一个角度说，恐怕也正因为如此才确保了朝廷与佛教、道教之间能够长时间地相安无事。

二、缺乏个体传记资料的下层群体

除了上述几个在史料中记载较多的社会群体外，还有一些社会群体，无论就他们在当时人口中所占的数量、在社会中所起的作用，还是就他们与本书所讨论议题的相关性而言，都不应在研究中被忽视；但是囿于当时历史学家的偏见，今天我们无法找到太多关于他们的有价值的个体传记资料，这里只能依据侧面史料对这些群体做一些轮廓性的描述。

（一）伎术官

伎术官是古代宫廷中专门承担专业技术工作的人员，所谓"执伎以事上者"[1]。伎术官之名见于《唐会要》，规定："伎术官皆本司定，送吏部附申……唯得本司选转，不得外叙。"又，神功元年（679年）敕："自今以后，本色出身，解天文者进官不得过太史令；音乐者不得过太乐鼓吹署令……"云云[2]。可知伎术官成为官僚系统中的一个独立职务序列不晚于唐初，且最初将其从文官系统中单独区分出来的目的就是为了对其加以阻抑和限制[3]。这可能与唐代首次大规模实行科举制，庶族士大夫地位的空前提高有关。在上品无寒门的时代，平民子弟无论以文学经术事上还是以一技之长晋身，地位都一样卑贱，也就无所谓区别。而如今既然文学、经术之士的地位提高了，也就产生了将进士新贵们跟"执伎以事上"的"小人"区分开的客观需要。

关于伎术官的范围，《宋史·职官志》只提到翰林院四局[4]；《宋会要辑稿》引政和三年（1113年）十二月二十八日中书省关于厘定职官序列的奏章，提到除翰林四局外"太史令至挈壶正"亦为伎术官[5]，可见太史局（司天监）系统也包括在内；而《唐会要》伎术官条目下除了与宋代相同的天文、医学，还提到音乐（太乐鼓吹署）、占卜（太卜署）、造食（司膳署）等专业职位[6]，不能确定是宋代关于这些职位的制度有了变化，还是仅仅对它们忽略未提[7]。

---

[1] 《宋史·卷一百六十六》（脱脱等，1977：3941）。
[2] 《唐会要·卷六十七》（王溥，1955：1183）。
[3] 当然，这些政策也为伎术官提供了一些利好，如授官门槛较低，只需本司即可授官，不必接受吏部的统一批准。这种相对灵活的任用制度大概是由伎术官工作岗位的专业性、技术性特征所决定的，当多是因事设职，择其能者用之。但这可能也恰恰是朝廷要求对伎术官的地位进行压制、迁转进行阻抑的重要原因。
[4] 《宋史·卷一百六十六》（脱脱等，1977：3941）。
[5] 《宋会要辑稿·职官五六》（徐松，1957：3646）。
[6] 此外《唐会要》还提到太仆寺等机构中也有伎术官存在，但未及具体执掌，可能与兽医、养马或修造、驾驭车辆等技术有关（《唐会要·卷六十七》）（王溥，1955：1183）。
[7] 宋以太卜隶司天监下，而太乐、司膳等属官在政和三年（1113年）中书省奏章中虽未列于伎术官中，但也未见于它类官职序列。如果存在官制方面的改革，更大的可能是这些专业的技术人员地位被进一步降低，沦为吏流，甚或工役、奴婢。

总之，各种伎术官职位是为了满足宫廷生活中各种专业技术方面的具体需要而设立的，供职者首先是专业技术人员，而非管理人员，这是其与古代大多数文官职位的根本区别。

在以往的研究中，专业岗位的设立通常会被视作促进相关事业发展的一个利好因素。事实上在某些方面也确实存在这样一些利好，比如为相关专业技术人才提供固定的工作机会，为相关技术知识的汇聚、积累和传承提供环境与渠道等。但是长远地、整体地来看，伎术官制度对相关专业知识领域的影响是否完全是积极的，却要具体问题具体分析。

前文已经提到，设立伎术官职序的本意就是将其与科举出身的文学、经术之士区别开，歧视的意味非常明显。而就其实际待遇而言，特别是具体就宋朝的情况而言，伎术官地位之低、俸禄之薄、迁转之难，也已为前辈学者指出（张邦炜，2005：110-122）。这里只选引两则更直观的史料。一则来自《宋会要辑稿》：

> （至和）二年（1055年）正月，以威武军节度推官刘抃为司天监丞，以判流内铨贾黯言其多挟阴阳卜术，以游权贵之门也。抃累自求免，许之①。

此事亦见《长编》至和二年（1055年）春正月庚辰及贾黯墓志②。北宋节度推官为幕职州县官③四等七阶中的一等第三阶，大约相当于京朝官品级中的从八品（龚延明，1997：32，688），而司天监丞为正七品上京官④，按理说这不但是升迁，甚至可以算超擢了。但刘抃的表现却是吓得"累自求免"。与此同时，从《宋会要辑稿》等书的字里行间也能看出，贾黯及皇帝的这一安排分明包含了浓厚的折辱之意。北宋伎术官政治地位之低由此可见一斑，甚至成了用来折辱士大夫的工具。

另一则史料是《宋史·礼志》转引的熙宁十年宋神宗就宗室婚姻问题颁布的诏书，其中规定：

---

① 《宋会要辑稿·职官三一》（徐松，1957：3002）。
② 《续资治通鉴长编·卷一百七十八》（李焘，1993：4305）；《华阳集·卷三十八·翰林侍读学士贾君黯墓志铭》（王珪，1935：511）。另一说进言者为韩绛，见绛墓志（《范忠宣公文集·卷十五·司空康国韩公墓志铭》）（范纯仁，2004：481）。
③ 亦称选人，起源于唐代。唐时地方幕职及州县属官多由藩镇自行辟授，不经王命。宋代收藩镇之权后，幕职州县官的除授、铨选之权虽然收归中央，但却形成了一个单独的文官序列。初入仕的低级官吏通常都要先经过这一阶段，经"三任六考"，以及多位高级官员举荐才能改任京官。幕职州县官位卑人众、迁转缓慢，且品秩止于八、九品，只有改任京官后才能继续向上升迁。故通常把选人改官视作北宋文官仕途中的第一道重要关卡。
④ 《职官分纪·卷十七》（孙逢吉，1988：401）。

> 应袒免以上亲，不得与杂类之家婚嫁。谓舅尝为仆、姑尝为娼者。若父母系化外及见居沿边两属之人，其子孙亦不许为婚。缌麻以上亲，不得与诸司胥吏出职、纳粟得官及进纳、伎术、工商、杂类、恶逆之家子孙通婚。（原注：后又禁刑徒人子孙为婚。）①

虽然同为官员，但伎术官、胥吏出职及买官者这三种出身的人却被与工商业者、十恶不赦之徒及囚犯放在一起作为五服以内宗室明令禁止的婚姻对象，待遇仅比奴隶、娼妓的侄男甥女稍好一些。如果说胥吏及买官者中鱼龙混杂，确实多有不法或不道德的记录与传闻出现，皇室对他们多加提防还有几分道理的话，那么对很少传出确凿劣迹的伎术官加以歧视，就只能说是赤裸裸的偏见了。而这样的地位和处境，使得伎术官职位——尤其是在科举制为寒门子弟提供了诱人得多也光明得多的前途的宋朝——很难对优秀人才构成足够的吸引力。

另外，伎术官的实际工作成效又如何呢？按朴素的推理来说，伎术官是职业的专业技术人员，并且在工作经费上受到国家财政的强有力支持，理应成为同时代相关科技领域主要的贡献者。但实际情况却差强人意。

在《年表》所载北宋960～1127年达成的322项成就中，以伎术官或相关机构为主要贡献者的只有43项，约占总数的13.35%——考虑伎术官在人口中的数量，这个贡献率还不算低。但是必须注意到，这43项成就中绝大部分是政策性事务，如改定历法、修造天文仪器、编纂和颁行官修方书等，还有一些是纯粹的天象记录，如杨惟德对至和超新星的观测，虽然在科学史上值得一书，但很难说有任何创造性。而且这些工作的实际水平也值得探讨。例如历法修订，北宋是公认的历史上改历最为频繁的时代，然而历法编制水平也是公认最差的（钱宝琮，1960）；修造浑仪的情况也与此类似（张邦炜，2005：125）。

还应该考虑到，由于上述工作的官方主导性质，它们更容易留下文献档案而为后世所了解。张邦炜曾根据传世宋代图书目录计算过宋代天文官和医官对各自专业领域的学术贡献率。算出宋人所著天文学著作最少有261部，而其中只有34部可以确认为天文官所著；医书93部，只有7部可确认为医官所著（张邦炜，2005：124，127）。而这些著作大部分都因为已经失传，今人无法确知其具体内容，而没有被纳入《年表》的考察范围。可想而知，如果所有这些失传的史料都能被保存下来，今天我们看到的伎术官科技成果

---

① 《宋史·卷一百一十五》（脱脱等，1977：2739）。

贡献率恐怕会更加令人尴尬。必须补充一句，上述事实还发生在北宋朝廷禁止私习天文历法之学的背景下。

（二）胥吏

胥吏是古代中国政治结构中的一个特殊阶层。虽然听用于官府，他们却不享受官员优厚的俸禄与特权，有些人甚至没有俸禄；虽然不是官员，他们却充当着国家机器事实上的终端，掌握着不可忽视的执行权。关于中国古代胥吏阶层及其在宋代的社会身份、社会地位、行为、特征等，前人已多有讨论，本书不多作赘述。这里主要提及与本书论题相关的几点。

第一，胥吏的待遇和社会地位比之伎术官还要恶劣。伎术官虽被视为异类，但终究还属官籍，虽然受到各种歧视和限制，但俸禄待遇仍然是稳定的，官员阶层共同享有的各种特权大部分还是能够享受的，只不过可能要比其他官员打些折扣，比如荫补、减免税役①、司法特权等。而胥吏不但俸禄微薄［还时常欠发（王曾瑜，2010：261）］，而且也并不享有类似特权②；相反，由于这一阶层一贯糟糕的品行记录，他们还被占统治地位的士大夫阶层列为需要严加提防和排斥的主要对象，政治地位甚至还不如普通民户。当然，就这一点而言，伎术官与胥吏可谓同病相怜。普通农家子弟，只要肯寒窗苦读，一朝科举登第，也就算进入了士大夫阶层。而一朝为伎术官或胥吏者，终生都摘不掉"卑贱奥渫之徒"的帽子，甚至子孙后代凭真才实学登科及第，也可能因祖先的出身而为仕履蒙上阴影③。

第二，在政府的各种事务中，尽管名义上掌握决策大权的是大大小小的官员，但实际操作者却基本上都是胥吏。这是因为，首先，尽管科举制被

---

① 北宋税、役、捐、费名目繁多，而对官员则免除或减轻其中的绝大部分，这可以说是宋代官僚阶层最重要的特权之一（王曾瑜，2010：210-215）。
② 除了有时可以凭借自己对行政事务的熟悉和手中掌握的一点实权钻些政策空子，以及极少数不明文的潜规则外（如奏补子弟接班），宋朝的成文法令中基本上没有为胥吏阶层提供制度性特权（王曾瑜，2010：264-265）。
③ 例如，宋徽宗时御医曹孝忠二子，在已就任馆职的情况下，仍以"伎术杂流，玷辱士类"之名被皇帝亲自下诏褫夺文官资格，黜归医官别列。事见《宋会要辑稿·职官三六》宣和四年（1122年）四月二十七（徐松，1957：3129）。虽然曹氏二子可能并非科举出身［《挥麈录·后录·卷三》记曹氏二子名为济、渫（王明清，2001：91），今不见有此二人登科之记载（傅璇琮，2005）；《鸡肋编·卷上》称曹孝忠"任子为文资"（庄绰，1983：3）；《老学庵笔记·卷三》称曹子"以翰林医官换武官俾又换文"（陆游，1979：39）。这些记载可能是可靠］，但官职在北宋历来为"文臣清要之选"必试而后除"，极少数不试而除的案例也都是针对状元、词科之类公认有才学之士（唐春生和丁双胜，2008），因此，能除馆职者，多少应该是有些真才实学的。但曹氏两子的文官资格还是仅凭一句话就被剥夺了［另据《宋史·卷二百四十三》："有安妃刘氏者……天资警悟，解迎意合旨……宣和三年薨……帝悼之甚……医曹孝忠，诊疾无状……并鞫治。"（脱脱，1977：8644-8445）这可能才是宋徽宗向曹氏二子发难的真正原因］。又如，南宋何铸，其父曾为胥吏。铸后参政和进士，绍兴中累官至执政，因反对岳飞诏狱而与秦桧一党结怨，桧党羽万俟卨等即以"胥吏之子"攻之。及铸贬官流放，时人谓中书所拟责词："极其丑诋，至有'家本书佐，行同穿窬'之语云。"［建炎以来系年要录·卷一百四十六》《建炎以来系年要录·卷一百四十七》（李心传，1956：2340，2361）］

誉为世界上第一套文官教育培训和资格考核系统,但讽刺的是,这套系统中却并不包括任何实际政务工作所必备的案牍、文书、行政等技能的训练与考核。其训练与考核的内容,在前期主要是智力、文笔、性情及通识知识的积累;在北宋科举改革后则主要是对儒家经义的掌握理解,以及对政策风向的揣摩呼应。至于本身根本就不为候选人提供任何教育训练的世袭、荫补系统,就更不用说了。由于专业知识与技能训练的缺失,很多主管官员根本无法胜任他们的工作,特别是在那些专业性较强的领域,如法律、财会等。更不用说由于迁转制度及"圣心"的变化无常,他们还经常在不同的岗位间调动,往往根本来不及积累专业知识与经验就离任了。而相反,胥吏们倒往往一生甚至几代人,都从事同一项专业业务,所谓"官无封建而吏有封建"[1]。因此胥吏们对于所从事工作的业务水平和熟练程度往往远胜于作为上司的主管官员,使得作为外行的上司不得不将政务尽付于属吏。其次,政务工作琐碎多端,即便官员本身明敏干练、经验丰富,也不可能事必躬亲,仍然有大量具体工作,包括他们懒得干、耻于干和不屑于干的,必须委于下吏。这都给胥吏们留下了巨大的操作空间,使他们实质上掌握了与其自身的品行、智识、能力和社会地位完全不相称的巨大权力。而这种错位必然为腐败提供温床。因此,胥吏阶层成为贪赃枉法、品行败坏的重灾区可以说是必然的,其具体案例历朝历代不胜枚举,这一点也不需要讳言(赵忠祥,2000)。

第三,由于胥吏们基本上是各种政府事务实际上的执行者,因此他们中颇有一些人积累了丰富的业务处理经验,掌握了高超的业务技能,包括一些与科学技术相关的领域。比如,最典型的就是仵作行业。宋代仵作技术发达,和凝、和㠓父子的《疑狱集》、宋慈的《洗冤集录》都在很大程度上得益于作者从手下仵作处收集来的知识。《梦溪笔谈》中记载的著名的"红光验尸法"也是由一位"老书吏"提供的[2]。但与此同时,作为这些专业技能的掌握者、使用者和传承者,仵作的地位却异常卑下,甚至在胥吏中也属于最下等的(王明忠,2007,2009)。显然,无论他们的待遇、训练还是眼界,都很难让他们产生进一步钻研和整理这些技术知识的热情,至多也就是止于混碗饭吃。他们的部分知识能够通过《疑狱集》《洗冤集录》等著作流传下来,还得多亏了有幸遇到和凝、宋慈这样眼界开阔、博学多能,且对自己管理的业务充满责任感的士大夫。

---

[1] 《水心先生文集·卷三·吏胥》(叶适,2004:382)。
[2] 《梦溪笔谈·卷十一》(沈括,1975)。

（三）官用工匠

伎术官和胥吏的处境还不算是最糟的，宋代官府技术系统中真正的最底层是各监司衙门及各种官营手工工场中的工匠。

如第一章所述，北宋中央政府系统内一多半的部门要与涉及科学技术（主要是技术）的工作打交道。其中工部、三司，以及军器、将作、都水等监尤其以工程、制造方面的工作为主业。而最终承担这些业务的主力都是具体的工匠。此外，北宋政府在各地设立的大量矿冶、铸钱、制瓷、制茶、织绣等监司和官营工场，以及各地修造城防、整饬河务的工程，对工匠的需求量更大。

王曾瑜总结了宋代官方手工业部门的用工情况，识别出三种身份类型的工匠：罪犯/奴婢、厢军和从民间招募的工匠（王曾瑜，2010，363-377）。其中专属于官府部门的是前两者。

罪犯、奴婢自不必说，他们是因为犯罪、受亲属株连或其他原因被暂时或永久地剥夺了人身自由的人[1]，在无偿或极低的报酬下被强制劳动，劳动积极性自然不会高，更不用说钻研技术和进行创新了[2]。更重要的是，除了少数长年从事某项劳动的"资深"奴婢，以及在沦为奴婢或囚徒前本身就从事过相关工作的人员[3]，绝大多数来源于这一渠道的劳动力都缺乏与所从事劳动相关的训练及经验，以至于无法胜任技术含量较高的工作。比如，北宋开国时对犯罪妇女的处理经常是配入皇家作坊充当针工，但仅仅到宋真宗和宋仁宗年间就把这一制度废除了，王曾瑜认为这背后的一个重要原因就是"此类针工难以保证宫廷用品的质量"（王曾瑜，2010：363-364）。

与罪犯和奴婢相比，厢军的处境略微好些，但也不过是五十步与一百步之别。宋代士兵社会地位之低、待遇之薄、苦难之重已众所周知，而厢军的地位和待遇比之禁军又低了一大截（王曾瑜，2011：80-83，279-284，509-512；王曾瑜，2010：367-368）。北宋除宋仁宗至宋神宗时期曾短暂编列过少数"教阅厢军"外，绝大部分厢军部队并不参加军事训练，也不承担战斗任务，而是专供劳役使用（王曾瑜，2011：82-87），但他们的管理仍然是完全军事化的。作为军人，他们只能住在军营中、依军令调动、完成上级指派的各种任务，而不像民间工匠那样可以相对自主地选择居住地、凭自己的意志

---

[1] 宋代官府奴婢的绝大部分来自罪犯奴隶。参见王曾瑜（2010：397-402）。
[2] 虽然不能完全排除奴婢阶层在漫长的古代历史中为技术经验的积累甚至创新作出贡献的情况，甚至可能有很多古代技术知识都来自"古代劳动人民的智慧"。但对于整个奴婢阶层而言，发明创造显然不是常规的活动。
[3] 例如，宋代法律规定："诸私铸钱应配者，计地里配铸钱监。已成而不刺该配者，刺充钱监工匠。"[《庆元条法事类·卷二十九》（谢深甫，2003：419）] 即利用有私铸钱经验的罪犯为官方铸币厂工作。

选择客户，并为自己付出的劳动议价①。从这个意义上说，来自厢军的工匠同样不具备完全的人身自由。此外北宋军中普遍实行刺字制度，也就是说厢军如罪犯和官府奴婢一样要在身体上刺字，这也从另一个侧面说明了厢军工匠低下的地位。

从技术能力上说，厢军工匠的水平明显比罪犯、奴婢强得多，其中很多人原本就是从民间工匠中招募的②，还有从精通手工艺技术的禁军士兵中抽调来的③。另外朝廷有时还会给在技术上有突出成就的民间工匠补官。例如，熙宁时"弓匠李文应、箭匠王成伎皆精巧。诏补三司守阙军将，以教工匠"④。守阙军将是北宋最低一级的武官职务之一（无品），"三司守阙军将"指隶属于三司，显然属厢军编制。事实上厢军可以被认为是宋代官府手工业的核心力量。与其说宋代官府使用厢军来充当工匠，倒不如说是他们把各种机构和官营工场中相关的常设性技术岗位都划入了厢军编制。厢军工匠与罪犯/奴婢或民间工匠最重要的区别就在于其专业性和稳定性。因此，尽管在人数上未必占绝对多数，但厢军工匠却是维持官手工技术系统常备技术能力和生产能力的基石。

除了上述两类工匠，宋代官手工业系统也大量雇佣平民工匠。尽管绝大多数情况都是依据临时的工程或物资生产需要，以短期雇佣形式进行，或定期轮换，但也不乏长期雇佣的案例（王曾瑜，2010：370）。而对于那些长年受雇于官府的民间工匠，其与军匠之间，其实也仅剩下军匠有正式编制，而后者没有的区别了。另外，北宋政府雇佣工匠，无论差雇还是和雇，虽然已具备一定的市场化元素，但在根本上仍然带有浓厚的封建劳役制度残余。官府付给工匠的薪酬通常远低于市场价，对工匠的征调也常常带有半强制色彩（王曾瑜，2010：368，372，374-377）。因此，即便是同一批民间工匠，从事完全相同的技术劳动，在民间自行营业与受雇于官府，其劳动的性质也有意义深刻的区别。前者已一只脚踏上了通往劳动力商品化和自由雇佣制的桥

---

① 《长编》曾记载过一则熙宁年间官办作坊中工匠杀害上司的案件，以及王安石和宋神宗关于此案件的讨论："先是，斩马刀局有杀作头、监官者，以其苦役，又禁军节级强被指射就役，非其情愿，故不胜忿而作难。……安石曰：'凡使人从事，须其情愿，乃可长久。'上曰：'若依市价，即费钱多，那得许钱给与？'"[《续资治通鉴长编·卷二百六十二》(李焘，1993：6411)] 从记载可见，犯案者应该是一名被从禁军中强行降入厢军或充作厢军使用的低级军匠。而从王安石与宋神宗的对话也可以看出，斩马刀局付给包括这名军官在内的厢军工匠的薪水，应该是远低于市场上同类民间工匠的劳务价格的。

② 《续资治通鉴长编·卷四百六十七》：元祐六年（1091年），冬十月丙子"枢密院言：招军并委提刑司催捉按举，遇出巡，据新招到人逐名点检及保明酬赏……有手艺者试验改刺充工匠"（李焘，1993：11 154）。

③ 讽刺的是，鉴于厢军的待遇和地位低于禁军，因技术专长而由禁军转隶厢军对士兵本人来说并非升擢，而是贬抑。北宋政府这样做的目的也首先是为了避免禁军士兵从事与军事无关的业务，影响战斗力，而并不是为了加强厢军的技术实力。参见《宋会要辑稿·刑法七》（徐松，1957：6745）。

④ 《续资治通鉴长编·卷二百四十八》（李焘，1993：6062）。

梁，而后者一只脚还深陷在"率土之滨，莫非王臣"的封建人身依附关系和劳动关系之中。

总之，在官府系统中工作的工匠，无论罪犯/奴婢、军匠还是民间工匠，得到的待遇都要比市场能够提供给他们的低——即便与同时代的标准相比较也是如此。但官府手工业系统也有一些优势，如工作机会充足、稳定。另外，尽管缺乏市场激励，但是由庞大国力支撑起来的技术信息搜集能力和任务执行能力，以及以国家暴力为后盾的质量监管系统，也从另一个方向上为促进技术水平提高提供了动力和压力。但是与市场激励机制不同，这些机制的优势主要在于对已有技术的收集整理、跟踪模仿（如军械技术方面北宋就从西夏获益良多），以及将现有技术水平发挥到极致，而对主动的技术创新促进效果有限。尽管也有对向朝廷进献技术发明的人赐官赏钱的做法作为补充，但终究并非常例，通常只在个别极力追求"大有为"的皇帝（如宋神宗）身上出现过，并且仅限于军事、农业等少数统治者特别关注的领域。事实上，国家之名爵有限，特别是在冗官、冗爵问题已经成为心腹大患的情况下，客观上朝廷也不可能专为鼓励发明创造而拿出太多资源来。总之，对北宋官府系统促进科技创新的能力不宜抱过于乐观的估计。

（四）商人

社会经济尤其是商品经济的繁荣历来被视作促进科学技术发展的一个重要利好因素。以往关于宋代科技史的讨论也多将宋代商品经济的发展列为一项重要参考因素。尽管商人本身并不经常直接参与科技活动，但在近代科学史上，他们扮演了科学和技术事业最重要的赞助者之一。不仅如此，由商人阶层主导的跨国贸易活动也是促成中世纪末期以来来自不同文明的知识在全球范围内大规模交流的其中一条主要渠道，而且可能是最早的一条渠道。商业活动带来的社会财富，以及由此导致的对高技术附加值商品的社会需求，则为技术发展提供了又一重要推动力。

就中国不同朝代间的纵向比较而言，对宋代商业发达及商人地位提高的判断是有共识的（姜锡东，2002：4）。但必须指出，作为一个传统的封建农业国家，重农抑商、重本抑末的基本政治理念在宋代并无本质变化。北宋政府之所以采取较前代更为积极的保护和鼓励商业的政策，不过是因为看重商业带来的财政收入而已。在他们眼中商人只不过是易于宰割的肥羊，与作为"与治天下"的士大夫和作为"国本"的农业人口完全不可同日而语。"工商"一向被与"杂流""恶逆""刑徒"等并称（参见前引熙宁十年诏书），属于被歧视、限制的阶层之一。北宋商人不但要承担层层盘剥、雁过拔毛的商税，还面临着各种名目繁多的科配摊派（姜锡东，2002：354-356）。在贯穿北宋后期、斗得你死我活的新旧党争中，新旧两党唯有在盘剥商人这一点上政见高度一致。王安石定青苗、均输、市易之法，一个核心理念就是夺商贾之利而为国有。而旧党"君子"们虽然指责新党的举措是"与民争利"，但是对商人阶层的不友善甚至更甚于前者。后来成为旧党领袖的范纯仁在熙宁年间的奏章中就有"今之商贾富人，车马器服皆无制度，役属良民、豪夺自奉。盖前世圣王法所先禁，今不惟恣其奢僭、耗蠹民用，而又于朝廷急难之际，一有率敛，则群聚兴怨"[1]之语。不独在经济意义上表现出了对商人占有大量财富的不满，而且在政治上将他们视为有可能威胁皇朝统治的异己力量。至于北宋政府和士大夫集团其他的各种在政治上歧视、经济上剥削、人格尊严上折辱商人阶层的政策和言行，更是不一而足（王曾瑜，2010：351-357）。

更糟糕的是，中国古代严重缺乏有效的商业资本再循环渠道。林立平曾将唐代商人资本的去向总结为四种：①作为商业资本进行再投入；②藏匿蓄积、作为高利贷放出，或用于个人消费；③购买田地；④投资实业[2]。实际上还有一种情况，他虽然已提及，但并未归入上述四者之列——也可能是把这种情况计算在"消费"一项中了，这就是将资金用于纳粟买官或结交、贿赂权贵，也可以说是用来为自己和自己的家族进行政治投资（林立平，1989）。

以今天的眼光看，其实可以把上述几种情况重新归为两类，即用于个人储蓄、消费和用于再投资。这二者的区别在于，前一类无论是储蓄还是消费，都无法带来新的价值、实现资本的升值，而后一类情况正相反。其中，投资又可以分为五条渠道：继续投资商业、投资高利贷（金融）、投资手工业、投资田宅和投资政治。林立平认为当时更主要的渠道是前两种，即继续投资商业或投资高利贷（在他的文章中将储蓄与消费也归入这一类），而购买田宅则是"商人本不愿走的路"，因为"商业资本一经向土地转移，便失去了资本不断增殖的意义"（林立平，1989）。然而对这一观点，他并没有给出相应的史料证据，现在看来恐略失之于主观。因为从史料看，至少在宋代，富裕的商人阶层对于投资田产不但不见得排斥，而且看起来反而相当积极（王曾瑜，2010：353-354）。不过有一点林氏的看法是正确的，即商业资

---

[1] 《历代名臣奏议·卷三百三十》（黄淮和杨士奇，1985：4293）。
[2] 林立平本人用的词是"手工业"，但显然在他的考虑中矿业也是包括在内的。因此用"实业"一词概括可能更为准确。

本在投入到田产上后，其盈利模式实际上又回到了中国传统的买地、种粮、收取地租的地主经济模式上，也就完全失去了商业资本的进步性特征。政治投资的情况也类似，尽管也有一些商人进行政治投资是为了借官府的势力在商业活动中谋取更高的暴利，但是一个更基本和更普遍的追求，实际上是通过这种投资洗白自己和自己家族的商人身份，转而成为地主－士大夫集团的一员（王曾瑜，2010：354-357）。从商品经济发展的角度看，这两种投资实际上是一种倒退。

至于被林氏称为"通衢大道"的两种投资方式：第一种，继续投资商业，正如林立平暗示的，由于无法提供盈利模式上的创新，只能使商人们陷入"高水平停滞"的陷阱，最终难逃中国商人阶层所谓"富不过三代"的共同宿命；第二种，金融投资，或者用更直白的表述——高利贷，虽然在宋代具有相当的兴盛程度，但同时也历来是官府和士大夫阶层从道德上谴责，从政策、法令上打压的焦点，因此实际情况恐怕并非如林氏估计的那么乐观（当然，由于他将高利贷投资和储蓄、消费并作一类，因此他在论及这条路线时，实际上可能主要考虑的是后两者）。

而最重要的其实是最后一条投资渠道——实业。林氏指出，由于唐宋时代官府的禁榷、土贡和官手工业制度，实际上已经将最有利可图的投资方向侵占一空了。这一情况亦为姜锡东论及（姜锡东，2002：377-384）。而且事实上官府还在不断地将各种新的显示出良好盈利潜力的行业从私人手里剥夺过来，正如王安石及其新党通过熙宁新政所做的。这就堵死了商业资本投资实业的道路，使商业资本无论积累到何等雄厚的程度，都无法为实业领域的进步作出有效贡献。而后者恰恰是技术密集度最高、对科技进步的支撑作用最强的领域，也是将富裕阶层的兴趣和投资引向科学技术的关键性桥梁。换句话说，尽管宋代的商业繁荣可能同样对促进当时科学技术的发展有所贡献，但是由于商业资本无法有效地转化为实业资本，这种促进作用是大打了折扣的。

（五）民间工匠、艺人和方技业者

与伎术官和官府中的工匠一样，民间工匠和方技业者是古代的职业技术工作者。二者的区别只在于前者供奉于朝廷，凭俸禄度日；后者浪迹于江湖，靠市场谋生。作为"百工伎艺之人"，他们低下的社会政治地位基本上是一致的，在有些领域，处境可能还要更恶劣。比如在天文历算领域，宫廷中的伎术官纵然地位低下，但终究是官，更重要的是他们研究天文历法是合法行为；而民间的"知天文者"，则说不定什么时候就会被捕系治狱、黥配海岛，最高甚至可判死刑。

当然，根据具体行业领域不同，也不能一概而论，比如宋代虽然仍"医卜"并称，但医生的社会地位还是有明显提高的。当时甚至出现了所谓的"儒医"群体。他们或者是科举不第而在"不为良相，则为良医"的口号下改行从医的儒生；或者是出身于医学世家，通过接受儒学教育而被主流知识分子集团承认为"儒生"的医人。近年来国内外学者对这个群体有不少研究，基本上都将其视为宋代医生社会地位提高的一个例子（宋丽华和于赓哲，2011）。另外，从当时一些医人与士大夫交游的记载，也可以看出当时部分民间医生的社会地位和经济条件还是不错的。比如蕲州名医庞安时，与苏轼等人颇有交往。黄庭坚称其"家富，多后房，不出户而所欲得"[1]。张耒记载他为前来求医的病人"辟第舍居之，亲视饘粥、药物，既愈而后遣之，如是常数十百人不绝也"[2]。能长期接纳上百名病人住宿，并提供饮食、药物，没有足够的经济实力显然是做不到的。

另外，即便社会地位同样低贱，但民间工匠在市场中谋生，依靠出卖自己的手艺过活，甚至有机会借此致富，在某些条件下处境反而好过吃皇粮的官府工匠。比如，南宋范浚曾记载，建炎年间浙东的一户铁匠仅凭为乡人打造自卫用的兵器，就在五年之内从"视其庐，蓬茨穿漏，隘不踰五十弓，仅灶而床焉……试染指其釜，则淡无蹉酢，特水与苋藿沸相泣也"的赤贫状态一变而成了"高墉华屋，朱牖户而蓝棂楣……充然其形，博颐大腹，被服鲜好"的"多钱翁"[3]。正因为可以凭借手艺致富，同时也因为需要应付激烈的市场竞争，所以民间工匠往往比官府工场中的工匠更有积极性去改进工艺和提高自己的技术水平。宋代史料中有很多关于民间巧匠的记载，如发明活字的毕昇就是一位"布衣"工匠。

但是必须指出，上述事实并不能改变宋代民间工匠、艺人和方技业者整体上恶劣的处境。以工匠来说，他们与商人一样时时处在官府的各种苛捐杂税和强行摊派的挤压下，说不定什么时候就会没来由地惹上官非，落个家破人亡。例如，南宋初年蜀中工匠蒲知微、史威善于制墨，"皆著名"，结果地方官韩球"令造数千斤，愆期不能就，遣人逮之。舟覆江中，二工皆死"[4]。本应带来财富的绝技，却成了怀璧其罪。

---
[1] 《宋黄文节公全集·卷第十五·庞安常伤寒论后序》（黄庭坚，2001：414）。
[2] 《张耒集·卷五十九·庞安常墓志铭》（张耒，1990：873）。
[3] 《范香溪先生文集·卷二十·铁工问》（范浚，2001：495-496）。
[4] 《夷坚志·甲志·卷十六·蒲大韶墨》（洪迈，1981：142）。

另以医者为例，尽管宋代出现了所谓"儒医"，但他们并非当时从医者的主流。南宋名医陈自明著《外科精要》，陈述当时外科医学的发展状况云"今乡井多是下甲人专攻此科"，又言"能疗痈疽、持补割、理折伤、攻牙、疗痔，多是庸俗不通文理之人"①。此言虽只是针对外科一科，但足以说明当时相当一部分从医者的素质仍比较低下，甚至可能这才是基层医生群体的普遍情况。像这些医生，显然是无法得到像"儒医"那样的尊重的。

宋丽华、于赓哲追溯"儒医"现象在唐代的源头，曾指出："唐人愿意学习医学，但是却与医人这个职业保持距离。'鬻技'与否，在他们看来是一个天然鸿沟。"（宋丽华和于赓哲，2011）事实上这一判断应该也可以部分地适用于宋人。比如前文提到的庞安时，其之所以获得苏轼等士大夫的尊重，除了医术高明外，不以医牟利是一个重要原因。黄庭坚、张耒都对庞安时"轻财如粪土""病家持金帛来谢不尽取"的事迹做了特别的记载，苏轼更直接称"（单）骧②、安常，皆不以贿谢为急，又颇博物，通古今，此所以过人也"。特别值得注意的是，苏轼还提到，"庞安常为医不志于利，得法书、古画喜辄不自胜"，并讲了自己作书法给九江胡道士充当诊费，说是"安常故事"的经历。黄庭坚亦提到，"人之以医聘之也，皆多陈其所好，以顺适其意"③。由此可见，庞安时行医即便不是完全免费，恐怕也很少收取现金诊费，用投其所好的玩物代替诊费的情况可能更为常见。对于以医为业、"鬻技"糊口的职业医生而言，这显然是不可想象的。更何况还要维持容纳百人的半慈善性病房。这说明庞安时肯定还有除了行医以外的更大宗且更稳定的经济来源。另考虑到黄庭坚对庞安时"家富，多后房"的描述，可以推测庞安时家族应该是拥有很多房产和田产的。土地收成和地租，这应该也就是他的收入——包括他用来维持病院的经费——的主要来源了。而这恰恰是宋儒最推崇的"耕读之家"的最典型生存方式。因此，庞安时虽然医术精湛，却并不能算是一名"职业"医生。这可能也就是以布衣行医的庞安时可以被文官-知识分子集团接纳为"士人"④，而身为翰林医官的曹利用、王继先⑤却被斥为"伎术杂流""微贱小人"的原因了。

---

① 《外科精要·序》（陈自良，2011）。

② 单骧为同时代另一名医。

③ 《宋黄文节公全集·卷第十五·庞安常伤寒论后序》（黄庭坚，2001：415）；《张耒集·卷五十九·庞安常墓志铭》（张耒，1990：873）；《东坡志林·卷三·单骧孙兆》《东坡志林·卷三·参寥求医》（苏轼，1981：61-63）。

④ 晁公武《郡斋读书志·卷第十五》："本朝士人，如高若讷、林亿、孙奇、庞安常，皆以善医名于世。"（晁公武，1990：731）。

⑤ 王继先为宋高宗时医官。参见《宋史·卷四百七十》（脱脱等，1977：13 686-13 688）。

三、职业兴趣群体

与阶层身份体系相比，职业兴趣体系，即根据一个人涉足过的兴趣领域进行分类的体系弹性就大得多了。一个人只要对某一个领域发生兴趣，并取得一定成绩，就自动进入了相应的身份群体。并且很多有才能的人往往可以身兼数种身份，可以既是政治家、军事家，又是文学家、艺术家。

按照第二章提到过的标准，本书划分出八个当时流行的兴趣领域，分别为政治、军事、经术、史地、文学、艺术、方技、宗教。其中史地方面，尽管地理学在宋代被视为历史学的一个分支，且本书也一直将地理学家与历史学家当作同一个群体对待，但为了避免历史学家中科技活动参与者的比例因地理学这一项因素而被片面地拉高，因此在本章的统计中，只考虑除地理学以外的历史学工作，即排除了除地理学著作之外没有其他历史著作的纯地理学家。

第二节 不同社会群体的科技活动

由于不同身份的入选者数量差距很大，直接对科技活动参与者的身份进行统计并不能说明什么问题（事实上鉴于文官-士大夫阶层在样本中的绝对优势，可以想见，不仅仅是科技活动，在任何活动中他们都将被统计数据显示为活动的主力）。但是假设某个职业或某种身份的人群更倾向于参与科技活动，那么应该能够在这个人群中发现更高比例的参与科技活动的记录。

一、各社会群体参加科技活动情况对比

依据上述假设对各群体中科技活动参与者的比例进行统计。考虑到工程活动在统计中所占的比例过高，特别是由于此类活动的"职务行为"色彩，某些群体，如文官、武将，由于其职业身份，可能更容易接触此类工作，从而使这个群体中科技活动参与者的比例非正常地上升，因此对统计结果做排除工程校正[①]。有理由假设，如果一个人对于科技活动的参与是出于他的个人

---

① 工程活动在全部科技活动中所占的比重，以及进行校正的方法参见第二章。

兴趣，而非仅仅作为一种职务行为，那么在经过这项校正后，他将会被保留下来。

经过对两种身份指标体系下的各社会群体进行统计和校正，分别得到图 4-1 和图 4-2。

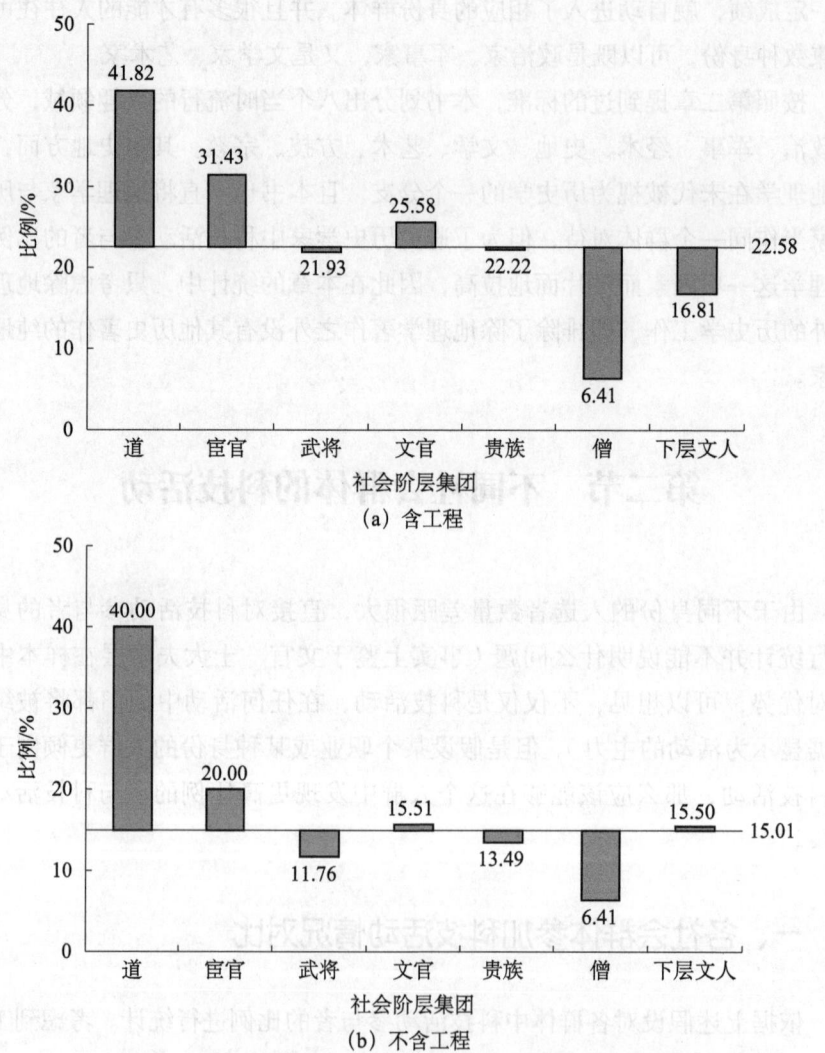

图 4-1　不同职业身份群体中的科技活动参与者比例 I
图中的 22.58% 和 15.01% 分界线分别代表排除工程活动前后科技活动参与者在全部样本中的比例

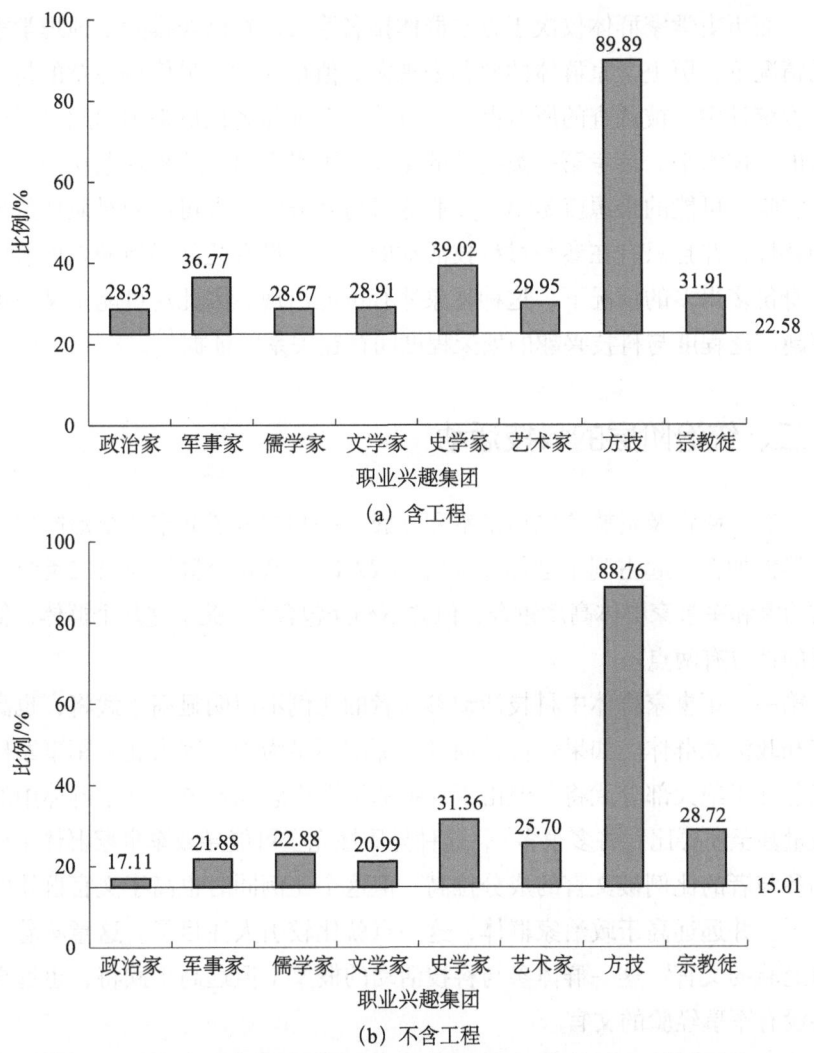

图 4-2 不同职业身份群体中的科技活动参与者比例 Ⅱ

图中的 22.58% 和 15.01% 分界线分别代表排除工程活动前后科技活动参与者在全部样本中的比例

统计结果带来了一些值得重视的信息。在第一类统计中,最引人注目的就是僧、道两大宗教徒群体在科技活动方面判若云泥的表现。此外,文武官员中的科技活动参与者比例不出所料地在扣除了单纯的工程活动参与者后出现显著下降。最后,特别值得注意的是宦官阶层在统计中的表现。作为古代社会中最特殊、最畸形化的人群之一,这个群体中的科技参与者比例仅次于道士,并远高于包括贵族、文官和不出仕的下层文人在内的全部知识阶层。

在第二类统计中,方技活动的参与者群体不出所料地占据了最显要的位置，而历史学家群体仅次于方技群体排名第二。在已经排除了地理学家影响的情况下，历史学家群体的此种表现尤其值得注意。最值得注意的是，在这一类统计中，被调查的所有群体的科技活动参与者比例都远远超过了全部样本的总体水平。参考第一类统计的结果，可以看出，这种现象相当不同寻常，它唯一可能的来源就是第二类职业身份划分中一人可以同时兼任数种身份的特性，并且只有在参与过科技活动的人群比没有此类经历的人群兼任的职业身份多得多的情况下，这种现象才有可能出现。因此这可能是又一项暗示兴趣广泛程度与科技兴趣的繁荣程度间存在关系的证据①。

二、统治阶层的科技活动

文官、武将及贵族（包括宗室和外戚）一起构成了北宋的统治阶层，这三个群体加在一起占到了全部样本的71.22%②。这几个群体与第二类统计中的政治家和军事家群体高度重合，但并不相互包含③。关于这几个群体，值得注意的地方有两点。

第一，军事家群体中科技活动参与者的比例不但明显高于武将，也高于文官和政治家群体。如果仅仅是前者，那倒不足为奇，因为北宋军事家群体固然包括了绝大部分武将，但由于独特的治军理念和传统，这个群体中的文官数量甚至还要比武将多很多④，这种异质性完全可能导致军事家群体中科技活动参与者的比例被文官的成分拉高。但这个比例同时也高于文官群体的总体水平，并远远高于政治家群体，这一点就比较引人注目了。这意味着"有军事经验的文官"这一群体参与科技活动的概率不但远高于武将，也远高于那些没有军事经验的文官。

鉴于武将群体中科技活动参与者的比例明显低于文官群体，军事经验本身应该不太可能成为导致科技活动增加的原因。同时，在统计中也并没有发现文官在军事科技活动中有更突出表现的证据。事实上，无论在武将中还是在有军事经验的文官中，军事科技活动都只占他们科技活动的很小一部分。而且如果仅就军事科技活动来说，文官的参与比例还要略低于武将⑤。

---

① 参见第二章第三节。
② 其中文官一个群体就占据了全部样本的60.50%。
③ 在这方面，军事家和武将群体间的关系最为典型，参见本小节下一段。
④ 实际上在上述统计中，进入军事家群体的文官数量是武将的近三倍。此外不少宗室、外戚及宦官也在军事家群体中占有一席之地。
⑤ 在武将和有军事经验的文官中，军事科技活动参与者的比例分别是16.58%和15.80%。所谓军事科技活动，主要包括军事防御工程的建设、武器的设计和制造，以及军事地理、地图学。

因此，原因只可能来自"有军事经验的文官"这一群体的组成者本身。可以假设的原因有两点，其一，前文曾多次提到过兴趣广泛性与科技活动倾向之间的关系，而"有军事经验的文官"这一群体很可能恰恰重合于一个职业兴趣比较广泛的人群。其二，容易注意到，与其他文官相比，有军事经验的文官大多属于文官群体中官位较高者。有理由假设，在文官群体中，对科技的兴趣是随着官位的上升而增加的。

对上述假说的验证导致了第二个值得注意的问题：在北宋文官群体中，不但科技兴趣的高低与官位有关，而且科技兴趣随时间的变化也与官位有关，并呈现出清晰的层次性：宰辅一级的官员参与科技活动的比例最高，随时间衰减得也更厉害；宰辅以下，侍郎、寺卿及转运、提刑使以上的官员次之；员外郎以下的小官中科技活动参与者比例最低，且起伏相当平稳，基本没什么变化（图4-3）。

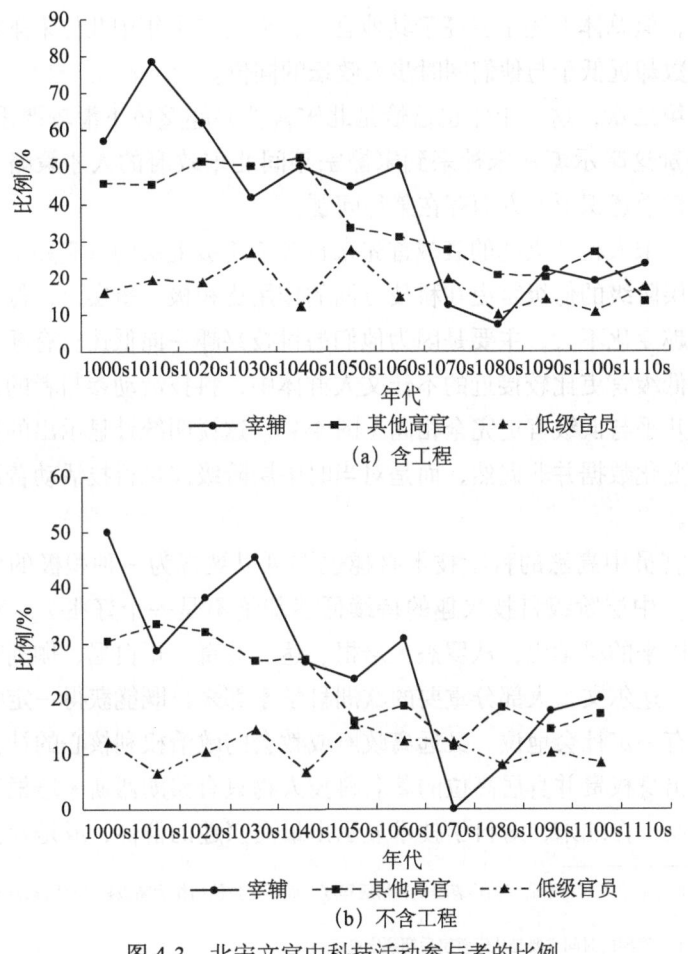

图4-3 北宋文官中科技活动参与者的比例

考虑到官员参加工程活动的机会尤其多，同样对统计结果做去工程修正。然而修正后结论并无明显变化。这说明这种倾向并不是因为高级官员有更多接触土木工程的机会导致的，与低级官员相比，高级官员确实在个人兴趣上更倾向于科学和技术方面的活动。可能的解释是，高级官员就总体而言拥有比低级官员更高的才智，这些多余的才智使他们有能力也有多余的精力去思考科技方面的问题。如果这条假设成立，那么它应该也是导致兴趣广泛性与科技活动参与度之间正相关关系的其中一个原因。

另外，高级官员科技兴趣衰减更严重的事实则意味着，宋人科技兴趣的规律性衰减首先来自统治上层[1]，或者说来自北宋知识分子中最优秀人物对科技的离弃。特别应该注意到，11世纪70～80年代的二十年间——大约宋神宗统治时期——步入政坛的几位宰辅[2]对科技活动的兴趣是北宋所有宰辅大臣中最低的。在这二十年之外步入政坛的宰辅们，尽管其科技兴趣一直呈衰减趋势，但总体上还是要高于其他官员，而这二十年中几位未来宰辅的科技兴趣指数却远低于与他们同时步入政坛的同僚。

参考第二章，这二十年也恰恰是北宋科技兴趣整体下滑较严重的时期，有理由怀疑这暗示着从宋神宗到宋徽宗年间北宋政府的人才策略、政治风气，乃至哲学意识形态方面存在某种问题。

当然，宋人科技兴趣的衰减首先来自统治阶级上层的事实并不意味着作为社会中层阶级的低级官吏在科技方面的作用更积极。事实上，低级官吏对科技的兴趣变化不大，主要是因为他们的科技兴趣一向低迷。有趣的是，在阶级上与低级官吏比较接近的不仕文人群体中，科技活动参与者的比例及其变化趋势几乎与低级官吏完全相同（图4-4），这说明统计显示出的低级官吏科技兴趣变化数据并非偶然，而是对当时中层阶级涉足科技活动普遍情况的真实反映。

高级官员中高涨的科学技术兴趣也许可以被视为一种积极的信号，但反过来说，中层阶级科技兴趣的持续低迷却绝不是一个好兆头。对比欧洲文艺复兴以来的科学史，从罗杰·培根、达·芬奇、哥白尼、伽利略、牛顿到法拉第、达尔文，大部分重要的欧洲科学家都来自既能获得一定物质生活保障、拥有一定社会地位，又远离政府或教会的政治权利核心的社会中层阶级，真正出身权贵并身居高位的著名科技人物只有弗朗西斯·培根等少数几人。而相反，在北宋，对科学技术显示出最高兴趣的群体，或是社会结构中

---

[1] 这种兴趣指他们个人对科学研究的热衷程度和精通程度，而不是指他们作为高级官员对国家科技工作的关心程度。
[2] 这几个人出任宰辅的时间主要是从宋哲宗后期到宋高宗初年。

最上层的高级官员，或是社会结构中最边缘性的宦官、道士等群体，而广泛的社会中层阶级恰恰是对科技最不感兴趣的一群。有趣的是，类似情况在中世纪的阿拉伯也可以看到。因此，有理由假设，这可能正是古代科学技术的又一特征。这从一个侧面说明了为什么11世纪的中国不可能爆发科学革命。

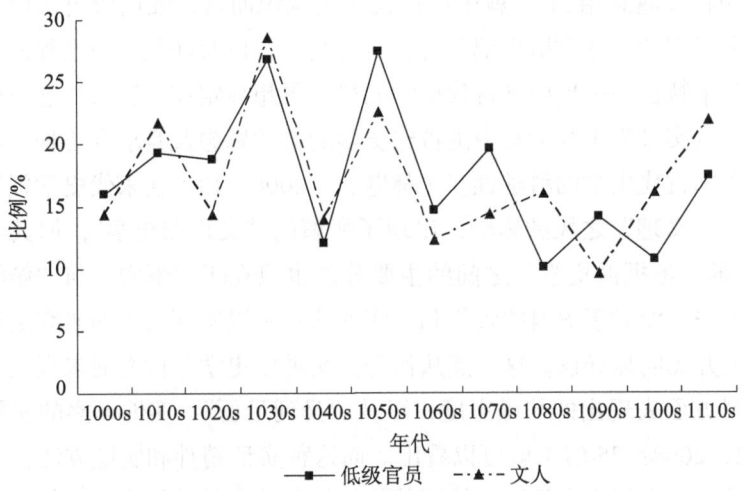

图4-4 北宋低级文官与下层文人参与科技活动情况对比（含工程）

三、学术兴趣取向对科技活动的影响

除了政治和军事之外，经术、史学、文学和艺术是北宋知识阶层投入精力最多的领域。在我们依据《大辞典》进行的统计中，文学家、儒学家、艺术家和历史学家的人数分别占入选者总数的32.00%、24.22%、20.93%和9.83%，仅次于政治家和军事家（比例分别为56.15%和26.93%）。

在这几个群体中，特别引人注目的是历史学家。即使在将地理学家从其中分割出来以后，历史学家群体仍然以37.28%的科技活动参与者比例成为除方技活动参与者群体外最倾向于科技活动的群体。

如果细分，历史学家群体还可以分为两部分，一部分是整理、考证、研究和编纂前代历史的经典意义上的历史学家；另一部分则是当代历史的记录者，包括官方的史官、私人编史者，以及非正式的史料笔记的记录者。当然，就像当时的很多社会群体一样，这两类历史学家的角色也往往是重合的，比如，司马光既是记录北宋以前历史的经典历史著作《资治通鉴》的作者，又有记载北宋本朝朝野逸闻的史料笔记《涑水记闻》和《日记》传世，并且已经与刘恕拟定了北宋本朝编年史《资治通鉴后纪》的编写计划，只是由于"道原（刘恕）早死，文正（司马光）起相，元祐后终，卒不果成"①。而历史学家中科技活动参与者比例较高的事实可能与这两种传统都有关系。

首先，历史学本身是中国古代所有学术类别中最具实证主义精神的一种。正如林璧属总结的："就中国古代历史认识而言，强调历史认识对象的客观性和真实性，注重历史记载的客观与真实，以及注意认识过程的客观表述是其基本特征……把中国古代史学的科学思想界定在'实录'这一历史认识层面，以实录为主线考察中国古代史学的科学思想及其求真历程，可以基本概括中国古代史学的科学性。"（林璧属，2008：13）在宋代史学领域，尽管受讲求"义理"之风的影响，出现了所谓的"义理派史学"，但其与强调"事实"的"考据派史学"之间的主要分歧也只在于"事实"与"褒贬"当以何者为先，而对于史料的收集和史实的认定中以实证为本的研究路线，两派实际上并无明显异议。这一点从作为"义理派史学"代表的朱熹在收集和考证史料方面表现出的严谨态度，以及"身到足历"、实地考察的实际行动（林璧属，2008：75-81）就可以看出。而这种实证精神和实证方法很容易就会被这些历史学家不自觉地移植到其他他们所涉足的领域中。比如编写过历史学著作《续同姓名录》②和地理学著作《续山海经》的李诫，在受命掌管匠作监以后，便"考阅旧章、稽参众智"，编成了中国科学技术史上有名的《营造法式》。此外，他的金石学著作《古篆说文》，艺术类著作《琵琶录》《马经》《六博经》等书，虽然所涉及的知识领域不同，但在使用实证、考据之法方面也都是相通的。

其次，中国古代史学不仅在实证精神和实证方法上与现代科学相通，而且其研究内容也使当时的历史学家容易接触到科学技术方面的知识。比如，正史中《五行志》的修纂，就要求修纂者必须或多或少地了解一些五行灾异方面的知识；而修纂《礼》《乐》《兵》《食货》诸志，就必然或多或少地触及舆服器械方面的知识；至于正史中科学技术内容最集中、专业性最强的《天文志》《律历志》的修纂，则更要求历史学家熟悉当时的天文学、计量学方面的理论、术语，以便对天文现象进行准确的描述、对历次历法与度量衡改革的方案和本末进行如实记录；此外，南宋的郑樵在其历史名著《通志》中，还于《天文》《五行》《灾祥》等诸卷外别创了《昆虫草木略》两卷，首

---

① 《文献通考·卷一百九十七》（马端临，1986：1657）。
② 是书今不传。按，姓名类著作今《四库全书》收入子部类书类，但宋《崇文总目》和郑樵《通志》皆作史部（类）传记类，《宋史》则作史类谱牒类。因此，按照李诫编写此书时的标准判断，称其为"历史学著作"是恰当的。

次将鸟兽草木之学也纳入到中国古典历史著作中来。除了要记载这些与科学技术有关的内容外,推算前代史事的年月、闰朔也是传统史学的基本功课之一,而从事这些工作更需精通律历志学,是以"寻自古太史之职,虽以著述为宗,而兼掌历象、日月、阴阳、管数"①。在宋代,历史学虽然已和天文学一分为二,但优秀的历史学家,如司马光、刘恕、郑樵等,皆通天文历算,前面提到的朱熹甚至在家中装有浑仪,以便随时观测天象。

最后,边缘性的史料笔记传统也可能对上述结果有所影响。笔记类作品在自然科学和工程技术方面的价值早已为人所注意(李约瑟,1990:140;张辉,1991)。这些作品对自然知识或新技术的记载与其说是一种巧合,倒不如说是必然性的。因为与按照成熟的史学规范编纂的正规历史著作相比,这些不那么正式的著作往往更倾向于记载那些新奇的和有趣味性的事物。而奇特的自然现象、新颖的自然知识,以及新奇的技术、器物,恰恰是最具自然科学价值的。另外,有兴趣去记录自己的见闻,并将其整理成笔记传世的那些人,也必然是具有强烈的求知欲和好奇心、注重观察和体验的一群,这种特性肯定使他们比其他人更可能对科学和技术方面的东西产生兴趣(并且这里应该注意,这群人也必然是兴趣广泛程度比较高的一群)。

除了历史学家,艺术家是另一个科技活动参与者比例比较高的群体。但这一比例并非在所有艺术门类的参与者中都相同。其中,画家参与科技活动的比例极低,只有11.78%。当然,这可能与资料来源有关——不仅是在《大辞典》中,在作者能够找到的所有史料中,画家可能是唯一一个由于某种单纯的专业技能而受到关注,并留有系统的传记资料的群体(主要集中在《画评》《画谱》等艺术类书籍中)。因此,在本书的统计中,很少能找到专业的政治家、文学家、儒学家、书法家(他们大部分都身兼数职),却能找到一大批专业画家。正是这种专业性造成的分母效应降低了画家中科技活动参与者的比例。如果排除那些仅见于《画评》《画谱》等书的专业画家②,兼职画家中科技活动参与者的比例大约是36%,与书法家群体相仿。但即便如此,与除绘画、书法之外还涉足过其他艺术活动的人物群体相比,书画家中的科技活动者参与者比例也还是偏低。在前者中,参加过科技活动的人物比例高达57.97%,甚至比历史学家群体还高得多。

固然,在这些艺术门类中,有一些与今天被称为科学或技术的东西存在着内在联系,比如在音乐与声学、计量学之间,园艺与生物学、农学之间。

---

① 《史通·卷十一·史官建置第一》(刘知几,1978:307)。
② 参见第二章第三节。

但经过统计，可以发现，单纯因为这种原因而与科技活动发生联系的人物其实只占很小比例——实际上只有30多人，而其他大部分人都拥有与他们的艺术活动完全无关的科技活动经历。对此，最合理的解释看起来仍然是兴趣广泛性假说。与士大夫中普遍流行的书法、绘画活动相比，音乐、园艺、文玩鉴赏等方面的兴趣可能更能体现一个人的博学程度与兴趣广泛程度。此外，虽然这个群体内大部分人的科技活动并非全部与艺术相关，但鉴于各种自然科学活动间内在的同质性，曾参与过与科技知识有关的艺术活动的人物很可能也倾向于参与其他含有此类元素的活动。事实上，在丁度、沈括、苏轼等人身上可以清晰地看到这种倾向。

相比于史学与艺术，文学与儒学两大领域与科技活动间的相关度明显较低。当然，这并不能说明这两方面的工作对科技活动有什么阻碍。正如乐爱国指出的："儒家所要研究的对象是儒学，而不是科学。"（乐爱国，2007：7）这句话对文学家也适用。用北宋文坛领袖欧阳修的话说，研究此类知识本来就"非学者本务"[①]。更何况，这两个群体中科技活动参与者的比例已经高于样本的总体平均水平了。

但这里要强调的是相比之下，特别是与历史学和艺术相比，儒学和文学对科技活动并没有表现出太显著的促进作用。或者说，在当时存在的知识领域或职业兴趣领域中，这两领域与我们今天称为科学技术的那些知识之间的联系并不突出。因此，尽管"在儒学上颇有造诣并撰写过儒学著作的科学家，在宋、元、明、清各朝代依然不乏其人。至于没有撰写过儒学著作（也可能是由于我们缺乏史料而没有发现）但明显研究过儒学的科学家，在杜石然主编的《中国古代科学家传记》中更是不胜枚举"（乐爱国，2007：80），但这可能只是由儒学在古代中国的普及程度所导致的，而与儒学本身的特性无关。正如我们在翻阅欧洲科技史的时候会发现所有著名科学家几乎全都是基督教徒一样，如果我们肯翻阅一下阿拉伯科技史，也肯定会惊喜地发现那里的科学家竟然全都是穆斯林。

四、宗教信仰对科技活动的影响

除了作为官方意识形态的儒学，佛教与道教是中国古代影响力第二大和第三大的意识形态体系，也是最流行的两种宗教。然而它们对科技活动的影响却截然不同。

[①] 《欧阳修全集·卷一百二十九·笔说·钟莛说》（欧阳修，2001：1966）。

尽管唐之天文大师一行、宋初之博物名僧赞宁、宋中期之技术神手怀丙皆为佛门弟子，但就统计数据显示的情况而言，从总体上说，很难让人相信北宋佛教在思想层面上对科技发展起到了任何积极的作用。当然，《大辞典》对宋代有科技活动的僧侣的记载确有遗漏，周瀚光曾指出："仅据李国玲所著《宋僧录》（线装书局 2001 年版），其中参与医药学活动并有所成就的宋代僧人就达 29 人之多……涉及工程建筑的宋代僧人就有 25 人之多。"（周瀚光等，2007）但考虑到《大辞典》遗漏的参加过科技活动的一般人和没有科技活动记载的僧人可能更多（无论就比例而言还是就数量而言）①，因此统计数据指向的北宋僧侣参加科技活动的比例远低于一般人群的结论应该是可以采信的。

限于作者个人有限的佛学水平，这里不敢对佛教及其不同宗派的理念、教义、思维习惯与宋人科技态度之间的关系妄加评论。考虑到上述统计中参加过科技活动的北宋僧人人数虽少，但时间分布却比较均匀，在北宋前期和后期并未出现人数骤增或骤减的情况，加之没有唐代或之前时代的同类研究可做对比。因此，僧人阶层在科技活动方面的消极表现究竟是一以贯之，还是与"宋代佛教的转型"（韩毅，2005）有关，暂时亦不能断言。不过仅就北宋而言，特别是就真宗至徽宗六朝而言，职业僧侣作为一个整体在科学技术方面无所作为的事实是不容置疑的。

当然，僧侣们以诵经礼佛为本务（正如儒学家所要研究的对象是儒学），较少涉足科学技术领域也不足为怪。更何况科学本非人类存在的唯一目的，是否有利于科技发展并不能作为价值判断的唯一依据。这里提出上述事实，只是希望强调，不能仅凭赞宁、怀丙等少数几个个案就妄谈所谓"佛教与科学"，而全不顾僧侣群体的主流倾向和总体状况。事实上，《大辞典》中北宋僧侣群体的科技活动参与者比例不但远低于一般人群和道士群体，也远低于儒学家群体。这不但说明相对于儒、道两教，佛教在主观上更少倾向于科技活动，也说明就客观而言，它的研究范畴在"释、道、儒"三教中去科技最远，重合度最低。

有趣的是，尽管北宋僧人参与科技活动的比例极低，但在家居士中科技活动参与者的比例却高达 39.82%，直逼道士群体。不过与其将这一现象与佛教联系在一起，倒不如再次将其与兴趣广泛性假说联系在一起。考虑这些在家居士们的具体身份会发现，他们大多在政治上属于高官阶层，在文化和

---

① 可参见《中国佛教人名大辞典》（震华法师，1999）、《宋人传记资料索引》（昌彼德等，1986），以及第二章第一节关于《大辞典》遗漏科技活动参与者的讨论。

学术上属于文坛领袖或儒学宗师，特别是他们的兴趣通常极其广泛。因此，本书倾向于相信应把在家居士们对科技活动的参与归功于这些人物本身所拥有的远高于一般人群的素质和才能，而与他们的佛教活动关系不大。

与佛教相比，道教在中国科技领域中的突出表现早已被很多人注意到，此处无需赘言（李约瑟，1990：35-180；盖建民，2005）。不过，这里要谈到的是，在肯定道教拥有较儒、释两教更多的科技实践的同时，金观涛等人曾经提醒过的问题同样不容忽视："我们不能仅仅凭某一意识形态中的某些特定的部分和现代科学内容接近的程度来评价它对科学发展的作用，而应该去分析它的结构和示范的作用。道家具有强烈的反社会化倾向，他们歧视技术比儒生走得更远，以至于反对技术应用于社会……道家的反技术态度和反社会化倾向无疑比儒家更不利于科学实验的发展。我们不能仅仅凭道家注重炼丹长生从事某些化学实验就在总体上认为道家有利于科学。"（金观涛等，2002）

当然，尽管金观涛等人的意见从逻辑上颇具说服力，但是要公正地评价道教在北宋科技领域发挥的作用，还是必须立足于实际证据。道士在第一类统计中拥有远高于其他所有职业群体的科技活动参与者比例，这是一个不争的事实。但是有理由假设，如果金观涛等人的指控成立，那么在道士们的科技实践中，必然会存在某种非常严重的结构失衡，也就是说，他们并不是更倾向于科技活动，而只是更倾向于某个后来被划入科学的特定领域中的活动。当然，这不是证明金观涛等人观点的充分条件，但却是一个必要条件。反过来说，如果这些实践活动在科学技术的所有分支或大部分分支内是相对较均匀地分布的，就意味着道教对整个科学技术领域都具有同等的促进作用，那么认为道教不但不能促进科技发展，反而还有害于科技发展的指控就很难自圆其说了。

遗憾的是，统计证明北宋道士们的科技活动在结构上确实是严重失衡的。在可掌握的23名有科技活动记录的职业道士或疑似职业道士[①]中，17人的活动与医学有关，其中更有15人除医学外并没有参与过其他任何科技活动，1人除医学和炼金术外没有参与过其他任何科技活动，剩下的张伯端虽自称"仆幼亲善道，涉猎三教经书，以至刑法书算、医卜战阵、天文地理、吉凶死生之术，靡不留心详究"[②]，但关于他的天文、地理和数学活动，

[①] 由于全真教兴起以前道教组织结构相对松散的特点，道教典籍中记载的一些人并没有明确的出家为道的记载及其所属宗派的记录，特别是一些被视为"仙人"、有"灵异"事迹的人物。不过其言行既得到道教认同，并被列入道教的权威典籍，其职业修道者的身份应该是没有问题的。

[②]《悟真篇·序》（张伯端，1988（2）：914）。

今天并没有特别突出的记载，他之所以在科技史上出名同样主要是由于他在医学和炼丹学方面的成就。

考虑到参与过医学活动的人物在参与过科技活动的全部样本中所占比例还不到1/6，即便剔除工程影响后，所占也不到1/4①，因此道士中如此之高的医学活动参与者比例着实惊人。对比僧人群体可以发现，僧人的科技活动同样以医学为重。在仅有的5个参与过科技活动的案例中，就有3人号称善医，并且全部都是除医学外别无其他科技活动的。而不通医术的两人，一为工程技术大师怀丙，一为因占卜卦算等准科学活动而入选的高僧志言。鉴于志言事迹的记载中包含了太多神秘主义内容②，其是否真的与科学技术有关，从目前遗留的记载看是非常模糊的③。也就是说，实际上有明确记载的参与过科技活动的北宋僧人中，除一人外，全部都是凭医学而入选的。僧人和道士如此突出的医学活动倾向，当与所有宗教都不同程度宣扬的普度众生、慈悲为怀的教义有关。

五、宦官群体的科技活动

在上述统计中，还出现了一个特别引人注目的群体，这就是宦官。

前文已经提到，宦官这个群体是中国古代为数不多的背负着永久性"原罪"的群体——无论在任何一个朝代，宦官这个身份本身就被视为一种罪恶。而在宋代，宦官受到的歧视和提防更远甚于其他朝代（张邦炜，1993）。在史料中有比较清晰记载的数十名北宋宦官中，获得正面评价较多的只有宋神宗时的李舜举一人。这固然是因为其在永乐城一战中因文官徐禧的指挥失误而喋血沙场，其无辜惨死可泣，其视死如归更可歌。但为国尽忠、英勇捐躯却并不是李舜举获得好名声的主要原因，下面一段记载才是他最著名的事迹：

> 内侍押班李舜举自泾原来……退诣执政王禹玉（王珪）。禹玉迎见，以好言悦之曰："朝廷以边事属押班及李留后（李宪），无西顾之忧矣。"舜举曰："四郊多垒，此卿大夫之辱也。相公当国，而

---

① 参见第二章第三节。
② 《宋史·卷四百六十二》（脱脱等，1977：13 518-13 519）。
③ 古代占卜术可能触及的科学分支包括数学、天文学、自然哲学等，但也很可能以上任何一种科学分支毫无关系，全视其使用哪一种占卜术而定。从志言的事迹看，后人只记载了他对宋英宗的即位等事件进行了准确预言，而并未记录其占卜方法。即使志言的占卜确实触及上述科学分支，也必须辨明，他的行为中只是含有科学技术的元素，但从精神气质上说，与科学的理性完全是背道而驰的。

边事属二内臣,可乎?内臣亦止宜供禁庭洒扫之职耳,岂可当将帅之任耶?"闻者代禹玉发惭①。

身为宦官且以军功著称的李舜举之所以受到士大夫们的好评,恰恰是因为他反对重用宦官领兵的表态。这可以说是一个绝妙的讽刺。

宦官群体本身的种种特殊性已足以使他们成为一个重要的历史学和社会学研究对象。而就本书讨论的问题而言,他们在科技方面异乎寻常的表现更使人感兴趣。尽管从绝对数量上看,样本中的宦官人数加起来还没有官员或学者的零头多,但他们中参加过科技活动的却高达31.43%,仅次于道士。而且这还没有算上《玉海》和《宋史》诸志中提到的众多没有被《大辞典》收录的参加过科技活动的宦官。考虑到宦官在社会总人口中所占的微不足道的比例②,《玉海》和《宋史》诸志的这些记载足以让人相信,北宋宦官参加科技活动的机会确实远高于同时代的其他群体。

更重要的是,宦官在科技活动方面的突出表现并不仅仅体现在参与者比例上,更体现在其科技成就的质量上。其中比较著名者,如熙宁时的程昉,是新党在水利方面的重要干将,其在神宗朝勾管水务的时间甚至比著名的水利专家侯叔献还要长得多。又如被称为神宗朝"四凶"③之一的宋用臣,人称

---

① 《涑水记闻·卷十四·李宪建议再举取灵武》(司马光,1989:282-283)。
② 《燕翼诒谋录·卷五·定宦官员额》:"国初,宦者不过数十人。真宗时渐众,盖以遇郊恩任子,皆十数岁小儿,积累至多故也。皇祐五年(1053年)闰七月戊戌,言者以为久弊当革,乃诏自供奉官至黄门以百八十员为额,遇阙额方许奏补。至元祐二年(1087年)二月,又诏自供奉官至黄门以百人为额。然流弊之久,终不能革,至宣政间动以千数矣。"(王栐,1981:46)
相比之下,北宋的文武官员人数,国初至真宗时在10 000人左右,至庆历间(11世纪40年代)上升至15 000人左右,嘉祐间(11世纪60年代)升至20 000人左右,元丰官制改革时(1080年)为24 549人,至元祐时(11世纪80年代末)已超过34 000人,宣和时无官员总数统计,不过宣和元年(1119年)时仅大小使臣(中下级武官)和选人(下级文官,即幕职州县官)之数,就已超过46 000人,再加上政和初年就已超过4000之数的尚左京朝官(六品到七品的中级文官),以及具体人数没有记载的高级文武朝官,则宣和时官员总数至少当在50 000人(李弘祺,1987)。与《燕翼诒谋录》提供的资料对比可知,北宋宦官人数在宋初不到文武阶官的百分之一,即使在宦官员额最滥的宣政年间,也只有文武阶官人数的几十分之一而已。
而与有品级的官员相比,没有官职的一般知识分子及其他社会群体的人数还要多得多。按治平元年(1064年)欧阳修《论逐路取人札子》,有"今东南州军进士取解者,二三千人处只解二三十人,是百人取一人"之语[《欧阳修全集·卷一百一十三·奏议·卷十七》(欧阳修,2001:1717)],也就是说当时东南地区100个读书人中差不多只有1人能够得到赴京参加省试的权利。相比之下北方诸路的解额相对宽松一些,但发解比例也不超过1/10。而在赴京后,这些考生中的绝大部分还要在省试中被淘汰。按司马光《贡院乞逐路取人状》所列举嘉祐三年至七年(1058~1062年)三省试所录取的各路考生比例,录取比例最高的国子监和开封府亦不过四五人中取一人,而陕西、河北、河东诸路甚至出现过百余人取一人甚至一人不取的情况,至于三四十人中取一人,则是大多数路的一般情况(《司马光集·卷三十》)(司马光,2010:716-717),亦作于治平元年)。由此可知,当时没有官职的知识分子数量大概要比官员多几百倍甚至上千倍,比之宦官则必以万倍计。
③ 宋用臣与李宪、王中正、石得一四人是最受宋神宗信任的宦官,长期被置于机要位置。其中,李宪凭借与王韶一起开拓熙、河领土的军功进身,此后一直在陕西前线主持军务,素以"兴兵生事"而遭受批评;石得一长期把持特务机构皇城司,采取特务手段镇压反对新法的言论,锻炼罗织,结怨最多;宋用臣以董工督役机敏干练著称,神宗朝"凡大兴工,悉董其事",被视为诱惑人主大兴土木、劳民伤财的元凶;王中正与李宪一样以西北军功著称,元丰时又主管过保甲法改革,而其专横跋扈则视李宪有过之。因此,这四人在士大夫中风评极差,与士大夫间积怨极深,被鄙称为"四凶"。

其"以敏练称上意,性极精巧"①,"神宗建东西府、筑京城、建尚书省、起太学、立原庙、导洛通汴,凡大工役,悉董其事"②。又,王巩《甲申杂记》载:

> 陈刑部缜公密云:"……尝与元丰官制局初画尚书省图,局官与宋用臣凡三进,皆不称旨。其后御笔亲制置一图出,元丰尚书省是也。"(王巩,1983:89)

可见,在这些工程中,宋用臣所扮演的并不仅仅是简单的监工角色,而是从工程的设计阶段就深入参与其中了。不仅如此,北宋末年的张知甫还记载了一则反映宋用臣对建筑学精通程度的实例:

> 章惇方柄任用,都提举汴河堤岸司贾种民议起汴桥二楼,又依桥作石岸,以锡铁灌其缝。宋用臣过之,大笑而去。种民疑之,谒用臣访以致笑之端。用臣云:"石岸固奇绝,但上阔下狭,若瓮尔。"种民始悟,恳以更制。用臣曰:"请作海马云气,以阔其下。"卒如其言而成③。

这则故事一方面显示了宋用臣远在文官贾种民之上的建筑学水平,另一方面也说明宋用臣的建筑学造诣已不仅仅停留在"建筑技术"的水平上,而是达到了"建筑艺术"的层次。他不但能够站在建筑物整体美感的高度上发表意见,并且能够准确指出影响这种美感的具体因素。而他给出的解决方案更显示了其过人的巧思,通过刻画海马云气图案,利用视觉原理制造出石岸比桥楼宽阔的视觉效果。

不仅在建筑方面,宋用臣在其他技术领域也显示过不凡的才能。朱彧《萍州可谈》载:

> 中官宋用臣……元祐时责官舒州。州将作乐鼓甚巨,饰以金彩。既成,其旁一环脚断。欲剖之,惜工费。宋乃献计为环其下,作锁须状,以铁固鼓腹之窾,使甚隘。即钉环入窾中,既入,锁须张,遂不复脱。事多似此①。

刘跂的《暇日记》中则留下了宋用臣用"截柳法"种树的记载:

> 孟伯饶说:宋用臣种柳睿思殿。用常柳五株批开,急合为一,

---

① 《萍洲可谈·卷二·宋用臣巧钉鼓环》(朱彧,2007:147)。
② 《宋史·卷四百六十七》(脱脱等,1977:13 641-13 642)。
③ 《可书·宋用臣更制汴河石岸法》(张知甫,2002:416)。

取圆。直麻缕系牛矢泥固济，深藏之，一年有三年力①。

这应该是一种类似于嫁接的技术，而且从刘跂记载的技术细节来看，这种技术的难度可能比嫁接技术还要高。

除了样本中涉及的人物，一些《大辞典》没有收录的宦官，其科技成就甚至更为精彩。例如，治平熙宁间的入内副都知张若水，曾参与制造了北宋武器史上最著名的克敌利器神臂弓。《玉海》《容斋随笔》《曲洧旧闻》等书对此事分别有独立的记载：

> 熙宁元年（1068年）十二月庚申（二十二日），大②内副都知张若水进所造神臂弓。初民李宏③献此弓，其实弩也。以檿为身，檀为𢂶，铁蹬枪头，铜为马面牙发，麻索札丝为弦。弩身通长三尺二寸，两弭各长九寸二分，两闪各长一尺一寸七分，𢂶长四寸，通长四尺五寸八分，弦长二尺五寸，箭木羽长数寸。时于玉津园校验，射二百四十余步，穿榆木没半筈。有司并箭奏御，诏依式制造，至是进焉。御延和殿临阅，置铁甲七十步，俾卫士射，未有中者。若水自请引弓，连中④。

> 神臂弓出于弩遗法，古未有也。熙宁元年民李宏始献之。入内副都知张若水方受旨料简弓弩，取以进⑤。

> 神臂弓，盖熙宁初百姓李宏造，中贵张若水以献……上命于玉津园试之，射二百四十步有畸，入榆半筈。有司锯榆张呈。上曰："此利器也。"诏依样制造，至今用之⑥。

由以上记载可知，神臂弓的设计方案来自西夏人李定（李宏），不过将设计方案变为实物，并实现批量生产的人却是张若水。而且《玉海》和《曲洧旧闻》记载的神臂弓的实验过程还颇具戏剧性。在第一次实验中，箭矢"入榆半筈"，为此，实验人员特意把作箭靶的榆木锯开呈送给皇帝，以证明箭头射入榆木的深度。而在第二次的御前实验中，参加实验的禁军卫士可能是因为还不熟悉这种新武器的操作⑦，竟没有人能够射中箭靶。张若水于是亲

---

① 《说郛（涵芬楼本）·卷四·暇日记》（陶宗仪，1986）。
② 按，宋无"大内都知"或"大内副都知"官名，"大"当为"入"字之讹。
③ 按沈括《笔谈》作李定，西夏降将（《梦溪笔谈·卷十九》）（沈括，1975）。
④ 《玉海·卷一百五十》（王应麟，1977：2848-2849）。
⑤ 《容斋随笔·三笔·卷十六·神臂弓》（洪迈，1978：599）。
⑥ 《曲洧旧闻·卷九·神臂弓》（朱弁，2002，209）。
⑦ 按，据现代复原实验，神臂弓后坐力较强，初次使用者确实不易准确控制。

自动手发射，连发连中，证明了神臂弓的优异性能。

除张若水以外，另一位大约与张若水同时的宦官黄怀信在技术上的成就更加突出。《长编》有五处提到他，全部与工程技术工作有关：

（1）《卷二百四十》，熙宁五年（1072年）十一月壬戌，权发遣都水监丞周良孺提交与陕西提举常平杨蟠、泾阳知县侯可等所议翻修陕西三白渠的方案。"诏：用良孺议，自石门创口，至三限口，合入白渠。兴修差蟠提举。又令入内供奉官黄怀信乘驿相度功料。"

（2）《卷二百四十八》，熙宁六年（1073年）十一月丁未，"以浚川杷浚黄河"事："先是，有选人李公义者建言，请为铁龙爪以浚河。其法：用铁数斤为爪形，沉之水底，系絙，以船曳之而行。宦官黄怀信以为铁爪太轻，不能沉，更请造浚川杷"云云。

（3）《卷二百四十八》，熙宁六年（1073年）十二月乙酉，"入内西头供奉官黄怀仁昨修金明池御座龙船，乞赐度僧牒酬赏，诏三司赐钱十万"。其中黄怀仁当为黄怀信之讹。

（4）《卷二百六十三》，熙宁八年（1075年）闰四月壬寅，"赐都大提举疏浚黄河司勾当官李公义、内侍黄怀信，官淤田各十顷，赏浚河劳也"。

（5）《卷二百七十七》，熙宁九年（1076年）九月庚辰，"入内供奉官黄怀信等献修城飞土梯、运土车。诏将作监试验"。（李焘，1993：5831-5832，6042-6043，6060，6435，6787）

其中，第二条和第三条所言为一事，即用"铁龙爪""浚川杷"疏浚黄河、汴河之事①。因此《长编》中记载的黄怀信在科技方面的工作共有四项，涉及水利工程、土木工程、机械制造等多个领域。其中修金明池御座龙船一事，沈括有更详细的记载：

> 国初，两浙献龙船，长二十余丈，上为宫室层楼，设御榻，以备游幸。岁久腹败，欲修治，而水中不可施工。熙宁中，宦官黄怀信献计，于金明池北凿大澳，可容龙船，其下置柱，以大木梁其上补讫，复以水浮船，撤去梁柱。以大屋蒙之，遂为藏船之室，永无暴露之患②。

---

① 这是黄怀信的事迹中被记载最多的一项。不过其原因并不在于黄怀信，而是因为此事事涉新旧党争。黄怀信和李公义是这一工程中技术方面的负责人，但最终在这一事件中扮演主角的却并非这两位工程师，而是王安石、文彦博、范子渊等一干来自新旧两党的文臣。

② 《梦溪笔谈·补笔谈·卷下》（沈括，1975）。

按照伊永文的考证，这是世界上目前已知最早的关于船坞的明确记载①，比欧洲最早的船坞早400多年（伊永文，1993）。因此根据现有史料，有理由将黄怀信称为船坞技术最早的发明者。

此外《玉海》中还有黄怀信在治平年间设计战车的记录：

> 治平三年（1066年）六月十八日，黄怀信造战车，一名为万全车。诏以小样进呈②。

另一则有趣的史料来自司马光关于宋英宗陵寝工程的一道奏折：

> 臣伏见永厚陵皇堂卷拿石四重，其二重并寄于枋木之上。陛下孝心深远，以为异日枋木终归朽腐，石若陨坠于梓宫，非便。发自圣谋，欲为石樟。其修奉山陵都护宋守约、钤辖张若水，以策非己出，百端沮难，苟欲修饰目前，自营私计，不为梓宫万世之虑。为人臣子不忠如此，乃敢令石匠作头供状，称："八月二十七日进入梓宫后，连夜造作，计二十四时辰了毕。如蒙别差人定夺，却不依今来所定时辰，先得了当，甘军令不辞。"公列奏牍，诳惑朝廷，是致掩闭皇堂、及虞祭、并木主到京之日，皆曾改移。
>
> 臣昨充山陵仪仗使，目睹内臣黄怀信用夷床、涩床等下梓宫，数刻之间，安厝已毕。乃知守约、若水等欺罔聪明、轻侮邦宪。若不惩戒，则不公。挟诈之人，将何所忌惮？伏望陛下治守约、若水等罪，严行责降。若升祔毕有赦，守约、若水等缘修奉山陵得罪，特乞不原。其黄怀信等，宜优与酬奖。贵使赏罚明白，人知耸畏取进止③。

---

① 有文献称："据《三国志·吕蒙传》记载，吴国大将吕蒙在安徽巢河的濡须口水师基地修建了一个'形状如堰月'的船坞来修理较大的战船……原理同现代船坞。"（顿贺，2004）按《三国志》确有吕蒙在濡须水口"夹水口立坞"的记载，但"修理较大的战船……原理同现代船坞"却不知从何说起。相反，原书此处裴注引《吴录》曰："权欲作坞，诸将皆曰：'上岸击贼，洗足入船，何用坞为？'吕蒙曰：'兵有利钝，战无百胜，如有邂逅，敌步骑蹙人，不暇及水，其得入船乎？'权曰：'善。'遂作之。"又，本传："曹公又大出濡须。权以蒙为督，据前所立坞，置强弩万张于其上，以拒曹公。"[《三国志·吴志·卷九》(陈寿，1971：1275，1277)]由此看来，这里的"坞"显然是一种防御工事，而非用来修船的。

另按，"坞"字本意："小障也，一曰庳城也"[《说文·十四下·𨸏部》(许慎，1963：306)]。村落之外，筑土为堡，藉以保障守卫，可曰"坞"。后引申，凡四面高而中央下者皆曰"坞"，故称凿地成槽，泊船其中，以便缮者为"船坞"。而《吕蒙传》称能"置强弩万张于其上"，则非土堡、屏障为何？

又，最早使用"船坞"一词者，就作者目前所见，为南宋郑兴裔。郑所著《郑忠肃奏议遗集·卷下·平山堂记》篇尾有郑氏裔孙注云："公自有记称：'西南自仪真江岸东行……至杨子桥，南自江都县瓜洲镇站船坞北行……由清江浦入河'云云。"（郑兴裔，1999）此虽为后人引述，但所引文字当出于郑兴裔。故伊永文将中国出现船坞的时间定在宋代，应该是比较合理的。

② 《玉海·卷一百四十六》（王应麟，1977：2787）。
③ 《司马光集·卷三十七·章奏二二·石椁割子》（司马光，2010：857-858）。

这里谈到的张若水，前文已见，也是一位精通修造的宦官。而宋守约是从宋仁宗到宋神宗历事三朝的名将，以治军有方、纪律严明著称，《宋史》称其"恂直忠笃，为一时名将"，宋神宗甚至一度"欲擢寘枢府"，只是由于宰相反对，以及宋真宗以来不用武将为枢密使的传统，才最终"乃止故事"①。如果说作为宦官的张若水其品行尚有可疑之处，那么指责记录一向良好的宋守约与张一起"欺罔聪明、轻侮邦宪"，则实在有些令人难以置信。更何况宋守约作为工程的正职负责人，有足够权力阻止一切涉及工程的欺瞒行为。而作为军人，他更不可能不知道军令状的严肃性，他既敢与张若水一起立下"如蒙别差人定夺，却不依今来所定时辰，先得了当，甘军令不辞"的誓言，自当对自己所陈述的事实有充分信心。至于其他参与工程的一般工匠，恐怕更不会有胆量在修建皇陵这样的重大问题上"诳惑朝廷"。

因此，司马光这份奏折多半是冤枉了宋、张二人。宋、张所奏报的"计二十四时辰"的工期应该确实已经是他们与众多优秀的技术工人竭尽所能而达到的最短工期了。司马光本一儒臣，虽然在士大夫中号称博学多才，但在工程技术方面，确实不见有什么特别显著的造诣。他因为看到黄怀信"用夷床、涩床等下梓宫，数刻之间，安厝已毕"，就断定宋、张二人是故意谎报工期。殊不知，宋、张二人与黄怀信在此事上天壤之别的表现，原因并不在宋、张，而在于黄怀信巧夺天工的工程技术才能。而精通造办的张若水和众多工匠远逊于黄怀信的表现，也进一步衬托出黄怀信之巧。

综上所述，北宋宦官在科技方面的表现可谓抢眼。不过，针对他们的风评却并不太好。除了宦官作为一个群体整体受到的歧视之外，就上面提到的几位精通工程技术的宦官而言，宋用臣固然作为神宗朝众多"劳民伤财"的大型工程的具体执行者而名列"四凶"；程昉更直接因为在水利工作方面的积极表现而遭受批评与猜忌；而张若水，除了上述司马光的弹劾外，《长编》中另多次记载针对他的弹劾，其中不乏因工役而起者；至于黄怀信，亦因为首倡"浚川杷"一事而饱受士大夫的冷嘲热讽。

有趣的是，宦官这一群体的尴尬处境与他们在科技上的成就很可能是相关联的。

中国古代的宦官之所以受到严重的敌视和提防，很大程度上是由于他们身为最低贱的奴隶，却被置于国家的最高权力之侧，而且常常有机会在国家政治生活的重要方面发挥影响——这种机会在号称与皇帝共治天下的士大夫

---

① 《宋史·卷三百四十九》（脱脱等，1977：11 063）。

阶层中，也只有少数人才能得到。对于士大夫而言，如此重要的权力和责任落入这些奴隶手中，无异于虎兕出柙，没有什么比这更让人担心了。但也正因为这种微妙的地位，使宦官能够同时拥有探索科学技术的动机和探索科学技术的资源。

与士大夫不同，作为奴隶，宦官几乎可以说是没有任何前程可言的。如果说汉之十常侍、唐之神策军、明之司礼监在畸形的政治格局下尚能躁突一时，那么在宋代，严密的制度措施和士大夫阶层的强大势力，则几乎百分之百地消灭了这种可能性。两宋三百余年，除了以荒唐轻佻著称的宋徽宗执政时期之外，在其余 90% 以上的时间里，即便是宦官中最受恩宠的人物，如王继恩、李宪，最多也只是被委以军事上的方面之重，而在政治上，则始终被小心地排斥和限制着，地位上也始终低人一等。

由于无法在政治上获得成功机会，宦官们只能将自己的兴趣与精力倾注到其他的事物上。而工程技术正是他们可以得到的最好的选择之一。与大多数士大夫将此视为"末技""小道"不同，对于本来就没有资格也不可能斗胆奢望承担"为往圣继绝学""为万世开太平"的"伟大任务"的宦官而言，这些"淫技奇巧"的工作刚好适合于他们的奴隶身份。

另外，如本章第一节提到的，尽管宦官身份之卑贱甚至远甚于民间的和国家工场里的良民工匠，但由于宦官们的特殊身份，他们所能获得的研究资源却几乎优于当时的任何一个社会群体。他们不但能获得接触各种最尖端技术机密的机会，而且能够在皇帝的授权下，调动整个国家中最好的人力、物力资源，去不惜工本地实践各种新奇的构思，将它们变成实际的技术产品。不要说普通工匠，即便是王公大臣，也未必能获得这种便利。北宋的政府工程和造办工作经常委派内侍掌管，这无疑在客观上为他们提供了形成这方面兴趣和发展这方面才能的机会。尤其军械制造、天文仪器和天文历法的修订，以及科举试题的刊刻印刷等事关绝密的技术工作，向来必委内臣属理或监理。至于治理京畿水利、兴修宫室等大工役，也常常由内侍负责。例如，张若水造神臂弓、黄怀信兴建船坞等，非在其位，则不能为此。

当然，以上这些只是为北宋宦官群体对科技的关注提供了更多的可能性，但这并不构成一种必然性。事实上，宦官的兴趣取向往往直接取决于皇帝个人的兴趣，而且其关联程度比其他任何社会群体都要强。这是因为与文臣、武将甚至市井黎民不同，作为皇帝家奴的宦官，其生死荣辱只取决于皇帝个人的好恶。因此能否投皇帝所好就成了一名宦官是显赫一时还是默默无闻的关键。比如，宋徽宗爱好绘画，故《宣和画谱》中多见内臣之名。而宋仁宗、宋英宗、宋神宗三代皇帝，虽然各有功过，但都还算得上以社稷民生为念的英明之主。尤其是宋神宗，对外整军经武，对内推行"大有为"之政，大兴水利、扩建城墙、翻修尚书省、太学等，其所为之政多涉及军工、水利、建筑等科技问题，因此程昉、宋敏求、张若水、黄怀信等人在这个时代集中出现，可以说并非偶然。

第三节　各社会群体在北宋科技生活中的位置

以上列出了宋代与科技活动有关的主要群体，这些群体或者作为科学、技术知识的直接创造者、使用者、记录者，或者作为科技活动的组织者和资助者，共同构成了推动古代社会科学技术发展的力量。并且，尽管不存在现代意义上的统一的"科技领域"、尽管各个群体涉足科技活动的动机不同，但由于所关注的议题的一致性，以及不同科学技术议题之间普遍的相通性[①]，仍可以看到上述群体间存在着科学技术方面的频繁互动，从而构成了一个内部联通的联合体，以及一个可供科学技术知识在其中流动（虽然流动得远远称不上顺畅）的连通域。了解了这些群体在当时的生存状况、从事科技活动的动机、维持其生存和工作的资源获取方式，以及各群体间的互动方式，也就理解了北宋科技社会运行的内在逻辑（表4-1）。

表4-1　北宋参与科技活动的主要社会群体（按社会地位排序）

身份	属性	数量	投入程度	学科	主要收入和经费来源	收入水平
高级文官	任务、兴趣	少	较高	各种工程技术	国家	高
				其他		
贵族	兴趣	较多	低	各种工程技术、医学、音律等	国家	高
中低级文官	任务、兴趣	多	低	各种工程技术	国家	低
				其他		
专业学官	职业	极少	高	自然哲学、音律	国家	低
武将	任务、兴趣	较多	较低	各种工程技术	国家	高

---

① 例如，天文学和工程技术中对数学的普遍使用；天文、地理、医学、农学乃至工程技术等几乎所有学科对共同的自然哲学物质理论（就北宋而言是阴阳五行理论）的承诺。

续表

身份	属性	数量	投入程度	学科	主要收入和经费来源	收入水平
一般平民知识分子	兴趣	多	低	自然哲学、音律	其他	低
				农学		
				医学		
				博物学（艺术相关）		
				其他		
民间专门学者	准职业	少	高	自然哲学、音律	其他	低
				天文		
				医学（儒医）		
				其他		
道士	准职业	多	高	医学	宗教系统	情况不一
				其他		
僧人	兴趣	多	低	医学	宗教系统	情况不一
				其他		
伎术官	职业	少	高	天文	国家	低
				医学		
技术胥吏	职业	多	高	法医（仵作）	国家	低
				其他		
官用工匠	职业	多	高	各种工程技术	国家	低
民间工匠	职业	极多	高	各种工程技术	市场	低
民间方技业者	职业	多	高	医学	市场	低
				占卜		
				其他		
宦官	任务	少	较高	各种工程技术	国家	高

一、职业和准职业活动者

北宋科技活动的直接参与者可以分为职业（准职业）和业余两大类。伎术官、技术胥吏（如仵作）、官用工匠、民间工匠、民间方技业者，以及太常寺、国子监里研究自然哲学、乐律学等类科学问题的专业学官是中国古代的职业科学技术活动者。"职业"的意思是说，他们通过从事上述带有科学技术性质的工作获得收入并赖以为生。除此之外，还有一些群体，他们虽然不通过这些活动获取收入，或不将其作为主要收入来源，但也将这些活动作为他们工作或事业的主要部分之一，并花费很大部分的精力投入到这些工作上。比如道士，尽管行医、炼丹等并不是他们法定的专职工作，也并非这一群体获取收入的制度性渠道，但这些活动作为传统仍在道士群体中被普遍开展，并且有相当一部分道士将其作为自己日常活动的主要部分。又如一些民间学者，他们本身是儒家平民知识分子群体的一员，以这个群体传统的"耕读传家"的方式生活，但他们付出主要精力研究的不是一般的儒家学术，而是与科学和技术相关的知识领域，如医学（庞安时）、农学（曾安止[①]）、历法（卫朴[②]）、自然哲学（徐复[③]）等。这些群体可以被称为准职业科学技术活动者。

职业和准职业活动者是中国古代专职从事科技相关活动的人。特别是对于职业活动者来说，这些活动不仅占据了他们精力的主要部分，也是他们赖以谋生的工具。按照直观的推理，他们理应在中国古代科技的发展中起到最大作用、作出最多贡献。但事实并非完全如此。前文已经提过了伎术官在贡献知识成果方面的拙劣表现。技术胥吏、工匠及民间方技业者的表现可能略好些，毕竟他们面临着更广阔的施用他们技术和知识的机会、拥有更庞大的从业者队伍，并相应地要应对更激烈的同业竞争，因此比起业务对象狭窄、队伍单薄、缺乏竞争的伎术官（尤其是天文官）来，具有更充足的活力和更强的创新动力。但这些群体的问题在于，他们的社会地位太低了，收入也一样[④]。而且这两个问题伎术官群体也同样面临。过低的社会地位和收入导致以下三方面结果。

第一，这些事业难以吸引到社会上最优秀的年轻人来补充后备力量。像这些地位低、收入薄，且缺乏向上流动机会的职业，在当时往往是父子相继的。除此之外，则往往只有缺乏其他更好出路的社会成员才会选择加入，比如破产农民进入城市成为工匠。就其中几个还存在一定向上流动机会的群体（如胥吏、伎术官）而言，即使有年轻人加入，且接受了训练，也经常是只为求一个进身之阶，而并不打算久留。宣和二年（1120年）宋徽宗裁撤算学的诏书就指责当时的算学生"赐第之后，不复责以所学"——只要一拿到功

[①] 宋神宗时人，作《禾谱》，苏轼为赋《秧马歌》[《苏轼诗集·卷三十八·秧马歌并引》（苏轼，1982：2051-2052）]。
[②] 宋神宗时人，精通历法，助沈括编《奉元历》[《梦溪笔谈·卷十八》（沈括，1975）]。
[③] 宋真宗、宋仁宗时人，举进士不中，游学淮浙间，通阴阳、天文、地理、遁甲、占射，诸家之说。仁宗时召对，赐号冲晦处士[《宋史·卷四百五十七》（脱脱等，1977：13 434）]。
[④] 虽然不排除个别人可能依靠这些技术发家致富，但显然不能将其视为惯例。参见本章第一节的讨论。

名，获得官身，就没有人回去钻研他们藉以进身的业务了①。

第二，对于已经加入这些职业领域的工作者，即便在职业生涯初期拥有足够的热情和雄心去发展自己的事业，但是如果长期得不到合理回报来奖赏他们的才能与付出，最终他们创新的积极性也会被消耗殆尽。以当时的官府手工业系统来说，由于待遇低下，工匠们不用说去努力创新工艺、提高技能，很多时候甚至还会故意降低技术水平，隐藏自己的技术能力。所谓"苟简钝拙，务闷其技巧，使人之不已知；务夸其工料，使人之不愿为，而亟其斥且毕，谓之'官作'"②。

第三，这些群体即便对知识和技术有所创新，他们的创新成果也很难得到有效的沉积和传播。且不论前人广泛讨论过的古代手工业者保守自己技术秘密的偏好。这里要谈的是，即便是那些愿意将自己的知识记录下来和传播出去的活动者，低下的教育水平、恶劣的经济状况也使他们很难有能力、有精力将他们掌握的知识写成专著、刻板印行。即便侥幸成书，由于他们卑贱的社会地位，这些著作也很难在社会上引起重视和广泛流传。事实上流传至今的古代科学或技术著作，几乎没有出自真正的技术胥吏或手工匠人之手的③，而都是假手于士大夫阶层。例如，《疑狱集》《洗冤集录》《营造法式》《浸铜要略》④等，其中的知识虽然得自基层作坊、工匠的技术实践，但却是依靠管理相关业务的士大夫秉笔才得已成书的。毕昇发明泥活字的重要工作若非被沈括知悉并记录下来，则恐怕早已湮没无闻。唯一的例外是《木经》，从记载看它的作者喻（或预）皓（或浩）倒确实是一位胼手胝足、活跃在建筑工地上的工匠。但近人对《木经》是否真为喻皓所著又产生了疑问。夏鼐声称怀疑喻皓"可能连自己的姓名也不能写"（夏鼐，1982），否则不足以解释其名气如此响亮，而不同记载者对其名字的写法却莫衷一是的事实。如果这一怀疑成立，即便《木经》真为喻皓所著，很可能也是由其口述，求精通文墨之人代笔写成，而这一过程中的艰辛困苦更可想而知。

职业科技活动者中也有社会地位相对高一些的，如太常寺和国子监中专门研究乐律、自然哲学等问题的学官。尽管俸禄微薄，但他们毕竟仍是文官－知识分子集团的成员，并且理论上仍有可能继续升迁，调任实权部门、

---

① 《宋会要辑稿·崇儒三》（徐松，1957：2211）。
② 《愧郯录·卷十三·京师木工》（岳珂，1983：389）。
③ 伎术官群体倒是有一些著作，但流传下来的也不多。
④ 《浸铜要略》的作者张潜本人虽然是"布衣"，但其家族是江西望族，"若子、若孙、若曾孙登科者，十有余人。造于玄孙至礼部者三十人"（陈定荣，1991），是典型的士大夫之家。

出任高级文官。与他们处境类似的还有准职业群体中的民间专门学者。从整体上说，这两个群体的社会地位和经济状况较前述的几个群体要好一些，拥有更强的著书立说能力以及传播这些知识的能力。更重要的是，他们是把相关知识作为儒学的一部分来研究的，崇尚儒学的社会氛围能够为他们提供强大的工作动机和积极性。

然而这两个群体的问题在于，首先，在官僚体制下，学官们一旦升迁，也就离开了学术领域，不再从事相关研究了。所以尽管担任学官的知识分子们本身有可能交上好运，升入更高的阶层、获得更优厚的俸禄，但这对于提高本领域研究者的待遇毫无帮助。因为获得新待遇的人已不再是研究者了，而新补阙的研究者仍然官卑禄薄，而且可能学术水平还不如他们的前任。其次，更重要的是，这些类科学问题在儒学经术中占的比例太低了、受的重视太少了，少到甚至不足以引发像样的争论[5]。相应地，在庞大的儒学知识分子集团中，肯把精力专门投入到这些学术领域中去的人也太少了，而太常寺、国子监能够为这些人提供的学官职位则更少，最多一两员，且不常置。

另一个准职业群体，道士，投身科技相关活动——确切地说是投身于医学和炼丹活动——的动机与上述儒学学者类似：他们是将这些活动当成道教修行实践的一部分来从事的。而且从传统上来说，这些内容在道教中的地位远比自然哲学内容在儒学中的地位显赫。因此就横向比较而言，宋代道士群体在科技方面的表现是最引人注目的。

但这个群体同样存在问题。一个问题是前文提到的他们科技活动领域的严重失衡（几乎全部集中在医学和炼丹领域），以及道教固有的神秘主义信仰与理性精神的格格不入[6]。另一个问题是，道教中与现代科学活动最为形似的部分——炼丹术，即以人为手段施诸自然物，以求对物质造成改变或影响的实践活动，到宋朝时已经进入了苟延残喘的阶段。代之而起的是与外部

---

[5] 朱熹是宋代儒学的集大成者，清康熙皇帝曾命大臣对他的语录、文集进行编辑整理，按学术领域重新分类编成《御纂朱子全书》，这本书作为标识宋代儒学各种议题在当时受关注程度的参照物应该是有代表性的。该书共六十六卷，除去封面、钤印，以及编纂者的校勘注释外，正文计 3106 页（《摛藻堂四库全书荟要》本）。其中相当于自然哲学内容的是位于全书靠后部分的"理气"篇两卷，103 页，占全书的 3.32%；另有"乐"一卷（涉及数学和计量学），42 页，占全书的 1.35%。两部总共不到全书的 5%。而该书的其他部分，儒家治学原则和方法（"小学"篇），占六卷，288 页，9.27%；对四书五经的注释、解说，多达三十四卷，1662 页，53.51%；关于所谓"性理之学"的论述，七卷，238 页，7.66%；讨论宗教祭祀和鬼神崇拜问题的（"鬼神"篇）一卷，58 页，1.87%；学术史（"道统"篇和"诸子"篇）九卷，403 页，12.97%；历史学（"历代"篇）两卷，109 页，3.51%；政论（"治道"篇）两卷，77 页，2.48%；文学作品和文学理论各占一卷，合计 126 页，4.06%。

[6] 在这方面反倒是儒学，尤其是北宋以降的新儒学，在古代中国的诸思想体系中表现出最强烈的理性精神。

世界更加疏离、更少诉诸物质手段、更加玄学化的内丹炼养实践（任继愈，2001：506-508，522-525，612，637-641）。因此，尽管宋代道士在横向比较中仍然显示出远高于其他群体的科技活动热情及成就，但是如果与前代进行纵向比较，则宋代道士在科技方面的影响力和贡献率实际已进入了快速衰退的周期。

总之，宋代职业和准职业科技活动参与者的两种主要动机，谋生和学术传统，在北宋以及整个中国古代科学、技术知识的积累过程中都起到过良好的促进作用，但也都不是特别可靠。谋生这一动机的实现高度依赖于政府对待相关群体的政策和态度，依赖于这些群体是否能够如实地凭借自己的知识和技术水平获得相应的报酬。对庸才的不当奖赏（就像经常发生在司天监中的）和对人才的回报不足（就像官营工厂中经常出现的）都会消磨相关群体在知识和技术创新上的积极性。而类科学知识方面的学术传统，尽管确实为相关学术领域带来过很多拥有强烈动机的研究者，但是与主流的学术传统相比，它们太弱了，以至于在与其他学术议题的人才竞争中一直处在被边缘化的位置上。

二、业余活动者

业余科技活动参与者通常来自经济条件和社会地位更好一些的社会阶层，文官、武将、贵族、宦官……这些群体中都不乏业余科技活动参与者。"业余"的意思与"职业"正好相反：第一，这些人并不依靠从事科技活动为生，尽管他们有时会被指派去承担涉及科技或工程问题的政治任务；第二，科技活动对他们来说不是日常性、规律性的，而只是视个人兴趣和工作需要偶尔为之。"业余"意味着这些群体很难有保障地将精力持续投入到发展相关知识领域的活动中去。但相应地，他们也有自己的优势，即他们不需要以科技相关活动为生，相反还能为这些活动带来额外的资源，包括直接将这些资源投入到自己的科技活动中去和用这些资源来资助职业科技活动者从事相关活动。

业余活动者从事科技活动的动机主要有两种：个人兴趣和政治任务。在上述几个群体中，宦官和武将参与科技活动的动机大部分是出于后一种，且以工程技术方面的工作为多。文官则二者兼而有之，其兴趣面也最宽。作为一个群体，他们涉猎的范围几乎包括了中国古代所有能够和科学技术扯上关系的领域。贵族群体的情况尤其有趣，近支宗室，由于他们被制度性地豢养起来，不被允许参与任何朝廷的工作，因此他们对科技活动的参与（虽然这种案例极少），很无奈地，只能是出于个人兴趣，其范围主要包括医学、乐律学，以及其他在当时通常被归为"艺术"的领域，至于天文学研究则是被严格禁止的。而外戚和远支宗室，由于他们中很多人同时兼职武将，因此在政治任务驱动下参与科技活动的情况反而更多些。同时就整体而言，他们参与科技活动的频繁度也远比近支宗室高。

这也折射出一个整体性的现象：对整个业余活动者群体而言，因政治任务而参与科技活动的情况远比单纯因个人兴趣而去研究相关学术的情况常见。同时这也决定了工程技术活动在中国古代科技活动中绝对优势的比例。这倒不难理解，与政治任务相比，个人的闲情逸致毕竟太缺乏约束力了，尤其还是些被主流儒学家斥为"雕虫小技""玩物丧志"，认为不值得被研究的领域。

但是另外一方面，以兴趣为先导而产生的科技成果与单纯作为政治任务被完成的工作①相比，在技术、认知及创新性的方面通常具有更高的水平。事实上，在针对《大辞典》和《年表》的计量中，稍微具有一定创新性的科学或技术成果，通常都离不开行为主体的个人兴趣倾向作为背景。

不妨这样理解，具有强制性的政治任务有助于增加行为主体参与科技活动的频次，但无助于引导他们为这些活动实质性地付出智力与精力。要达成后一个目标，需要的是个人愿望层面的强烈动机。个人的兴趣爱好可以充当这种动机的来源，但却不具有社会强制性，同时也不能为相关工作带来资源与社会支持。如果再考虑到前述职业群体的情况，可以看到，中国古代科技活动的四种主要动机——谋生、学术传统、兴趣和政治任务，都不足以支撑起一个稳定的、拥有强烈探索欲望并能够全身心投入（或至少能够持续、稳定地投入一部分精力）到科学技术相关问题上去的群体。

三、群体间互动

上述的各个群体通过各种互动关系结成了一张广泛的网络，每个群体都至少以一种方式和至少一个其他群体发生关联。尽管这些关联大部分情况下与他们的科技活动无关，而是由他们的社会身份决定的，但这客观上为科技信息在各个群体间的流动提供了可能，使古代自然和技术知识的不同领域

---

① 即承担该项工作的行为主体在其履历中没有在其他地方表现出过对相关工作的个人兴趣。相对而言，这种案例在武将群体中更加常见。

间，尽管崎岖难行，但仍有机会彼此联通。

在各个群体中，文官-知识分子集团的三类成员——高级文官、中低级文官和平民知识分子之间的关系无疑是最密切的。不但在高级文官和中低级文官间存在着制度性的上下级关系，后两者还分别是前两者直接的来源。另外，在宋代高级文官，以及相对于他们而言收入、地位较低的中低级文官和平民知识分子间，还经常会出现一种自上而下的超越了冷冰冰的上下级关系的提携、资助或供养关系。所谓提携，指高级官员利用自己的人事权力和政治影响力为自己欣赏的低级官员或平民知识分子提供升迁上的便利和入仕之门的行动。与今人理解的裙带关系不同，北宋官场中的这种关系实际上是被宋代的辟举制度和官员迁转制度①制度性地构建出来的。从坏的方面看，这套制度为官员结党提供了一条重要渠道，从而成为可能导致党争的隐患之一。但是从好的方面看，这也有助于地位较高的官员扶植和培养与自己学术、政治理念接近的后备力量，为自己所青睐的学术方向提供更好的资源，维持学术和政治纲领的传承，并促进本学派传统的发扬光大。

资助与供养则主要发生在高级官员和平民知识分子之间，以经济支持为主要形式。与提携一样，资助关系也通常建立在地位较高的一方对较低一方的才能、人品、学术理念的认同上。此类案例在唐宋文人交游的记录中非常普遍。资助的额度高低不定，绝大多数情况下是一次性和随机的。但是也存在比较特别的持续性资助的情况——为了以示区别，可以称之为"供养"。所谓的"西席""门客"就是此类关系的一种表现形式。但是与简单的雇佣关系相比，宋代文官-知识分子间的类似关系更具温情脉脉和礼敬贤士的意味。特别值得注意的是一些位高权重的政坛领袖与知名学术宗师之间建立的此类关系，如司马光、文彦博对邵雍、二程等人的接济、供养。这种制度性支持为后者的学术事业带来的不仅是经济资助，而且还有政治支持和社会宣传效应。此外，类似的资助、供养关系有时也会出现在贵族、武将与僧人、道士、民间方技之士，以及个别民间知识分子之间。

除了上述几种互动方式，文官-知识分子集团内部，以及这个集团与其他几个社会地位较高的群体间的互动渠道还包括同僚关系和当时所谓的被称作"交游"的关系。同僚关系既存在于同品级的文官之间，也存在于文官与贵族、武将之间。尤其是文官与武将，在北宋文官典兵的制度下他们的密切

---

① 低级文官迁转时需要若干位高级官员具名荐举，为该员的才能与人品作证。

合作成为军事活动中的常态。另外一个比较特殊的群体是宦官，他们在贵族面前是奴才，在文官集团面前则遭到鄙视和排斥，唯独与武将群体经常以同僚身份合作，尤其是在工程性任务中。武将群体由此成为沟通几大群体的另一个重要的关节点。

相比于依靠官职和皇命维系在一起的同僚关系，所谓"交游"关系完全取决于当事双方主动的选择，也更依赖于兴趣、理念方面的志同道合。而且交游关系不仅可以发生在社会地位相近的群体间，也可以发生在社会地位相差较悬殊的群体间。比如作为高级文官的苏轼，其有据可查的交游对象就遍及僧人、道士、低级文官、平民知识分子，甚至民间方技之士等各个群体。但是与资助或供养关系不同的是，在交游关系中，来自不同社会阶层的双方之间不存在任何利益输送，并且完全是以平等的身份来结成这种关系。双方在相互关系中以平等的身份互动，这也是交游关系与同僚关系最重要的共同特征。

最后一种关系是雇佣、管理关系，这是一种存在于较高社会阶层和较低社会阶层之间的不那么平等的关系——事实上绝大多数情况是极度不平等。在这类关系中，社会地位较高的一方或者自己出资购买另一方提供的服务，或者作为政府的代理人，监督、管理对方为政府提供相关服务的过程，并负责核定、发放服务者的报酬，执行奖惩事宜。尽管同样涉及资金和职位的提供，但这种关系与文官－知识分子集团内部的提携、资助、供养关系最大的不同在于，其中完全不存在尊重的因素。对于这对关系中的甲方——无论是文官、武将还是宦官——而言，他们的对手——伎术官、胥吏及工匠，都是完全不值得他们尊重的，而且是可有可无、可以随意抛弃和替换的。这并非由个人的道德水准和处事原则所决定，而是当时主流社会群体的共同认知。一个例子是，在素有"不得杀士大夫及上书言事人"的良好传统的北宋，宋仁宗年间，当两名天文官上书批评时任宰相富弼在河北开凿运河的决策时，以同任宰相的文彦博为首的一干士大夫对这两位"上书言事人"的态度却是："奴敢尔妄言，何不斩之？"[①] 可见，通行于文官－知识分子集团内部的尊重与宽容并不同时适用于同为朝廷命官的伎术官群体，就更不用说地位更低贱的胥吏与工匠了。正因为完全不存在尊重，所以这一组关系中不可避免地充满了提防、压迫与欺诈。但讽刺的是，这组关系却是伎术官、技术胥吏、工匠等典型的职业科技活动群体与其他群体交流，以及获得经费，乃

---

① 《涑水记闻・卷五・嘉祐违豫》（司马光，1989：97-98）。

至维持生计的主要渠道甚至唯一渠道（图 4-5）。

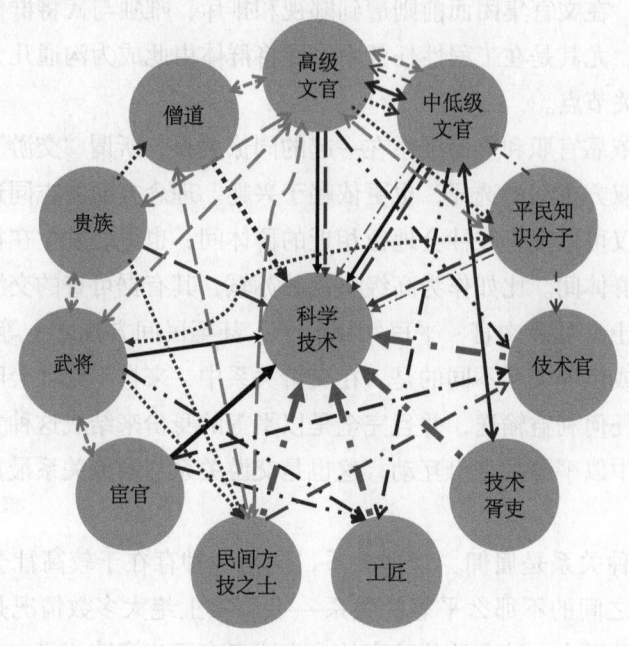

与科学技术的关系	群体间关系	图例
任务	上下级	———
兴趣	同僚、交游	— — —
职业	来源	—·—·—
准职业	提携、资助、供养	·········
	雇佣、管理	—··—··—

图 4-5 北宋主要科技参与者群体的相互关系
注：双向箭头代表双方关系是互动的，单向箭头代表只具有单向关系。

在上述几组关系中，提携、资助、供养和雇佣、管理这两组关系尤为重要，它们涉及社会地位较低、经济状况较差的科技活动参与者，尤其是职业科技活动参与者是否能够从地位较高的阶层那里有效地获得帮助和支持，从而扩充科学技术活动的资源。然而这两组关系再一次与资源提供者（通常本身也是业余科技活动参与者）的动机发生了意味深长的关联。提携、资助、供养关系的建立通常与资源提供者的个人兴趣倾向有关，而后者则对应于政治任务的动机。也因此，在他们对科技活动的间接支持中出现了以下与直接参与的情况中相类似的尴尬局面。

提携、资助和供养关系有助于营造一种更具尊重感也更为宽松的创新环境，能够为清贫的知识创造者提供最有效的帮助——邵雍、二程等在学术上的成功已经很好地证明了这一点。但这种关系的建立过于依赖于资助者个人的主观爱好，且并不具备经常性和必然性。特别是对于那些不被当时的主流意识形态所认同和欣赏的科学、技术相关领域而言，要寻求这种支持，简直就像买彩票一样。

通过雇佣、管理关系获得支持的机会要多得多，但这种支持所能提供的条件就远不如前者优厚了（事实上可以说是刻薄的）。为了获得微薄的回报，则知识、技术和产品的创造者们将不得不忍受恶劣的工作环境、繁重的工作压力，甚至人格侮辱。在承受了所有这些后，也很少能够有人继续有积极性进行真正的创新了。

第五章
科技活动中的地域因素

关于地域差异的讨论经常会导致学术以外的争执。不过由于自然条件与历史传统的不同，这种差异确实是客观存在的。更何况在宋代，交通条件造成的地理阻隔比现在还要更为严重，地区间经济文化开发程度的差异还要更加明显。统计数据也证明，在宋人参与科技活动的积极性方面，确实存在地域差异。

第一节 统计分组方式

地理因素对宋人政治和学术观点的影响早已为前人所注意。钱穆曾指出，在北宋熙宁变法时期的政争中，"新党大率多南方人，反对派则大率是北方人"（钱穆，1994：581）。其后各政治、学术派别甚至干脆以地名党，除了兼具政治和学术性质的洛、蜀、朔三党，更有周敦颐"濂学"（湖南濂溪）、张载"关学"（关中）和作为后起之秀的杨时－朱熹"闽学"（福建）。

本书关心的是地域差异是否会影响到研究对象们对科技的态度，以及他们对不同科技分支的倾向性。比如，来自江浙地区的入选者会不会由于其家乡的自然条件和农业传统而更加关注水利技术，而两河、陕西诸路的军事前线地位又会不会造成出身于此的入选者更精通与军事有关的各种知识和技术？

为了定量地考察这个问题，需要根据地域对《大辞典》中的研究对象进行分组。中国的行政区划自宋代以来由于战乱、人口迁徙、交通条件的变迁及各种政治博弈，已经发生了很大变化。用今天的政区概念显然无法正确理解和描述一千年前中国诸地域文化共同体的分布情况及特征。鉴于此，本书选择以北宋元丰八年（1085年）的二十三路行政区划方案为基础[①]，同时参考各政区的地缘条件、自然环境、沿革传统，最终划分出十三个能够大致代表当时各地域文化共同体分布情况的地区，包括：河北两路（东路、西路）、河东路、陕西诸路（永兴军路、秦凤路）、京东两路（东路、西路）、京师开封府、京西两路（北路、南路）、淮南两路（东路、西路）、江南两路（北路、南路）、两浙路、福建路、川峡四路（益、利、夔、梓）、荆湖两路（北路、南路）、广南两路（东路、西路）。

另外，研究对象的地区归属也是一个需要认真分辨的问题。由于文化习惯和其他各种因素的影响，宋人对自己或他人里籍的叙述往往纷繁芜杂、混乱难辨：有称祖籍的、有称郡望的、有称占籍地的，也有称居住地的。比如著名的临江三孔兄弟，虽世居江南西路临江军，但因为其孔子后裔的身份，一直以早已不存在的"鲁国"来署名，言必自称"鲁国孔文仲""鲁国孔武仲"。另外，尽管中世纪人口的迁徙并不像今天这样频繁，但仍不能排除这种情况。比如范仲淹原籍苏州，但两岁时因父丧随母改嫁，迁到了淄州长山。由于中国古代的地方官任用制度，对于官员阶层来说，迁徙乃至频繁迁徙尤其常见，很多人还选择携妻挈子举家赴任。这都给判断增加了难度。考虑到本书的研究目标，最终的判断依据被限定为以研究对象20岁以前，尤其是10～16岁的居住地为准。做出这一规定的依据是青少年时代在人格形成中起关键作用的理论（肖存，2001；孙辉莹，2005）。虽然并不是每一个研究对象青少年时代生活的记录都那么清晰，但是可以假设，那些与常规情况（即从小在祖籍或占籍地长大）不符的特殊经历通常是会被记录下来的。因此，如果没有特殊的记载，本传上提供的里籍信息仍然是一种可以信赖的参考依据。

[①] 北宋以府、州、军、监作为中央直辖的基本行政区划，又仿唐代十道制，将若干相邻的州府级行政单位划为一"路"，作为税收、监察或军事防御单位。经济路、监察路和军事路的划分往往不尽相同，相互交错重叠，分路数量更不断变化，先后有"至道十五路""天圣十八路""元丰二十三路"和崇宁以后的"二十四路"。不过，这些变动主要以对原有各路的拆分或合并为主，对大的地域文化共同体的边界通常没有实质性影响。

第二节　东南崛起——北宋区域发展的重要趋势

在北宋的一百多年历史中，中国南方地区在经济和文化上的崛起是最引人注目的时代现象之一。成书于南宋的话本《大宋宣和遗事》曾记载北宋儒学宗师邵雍治平年间在洛阳天津桥上闻杜鹃啼鸣而预言"不过二年，朝廷任用南人为相，必有更变，天下自此多事矣"（指王安石和熙宁变法），并借邵雍之口发表了一番"天下将治，地气自北而南；将乱，地气自南而北。今南方地气至矣"①的议论。其事体虽然多半出于小说家杜撰，但足以说明北宋中后期南方知识分子群体崛起的事实在当时已为人所注意。

今人更对北宋政坛上南北方官员的比例变化进行过统计，发现："北宋前期在执政官员中南方人所占不足百分之十二，到北宋中期以后，约占百分之三十七，而到神宗朝以后南方人士所占比重则达到百分之六十二。再譬如翰林学士的地域分布也有类似的变化，宋仁宗以前的太祖、太宗、真宗三朝，翰林学士中北方士人占绝对多数，分别为当时总数的百分之八十九、七十二、七十。仁宗朝情况大变，南方士人大幅度增长，其百分比从前朝的最高不超过百分之三十猛增到近百分之六十，以后的各朝保持了这一趋向。"（李华瑞，2006）

南方崛起的迹象也清晰地显示在本书的统计数据中——不过更确切地说，应该主要是福建和两浙路的崛起。根据针对仁宗庆历新政以前（1001～1040年）、仁宗庆历后至熙宁初（1041～1070年）及神宗熙宁变法后（1071～1120年）入仕的高级文官②群体的比较可以看出：在北宋庆历以前入仕的高级官员中，来自两浙、福建两路的人数加起来还不到总人数的1/5；而在庆历－熙宁之间入仕的高级官员中，这两路所占的比例已经上升到了接近总人数的1/3；至熙宁以后，仅来自这两路的官员就几乎占据了政府高层的半壁江山（图5-1）。除此以外，在南方诸路中，来自江南和淮南四路的官员比例在庆历－熙宁之间也略有上升，但在熙宁以后又下降了，降到甚至比庆历之前还低。荆湖和广南四路在当时尚属汉夷混居的半开化地区，来自这里的高级官员数量一直较低。而介于南北方之间的川峡四路则一直在政府高层中保持着相当稳定的席位比例。因此，所谓南方之崛起，实应称为东南之崛起。

---

① 《宣和遗事·前集·康节天津桥闻杜鹃声》（佚名，1994：9）。
② 划分标准参见第四章第一节。

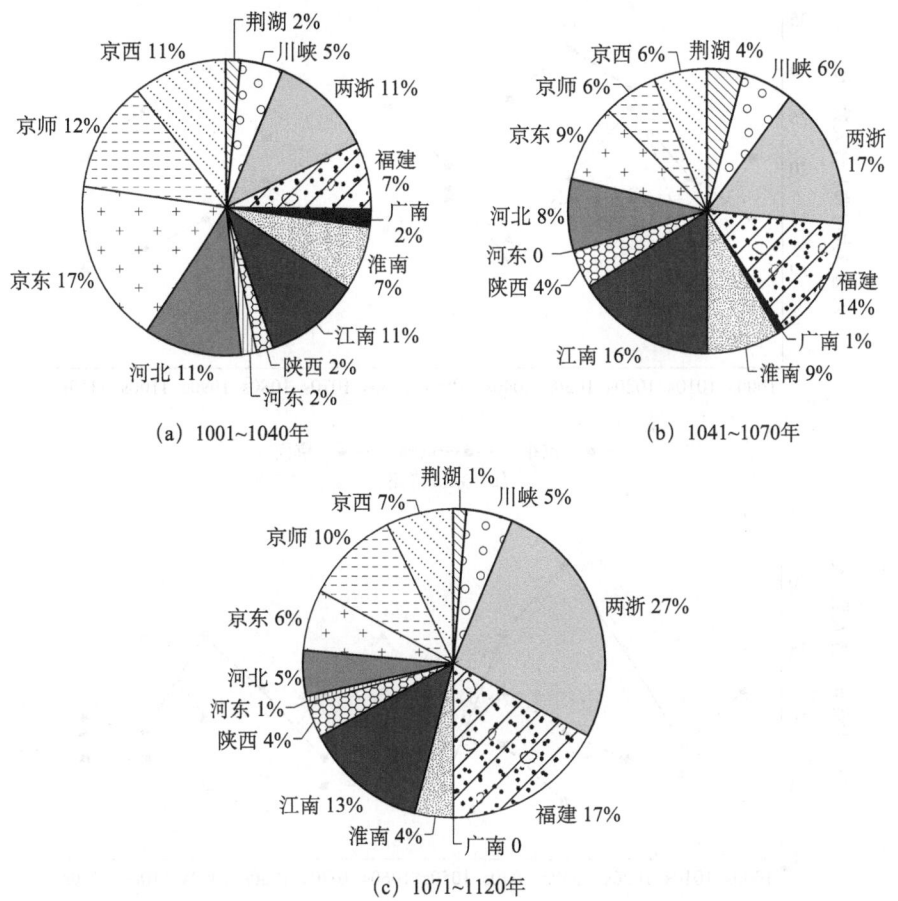

图 5-1 来自不同地区的官员在北宋政府高层中所占比例的前后对比

与东南两路的崛起相对应，北方各路在政府高层中所占的席位都出现了不同程度的下降，其中以京东地区的下降最明显。这一地区在庆历以前曾是政府中高级官员的最大来源地，但在庆历以后逐渐沦为北宋政治版图上一个相对不十分重要的地区。特别值得注意的是，北宋京东两路对应的今山东省正是历史上的儒学发源地，历史上所谓"山东士族"的大本营，北宋的儒学复兴运动同样是从这里发起的（孙复、石介的泰山学派）。而河北两路虽然没有京东地区那样深厚的儒学渊源，但也同样属于"山东士族"的传统势力范围，五代以来更由于军事原因而在中央政权中拥有巨大的政治影响力。可以说这四路之地代表了中国北方传统官僚势力的主要部分。它们在政坛上的衰落具有很重要的象征意义。

东南地区的崛起还不仅仅体现在政坛高层。各地入选者人数在一百二十年中的消长更能充分地说明问题（图 5-2）。

第五章　科技活动中的地域因素　｜　161

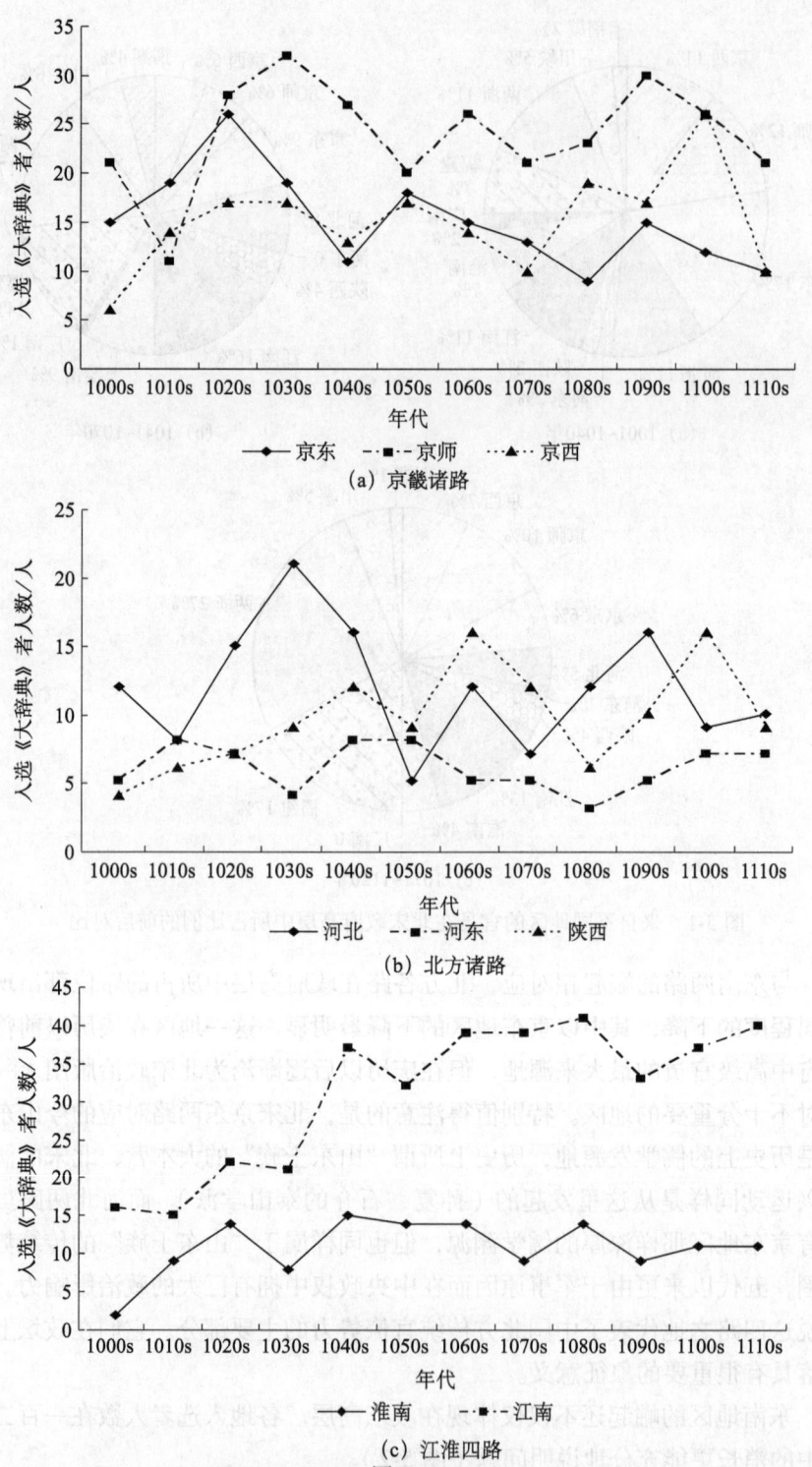

(a) 京畿诸路

(b) 北方诸路

(c) 江淮四路

图 5-2

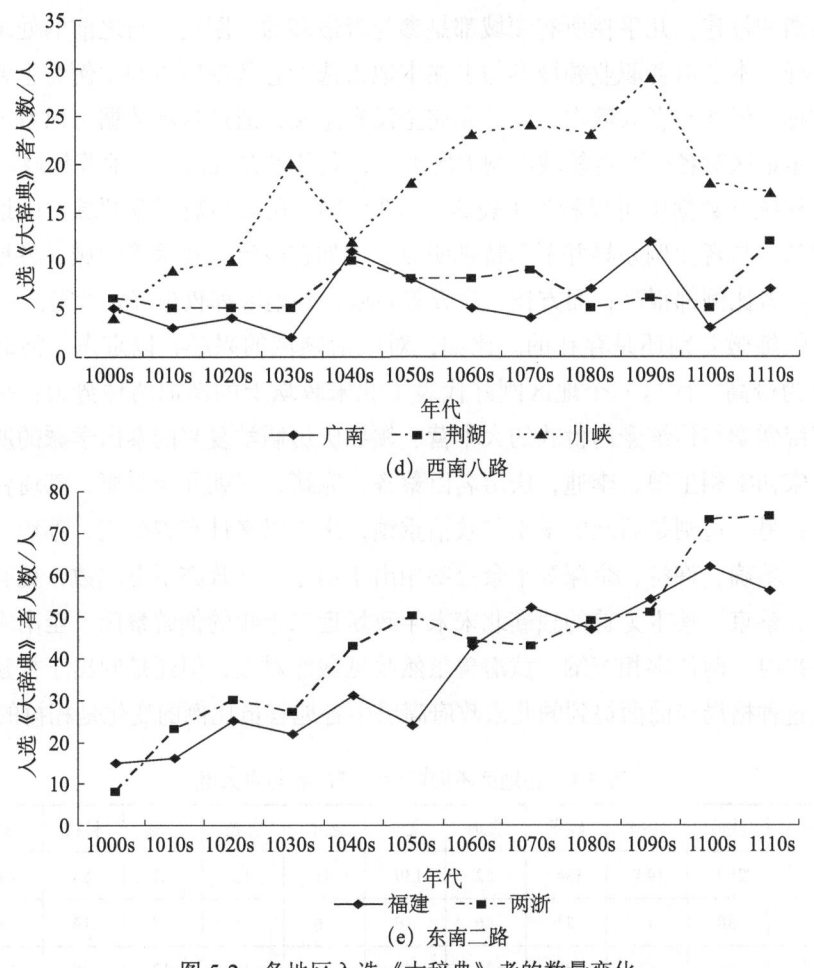

图 5-2 各地区入选《大辞典》者的数量变化

特别值得注意的是,从统计中可以看出,两浙和福建两路入选者人数的增加是逐步发生的,而并不仅仅出现在北宋末年。这就排除了这两地仅仅因为靖康国难和汉族统治中心区南移而获得较重要地位的可能性。可以肯定地说,即使没有宋高宗的南渡和偏安,两浙和福建士人同样会在12世纪成为中国精英社会最主要的统治者。

第三节 从职业偏好看地域文化差异

类似于基于社会身份的统计中出现过的问题,由于各地区入选样本数量本身的不平衡,在考察不同地区居民的职业偏好时,往往会发现某些地区,如两浙和福建，几乎在所有领域都是参与者最多的。因此，与之前的处理方式一样，本节以各职业领域参与者在本地入选者总数中所占的比例为主要参考依据。但参与者人数本身也并非完全没有意义，通过这项数据可以看出当时给定地区对各个职业领域影响力的大小，尤其是在政治、经术等领域。

从统计数据中可以看到（表5-1，图5-3），在大多数职业领域，由地域造成的参与者比例差异并不是特别明显。比如在政治、经术等领域，各地区的参与者比例都很高；而方技、宗教等领域，各地区都较少有人参与。

但细微差别还是存在的。比如，对政治领域的兴趣，以京东、河北和福建为最高。而这三个地区刚好代表了北宋政坛上的新旧两种势力：一边是正统儒学与传统豪门世族的大本营、领导庆历儒学复兴的泰山学派的所在地，宋初宰相王曾、李迪，庆历名臣蔡齐、庞籍，三朝元老赵概、韩琦皆出于此；另一边则是后起的学术与政治重镇，庆历以来计有曾公亮、苏颂、吕惠卿、蔡确、许将、余深等十余位宰相出于福建，参政亦不下此数，更有以蔡襄、蔡京、蔡卞为首的独霸北宋末年政坛近二十年的仙游蔡氏，至南宋建炎中兴时，两位宰相李纲、黄潜善虽然政见截然对立，但还是同出于福建一路。这种格局与前面提到的北宋政府高层中各地官员比例的变化是相衬的。

表 5-1　各地区不同职业领域的参与者人数

地区	政治	军事	经术	史地	文学	艺术	方技	宗教	科技	总计
福建	289	104	134	52	139	41	15	27	84	447
广南	38	13	21	6	16	6	6	7	14	71
河北	96	55	20	20	40	35	10	12	48	143
河东	23	40	13	7	11	16	7	7	15	72
荆湖	46	13	18	5	29	10	1	7	11	84
淮南	74	26	39	22	54	20	9	18	34	130
江南	16	12	6	0	2	7	5	5	12	49
京东	221	73	102	54	151	61	33	36	99	372
京师	129	65	43	27	63	35	11	20	57	182
京西	155	98	43	33	62	100	16	15	63	284
陕西	106	60	44	19	51	47	15	16	53	180
川峡	48	58	17	10	23	39	6	10	23	116
两浙	102	48	51	30	77	59	10	38	39	209

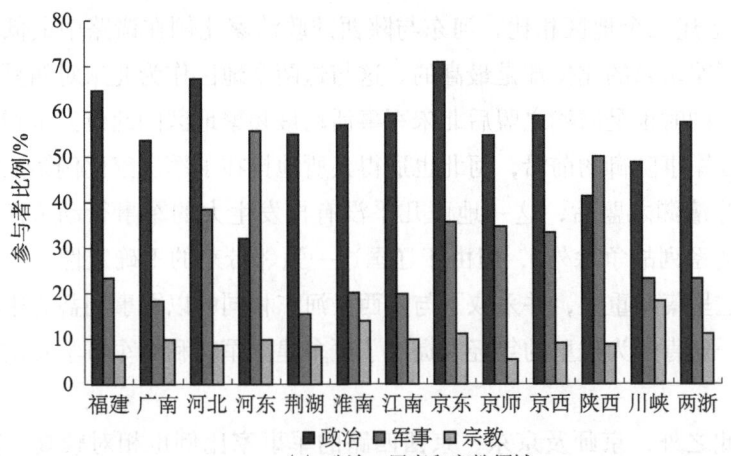
(a) 政治、军事和宗教领域

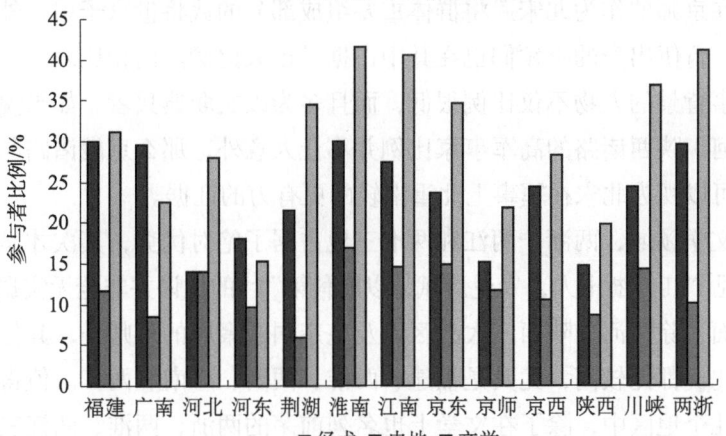
(b) 经术、史地和文学领域

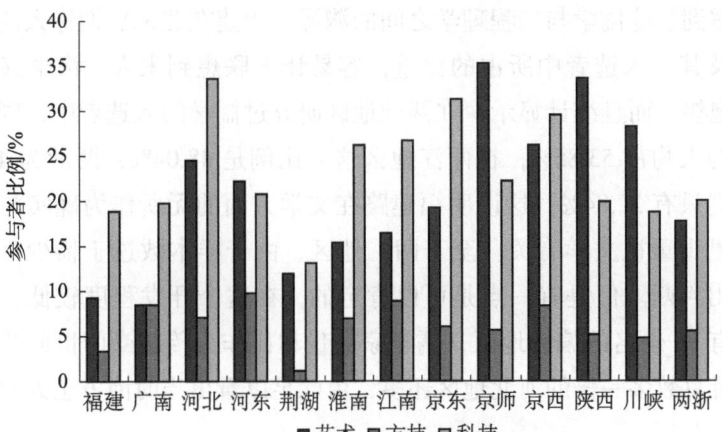
(c) 艺术、方技和科技领域

图 5-3　各地区不同职业领域的参与者比例

与上述三个地区相比，河东与陕西的政治家比例在诸路中最低，但这两个地区军事家的比例却是最高的。这与这两个地区作为北宋对西夏作战的最前沿，同时也是澶渊之盟后北宋军事活动最频繁地区的地位完全相符。而作为对辽军事防御的前沿，河北也适得其所地排了军事家比例第三的位置上。尽管澶渊之盟后，这一地区几乎没有再发生大的军事行动（宣和－靖康年间的系列战争除外），但由于辽国这一强邻带来的不确定性，北宋朝廷仍然在这里集结重兵，并采取了与陕西、河东相同的以军事利益为中心的治理方式，这肯定为这里的年轻人提供了更多建立军功和对军事学耳濡目染的机会。

除此之外，京师及京东、京西四路的军事家比例也相对较高。其中除了聚集在京师的作为北宋武将群体重要组成部分的武将世家子弟、外戚及宦官之外，行伍出身的将领们也在其中占据了很大比例。而相比之下，南方诸路有军事背景的人物不仅比例很低，而且多为以文职典兵者。如果说作为边地，两河、陕西诸路的高军事家比例并不让人意外，那么京畿诸路与南方的对比则可以视为北宋在军事上北重南轻的更有力的证据。

在文学领域，两浙、两江和两淮三地占据了绝对优势，其次才是川峡四路。可见"江、浙士人，专业诗赋，以取科第"①的批评并非全无实据。而在经术方面，除两河、陕西三大战区以及皇亲国戚聚居的京师外，其他地区研究者的比例都比较高，尤其是福建、两淮、两浙、广南和两江。值得注意的是，这几个地区中，除了在文学上也名列前茅的两浙、两淮、两江三地，在文学方面表现平平的福建和广南也名列其中，福建还排在了所有地区的最前列。考虑到福建儒学与二程理学之间的渊源、福建在北宋后期惊人的崛起趋势，以及其在入选者中所占的比重，容易让人联想到宋人"洛学兴而文字坏"的抱怨。而且统计显示，在两淮地区研究过儒学的入选者中，同时也是文学家的人物占53.85%，在两江地区这一比例是48.04%，两浙为42.76%，而福建则只有32.84%。这说明福建路在文学方面的无所作为确实与福建的儒学家更少重视文学有关。至于两广地区，由于样本数过于稀少，还不能轻易作出判断。但是有一点是可以肯定的，在这个开发程度较低、入选者一共只有70余名的偏远地区，儒学家数量却比作为传统豪门世族势力范围且入选者总数多一倍的河北地区还多，由此足以看出当时南方士人对经术的热衷。

---

① 《续资治通鉴长编·卷六十八》（李焘，1993：1522）。

另一个显示出明显地区差异的领域是艺术。在这个领域中，京师地区并不意外地占据了第一名的位置。聚居于京师的大量阔绰而无所事事（当然，朝廷有意使他们如此）的皇亲国戚，以及翰林书画院造成的示范效应，无疑都有助于使京师成为全国最重要的艺术中心。比较令人意外的是，仅次于京师的地方既不是作为南唐故地的江南地区，也不是作为文化重镇的两浙、两淮（事实上这些地区几乎都可以列入艺术家比例最低的地区之列），而是军事前线陕西。对此暂时没有十分合理的解释。诚然，因战乱所造成的这一地区在政治、经术、文学等领域的逊色表现降低了政治家、文学家和儒学家造成的分母效应。但很难解释为何那些影响政治、经术等兴趣的因素没有波及或较少波及艺术。一个猜测是，宋代艺术家中"士类"和"杂流"并存的事实（特别是在绘画方面）可能对此有所影响。换句话说，艺术家中有大量成员来自和属于阶级地位更低的社会阶层，这一特点是与政治、文学和经术等领域不同的。但是因为这看上去与科技问题的关系不大，所以关于这一因素具体是怎样发挥作用的，这里不详细讨论。

最后值得一提的是川峡四路。曾有人指出，这一地区的文教事业在宋代的兴盛是非常值得注意的（李玛科，1991）。考虑到与之相邻的地区——北侧的陕西是当时条件最艰苦的战争前线，东侧的湖北与京西南路在当时都属于相对不发达的地区[①]，而西侧与南侧则是相对落后的异族国家吐蕃与大理，且有山川艰险阻隔——川峡地区的表现就更让人有文化孤岛、鹤立鸡群之叹了。但川峡四路的入选者们并不是在所有当时容易获得社会声望的领域中都有突出表现，而是显示出很强的倾向性。对统治国家的政治和控制思想的经术这两个当时最受推崇的领域，川峡四路居民表现出的兴趣并不高。相反，他们在文学和艺术领域的表现却名列前茅（文学家比例位居第四位，艺术家比例位居第三位）。川峡地区宗教徒的比例更是所有地区中最高的。有趣的是，福建的情况刚好与此相反。后者对政治和经术两大领域表现得极其热衷，而对文学、艺术和宗教都相当冷淡。这很容易让人联想到，南宋时期作为闽学宗师的朱熹对三苏蜀学的诋毁是否与地域性的价值观差异有关。而这一点可能对第六章将要进行的关于不同儒学派别科技态度差异性的探讨有所帮助。

[①] 荆湖两路在北宋时代属于不发达地区的情况在前文已有所提及。而京西南路由于一直与京西北路放在一起计算，因此没有被提起过。实际上，虽然京西地区直至熙宁五年（1072年）才由京西路一路析为南北两路，但两路所属州府在北宋政治、经济、文化版图上的重要程度一直天差地别。在本书的统计中，京西地区的全部180名入选者90%都来自京西北路。

第四节　不同地区入选者的科技活动

在科技方面的统计中，河北非常显眼地占据了科技活动参与者比例最高的位置。这当然与这一地区密集的军事工程活动和治理黄河活动有关，但是又并不止于此，因为即使在扣除工程因素以后，这一地区科技活动参与者的比例仍然高居全国第二位。第一则是修正前仅次于河北的京东地区（图 5-4）。

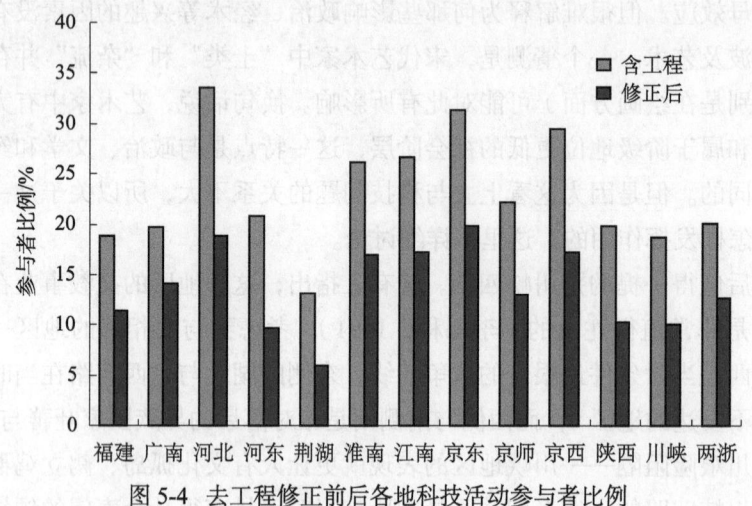

图 5-4　去工程修正前后各地科技活动参与者比例

不应忘记，这两个地区也正是前文提到的政治家比例最高的地区。事实上这二者之间确有联系。在京东地区的科技活动参与者中，特别是在 1040 年以前入职的人物中，几乎所有人都有从政经历，且以五品以上高官乃至宰辅为主。他们的科技活动也大多带有职务行为色彩，其中不但包括水利和军事工程工作，也包括在皇帝委托下进行的各种地图、地志与百科全书的修纂，以及天文仪器、乐律、度量衡的考订等工作。河北的情况也与此类似，只是还包括大量参与科技活动的武将。而在 1040 年以后，虽然官员以外的参与者和私人性科技活动在比例上有所增加，但由于科技参与者的总人数降得极低①，因此他们在总体统计结果中所起的作用极小。

与河北、京东两地相反，同样盛产政治家的福建却在科技活动上表现

---

① 这两个地区后八十年（1041～1120 年）中入职的科技活动参与者分别只占一百二十年（1001～1120 年）中本地区科技活动参与者总数的 39.29%（京东）和 37.5%（河北）。而且需要指出，尽管来自这两地的入选者是随着时间不断减少的，但其中庆历后入职的人物还是分别占到了两地入选者总数的 56.91%（京东）和 55.21%（河北）。显然，1040 年以后，不但出身于这两地的重要人物变少了，而且他们对科技的兴趣也降低了。

平平。虽然就数量而言，来自福建的科技活动参与者并不算少。但从比例上看，科技显然不是福建的精英人才们感兴趣的领域。当然，除了将这一问题归结为地域差异以外，也应该考虑时代的影响：河北和京东都兴盛于北宋中前期，统计中涉及的大部分入选者也都来自那个时代，因此当时普遍较高的科技兴趣很可能导致这两个地区的总体数据被拉高；而福建路直到庆历之后才逐渐崛起，来自这一地区的入选者也绝大部分（83.33%）生活在庆历以后科学技术兴趣整体衰退的时代[①]，这显然也会影响该路科技活动参与者的总比例（图5-5）。

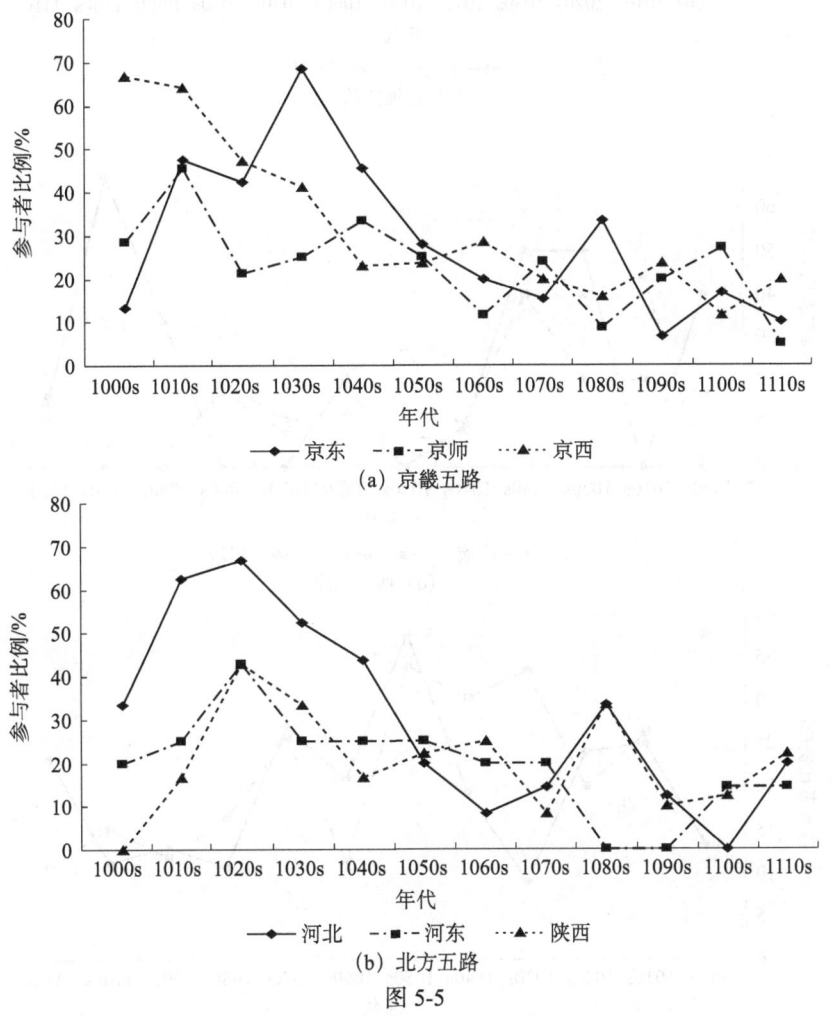

图 5-5

---

① 除两广、两湖、河东等几个因为样本太少而无法得到确定结论的地区，其他所有地区的统计数据中都明显显示出这一趋势（图5-5）。因此应该是蔓延全国的轻视科学技术的风气影响了福建，而不是相反。

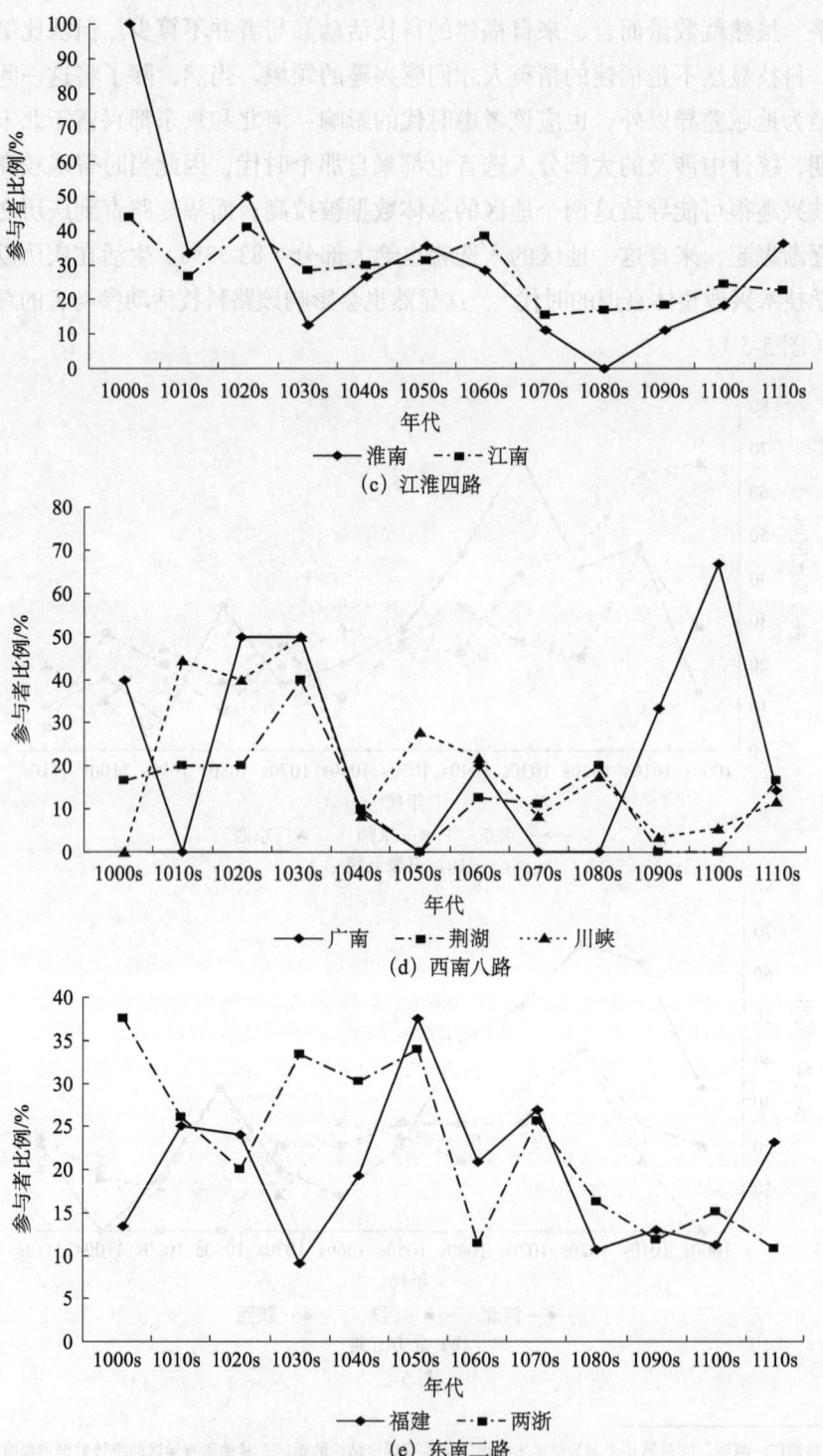

图 5-5　各地区科技活动参与者比例变化情况

时代造成的影响固然是一方面，但这并不是说地域差异不存在。因为即使仅就庆历之前的情况进行对比，福建路的科技活动参与者比例也远低于河北、京东、京西及江淮诸路。事实上，在1001～1040年的四十年里，福建路的科技活动参与者比例是所有地区中最低的。同样，在对1040年以后的情况进行的比较中，福建路的科技活动参与者比例也低于江南、淮南、京东和河北（图5-6）。这说明福建本身确实存在科技传统相对薄弱的问题。

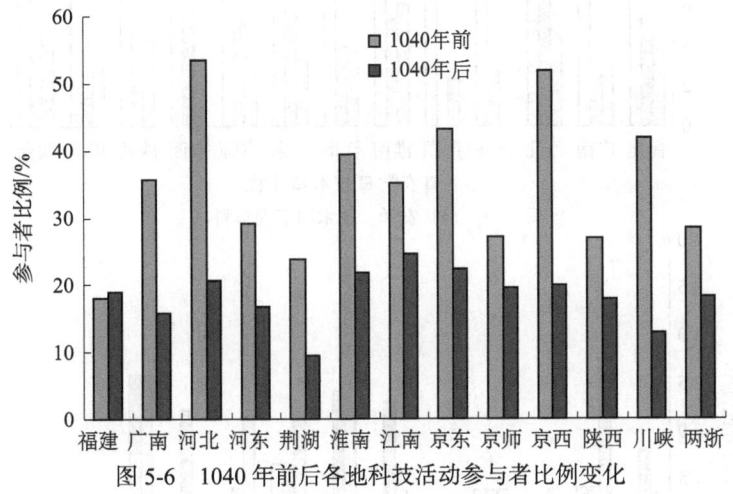

图 5-6　1040 年前后各地科技活动参与者比例变化

在对不同科学分支的偏好上，各地区间也存在着一定的差异性（表5-2、图5-7）。

表 5-2　各地区入选者参与不同科学分支的情况

地区	天文	地理	生物	物理	农学	技术	工程	化学	数学	医学	气象	其他
福建	6	19	4	10	17	20	47	1	8	7	0	2
广南	2	0	1	2	2	2	6	1	1	3	1	1
河北	2	8	3	6	7	12	25	5	1	8	1	2
河东	1	3	0	0	0	2	7	0	1	3	1	1
荆湖	1	0	0	1	2	0	7	0	1	0	1	2
淮南	2	6	2	0	8	2	18	0	3	8	0	1
江南	14	14	5	10	14	15	48	3	9	13	1	7
京东	4	7	2	6	6	15	32	0	3	9	3	5
京师	10	14	5	7	10	15	39	1	4	8	2	4
京西	2	10	2	5	5	9	31	2	4	12	2	1
陕西	3	6	0	2	5	4	15	0	2	7	0	0
川峡	1	10	2	3	6	3	21	2	1	7	0	5
两浙	7	19	8	5	24	22	61	2	3	19	3	6

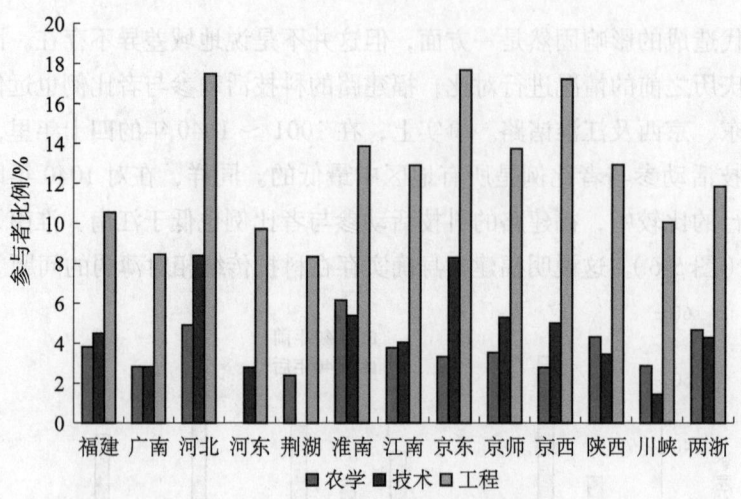

(a) 农学、技术和工程学科

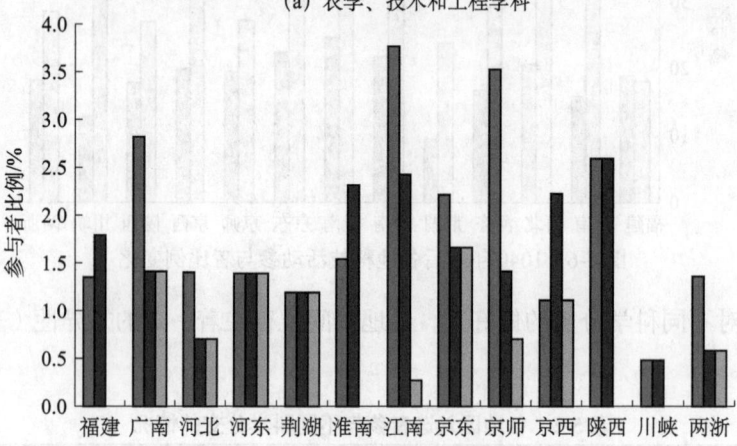

(b) 天文、数学和气象学科

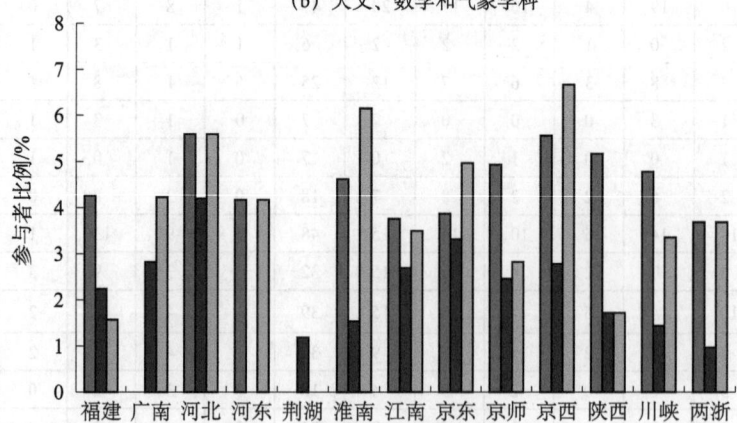

(c) 地理、物理和医学学科

图 5-7

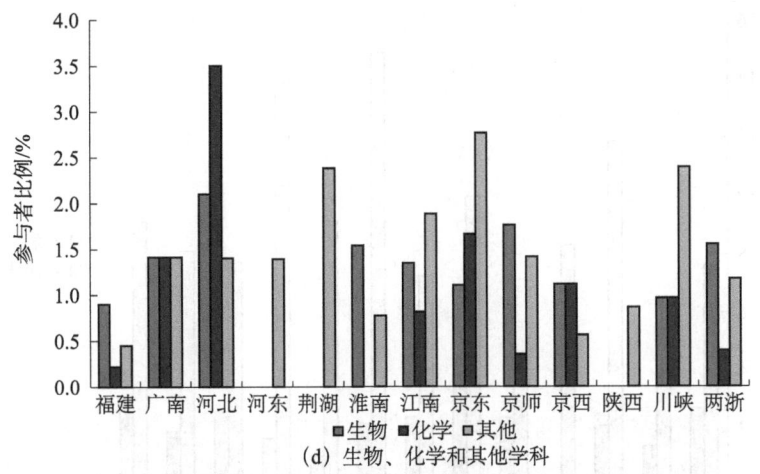

(d) 生物、化学和其他学科

图 5-7　不同科学分支的参与者在各地区入选者中所占的比例

与整个科技领域中的总体情况相似，在工程方面，表现最突出的同样是河北、京西、京东三地。导致它们入选的工程大部分与治理黄河或京畿附近运河（主要是汴河）的工作有关，具有很强的地域特征。

比较出人意料的是，福建、两浙等以水田农业闻名的地区，不但参与工程活动的比例不高，而且在专门针对水利工程活动所进行的统计中也表现平平（图 5-8）。不过如果仅就以农田灌溉为直接目的的水利工程而言，这些地区的参与者比例还是比较高的，尤其是两浙地区，其表现仅次于淮南。而参与者人数上的优势更是被浙、闽两地牢牢占据着（表 5-3）。这解释了为什么宋代两浙地区出产的水利专著如此之多[①]。同时这也折射出北宋水利事业发展的特点：北方以治河为主（主要是黄河和运河），南方以农田水利为主，并且就当时而言，前者的重要性明显高于后者。

表 5-3　各地区参与过水利工程和农田水利工程建设的入选者人数

地区	水利	农田水利	地区	水利	农田水利
两浙	48	16	河北	17	3
福建	34	12	河东	6	0
江南	27	9	陕西	9	3
淮南	13	5	川峡	17	4
京东	27	4	荆湖	6	2
京师	26	3	广南	3	1
京西	25	3			

① 虽然由于资料有限，本书无法给出定量的证明，但北宋时期两浙士人撰述水利著作的热情确实非常突出。仅比较著名的专著就有程师孟（苏州吴县）的《水利图经》、郏亶（苏州昆山）的《吴门水利书》和单锷（常州宜兴）的《吴中水利书》等。

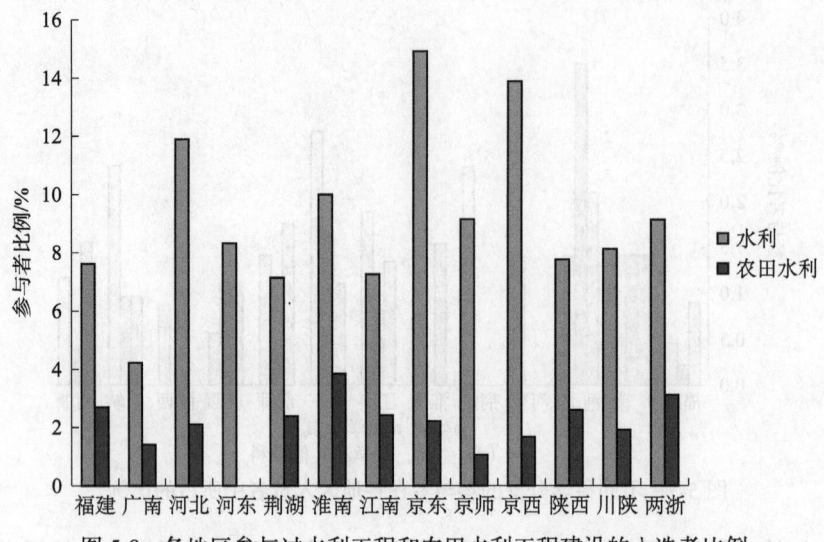

图 5-8 各地区参与过水利工程和农田水利工程建设的入选者比例

与在工程方面类似,机械、冶金及其他制造技术的参与者比例同样以京东和河北为最高,京西两路的表现这次则要逊色一些。这些技术活动以涉及军事相关技术的为最多,如弓弩或其他军械的改进、战车和战船的设计制造等。在作为军事重镇且盛产军事人才的河北,这种情况尤其明显。而仅次于军工技术的,就是与房屋、桥梁、闸坝等工程活动有关的应用技术。也正是因为以上两个原因,盛产军事家,且工程活动参与者比例名列前茅的京东和河北才能在技术方面继续保持领先。

不过,京西路的表现也证明并不是所有工程活动都与复杂的和创新性的技术联系在一起。从具体资料看,北方诸路的军事防御工程和河北、京师一带的治黄工程通常技术含量要少一些。而由于涉及相对复杂的水闸和船闸系统,农田水利和运河工程则更多地与技术创新联系在一起①。

所有学科中地域差异最明显的是天文学。两江和京师无论在参与者数量上还是比例上都明显高于其他地区。由于北宋政府采取严格限制天文学研究的政策,作为全国唯一合法的天文学机构的所在地,京师能够成为北宋天文学家的聚集之所并不奇怪。但江南地区的表现却并不容易让人理解。作为北宋建国之初的最大对手——南唐的故地,按常理推断,宋廷的天文学之禁似应该在这里执行得更加严格才对。

通过进一步研究发现,在江南地区的 14 名天文活动参与者中,拥有历史学工作经验的占了 9 人。其中刘恕、刘羲仲父子,刘攽、刘敞兄弟,以及

---

① 事实上,如果一项工程涉及比较重要的技术创新,记录中通常都会有所提及。

欧阳发、欧阳棐兄弟（欧阳修之子）对天文律历之学的研究更可以被证明是与他们的历史学工作直接联系在一起的。考虑到江南地区史学家的比例确实不低，在数量上更位居第一，因此将这些入选者的天文学兴趣与历史学研究对天文律历知识的要求①联系在一起是比较合理的。唯一的问题是，尽管拥有几乎与江南同样多的历史学家，在福建和两浙，却并没有出现同样多的天文活动参与者。因此有理由推测，除了历史学研究的客观需求外，导致江南地区在天文学方面突出表现的可能还有某些学术传统方面的原因。

---

① 参见第四章第二节。

第六章
学术倾向对科技活动的影响

在影响科学兴趣的各种因素中，最重要也最直接的莫过于意识形态方面的因素。欧洲早期的意识形态分歧主要体现为基督教不同教派之间的斗争，而在11世纪的中国，则是儒学不同学派之间的论战。

第一节 各大儒学学派对科技的态度

尽管第四章中曾经提到，与历史学和艺术相比，北宋儒学作为一个学术研究领域与今天被称作科学技术的诸知识间的联系并不突出。但是鉴于儒学在中国古代思想领域中的统治地位，它实际上已不仅仅是一个学术研究领域，而更是一种主导意识形态取向的力量。一个儒学派别所崇尚的价值观念，其影响不仅仅局限在这个学派内部，也不仅仅局限在儒学家中，而是可能对整个国家、社会大众的价值观念都有影响。因此，就像谈论欧洲科学革命绕不开新教与天主教一样，在对宋人科技态度的讨论中，也同样无法忽视各大儒学派别的影响。

本章中用以标定入选者儒学派系倾向的资料是《宋元学案》（黄宗羲和全祖望，1986）（简称《学案》）和《宋元学案补遗》（王梓材和冯云濠，1980）（简称《补遗》）。当然，并不是所有来自《大辞典》的入选者都能在这里找到可用的资料。在全部2920名入选者中，只有大约1/3被这两部著作提到。而且如丁度、沈括等重要人物，虽然被《补遗》收录，但却没有被计入任何一个儒学学派，只在全书末尾的"别附"中略微提及。尽管如此，为了避免引入新的主观性，本书不会引用其他资料来源去"弥补"这种不足。而且虽然《学案》中遗漏了不少北宋儒学领域的重要成员，但经过《补遗》的补充，各学派的核心成员已基本都被记录在案。这些样本的典型性可以弥补他们在全面性上的不足。

另一个问题是，由于著名学者间复杂的师承与交往关系，很多学者往往同时与几个学派都有联系，比如范仲淹诸子，既列于范仲淹家学，又为胡瑗高弟；就连胡瑗、孙复等各学派的领袖，常常也作为其他学派领袖的"同调""讲友"出现别的学案中。不过可以注意到，无论一位学者曾经出入过多少个学派，他在《学案》或《补遗》中的传记总是唯一性的。每个人的传记永远只被置于与之关系最密切，同时也是与之思想倾向最接近的一个学派中。因此本章的统计以每个人传记所在的位置作为确定他们最终学派归属的判断依据。

《学案》与《补遗》记载的活跃于1001～1120年的学派主要包括：庆历前后的胡瑗安定（安定学案）、孙复-石介泰山（泰山学案）、范仲淹-李觏高平（高平学案）、欧阳修庐陵（庐陵学案）四大学派，以及福建陈襄古灵（古灵四先生学案）和京东士建中-刘颜、明州五子、永嘉二先生等若干小学派（士刘诸儒学案）；熙宁-元祐间的周敦颐濂学（濂溪学案）、司马光朔学（涑水学案）、王安石新学（荆公新学略）、三苏蜀学（苏氏蜀学略）、二程洛学（明道学案、伊川学案）、张载关学（横渠学案）、邵雍象数学（百源学案）几大学派，以及自成一派的范镇、吕公著、韩维等人（范吕诸儒学案）；南北两宋之间的吕希哲荥阳学派（荥阳学案），赵鼎、张浚（赵张诸儒学案），范浚、许翰（范许诸儒学案）诸学派。至于作为朔学再传的刘安世元城学派（元城学案）、范祖禹华阳学派（华阳学案）、晁说之景迂学派（景迂学案），作为关学再传的三吕、范育（吕范诸儒学案）和周行己、许景衡（周许诸儒学案）诸人，作为象数学再传的王豫、张峘（王张诸儒学案），作为荥阳续传的吕本中（紫微学案），以及由二程诸弟子［谢良佐（上蔡学案），杨时（龟山学案），游酢（廌山学案），尹焞（和靖学案），郭忠孝（兼山学案），王苹（震泽学案），刘绚、李吁、侯仲良、刘立之、朱光庭、邢恕诸人（刘李诸儒学案）］、私淑［胡安国（武夷学案）及其二子胡寅（衡麓学案），胡宏（五峰学案），陈瓘、邹浩诸人（陈邹诸儒学案）］、再传弟子［朱震（汉上学案）、陈渊（默堂学案）、罗从彦（豫章学案）等］创立的各子学派，为简明起见，分别并入主学派中计算。

从统计中可以明显看出（表6-1，图6-1），与庆历诸学派相比，熙宁诸学派对科技活动的热情普遍降低了。在庆历时代的四个主要学派中，有三个学派核心成员参与科技活动的比例能够达到或接近40%。而在熙宁诸派中，除了建立较早的周敦颐濂学和研究内容与数学有重要联系的邵雍象数学，其他诸派，尤其是主导熙宁－元祐党争的洛、蜀、朔、新四大学派，参与科技活动的比例都低于30%。这一情况与前几章显示出的宋人科技兴趣衰落的迹象是相符的。

表 6-1　北宋各儒学学派参与科学技术活动情况对比

学派	安定	泰山	高平	庐陵	古灵	士刘诸儒	象数学
领袖	胡瑗	孙复	范仲淹	欧阳修	陈襄	士建中等	邵雍
入选人数	69	38	78	61	37	74	53
科技活动	18	19	28	23	5	14	20
比例/%	26.09	50.00	35.90	37.70	13.51	18.92	37.74
学派	濂学	朔学	新学	蜀学	洛学	关学	范吕诸儒
领袖	周敦颐	司马光	王安石	苏轼	二程	张载	范镇等
入选人数	19	44	51	60	140	42	66
科技活动	9	12	12	18	25	8	15
比例/%	47.37	27.27	23.53	30.00	17.86	19.05	22.73
学派	荥阳	赵张诸儒	范许诸儒	丘刘诸儒	元祐	补遗别附	总计
领袖	吕希哲	赵鼎等	略	略	—	—	—
入选人数	13	8	7	3	86	58	991
科技活动	2	3	0	1	20	15	266
比例/%	16.67	37.50	0.00	33.33	23.26	25.86	26.84

注：表格中的数据仅限于同时见于《大辞典》与《学案》《补遗》的1001～1120年入职的人物。

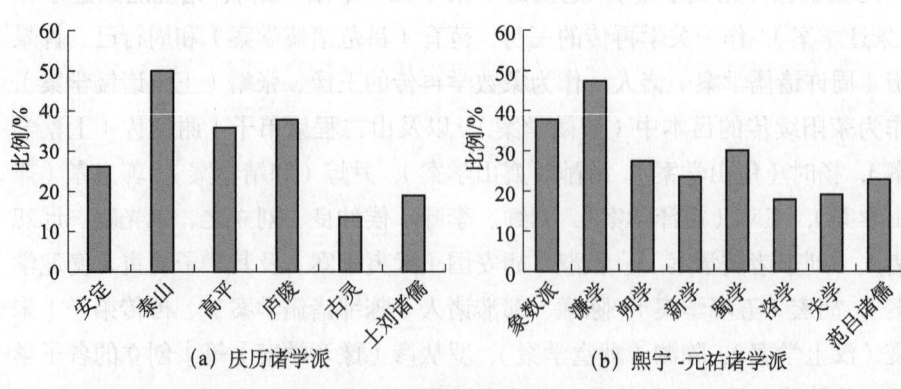

(a) 庆历诸学派　　(b) 熙宁－元祐诸学派

图 6-1

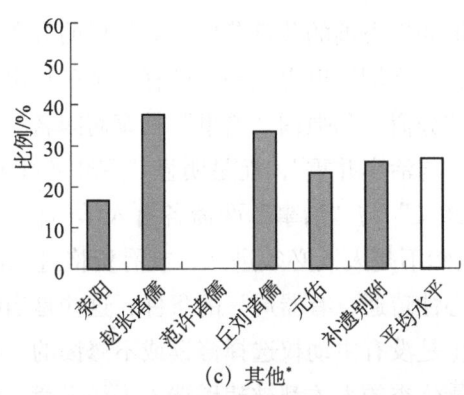

图 6-1　北宋各儒学学派参与科学技术活动情况对比
* 图中最后的白色数据柱代表全部样本的平均水平。

第二节　安定、泰山学派对科学的态度与成就

在庆历诸学派中，比较令人意外的是胡瑗的安定学派在科技活动参与率上的严重落后。众所周知，作为安定学派的领袖与核心，胡瑗不仅自己精通音律之学，以"皇祐新乐"在中国声学史和度量衡史上留下了重要的一笔[①]，而且更以首倡"分斋教学"法而著称，于"经义斋"外别创"治事斋"，"讲实用的知识，包括治民、治兵、水利、历算等学科"（乐爱国，2007：13）。这一做法颇为后世研究者所称道，被誉为"教育史上……前所未有的创造性贡献"（漆侠，2002：256）。甚至有学者认为，"'治事斋'实际上已经包含了专门化的科技教育""胡瑗的'分斋教学'实际上就是分专科、分门类进行教学，当然也包括了科技类的教学"（乐爱国，2007：13）。按照上述观点，这一学派理应培养出更多精通科学技术或至少是对科学技术知识感兴趣的人才。

但是从史料中反映出的安定一派的教学成果看，情况似乎并非如此。尽管今人已无从得知胡瑗究竟分别培养了多少经义与治事人才，但是一个明显的事实是，今天在史籍中有迹可寻的绝大多数是前者，而以"达用"之学受知于世的胡瑗门人则只有有限的几人。这说明胡瑗的所谓"苏湖教法"中，"治事"教育或我们所说的"科技教育"的部分及其所培养出的人才，在当

---

① 事见《宋史·卷四百三十二》（脱脱等，1977：12 837）与《玉海·卷一百五》（王应麟，1977：1998-1999）。

时的影响可能是很有限的。

这与一直以来儒学史和教育史学者们塑造的著名的"分斋教学"法的形象存在很大矛盾。但如果香港的黄富荣博士对胡瑗的分斋教学法及其历史命运的考证是准确的，那么倒可以提供一些解释。黄氏指出，胡瑗的"苏湖教法"虽然在今天以"分斋"和强调"治事"教育而闻名，但就当时的实际情况而言，绝非"经义与治事并重"，而是明显"重经义过于治事"。反映到教学上，即体现为"经义"与"治事"两斋各自入学门槛的设定："与治事斋不同，'经义'斋显然不是人人必须进入，或有资格进入的。因为进经义斋的，都须先具备'心性疏通、有器局'的条件，这些是当时胡瑗眼中的'高材生'。"而且"学生是没有主动权选择修读或不修读的，而是胡瑗挑选的。"也就是说，湖学中最优秀的人才都被胡瑗选入了经义斋，而只有那些才能平庸的不可"任大事"者，才被留在治事斋中专攻"达用"之学。尽管黄富荣也提到"治事斋可以说是每个学生都要进入的。也可以这么说：治事斋里提供的是现代人说的'必修课'……在经义斋修业的，需要在本身修习的'治事'项目之外，再多读经义"，也就是说，这些研究经术的人才也都学习过治事（黄富荣，2005），但事实是，今天有迹可寻的大多数安定门人都只有经术方面的成就或美德方面的事迹见于史册，而以能治事著称者则鲜矣。

黄富荣还认为，宋代文献中记载的"庆历四年（1044年），仁宗兴太学，有司乞下湖州取先生法以为太学法，遂著为令"之事体虽必须有，但恐怕所取为著令者并非其"分斋教学"与"治事"教育之法，否则不会"几种最主要的原材料文献或最接近原材料的文献，如《宋会要辑稿》《续资治通鉴长编》《玉海》《文献通考·学校考》和《宋史·选举志》等，竟完全没有太学分斋教学的记录"。黄氏以为，实际上真正被取为著令的可能"只是些'学规'和'作院制器之法'，而并不是分斋教学"。他还推测，胡瑗接管太学后，很可能因为"在太学，士子精英云集，实在无须筛选"，因此主动放弃了制度上的严格分斋，只是令诸生"以类群居，相与讲习"（黄富荣，2005）。也就是说，当胡瑗把他的"苏湖教法"搬到太学时实际上是将整个太学都变成了湖学的经义斋，而不是如一些研究者认为的，以在太学中推行"治事"教育为特征。

"分斋教学"，特别是"治事"教育在当时不受重视的迹象在时人对胡瑗及其"苏湖教法"的评论中也能发现。众所周知，胡瑗因在湖州州学中的成功经验而受范仲淹举荐，被召入京师管勾太学。而范仲淹的举荐奏折对胡瑗治理湖学的评价是："见在湖州郡学教授，聚徒百余人，不惟讲论经旨，著撰词业，而常教以孝弟，习以礼法，人人向善，闾里叹伏。"①可见，其所看重湖学之法者，在于"常教以孝弟，习以礼法，人人向善"的德育，而于胡瑗的"分斋教学"法及"治事"教育则并未提及一字。而欧阳修在《举留胡瑗管勾太学状》中对胡瑗的称赞则是："自瑗管勾太学以来，诸生服其德行，遵守规矩，日闻讲诵，进德修业。昨来国学开封府并锁进士得解人中，三百余人是瑗所教。然则学业有成，非止生徒之幸，庠序之盛，亦自是朝廷美事。"②同样对胡瑗"分斋"和"治事"教育的成就只字未提。

而胡瑗的衣钵传人们，除刘彝曾谈到过"臣师瑗，当宝元明道之间，尤病其失，遂明体用之学，以授诸生"③外，其他人在谈论先师的学术成就与教育理念时，所强调的也都只是经术与德育。比如，南宋吕本中的《童蒙训》曾记载胡瑗的著名学生徐积"见门人，多于空中书一'正'字，且云：'于安定处得此一字，亦用不尽。'"④。而胡瑗最著名的音律绝学，竟无一传人。可见，胡瑗虽然倡导"治事"教育，但其所重者，还是以经术为先，而且就实际教学效果而言，其所培养出的学生还是以带有道德至上倾向、喜谈义理的儒学经师为主。

与安定学派形成鲜明对照的是孙复、石介的泰山学派。泰山学派的科技活动参与者比例高达50%，为诸学派中最高。有趣的是，安定学派的领袖胡瑗本人在音律学等与科技有关的学术领域造诣精深，而安定学派的科技参与者比例却是最低的；泰山学派的领袖孙复、石介没有任何参与科技活动的记录，但泰山学派的科技参与者比例却是最高的。

泰山学派的这种表现倒是可以与第五章中京东地区在科技活动参与率上的表现遥相呼应。京东地区既作为泰山学派的大本营所在，则两项统计所涉及的具体人物自然多有重合之处（当然，也并非其中所有成员都来自京东路或周边地区，比如著名的水运仪象台的设计者、元祐宰相苏颂就来自福建路泉州）。而二者在人员结构上的特点更是如出一辙，即高级官员比例极高。在这一学派中，仅官至宰执者就高达8人，五品以上高级官员更超过半数。

这样的数据很容易让人联想到泰山学派的突出表现可能与北宋委任高级官员管理水利或军事工程的传统有关。但情况并不完全如此。尽管泰山学派的这些位高权重的成员们的科技活动确实带有非常浓重的职务行为色彩，但

---

① 《范仲淹全集·范文正公政府奏议·卷下·荐举·奏为荐胡瑗李觏充学官》（范仲淹，2007：615）。
② 《欧阳修全集·奏议·卷十四·举留胡瑗管勾太学状》（欧阳修，2001：1670）。
③ 《宋名臣言行录·前集·卷十·胡瑗安定先生》（朱熹，1661）。实际上刘彝的这段话也非专门强调"达用"之学，而是在批评"国家累朝取士，不以体用为本，而尚其声律浮华之词是以风俗偷薄"之余，同时强调"明体"与"达用"双方面的教育目标。
④ 《童蒙训·卷下》（吕本中，1999）。

在19人中，除了3人以外，其他人的科技活动经验都不仅限于工程领域。而安定学派的18名科技活动参与者中，除了工程以外在科技领域别无建树者则有7名之多。

泰山学派成员们的具体科技成就包括：王曾，总领校订《景德重修十道图》，出使契丹，撰《契丹志》[①]；冯元，参与详定"景祐水秤"[②]；杨杰，与范镇、刘几争论乐律、黍尺问题，授饶子仪（孙复门人）"以星历诸书"[③]；高若讷，"以汉货泉度一寸，依隋书定尺十五种上之"，且"颇明历学，因母病，遂兼通医书，虽国医皆屈伏"[④]；马默、孙甫，分别用阴阳五行理论解释地震与"河北降赤雪"的怪异天气现象[⑤]；吴遵路，"于真楚秦州高邮军置斗门十九以蓄泄水利"[⑥]；朱长文，著《救荒议》《吴郡图经》《琴史》[⑦]；姜潜，善制墨[⑧]；泰山学派再传子弟刘跂的《暇日记》中更记有水晶透镜、水果防腐术、嫁接技术等许多与科学技术有关的材料。

与这些工作相比，安定学派诸人的科技工作在质量上同样略逊一筹。比如在医学方面，安定学派中虽然也有刘彝（胡瑗门人，著《正俗方》）、罗适（胡瑗私淑弟子，著《伤寒救俗方》）[⑨]这样的人才，但终究比不上高若讷"虽国医皆屈伏。张仲景《伤寒论诀》、孙思邈方书及《外台秘要》久不传，悉考校讹谬行之世，始知有是书"的医学成就。更不要说高若讷凭借自己个人的影响力，还导致了一时"名医多出卫州，皆本高氏学"，俨然已经形成了一个以高若讷为中心的声震一方的医学学派[⑩]。北宋士大夫中通习医术者虽多，但是能以宰辅之尊（高若讷官至参知政事）位列杏林高手，并有如此影响者，则绝无仅有。

这似乎形成了一个讽刺性的悖论，相对最强调"达用"与"治事"的一派，研究具体科技问题的兴趣反而最低。然而这可能正是将儒家"经世致用"的"实用理性精神"（张允熠，1996）推演到极致以后所得到的必然结果。

科学和技术是否能够解决人类所遇到的一切问题，使人类获得终极的幸福？这一论题在今天尽管并不新颖，却仍然相当时髦。但对于中国古代的

---

① 《玉海·卷十四》（王应麟，1977：307），《玉海·卷十六》（王应麟，1977：341）。
② 《玉海·卷十一》（王应麟，1977：244）。
③ 《宋史·卷四百四十三》（脱脱等，1977：13 102-13 013），《宋元学案·卷二》（黄宗羲和全祖望，1986：117）。
④ 《宋史·卷二百八十八》（脱脱等，1977：9686）。
⑤ 《宋史·卷二百九十五》（脱脱等，1977：9839），《宋史·卷三百四十四》（脱脱等，1977：10 947）。
⑥ 《宋史·卷四百二十六》（脱脱等，1977：12 700）。
⑦ 《乐圃余稿·附录·墓志铭》（朱长文，1999）。
⑧ 《墨史·中卷·姜潜》（陆友，1921）。
⑨ 《宋元学案·卷一》（黄宗羲和全祖望，1986：47，60）。
⑩ 《宋史·卷二百八十八》（脱脱等，1977：9686）。

儒学家而言，这个问题在2500年前就已经有了毋庸置疑的答案。中国的儒学家很早以前就知道，无论对于国家的兴衰还是对于战争的胜负，技术（鉴于当时并不存在"科学技术"）从来不是起决定性作用的因素，使国家强盛、人民幸福的根本在于统治者采取负责任的态度和正确的治理方法，用他们的话说就是"仁"。所谓：

> 三里之城，七里之郭，环而攻之而不胜。夫环而攻之，必有得天时者矣，然而不胜者，是天时不如地利也。城非不高也，池非不深也，兵革非不坚利也，米粟非不多也，委而去之，是地利不如人和也。
>
> 故曰，域民不以封疆之界，固国不以山溪之险，威天下不以兵革之利。得道者多助，失道者寡助。寡助之至，亲戚畔之。多助之至，天下顺之。以天下之所顺，攻亲戚之所畔，故君子有不战，战必胜矣①。

到汉代，贾谊结合强秦兴亡的实例进一步重申了这一观点：

> 于是废先王之道，焚百家之言，以愚黔首；隳名城，杀豪杰，收天下之兵，聚之咸阳，销锋镝，铸以为金人十二，以弱天下之民。然后践华为城，因河为池，据亿丈之高，临不测之渊以为固。良将劲弩守要害之处，信臣精卒陈利兵而谁何。天下已定，始皇之心，自以为关中之固，金城千里，子孙帝王万世之业也。
>
> 始皇既没，余威震于殊俗。然陈涉瓮牖绳枢之子，氓隶之人，而迁徙之徒也。材能不及中人，非有仲尼、墨翟之贤，陶朱、猗顿之富。蹑足行伍之间，而倔起阡陌之中，率疲弊之卒，将数百之众，转而攻秦。斩木为兵，揭竿为旗，天下云集响应，赢粮而景从，山东豪杰并起而亡秦族矣。
>
> 且夫天下非小弱也，雍州之地、崤函之固自若也。陈涉之位，非尊于齐、楚、燕、赵、韩、魏、宋、卫、中山之君也；锄耰棘矜，非铦于钩戟长铩也；谪戍之众，非抗于九国之师也；深谋远虑，行军用兵之道，非及曩时之士也。然而成败异变，功业相反也。试使山东之国与陈涉度长絜大，比权量力，则不可同年而语矣。然秦以区区之地致万乘之势，序八州而朝同列，百有余年矣。

---

① 《孟子·公孙丑章句下》（孟子和朱熹，1985：27）。

然后以六合为家，崤函为宫。一夫作难而七庙隳，身死人手，为天下笑者，何也？仁义不施，而攻守之势异也①。

正是基于这种清醒的认识，儒家将关注的核心聚焦在治国救民的大道理上，而对具体的技术问题则不予关心，至于那些仅出于个人的兴趣和求知欲而提出的对治国安民没有直接帮助的自然科学问题就更不在话下了。也因此才有了著名的"樊迟学稼"的故事：

> 樊迟请学稼，子曰："吾不如老农。"请学为圃，曰："吾不如老圃。"樊迟出，子曰："小人哉，樊须也。上好礼，则民莫敢不敬；上好义，则民莫敢不服；上好信，则民莫敢不用情。夫如是，则四方之民襁负其子而至矣。焉用稼？"②

孔子之所以批评樊迟，并不是因为像庄子那样将技术视为邪恶的、异化的东西，而只是在他看来，所谓"君子"不应该执著于具体的技术，因为这并非使国家强盛、使人民得到幸福的根本。所谓"上好礼，则民莫敢不敬；上好义，则民莫敢不服；上好信，则民莫敢不用情"，这才是正当的也是唯一可行的强国安民之道。因此"君子"应该把有限的精力投入到这些方面，而不是耗费在具体的技术问题上。这就是所谓"君子不器"。

而在宋代，这种儒家实用理性精神更被推演到了极致。宋太宗尝有"在德不在险"之论③，与孟子、贾谊所言如出一辙，可见此种理念在宋代深入人心的程度。因此越是以天下为己任、越是强调"达用"，则越执著于经义、越执著于"明体"。因为这是左右国家兴亡的根本，也是实现"达用"的最直接的快捷通道、对国家的最大的"用"。按照儒学家的理性所推演出的逻辑，只要能解决这个根本的大问题，其他具体的技术问题就根本算不上问题了，自可水到渠成、迎刃而解，则太平可立至矣。

诚然，较之二程以后的理学家，胡瑗确实已经算很重视"治事"教育了。但从他对学生的筛选上——"经义斋者，择疏通、有器局者居之"④——还是可以看出，他本能地默认了"经义"之学在教育中的更重要、更高尚和更高深的地位。尽管湖学中既有经义斋，又有治事斋，但对于那些最优秀的学生，胡瑗在培养中还是以"讲明《六经》"为本的，以期能借此而成其"大用"。然而最终，他却培养出了最多深究义理而不理政治、远离世务的经

---

① 《全汉文·卷十六·过秦论》（严可均，1958：216）。
② 《论语·子路第十三》（孔子和朱熹，1985：54-55）。
③ 参见第七章。
④ 《宋名臣言行录·前集·卷十·胡瑗安定先生》（朱熹，1661）。按原注，此则当引自吕希哲《家塾记》。

师（相对于泰山学派，安定门人中有名者以小官或无官人为主），这恐怕也远非胡瑗所预期的结果。

与安定学派相反，泰山学派的学说中并没有对"明体达用"进行特别的强调。如果说孔子之学，安定学派得其经世致用、修齐治平的仁爱精神，那么泰山学派则得其尊王攘夷、父子君臣的秩序精神。孙复著《春秋尊王发微》以正君臣之礼，严夷夏之防，可谓泰山学派之纲领性著作。需要说明的是，泰山学派所强调的夷夏之防主要针对的还不是现实中的辽、夏敌国，而是思想上的夷狄文化——佛老之说（佛且不论，老子亦因出于荆蛮楚国而被泰山学派诋为夷）。而孙复的学生石介力排佛老之激进态度，更近乎原教旨主义。其反对骈文提倡古文，也并非如胡瑗那样出于对"声律浮华之词"内容空洞、无补于世的反感，而是由于他认为以杨亿"西昆体"为代表的骈文"刓镂圣人之经，破碎圣人之言，离析圣人之意，蠹伤圣人之道"①，即歪曲了儒学的原教旨。

安定、泰山两派在精神气质上的区别反映在很多方面。比如，胡瑗与孙复、石介虽然都提倡师道，但胡瑗践行师道的方式是"先生倡明正学，以身先之。虽盛暑，必公服坐堂上，严师弟子之礼。视诸生如子弟，诸生亦爱敬如父兄"②。即将所谓"师道"首先施于老师自己，以老师的严于律己营造出师道尊严的氛围，以老师的仁爱笃行赢得学生们的真诚尊敬，所以重立师道。而孙复、石介的方式则是在会见孔道辅等学者时，"介执杖屦侍（孙复）左右，先生坐则立，升降拜则扶之。及其往谢也，亦然。鲁人既素高此两人，由是始识师弟子之礼"③。可见他们的"师道"一开始就直接针对学生，主要是给学生立规矩并强加于人。由此可以看出，泰山学派不但更加专注于秩序，而且相对于安定学派的温和内敛，泰山学派更加强硬、锋芒毕露。所谓"安定沈潜，泰山高明；安定笃实，泰山刚健""安定，冬日之日也；泰山，夏日之日也"④正在于此。

泰山对秩序的重视同样源于儒家的实用理性精神。特别是在五代因僭伪交兴而使人民遭受深重苦难的殷鉴不远的前提下，实不宜简单地将泰山学派对父子君臣、纲常名教的强调批判为对一家一姓之暴政的维护。然而，对秩序的过分执著毕竟不利于科技创新的进行，对此后文中还有更具体的讨论。可问题就在于，泰山学派对秩序的强调似乎并没有太多地束缚其成员的创造

---

① 《徂徕集·卷五·怪说中》（石介，2004：203）。
② 《宋元学案·卷一》（黄宗羲和全祖望，1986：24）。
③ 《欧阳修全集·居士集·卷三十·孙明复先生墓志铭》（欧阳修，2001：457）。
④ 《宋元学案·序录》（黄宗羲和全祖望，1986：1）。

力,使其不但成了庆历时代最热衷于科技活动的儒学团体,更成了本书研究的整个一百二十年里最热衷于科技活动的儒学团体。

这可能是因为,尽管存在过分执著于统治秩序的问题,但泰山学派也因此与现实政治联系得更加紧密,再加上其积极的、锋芒毕露的处世态度,使其在并不刻意强调"明体达用"情况下在实践上反而较安定学派更为入世。如前所述,与安定学派相比,泰山学派的成员和外围成员中包括更多的高级官员。这些高级官员在实际工作中往往会得到比安定学派的经师们多得多的接触和解决实际技术问题的机会。尽管哲学家可以将治国安民从具体的技术细节中抽离出来,只思考那个最终的解决方案,但具体的操作者——北宋的政府官员们却知道,从正确的"治道"到良好的结果,其间并不存在超距作用,而是要通过一环扣一环的、需要用"小道"解决的具体技术细节来实现。"不器"的君子们姑自可以将这些所谓"器"的东西忽略不计,但在现实中,每一个环节都可能出现错误,每个环节都需要专门的知识和才智[①]。

因此无论涉及此类工作的官员们在学术上对科技的态度如何,在实践层面上却另有一套做法。这种背离性在介乎安定、泰山两派之间的高平(范仲淹)、庐陵(欧阳修)两派身上体现得更为典型。例如,庐陵学派的领袖欧阳修在其《博物说》中曾对自然科学知识发表议论云:

> 蟪蛄是何弃物,草木虫鱼,诗家自为一学。博物尤难,然非学者本务。以其多不专意,所通者少,苟有一焉,遂以名世。当汉、晋武帝,有东方朔、张华,皆博物[②]。

在这段话中,欧阳修虽承认"草木虫鱼,诗家自为一学",且"博物尤难",但同时告诫此"非学者本务";而对于以博物知名的东方朔、张华,欧阳修则不以为然("以其多不专意,所通者少,苟有一焉,遂以名世"),不过还是肯定他们"皆博物"。而他的另一则《物有常理说》中提到"凡物有常理,而推之不可知者,圣人之所不言也"[③],则是完全将所谓"物理之学"打入了另册,称其为"圣人之所不言"。固然"圣人之所不言"可以有"不屑言""不愿言""不能言""不应言"等多种解释,但总之是将"物理之学"放到了异端的位置上。

可就是对自然科学知识持这种评价的欧阳修,不但曾经作为枢密副使

---

① 此外还有一点值得注意。泰山学派中有重要科技活动记录者多非孙、石二人的直系门人,而以二人同调、学伴、讲友并门人、再传门人居多。这也许可以解释泰山学派的保守主义倾向与其科技成就之间的矛盾现象。
② 《欧阳修全集·卷一百二十九·笔说·博物说》(欧阳修,2001:1969)。
③ 《欧阳修全集·卷一百二十九·笔说·物有常理说》(欧阳修,2001:1970)。

"与曾公亮考天下兵数及三路屯戍多少、地理远近,更为图籍"[1],而且还创作过涉及"草木虫鱼"之学的《洛阳牡丹记》[2],甚至有专门讨论声学问题的《钟莛说》,所言者恰恰是他口中的"圣人之所不言"。而这种情况映射到北宋的政治和社会生活中,就形成了北宋科技发展的另一个悖论:一方面是国家政治生活中对各种技术的娴熟运用——扩大内需、创造就业机会的赈灾方法(范仲淹)[3],抛售商品、缓解市场恐慌的经济策略(文彦博)[4],以及纸币、公共慈善机构(慈幼局)、公共卫生机构(太平圣惠局)、印刷术、火药武器等;而另一方面,却是在意识形态方面对科学技术相关知识越来越远地背弃。

第三节 熙宁儒学纷争及其后果

与庆历时代相比,熙宁时代的北宋儒学界更是学派纷呈。濂溪之学(周敦颐)、百源象数学(邵雍)、温公朔学(司马光)、荆公新学(王安石)、二程洛学(程颢、程颐)、三苏蜀学(苏洵、苏轼、苏辙)及横渠关学(张载),各成一家,争鸣不已。其中,百源学派上承陈抟、种放之学,在各派中渊源最久;濂溪、温公则分别与高平、古灵为师友;张载出高平之门;二程出安定、濂溪之门;荆公与大小苏并出庐陵之门,各有渊源。而其中最著名者,则首推新、朔、蜀、洛四派。这四大学派之著名不仅仅在于其各自之学术观点分歧最深、争论最烈,也与他们对政坛的影响有关,其学术、政见之争,余波甚至远及南宋。而四派之外,周敦颐濂学为洛学之源,张载关学和邵雍象数学则与洛学、朔学志趣相投,后来更共同汇入南宋理学,师友渊源,实不可分。

熙宁时代的各大儒学派别虽与庆历诸学派一脉相承,但在精神气质上却已发生了显著的变化。其中最重要的:"一是欧阳修及其以前,如孙复、石介、胡瑗、李觏等学者,对后来成为宋学之热门话题的'性论',一概不感兴趣并加以激烈的摈斥。到了王安石和欧阳修的门生苏轼、苏辙、程颢、张载、朱光庭、吕大钧等人手里,则一变为非心性义理不谈,而科场用以取士。二是欧阳、孙、石、胡、李诸人,一概是激烈的排佛者,锋芒所向,不

---

[1] 《宋史·卷三百十九》(脱脱等,1977:10 379)。
[2] 《欧阳修全集·卷七十五·居士外集卷二十五·洛阳牡丹记》(欧阳修,2001:1096-1103)。
[3] 《梦溪笔谈·卷十一》(沈括,1975)。
[4] 《涑水记闻·卷十·陕西铁钱》(司马光,1989:197-198)。

仅限于宗教形式方面，对后来尽为王、程、张、苏等所用的佛学义理，也攘之而不遗余力。而……宋学繁荣期诸家，虽然对佛教的妨碍社会生产和违背中国传统伦理的许多方面仍然持批判和排斥的立场，但对佛学的心性说，则尽量取而言之而如同己出。"（陈植谔，1992：219-220）

而与此相对应的则是熙宁时代各学派中科技活动参与者比例相对于庆历诸派的大幅降低①。虽然单纯的统计数字本身并不足以证明其与上述的儒学转向存在直接的因果关系，但北宋之佛门于科技方面少有建树②、熙宁诸派中最尚所谓"心性义理"的洛学参与科技活动之比例最低（17.86%），亦是不可否认的事实。还不仅如此，首开北宋"道德性命之理"议论的荆公新学派在科技活动参与者的比例上（23.53%）也明显低于蜀（30.00%）、朔（27.27%）两派。而反观后两派，虽然在熙宁以来"为士者非性命之说不谈"③的风气下，也时常使用"心""理""性命"之类的概念，但对于所谓"非性命之说不谈"的风气，都是持明确的批判态度的，而且他们都更强调对具体知识的研究，反对玩弄概念、故弄玄虚的"高奇之论"。例如，司马光在《论风俗札子》[熙宁二年（1069年）六月] 中批判当时科场考试的文风称：

> 窃见近岁公卿大夫好为高奇之论，喜诵老庄之言。流及科场，亦相习尚。新进后生未知臧否，口传耳剽，翕然成风。至有读《易》未识卦爻，已谓十翼非孔子之言；读《礼》未知篇数，已谓周官为战国之书；读《诗》未尽《周南》、《召南》，已谓毛、郑为章句之学；读《春秋》未知十二公，已谓"三传"可束之高阁；循守注疏者谓之腐儒；穿凿臆说者谓之精义。且性者，子贡之所不及；命者，孔子之所罕言。今之举人发口秉笔，先论性命，乃至流荡忘返，遂入老庄④。

这段文字是最集中反映司马光对所谓"性命""义理"之学批判态度的证据之一。虽然从他的另一些言论——如在《子厚先生哀辞》中，以"先

---

① 在本书的统计中，熙宁各派中科技活动参与者比例低于庆历各派的情况只在周敦颐濂学和邵雍象数学中除外。不过这两派与其他诸派相比，不但形成时间要早得多，而且数据中都存在很严重的干扰性因素。濂学所能提供的样本过少（当然，这主要是因为这一学派最著名的弟子程颢、程颐自立成为独立的学派），用来支持统计性结论的说服力稍显不足。而象数学则由于其研究范畴的特殊性而天然地与今天被称为科学技术的领域关系密切，但是就其哲学倾向而言，是否确实有利于促进科学技术的发展，则需另当别论。
② 参见第四章第二节。
③ 《靖康要录·卷四》（佚名，1892）。
④ 《司马光集·卷四五·章奏三十·论风俗札子》（司马光，2010：973-974）。

生论性命，指示令知天"①作为对张载的褒扬之辞——来看，司马光对"性命""义理"之学的反对并不是绝对的。但从上面一段文字可以看出，司马光即便不是完全反对议论"性命""义理"，也至少坚持在投入到此等议论中之前，必须先将《易》《礼》《诗》《春秋》等实在的、基础性的知识研究透彻②。而司马光本人在治学中对这种主张也是身体力行的。苏轼在温公行状中称其"博学无所不通，音乐、律历、天文、书数皆极其妙"③，说明司马光的学术确实建立在各种具体知识组成的坚实基础上。而南宋刘宰"温公之学始于不妄语，而成于脚踏实地"④的评语更历来被视为对司马光学术特点的最贴切概括。

当然，在士大夫阶层普遍以谈论"性""理"为时尚的背景下，司马光本人也不可能完全回避对这些问题的讨论。比如，在他的《迂书》中，就有《理性》一则云：

> 《易》曰："穷理尽性，以至于命。"世之高论者竞为幽僻之语以欺人，使人跂悬而不可及，愦瞀而不能知，则尽而舍之，其实奚远哉。是不是，理也；才不才，性也；遇不遇，命也⑤。

但这种阐释实际上是试图用日常的、简单的、为人熟知的概念去消解新学和洛学所渲染的笼罩在这些概念上的神秘的和神圣的光环。对比司马光的其他作品我们可以看到，这种解构策略是司马光一贯采用的。类似的作品还有他的《解禅偈》：

> 文中子以佛为西方之圣人。信如文中子之言，则佛之心可知也。今之言禅者好为隐语以相迷，大言以相胜，使学者依依然益入于迷妄。故余广文中子之言而解之，作解禅偈六首。若其果然，则虽中国行矣，何必西方？若其不然，则非余之所知也。
>
> 忿气如烈火，利欲如铦锋，终朝常戚戚，是名阿鼻狱。
> 颜回安陋巷，孟轲养浩然，富贵如浮云，是名极乐国。
> 孝弟通神明，忠信行蛮貊，积善来百祥，是名作因果。
> 仁人之安宅，义人之正路，行之诚且久，是名光明藏。

---

① 《司马光集・卷五・古诗四・子厚先生哀辞》（司马光，2010：131）。
② 部分研究者相信，司马光的上述议论皆有所指，如"穿凿臆说者谓之精义"系影射王安石，关于疑经风气的批评则针对欧阳修。不过，即便这些批评确有所指，也并不妨碍通过它们来一窥司马光本人对于治学之要的看法。
③ 《苏轼文集・卷十六・司马温公行状》（苏轼，1986：491）。
④ 《漫塘集・卷二十一・黄州麻城县学记》（刘宰，2004：361）。
⑤ 《司马光集・卷七四・迂书・理性》（司马光，2010：1509）。

> 言为百代师，行为天下法，久久不可掩，是名不坏身。
> 道义修一身，功德被万物，为贤为大圣，是名菩萨佛⑥。

众所周知，司马光反对佛教的态度是一贯的。虽然《武林梵志》等带有释门倾向的书籍断章取义地截取六偈以为温公"护法"的证据⑦，但由岳珂所记东坡书温公《解禅偈》并序全文可知，司马光的本意实际是要通过以儒家学说"解禅"，来消解佛教、禅宗作为独立理论体系的意义，以证明佛家所谈的看似高深的理论实际上在中国固有的学问体系中已经被全部包括了，想要获得这些认识，"虽中国行矣，何必西方"。而《迂书》中对"理""性""命"等概念的讨论实际上正是这种策略的翻版。

与司马光相比，苏轼及其门人的言论中谈及"性命"之学的言论要更多一些，甚至苏门高弟秦观还颇以"苏氏之道，最深于性命自得之际"⑧自喜。但从苏轼本人的言论看，在反对一味空谈"性命""义理"，以及主张治学应以具体知识为本等方面，他与司马光几乎完全一致。在熙宁四年（1071年）呈给宋神宗的《议学校贡举状》中他写道：

> 昔王衍好老庄，天下皆师之，风俗凌夷，以至南渡。王缙好佛，舍人事而修异教，大历之政，至今为笑。故孔子罕言命，则为知者少也。子贡曰："夫子之文章，可得而闻也，夫子之言性与天道，不可得而闻也。"夫性命之说，自子贡不得闻，而今之学者，耻不言性命，此可信也哉！今士大夫至以佛老为圣人，鬻书于市者，非庄老之书不售也，读其文，浩然无当而不可穷，观其貌，超然无着而不可挹，岂此真能然哉。盖中人之性，安于放而乐于诞耳。使天下之士，能如庄周齐死生，一毁誉，轻富贵，安贫贱，则人主之名器爵禄，所以砺世摩钝者，废矣。陛下亦安用之，而况其实不能，而窃取其言以欺世者哉⑨。

这份奏折几乎与司马光的《论风俗札子》同时，而在内容上除了没有涉及司马光提到的"疑经"风气，其他如批判"性命之说"、批判士大夫阶层中的推崇佛老之风等，则与《论风俗札子》如出一辙，甚至连引用《论语》中子贡之语作为论据都一样。而且相对于司马光，苏轼的态度甚至还要激进，至将时风与前代的亡国之政相提并论。

---

⑥ 《桯史·卷八·解禅偈》（岳珂，1981：92）。
⑦ 《武林梵志·卷八》（吴之鲸，2006：179）。
⑧ 《淮海集·卷三十·答傅彬老简》（秦观，1173）。
⑨ 《苏轼文集·卷二十五·议学校贡举状》（苏轼，1986：725）。

在苏轼的另一篇作品《大悲阁记》中，苏轼更是旗帜鲜明地批评了当时流行的忽视具体知识而空谈"义理"的学风，并明确指出应该以"天文、地理、音乐、律历、宫庙、服器、冠昏、丧纪之法、《春秋》之所去取、礼之所可、刑之所禁、历代之所以废兴，与其人之贤不肖"等具体的知识作为治学的基本：

> 羊豕以为羞，五味以为和，秫稻以为酒，曲糵以作之，天下之所同也。其材同，其水火之齐均，其寒暖燥湿之候一也，而二人为之，则美恶不齐。岂其所以美者，不可以数取欤？然古之为方者，未尝遗数也。能者即数以得妙，不能者循数以得其略。其出一也，有能有不能，而精粗见焉。人见其二也，则求精于数外，而弃迹以遂妙，曰：我知酒食之所以美也。而略其分齐，舍其度数，以为不在是也，而一以意造，则其不为人之所呕弃者寡矣。
>
> 今吾学者之病亦然。天文、地理、音乐、律历、宫庙、服器、冠昏、丧纪之法、《春秋》之所去取、礼之所可、刑之所禁、历代之所以废兴，与其人之贤不肖，此学者之所宜尽力也。曰：是皆不足学，学其不可载于书而传于口者。子夏曰："日知其所亡，月无忘其所能，可谓好学也已。"古之学者，其所亡与其所能，皆可以一二数而日月见也。如今世之学，其所亡者果何物，而所能者果何事欤？孔子曰："吾尝终日不食，终夜不寝，以思，无益，不如学也。"由是观之，废学而徒思者，孔子之所禁，而今世之所尚也。
>
> 岂惟吾学者，至于为佛者亦然。斋戒持律，讲诵其书，而崇饰塔庙，此佛之所以日夜教人者也。而其徒或者以为斋戒持律不如无心，讲诵其书不如无言，崇饰塔庙不如无为。其中无心，其口无言，其身无为，则饱食而嬉而已，是为大以欺佛者也。①

在这篇文章里，苏轼不但开宗明义地断言"天文、地理、音乐、律历、宫庙、服器、冠昏、丧纪之法、《春秋》之所去取、礼之所可、刑之所禁、历代之所以废兴，与其人之贤不肖"等具体的学问才是"学者之所宜尽力"，而且还敏锐地注意到当时儒学学风与佛门之风变化的共同特征：于儒学界，是不愿学习"天文、地理、音乐、律历"之类具体的知识，而高谈阔论那些"不可载于书而传于口"的东西；于佛门，则是对持律、诵经、"崇饰塔庙"等具体的修行方式不屑一顾，而空谈"禅机"（实际上这正是北宋兴起的禅

---

① 《苏轼文集·第十二卷·盐官大悲阁记》（苏轼，1986：386-387）。

宗的风气）（朱亚宗，1995：257-260）。而苏轼指出，真正的学问、佛法，恰恰只有以那些具体的知识、具体的修行实践为形式才能实现，如果将这些具体的形式全部舍弃而空谈思辨，最终只不过是"饱食而嬉而已，是为大以欺佛者也"。

综上所述，在对待"义理之学"或"性命之学"的态度上，熙宁时代的四大主要学派刚好分为两组——王、程为一组，专喜高谈"性命之学"、讲求"发明义理"；马、苏则为另一组，坚持立足于实学，慎言"义理"。

而在对待佛、老二氏的态度上，四个学派又可以分为另外的两组——程、马为一组，坚决力排佛老，"攻斥佛老甚深"；王、苏为另一组，虽然同样批评佛、道学说中与儒学相抵牾的部分，但对其中可与儒学互相印证或相互补充的部分则公开表示支持，而且经常谈佛论道，与著名僧道交往密切。不过，尽管对佛、老二氏的公开态度不同，但这四派实际上都或多或少地吸收了两教的哲学元素，尤其二程洛学，自释、老二氏中得之极多（陈植锷，1992：325-330，342-359；漆侠，2002：463-464）。因此，虽然王、苏二派确实看上去更喜谈佛、老，但其受佛、老思想之影响却并不见得比排佛的程、马二派更多，固不能以此推测新学相对于洛学、蜀学相对于朔学在科技活动参与者比例上的优势与佛、老思想的影响有任何关系。不过，王、苏两派对佛、道二教的态度确实代表了一种更加开放的精神气质，这种气质既然能令两派包容佛、道异教，那么很可能也使两派更容易包容那些今天被称为科学技术的知识和活动。

四大学派在这两个维度上的区别刚好可以绘成一个四象限图（图 6-2），并且在这幅图的横竖坐标上，还能标出四派间的很多其他属性。

在纵轴上，下方的新学、蜀学皆出自庐陵欧阳修之系统。欧阳修时有一代"文宗"之称，而新、蜀两派门下亦多文学之士。且不论诗、词、文章皆独步一代的三苏父子及其门下六学士，便是以政治、经术名家的新党群伦，亦多诗文妙手（沈松勤，1998a；沈松勤，1998b：181-216）。而两派于行动、处世之间，亦多文人气概：恃才逞气、不拘小节。是以难免被一本正经、恪守师道尊严的理学家们批评为"平时读书，只把做考究古今治乱兴衰底事，要做文章，都不曾向身上做工夫"[1]。以至于新党群伦固被指为"熙丰小人""儇慧少年"，而苏轼及其从游者亦被斥为"皆一时轻薄辈，无少行检"[2]。

---

[1] 《朱子语类·卷一百三十·本朝四·自熙宁至靖康用人》（黎靖德，1986：3113）。
[2] 《朱子语类·卷一百三十·本朝四·自熙宁至靖康用人》（黎靖德，1986：3109）。

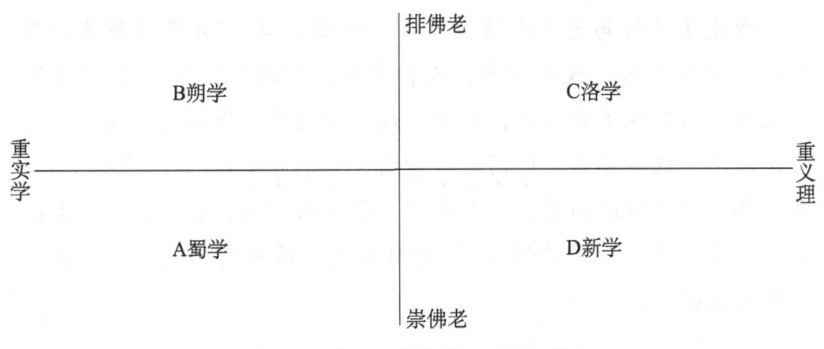

图 6-2 熙宁四学派学术偏好异同

而纵轴上方的洛学、朔学则皆不以文学名家，二程甚至有"作文害道"之论①，以至于有人干脆将洛、蜀之争目为"文、道之争"（金净，1985）。在德才观方面，洛、朔两派与新、蜀两派更是泾渭分明。司马光有著名的君子小人之论，可谓中国历史上流传最广、最经典的道德至上主义言论：

> 智伯之亡也，才胜德也。夫才与德异，而世俗莫之能辨，通谓之贤，此其所以失人也。夫聪察强毅之谓才，正直中和之谓德。才者，德之资也；德者，才之帅也。云梦之竹，天下之劲也，然而不矫揉，不羽括，则不能以入坚；棠溪之金，天下之利也，然而不熔范，不砥砺，则不能以击强。是故才德全尽谓之圣人，才德兼亡谓之愚人，德胜才谓之君子，才胜德谓之小人。凡取人之术，苟不得圣人、君子而与之，与其得小人，不若得愚人。何则？君子挟才以为善，小人挟才以为恶。挟才以为善者，善无不至矣；挟才以为恶者，恶亦无不至矣。愚者虽欲为不善，智不能周，力不能胜，譬之乳狗搏人，人得而制之。小人智足以遂其奸，勇足以决其暴，是虎而翼者也，其为害岂不多哉！夫德者人之所严，而才者人之所爱。爱者易亲，严者易疏，是以察者多蔽于才而遗于德。自古昔以来，国之乱臣，家之败子，才有余而德不足，以至于颠覆者多矣，岂特智伯哉！故为国为家者，苟能审于才德之分而知所先后，又何失人之足患哉②！

在这里司马光公然宣称"与其得小人，不若得愚人"，这段论述也成为日后中国历朝历代用人政策的依据。而刘安世转述的一段司马光与王安石间的对话更充分揭示了两种德才观之间的不同：

---

① 《二程集·河南程氏遗书·卷第十八》（程颢和程颐，1981：239）。
② 《资治通鉴·卷第一·周纪一》（司马光，1956：14-15）。

> 老先生（司马光）尝谓金陵（王安石）曰："介甫行新法，乃引用一副当小人，或在清要，或在监司，何也？"介甫曰："方法行之初，旧时人不肯向前，因用一切有才力者。俟法行已成，即逐之，却用老成者守之。所谓智者行之，仁者守之。"老先生曰："介甫误矣。君子难进易退，小人反是。若小人得路，岂可去也？若欲去，必成仇敌，他日将悔之。"介甫默然。后果有卖金陵者，虽悔之亦无及也①。

可见，王安石在用人上首重才智，特别是在"方法行之初"的用人之际，而司马光则坚持"小人"无论如何不可重用，用之必留后患。二者在德才观上的区别泾渭分明。

司马光尚且如是，二程就更是将个人道德的修行推到了至高无上的地位。早在治平二年（1065年）程颐为父亲程珦代笔所作的《应诏论水灾》中，就曾写道：

> 今言当世之务者，必曰所先者：宽赋役也，劝农桑也，实仓廪也，备灾害也，修武备也，明教化也。此诚要务，然犹未知其本也。臣以为所尤先者三焉，请为陛下陈之。一曰立志，二曰责任，三曰求贤。……三者本也，制于事者用也。有其本，不患无其用。三者之中，复以立志为本，君志立而天下治矣。所谓立志者，至诚一心，以道自任，以圣人之训为可必信，先王之治为可必行，不狃滞于近规，不迁惑于众口，必期致天下如三代之世，此之谓也②。

可见，在程颐看来，"宽赋役也，劝农桑也，实仓廪也，备灾害也，修武备也，明教化也"这些实务性的工作只不过是"用"，让人君"立志"，即"至诚一心，以道自任"才是根本中的根本。

如果说这还只是对一直以来的"在德不在险"主义的继承，那么到后来比较成熟的洛学体系中，道德的作用就更进一步被绝对化了，而道德的概念也进一步被抽象化了：

> 学者先务，固在心志。有谓欲屏去闻见知思，则是"绝圣弃智"。有欲屏去思虑，患其纷乱，则是须坐禅入定。如明鉴在此，万物毕照，是鉴之常，难为使之不照。人心不能不交感万物，亦

---

① 《元城语录·卷上》（马永卿，1886）。
② 《二程集·河南程氏文集·卷第五·伊川先生文一·为家君应诏上英宗皇帝书》（程颢和程颐，1981：521）。

难为使之不思虑。若欲免此，唯是心有主。如何为主？敬而已矣。……言敬无如圣人之言。《易》所谓"敬以直内，义以方外"，须是直内，乃是主一之义，至于不敢欺、不敢慢、尚不愧于屋漏，皆是敬之事也。但存此涵养，久之自然天理明①。

在洛学体系中，二程将道德修养的境界归结到一个"敬"字上，声称"但存此涵养，久之自然天理明"——只要将道德修行做好了，就连最终极的关于"天理"的知识也可自然获得，这就纯粹滑向了道德至上主义和唯心主义的双重极端。而正如他们不屑于新学、蜀学的"不曾向身上做工夫"，他们的这种极端道德至上主义倾向，也同样为苏轼等人所不屑。朱熹曾在《二程外书》中记载说："朱公（朱光庭，二程门人）掞为御史，端笏正立，严毅不可犯，班列肃然。苏子瞻语人曰：何时打破这'敬'字？"可见苏轼等人对洛学的这种装模作样的道德说教亦是厌恶到了极点。

从另一面说，新、蜀、洛、朔四派间的德才观分歧实际上亦可归结为义利观分歧、务虚与务实之分歧。新学、蜀学重才智轻私德，而其于为政亦多重实务。荆公、东坡任亲民官时，无论在治理手段上还是在地方的基础工程建设上，都有颇为可观的成就。且不论苏轼守杭时对西湖水系的规划治理②，便是其流放岭南之时，亦曾积极为当时的广州知州王古出谋划策，参与过军营建造、火灾善后、秋税收兑、修桥铺路等工作的筹划③。尤其他曾针对"广州商旅所聚，疾疫作，客先僵仆，因薰染居者"的问题向王古建言设立"病院"，并将自己在杭州时的卫生防疫工作经验介绍给王古。甚至他还指出当时的广州城饮水卫生存在问题，并设计了城市饮水系统的改造方案和具体施工办法：

罗浮山道士邓守安……尝与某言，广州一城人，好饮咸苦水，春夏疾疫时，所损多矣。惟官员及有力者得饮刘王山井水，贫下何由得。惟蒲涧山有滴水岩，水所从来高，可引入城，盖二十里以下耳。若于岩下作大石槽，以五管大竹续处，以麻绳，漆涂之，随地高下，直入城中。又为一大石槽以受之，又以五管分引，散流城中，为小石槽以便汲者。不过用大竹万余竿，及二十里间，用葵茅苫盖，大约不过费数百千可成。然须于循州置少良田，令岁可得租课五七千者，令岁买大筋竹万竿，作筏下广州，以备不住抽换。又

---

① 《二程集·河南程氏遗书·卷第十五》（程颢和程颐，1981：168-169）。
② 《苏轼文集·卷三十·申三省起请开湖六条状》（苏轼，1986：866-872）。
③ 《梁溪漫志·卷四·东坡谪居中勇于为义》（费衮，1985：37-38）。

须于广州城中置少房钱，可以日掠二百，以备抽换之费。专差兵匠数人，巡觑修葺，则一城贫富同饮甘凉，其利便不在言也。自有广州以来，以此为患，若人户知有此作，其欣愿可知。喜舍之心，料非复塔庙之比矣。然非道士至诚不欺，精力勤干，不能成也。敏仲见访及物之事，敢以此献，直望仙尔，世间贪爱无丝毫也，可以无疑。

又：

闻遂作管引蒲涧水甚善。每竿上，须钻一小眼，如绿豆大，以小竹针窒之，以验通塞。道远，日久，无不塞之理。若无以验之，则一竿之塞，辄累百竿矣。仍愿公擘画少钱，令岁入五十余竿竹，不住抽换，永不废。僧言，必不讶也。①

凡此种种，皆可见苏轼对各种行政技术手段乃至工程技术手段的娴熟运用。相比之下，王安石任亲民官经历较短，没有那么丰富的事迹，但也有"知鄞县，起堤堰、决陂塘为水陆之利，贷谷与民，立息以偿，俾新陈相易，邑人便之"②的优异表现。而类似的记录，不要说二程，就是在司马光身上也是找不到的。

更为重要的是，与本章第二节中提到的儒家重道轻术的传统完全相反，王安石及其新党对通过技术手段解决重大政治、民生问题的可能性表现出充分的甚至是过分的信心。熙宁年间的"铁龙爪"浚河案就是一个极为典型的案例。在这个案例中，王安石与作为旧党领袖的文彦博（泰山孙复门人）刚好代表了对新技术的两种相反态度。文彦博对使用"铁龙爪""浚川杷"这样的新工具疏浚黄河的看法是："河水浩大，非杷可浚，秋涸固其常理，虽河滨甚愚之人，皆知浚川杷无益于事。"③即完全不相信这样一项技术发明能够对疏浚黄河这种困扰了历代王朝数百、上千年的问题带来什么彻底的改变。而王安石不但在皇帝面前不遗余力地推荐这项新技术，而且对通过这项技术解决黄河治理工作中一直存在的"开河如放火，不开河如失火"的问题表示了充分的信心。不但如此，他还在一切河道工程中推荐使用这项技术，甚至准备越过这项技术最初的设计功能——浚河，将其推广到工程量更大的开凿新河道的工程中去。

---

① 《苏轼文集·第五十六卷·与王敏仲十八首》（苏轼，1986：1692-1693，1695）。
② 《宋史·卷三百二十七》（脱脱等，1977：10 541）。
③ 《涑水记闻·卷十五·铁笼爪浚川杷》（司马光，1989：295-298）。

就文献记载来看，最终在皇帝本人的代表冯宗道见证下进行的实验表明，一方面，"浚川杷"并非完全"无益于事"，而且在很多工程中甚至还能发挥关键性作用；但另一方面，王安石也确实过高地估计了这项新发明的威力。事实上，过高估计技术——包括自然改造技术和社会治理技术——的作用，并对未经充分验证的新技术进行盲目推广，是整个熙宁变法期间王安石身上存在的一贯问题。

纵轴两端的区别是如此，横轴两端也同样存在额外的区别。除了前面提到的新学、洛学偏重"义理"，朔学、蜀学偏重实学的特征外，还可以发现，新学、洛学都非常自觉地尝试建立属于自己的哲学体系，并以当代圣贤、孔孟传人自居。王安石构建的"新学"体系以他的《三经新义》和《字说》为基础。并且为了使其成为统治所有学者思想的唯一"正确"的理论体系（"使学者归一"[①]），王安石还动用行政手段，强制性地将其"颁之学官"，作为科举取士的唯一法定标准（"主司纯用以取士，士莫得自名一说，先儒传注一切废不用"），致使"一时学者无敢不传习"[②]。而二程采用的手段虽然不同——不是依仗国立学校和国家强制力，而是开设私立学校聚徒讲学，在教学中通过"明师道"来形成宗派的凝聚力，扩大影响——但同样是以成为儒学"正统"为目的的。并且这一目标最终通过其再传弟子朱熹及其他门徒之手得以实现，使洛学成了这场学派纷争的最终赢家。有趣的是，两派门徒在评价本学派领袖时使用的言辞都高度相似。南宋晁公武《郡斋读书志》中记载了王安石之婿蔡卞评价王安石的话，称：

> 自先王泽竭，士习卑陋，不知道德性命之理。安石奋乎百世之下，追尧舜三代，通乎昼夜阴阳所不能测而入于神。著《杂说》数万言，其言与孟轲相上下[③]。

而程颐在为其兄程颢撰写的墓表中则称：

> 周公没，圣人之道不行；孟轲死，圣人之学不传。道不行，百世无善治；学不传，千载无真儒……先生生千四百年之后，得不传之学于遗经，志将以斯道觉斯民[④]。

到程颐死后，程颐的私淑弟子胡安国又评价程颐兄弟称：

[①] 《宋史·卷一百五十七》（脱脱等，1977：3660）。
[②] 《宋史·卷三百二十七》（脱脱等，1977：10 550）。
[③] 《郡斋读书志·卷第十九》（晁公武，1990：1000）。
[④] 《二程集·河南程氏文集·卷第十一·伊川先生文七·明道先生墓表》（程颢和程颐，1981，640）。

> 中庸之义不明久矣，自颐兄弟始发明之，然后其义可思而得……孔孟之道不传久矣，自颐兄弟始发明之，而后其道可学而至也①。

这些评价都将王安石或二程兄弟描述为儒学正统自战国以来"断绝"千余年后的继承人，蔡卞称王安石"奋乎百世之下，追尧舜三代"，程颐则称程颢"生千四百年之后，得不传之学于遗经"。而这种评价，无论在司马光门人口中，还是在苏轼门人口中，都是听不到的。就司马光和苏轼本人而言，也在他们身上看不到任何刻意建立学术体系的迹象。

更有趣的是，这四个学派的特征刚好可以用人类学中的格/群分析理论来解读。

格/群分析理论是英国人类学家道格拉斯（M. Douglas）在20世纪70年代前后创立的。所谓"格""群"两个概念，大致可以理解成"在一个社会群体内部和在这个社会群体与其他社会群体之间外部的边界"。首先，"人们总是生活和活动在一定的社会群体之中，按此群体中存在的不同角色对自己分类，并受到一种以格的名义施加的社会控制，以使个人的行为适合于给定的角色"。极端地讲，所谓高格，"就意味着在群体中存在有差异明显的角色分类及与之相适应的行为准则，在这种群体中，人们之间角色的差异被认为是天然赋予的"。低格，"则意味着在群体中人们的角色不是十分明确地被限定，而且从原则上讲是可以协商的。低格的意识形态表现为，在人们之间，并不存在固有的、与社会相关的定性差异，社会在本质上被认为是人为的、可改变的"。

另外，"人们所属的社会群体又具有强度不等的外部边界，即群的边界"。而所谓高群，就意味着"群体中的个人对于安全的内部（'我们'）和危险的外部（'他们'）之间的差异具有一种强烈的意识，并倾向于把这种差异作为在道义上对正确与错误的区分。在高群的环境下，一个人的所作所为首先是要对这个群体中的其他人负责，群体中他人的利益要高于个人自身的利益，要证明某一特定的行为或观点是否正确或有道理，个人的考虑不是最重要的基础。群体对于外界是倾向于封闭的"。低群则意味着"在群体中一个人的行为较少受内部压力的制约，可以根据个人的利益来证明某一行动或观点的正确。这种群体对于外界具有较高的开放性"（刘兵，1996b：123，126-127）。

---

① 《历代名臣奏议·卷二百七十四》（黄淮和杨士奇，1985：3596）。

美国科学史家卡内瓦（K. L. Caneva）等人将这套理论移植到了科学史研究中。按照卡内瓦的理论，"格的维度主要涉及人们对实在的本质的描述，而群的维度则更多地涉及人们的反应方式。例如，高格环境下的知识倾向于是定性的、具体的、经验式的，有复杂的分类范畴；而低格环境下的知识则倾向于是定量的、抽象的、分析的，只有较弱的分类，注重因果关系。又如高群表现出知识的领域受到限制、反对推测和对反常封闭的特征，而低群则表现出允许有相当的推测和对反常相对开放的特征"。

由此分成的四个象限区："低格低群（A 区），对应于使科学抽象化和'吸收反常'的特征，反常被看作是创造性的挑战，要通过对从前持有的观点开放的再考察来解释，同时，有实用主义的倾向，不相信事物之间本质性的定性差异，从而使知识倾向于定量化。高格低群（B 区）表现为'包容反常'，事实被认为是神圣不可侵犯的（即使它们彼此抵触），允许对立的共存，允许二元地解释事物。高格高群（C 区）表现出使科学具体化和'调整反常'的特征，愿意把知识看作是一种包括一切、充分体现差异并且相对稳定的体系，有经验论的倾向，事物间定性的差异被认为是真实的差异。低格高群（D 区），则对应于'排斥反常'，因为任何对群体标准的偏离都意味着错误和失败。"（刘兵，1996b：132-133）

就庆历时代的安定、泰山、高平、庐陵四学派而言，格/群特征并不明显。如果一定要分类，那么可以说四个学派相互之间都比较开放，都有低群倾向，而安定、泰山两派严明师道，偏于高格，高平、庐陵两派则百无禁忌，偏于低格。

在新、朔、蜀、洛四学派之间，格/群特征却泾渭分明（图6-3）。新学和洛学党同伐异、门派森然，特别是被认为背叛师门者——新党中诋毁易法之曾布、程门中转投新党之邢恕，皆成为同党口诛笔伐、群起而攻之的对象，显示出明显的高群特征。

而朔学和蜀学组织松散，则明显有低群倾向。这两派便是在攻击、批评敌对派别时，也只及政见、学术之争，而不闻门户之辨，司马光不曾语及"奸党"，苏轼亦未尝辄言"小人"。司马光在洛阳时广延西京名士，二程、邵雍、张载三派宗师皆出入其门。至其为相时，更是熙宁以后各学术、政治派别最团结的时期（只有新党除外），这显然与司马光本人的宽容密不可分。而苏轼虽没有司马光那样成为各派领袖的能力，但除了与洛党因见解殊异而势同水火外，在新党与章惇、在朔党与刘安世，都交情莫逆，并不显门户之见（李真真，2007：45-58）。

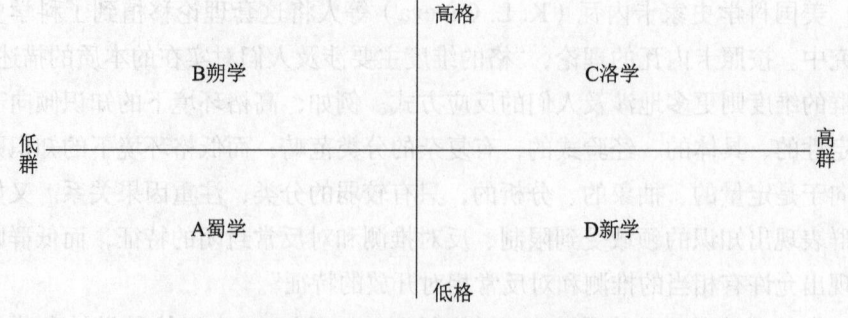

图 6-3 熙宁四学派的格/群特征

另外，洛学师道严明以至于古怪刻薄，这又是典型的高格特征。以被后世传为"佳话"的"程门立雪"故事来说，当时杨时、游酢也已经是成名的学者，却连大门也不得而入，竟立于雪地中待程颐醒觉。于杨时、游酢固然是对师长谦恭、敬畏的表示，但于程颐而言，又何尝看出对学生有半分尊重、呵护之意？更遑论儒者当有的仁厚。苏轼尝与章惇言："能自拼命者，能杀人也。"①能自立雪半尺者，又当待学生何？至于司马光，虽然待人接物平易近人②，但在纲常伦理等问题上，却也是一个严格的等级秩序主义者。他的《书仪》是现存有限的几部宋代私修礼书之一，其中充分反映了这种秩序思想（司马光，1868）。加上司马光本人地位尊崇、为人又严肃庄重③，其门下之士自然不敢丝毫造次。虽不像洛学那样乖戾怪异，但朔学也应属于高格群体之列。

新学、蜀学中各成员间的关系则与洛、朔两派截然不同。这两个学派虽然也各自存在一两个主要的中心人物——新学是王安石、蜀学是二苏兄弟，但他们与门下之士都兼为友，并不太在意什么师生之礼，是典型的低格群体。这可能也与此两派"皆以文人自立"的传统有关。苏轼与黄庭坚、秦观等人相互戏谑的故事在时人诗话、笔记中比比皆是，被传为千古美谈。而王安石与门下吕惠卿、章惇诸人不但互为师友，更兼为政治上的同志。当然，最能体现两派低格倾向的还是《曲洧旧闻》记载的一段故事：

---

① 曾慥《高斋漫录》："苏子瞻任凤翔府节度判官，章子厚为商州令，同试永兴军进士。刘原父为帅，皆以国士遇之。二人相得欢甚，同游南山诸寺。寺有山魈为祟，客不敢宿，子厚宿，山魈不敢出。抵仙游潭，下临绝壁万仞，岸甚狭，横木架桥。子厚推子瞻过潭书壁，子瞻不敢过，子厚平步以过，用索系树蹑之上下，神色不动。以漆墨濡笔，大书石壁上曰：'章惇、苏轼来游。'子瞻拊其背曰：'子厚必能杀人。'子厚曰：'何也？'子瞻曰：'能自拼命者，能杀人也。'子厚大笑。"（曾慥，1936：5）。

② 陶宗仪《辍耕录·卷七·雇仆役》："司马温公家一仆，三十年止称'君实秀才'。苏子瞻学士来谒，闻而教之。明日改称'大参相公'。公惊问，以实告。公曰：'好一仆，被苏东坡教坏了，这便是样子。'"（陶宗仪，1959）其平易如此。

③ 《元城语录·卷中》："先生（刘安世）曰：老先生（司马光）读书必具衣冠正坐，庄色不敢懈怠，惟以诚意读之。"（马永卿，1886）

> 东坡自黄徙汝，过金陵，荆公野服乘驴，谒于舟次，东坡不冠而迎，揖曰："轼今日敢以野服见大丞相。"荆公笑曰："礼岂为我辈设哉！"东坡曰："轼亦自知相公门下用轼不着。"荆公无语①。

这则故事发生在元丰末年苏轼解除编管自黄州北归途中，其时王安石已致仕多年，隐居金陵。从政治上讲，嘉祐年间苏轼中第之时，王安石已是政声颇著的政坛明星，苏轼初任京官时，王安石更已位至辅相，是苏轼的老上级。从学术上说，苏轼初出茅庐时，王安石已是名满天下的一代名儒，是苏轼的前辈师长。按照理学家们推崇的"礼法"，苏轼面见王安石时自当正冠理容、大礼参拜，而王安石亦当衣冠整齐、正襟危坐。而王、苏两人一个"野服"、一个"不冠"。不但如此，王安石还公然宣言"礼岂为我辈设哉！"苏轼则得寸进尺地出言戏之。可见两人都未将所谓"师道""礼法"放在眼里，至以游乎"礼法"之外为美。

不独在生存状态上符合格/群分组特征，在熙宁四学派的行为模式上，也可找到卡内瓦总结出的四种特征。王安石斥一切批评为"流俗"，称新法所致"截指断腕"之惨事为"此固未可知"，正是低格高群群体"拒斥反常"的表现。司马光编《资治通鉴》别为《考异》（司马光，1919）则是高格低群群体"包容反常"的表现。而苏轼，由于其本身多涉足自然科学和技术活动，并有这方面的论著传世，因此更可直接在他关于自然科学问题的论述中找到证据。比如，他曾在写给名医庞安时的一封信中有如下论述：

> 端居静念，思五脏皆止一，而肾独有二，盖万物之所终始，生之所出，死之所入也。故《太玄》："罔、直、蒙、酋、冥。"罔为冬，直为春，蒙为夏，酋为秋，冥复为冬，则此理也。人之四肢九窍，凡两者，皆水属也。两肾、两足、两外肾、两手、两目、两鼻，皆水之所升降出入也。手、足、外肾，旧说固与肾相表里，而鼻与目，皆古未之言也，岂亦有之，而仆观书少不见耶？以理推之，此两者其液皆咸，非水而何。仆以为不得此理，则内丹不成，此又未易以笔墨究也。古人作明目方，皆先养肾水，而以心火暖之，以脾固之。脾气盛则水不下泄，心气下则水上行，水不下泄而上行，目安得不明哉。孙思邈用磁石为主，而以朱砂、神曲佐之，岂此理也夫。安常博极群书，又善穷物理，当为仆思之。是否？一

---

① 《曲洧旧闻·卷五·东坡过金陵晤荆公》（朱弁，2002：151）。

报。某书①。

"人之四肢九窍，凡两者，皆水属也。两肾、两足、两外肾、两手、两目、两鼻，皆水之所升降出入也"，是苏轼总结出的理论。然"鼻与目，皆古未之言也"，且"此两者其液皆咸"，是与理论相左的反常。后文中根据古人明目验方进行讨论，并请庞安时"为仆思之"，则反映了苏轼为"吸收反常"而进行的努力。

当然，应该指出，高格高群是整个中国古代社会的总体倾向，纵新、蜀、朔三派中亦未尝没有相应的痕迹，这里所说的他们之间的格/群差别亦只是相对而言。而洛学在这个总体上呈高格高群倾向的社会中占其极也，故其格/群特征的表现亦比其他三派更为明显、极端。最重要的区别就在于，其他几派对反常或拒斥、或包容、或吸收的态度主要渗透在各种片断性的言论和行为中，而二程则是将高格高群群体"调整反常"的特征贯彻到了其整个哲学体系的构建中。他们所构建的"理一分殊"的理学体系正是一个典型的"包括一切、充分体现差异并且相对稳定的体系"。用钱宝琮先生的话说："在二程的哲学体系中，'理'或'天理'是绝对的，唯一的，他们说，'天下只有一个理'。他们有时也说'一物须有一理'，这并不意味着不同的物有不同的规律，而是说，一切事物都具备了这个绝对的'理'。"（钱宝琮，1966）

钱先生更进一步指出，虽然看上去理学家也谈论自然科学知识，但只不过是"假借一些当代科学家的研究成果来粉饰他的唯心主义观点"（钱宝琮，1966）。这一观点固然可能有失偏颇——实际上，现有史料中确实可以找到一些二程、朱熹等人主动参与诸如天文观测等科学探索实践的记载，因此恐怕不能说他们关于自然科学的知识完全是"假借一些当代科学家的研究成果"——但无论这些知识是从别人那里"假借"来的，还是他们通过自己的实践得到的，在将这些知识串联起来进行解释的环节上，他们确实并非完全立足于实际，而是更倾向于设法将这些知识纳入自己的所谓"天理"体系中。钱先生所云"假借一些当代科学家的研究成果来粉饰他的唯心主义观点"的判词亦未尝是无的放矢。

而最有害于科学认识上的进步的恰恰就是这种倾向。如果对比一下欧洲的情况可以发现，宋人的自然科学知识在理学体系中所得到的待遇与当年托勒密天文学在中世纪经院哲学体系中所得到的待遇几乎如出一辙。问题并

---

① 《苏轼文集·第五十三卷·答庞安常三首》（苏轼，1986：1586-1587）。

不在于它们究竟是正确的理论还是错误的理论，而是在于一种自然科学知识一旦屈从于某种哲学解释体系，而不是启发、引导和塑造它，那么这种知识就已经失去了一切进步的可能性，甚至失去了正确和实用的可能性，最终只能沦为死亡的知识。在欧洲，其最终的结果就是哥白尼革命。而在拥有深厚实用理性主义传统的中国，其最终的结果则是"至宋而历分两途，有儒家之历，有历家之历；儒者不知历数而援虚理以立说，术士不知历理而为定法以验天"①——实际的自然科学工作者完全无视了不切实际的理学阐释，并且不得不另起炉灶，建立和使用一套实用性和经验性的知识。

---

① 《晓庵新法·原序》(王锡阐，1936)。

第七章
北宋的社会风尚变迁及影响

之前数章的统计数据都显示了北宋社会精英中科技活动参与者比例在1040年以后急剧下降的明显趋势。另外，通过对北宋时期相互竞争的若干儒学思想派别——特别是熙宁时期的新、朔、蜀、洛四学派的对比，可以发现在南宋及以后的朝代中最终统治了中国官方意识形态领域的洛学恰恰是这些学派中科技活动参与者比例最低的。

对科技关注度的逐渐衰减与最不关注科学的思想派别的逐渐兴起，这二者应当并非巧合。然而它们之间的关系也许并不能简单地以孰因孰果来描述。实际上，它们可能同是另一种影响更为广泛和深入的社会风尚兴起的结果。

第一节 "祖宗家法"——北宋国家精神的基调

将北宋在经济、社会、政治、文化等方面种种异于前代的特征之形成追溯到唐代中叶，如今已是学界公论（钱穆，1966；漆侠，2000；李华瑞，2003）。不过，只是在宋朝建立后，这些变化才在最高统治集团的级别上被全面反省，并在太祖、太宗、真宗三朝的政治实践中逐步形成了与这些变化相适应的政策体系，即所谓"祖宗家法"。

"祖宗家法"的形成虽历时数十年，经三朝君臣零敲碎补而成，但其全部设计理念是统一的，即以维护国家的长治久安为目标。以此为前提，宋初君臣在"祖宗家法"的设计中，有意对当时存在的某些被认为是"祸乱之源"的社会因素进行抑制，而对另一些被认为有利于国家稳定的社会因素予以鼓励。因此，赵宋"祖宗家法"不但是中唐以来社会变革的结果与表现，也是宋初以后社会风尚的塑造者。庆历以后北宋社会风尚的变化，其根源多可追溯到这些"祖宗家法"之中。

一、"在德不在险"——道德至上的基本观念

若以一语概括赵宋朝廷之治国理念，则贴切者莫过于"在德不在险"五字。关于这五个字对北宋国家决策的影响，最著名的案例就是晋王谏太祖迁都的故事：

> 上生于洛阳，乐其土风，尝有迁都之意。始议西幸，起居郎李符上书，陈八难曰："京邑凋弊，一难也。宫阙不完，二难也。郊庙未修，三难也。百官不备，四难也。畿内民困，五难也。军食不充，六难也。壁垒未设，七难也。千乘万骑，盛暑从行，八难也。"上不从。既毕祀事，尚欲留居之，群臣莫敢谏。铁骑左右厢都指挥使李怀忠乘间言曰："东京有汴渠之漕，岁致江、淮米数百万斛，都下兵数十万人，咸仰给焉。陛下居此，将安取之？且府库重兵，皆在大梁，根本安固已久，不可动摇。若遽迁都，臣实未见其便。"上亦弗从。晋王又从容言曰："迁都未便。"上曰："迁河南未已，久当迁长安。"王叩头切谏。上曰："吾将西迁者无它，欲据山河之胜而去冗兵，循周、汉故事，以安天下也。"王又言："在德不在险。"上不答。王出，上顾左右曰："晋王之言固善，今姑从之。不出百年，天下民力殚矣。"甲辰，始下诏东归①。

以上是《长编》对这一事件的记载，南宋王偁在《东都事略·李怀忠传》中也引用了这则故事。根据《长编》作者李焘原注，李怀忠对太祖的劝谏载于宋仁宗时官方编纂的《三朝圣政录》，而晋王之事则是李焘自宋初名臣王禹偁的《建隆遗事》中抄得。《建隆遗事》原书今不存，北宋末年邵伯温（邵雍之子）的《闻见录》中转述了其中的几则记载，其中也包括此则在

---

① 《续资治通鉴长编·卷十七》（李焘，1993：369-370）。

内，只是其中李怀忠的发言全部变成了晋王（即后来的宋太宗）的[①]，另外后世对《建隆遗事》一书的真伪亦多有争论。但这都不妨碍我们对事件中出现的两种截然不同的政策观点和处世态度作出理解。

这两种态度，姑且可以分别称之为"技术主义"和"意识形态主义"，即相信技术是决定性因素，还是相信"态度决定一切"。军人出身的宋太祖无疑倾向于前者。他的迁都主张中，一方面未尝没有虚荣心在起作用——想要"循周、汉故事"，即到"正统"的周、汉故都去当天子；但另一方面也确实是为了"欲据山河之胜而去冗兵"。众所周知，开封坐落在黄河下游豫东平原南岸，四周都是一马平川的大平原，毫无险阻，是所谓"四战之地"。而洛阳三面环山，东踞虎牢关，西拥函谷关，背靠邙山，只有南面与平原相接，形势险要。仅从军事技术的角度考虑，洛阳确实是更适宜建都的地方，甚至今人亦多以此议为然（钱穆，2001：94-95；黄仁宇，1992：144；黄仁宇，1997：137）。

但问题在于，迁都不仅仅是皇帝换个地方上朝的问题，而是要涉及大量政府机构的搬迁、土木工程的兴建，以及大量人口、财货、物资、文件图书的迁移转运，因而必然兴师动众、劳民伤财，很多人的生活都可能因此而彻底改变。是以在儒家政治传统中，不但坚决反对无故迁都，而且连帝王出京巡幸也是受批判的行为。李符和李怀忠的反对意见正基于此，同时这也是晋王的观点。而当宋太祖以军事上的理由为自己辩护时，晋王则一针见血地指出："在德不在险！"

应该说，一方面，晋王在迁都之议中的言论表现了典型的"意识形态主义"者的特征。但另一方面，反方的宋太祖却并不是一个完全的"技术主义"者。因为当晋王提出"在德不在险"时，宋太祖对此完全无法辩驳，说明宋太祖本人也是认同这一理念的。事实上，正如第六章提到的，认为决定成败的根本因素在于"仁德"，而不在具体的技术手段，这是中国儒家在实用理性主义指导下根据切身经验形成的一种相当先进和正确的认识。而宋初君臣正深得儒家的这种实用理性主义的精髓。广为流传的宋初两朝宰相赵普"半部《论语》治天下"的典故从一个侧面反映了儒家政治哲学对宋初君臣的深刻影响。尽管太祖本人起于行伍，并未受过很高深的儒学教育，但倘若不是他本人也对这一套治国理念深以为然，亦不会将赵普这位"论语宰相"倚为股肱。

值得一提的是，"在德不在险"一语的原始出处也颇耐人寻味。这句话

[①] 《邵氏闻见录·卷七》（邵伯温，1983：66）。

典出《史记·孙子吴起列传》：

> 武侯浮西河而下，中流，顾而谓吴起曰："美哉乎山河之固，此魏国之宝也！"起对曰："在德不在险。昔三苗氏左洞庭，右彭蠡，德义不修，禹灭之。夏桀之居，左河济，右泰华，伊阙在其南，羊肠在其北，修政不仁，汤放之。殷纣之国，左孟门，右太行，常山在其北，大河经其南，修政不德，武王杀之。由此观之，在德不在险。若君不修德，舟中之人尽为敌国也。"①

吴起虽世称名将，以武功立身，但少时就学曾子，实为孔门中人。对比一下就可以看出，吴起此处陈述的观点与第六章提到的孟子和贾谊的观点基本上不差分毫。晋王赵光义引用此语，就其本身而言实无新意。但不同的是，孟子、贾谊和吴起或是专事思辨的学者，或是受过深厚哲学训练的大臣，而赵光义却在后来登基成为宋太宗，而且这还不是他唯一一次引用此语。《长编》载：

> 至道三年（997年）九月丙子，上因言西川叛卒事。辅臣或曰蜀地无城池，所以失其制御。上曰："在德不在险。倘官吏得人，善于抚绥，使之乐业，虽无城可也。"②

可见，"在德不在险"的理念在宋太宗身上是一以贯之的。这句话也因此从北宋立国之初就被写入了北宋的国家精神之中，并且通过"祖宗家法"，为赵宋历代帝王所恪守，成为贯穿宋代三百年统治的政治原则。

宋初君臣之所以会支持"在德不在险"的理念，可能是因为北宋的建国元勋们与先秦诸子有着相似的惨痛经历。先秦诸子生于东周乱世，满眼是诸侯国之间相互攻伐、杀人盈野的不义之战，深切地知道精良的武器、险要的城池、庞大的军队并不足以保证战争胜利，更无助于维护国家的长治久安、无助于人民的利益。而北宋的太祖、太宗则生于五代乱世，满眼是大小军阀间的篡夺与火并，更从李唐教训与自己的亲身经历中了解到强大的武力、先进的军事技术不但不足以成为和平的保障，而且反而会成为阻碍甚至破坏和平的原因（五代便是前车之鉴）。故北宋增步卒以省骑兵、输岁币以熄烽烟，其主旨皆在于此。天下安定、百姓乐业是国家的终极目标，这一目标未必需要通过强大的武备实现，实际上也未必能通过强大的武备实现（事实上北宋

---

① 《史记·卷六十五·孙子吴起列传第五》（司马迁，1959：2166-2167）。
② 《续资治通鉴长编·卷四十二》（李焘，1993：880）。

最终正是在坐拥神臂弓、床子弩、火药武器等当时地球上科技含量最高、杀伤力最大的武器的情况下被半野蛮的女真灭亡的）。杜甫的诗"苟能制侵陵，岂在多杀伤"，正可作为天水一朝在儒家实用理性指导下形成的国防政策的最贴切的写照。

二、"卧榻之侧"——极权主义的处事逻辑

[开宝八年（975年）十一月]徐铉及周惟简还江南，未几，国主复遣入奏，辛未，对于便殿。铉言李煜事大之礼甚恭，徒以被病，未任朝谒，非敢拒诏也，乞缓兵以全一邦之命。其言甚切至，上与反复数四，铉声气愈厉。上怒，因按剑谓铉曰："不须多言，江南亦有何罪，但天下一家，卧榻之侧，岂容他人鼾睡乎！"铉皇恐而退[①]。

《长编》中的这段记载为后世留下了"卧榻之侧，岂容他人鼾睡"的名言。而这一思路更直接导致了北宋祖宗家法的另外一个特征：加强中央专制。

中央专制的加强被公认为宋代以来中国社会的另一个显著变化。北宋为此实施的政治措施主要包括：①"杯酒释兵权"，翦除武人之患；②"强干弱枝"，严防藩镇之祸；③"异论相搅"，制衡权臣擅国；④严明宗室制度，避免皇位之争；⑤不给宗室和外戚以实际职事，杜绝藩王篡逆和外戚专权。所有这些措施，实际上只为了一个目的，即消灭一切有可能与皇权形成竞争关系的力量。

对宋太祖来说，加强中央专制固然是为了维护赵家一姓的长久统治，避免五代王朝二世而终的宿命。但站在历史的高度上，这些政策的目的绝非仅此而已。事实上当时一手设计这些政策，并最坚决地予以推行的人并非看似从中受益最大的宋太祖、宋太宗兄弟，而是著名的"论语宰相"赵普。甚至在太祖、太宗对执行这些政策有所保留的时候，也是赵普据理力争才使这些政策得以忠实贯彻：

上欲使（符）彦卿典兵，枢密使赵普以为彦卿名位已盛，不可复委以兵柄，屡谏，不听。宣已出，普复怀之请见，上迎谓曰：

---
① 《续资治通鉴长编·卷十六》（李焘，1993：350）。

"岂非符彦卿事耶?"对曰:"非也。"因别以事奏,既罢,乃出彦卿宣进之。上曰:"果然,宣何得在卿所?"普曰:"臣托以处分之语有未备者,复留之,惟陛下深思利害,勿复悔。"上曰:"卿苦疑彦卿,何也?朕待彦卿至厚,彦卿岂能负朕耶?"普曰:"陛下何以能负周世宗?"上默然,事遂中止①。

又:

始太祖传位于上,昭宪顾命也。或曰昭宪及太祖本意,盖欲上复传之廷美,而廷美将复传之德昭。故上即位,亟命廷美尹开封,德恭授贵州防御使,实称皇子,皆缘昭宪及太祖意也。德昭既不得其死,德芳相继夭绝,廷美始不自安,浸有邪谋。他日,上尝以传国意访之赵普,普曰:"太祖已误,陛下岂容再误邪!"于是普复入相,廷美遂得罪。凡廷美所以得罪,则普之为也②。

符彦卿为周世宗、宋太宗(当时的晋王)两位皇帝的岳父,赵廷美则是太祖、太宗的幼弟,他们都是重要的皇亲国戚。赵普为坚持前述的专制政策,不惜站到这两位皇帝至亲之人的对立面上,这当然不能以"为赵氏一家一姓利益着想"的理由一言以蔽之。事实上,赵普,也包括后来的其他文官,之所以一意坚持这些政策,是因为这些政策是宋初的社会精英们在反省了前代教训——特别是"唐季以来,数十年间,帝王凡易八姓,战斗不息,生民涂地"的惨痛历史后,为达到"息天下之兵,为国家长久计"③的目的而共同作出的最理性的选择。

以前引二事为例:轻予符彦卿兵柄可能重启军阀拥兵之萌,导致藩镇割据和兵变篡国现象的重演;传位皇弟廷美则会导致皇位传承秩序混乱不清,既开侥幸之例,亦启纷争之源,使后世子孙陷入无休止的皇位争夺战中,更是后患无穷。无论哪一种情况,都必将最终导致社会的动乱甚至战争,损害整个社会的利益。因此,不仅仅是从赵氏一家一姓的利益出发,即使从天下万民的角度出发,也必须避免这种情况发生。

而要避免这种情况、将社会限制在最稳定的状态上,最好的办法就是严格地从制度上强化"强干弱枝"的中央集权体制,使"卧榻之侧"无人可以"鼾睡"。同时,从思想上强化尊王攘夷、三纲五常的秩序精神(正如以孙复

---
① 《续资治通鉴长编·卷四》(李焘,1993:83-84)。
② 《续资治通鉴长编·卷二十二》(李焘,1993:501)。
③ 《续资治通鉴长编·卷二》(李焘,1993:49)。

泰山学派为代表的思想流派所做的),将"鼾睡于卧榻之侧"这种事变成连想都不能去想的禁忌。这正是统一、专制、集权和秩序在宋代成为人心所向的根本原因。就其后世影响而言,曾有人提道:"宋朝亡国以后,殉国者及义不仕新朝者,均远较前朝为多,而自宋以后,以禅让取得政权的事例没有了。"(王德毅,1998)可见北宋对专制制度和秩序精神的强化在整个中国古代史上产生了何等深远的影响。

必须指出,宋初君臣强化统一和专制的努力最初只局限在疆土和政令方面,而完全不涉及思想与政见。现代历史学家黄仁宇曾指出"赵匡胤对意识形态全不关心"(黄仁宇,1997:129)。对比宋朝之前和之后历代王朝开国君主的言行,黄仁宇这一评语确实是比较中肯的。自太祖、太宗以来,宋初三代君主皆未尝试过对学术和思想领域进行任何的"统一"。至真宗朝,不但皇帝本人恪守"军国之事,无巨细,必与卿等议之,朕未尝专断"[1]的原则,还有意在政府决策过程中引入"异论相搅"[2],有意识地保护不同政见,既防止权臣擅国,亦有利于兼听则明。

然而,崇尚"统一"的风气终究不可避免地从疆土和政令扩展到思想和政见。这一方面是"卧榻"政策施行于领土、政治等方面后所取得的良好效果带来的示范效应。而另一方面,宋真宗的"异论相搅"政策在保护不同政见的同时,也确实造成了行政效率下降和行政资源浪费的副作用,从而成了反面的示范材料。这两方面的因素共同作用,最终导致了仁宗朝以后知识分子阶层中要求统一学术、思想的"一道德"的呼声。

三、从"不抑兼并"到"耻于言利"

商业的进一步发达,是唐宋变革中的重要一环。作为唐宋变革的最重要特征,贵族门阀的逐渐没落与庶民阶层的逐渐兴起不仅表现为寒门新贵(包括进士出身的文官和行伍出身的将领)对世家贵族政治领地的不断蚕食,也表现为没有政治和家世背景的平民富翁阶层的崛起——尤其是货殖盈利的商人阶层的崛起。本书第四章曾就商人群体在北宋的总体处境进行过概略性的描述,本章主要讨论北宋主流阶层对商人和商业牟利活动的态度演变过程。

众所周知,在中国,商人自秦代以来就是受到歧视和限制的一个阶层(宋晞,1964)。对唐代的世家贵族而言,这种歧视又与其自身日渐没落的

---

[1] 《续资治通鉴长编·卷四十九》(李焘,1993:1065)。
[2] 见《续资治通鉴长编·卷二百十三》熙宁三年(1070年)秋七月曾公亮与神宗皇帝之语:"真宗用寇准。人或问真宗,真宗曰:'且要异论相搅,即各不敢为非。'"(李焘,1993:5169)然真宗原话未见。

失落感结合在一起,使他们更加难以容忍商人阶层的"小人得志",甚至以与商人接触为耻。南宋马永卿的《懒真子》曾记载唐代河东柳氏的一则故事:

> 旧传柳氏出一婢。婢至宿卫韩金吾家,未成券,闻主翁于厅事上买绫,自以手取视之,且与驵侩议价。婢于窗隙偶见,因作中风仆地。其家怪,问之。婢云:"我正以此疾故,出柳宅也。"因出外舍。问曰:"汝有此疾,几何时也?"婢曰:"不然。我曾伏侍柳郎君,岂肯伏侍卖绢牙郎也?"其标韵如此。想是柳家家法清高,不为尘垢卑贱,故婢化之,乃至如此①。

柳氏是在唐代依然显赫的世家大族之一,柳宗元、柳公绰、柳公权等都是河东柳氏中名垂青史的人物。堂堂的韩金吾②,仅仅因为亲自与商人讨价还价、检验商品成色,就被柳家的区区一个婢女蔑称为"卖绢牙郎",那么柳家的主人对商人和商业活动是什么态度自然可想而知了。

然而到五代时,情况有了很大变化。持续的混战不但摧毁了"衣冠士族"的最后孑遗,也使包括寒门知识分子在内的一切传统文化继承者们的地位一落千丈。只有掌握军队的武夫,才是这个时代的主宰。

与汉末和南北朝时的世族军阀不同,五代军阀,无论汉族还是少数民族,大多是从普通士兵中凭军功脱颖而出的。这些人出身卑贱,很多人甚至来自囚徒和强盗。他们缺乏教育、性情贪鄙、唯利是图、毫无道德操守。但也正因为如此,这些军阀头脑中没有传统统治阶层对商人的成见。他们虽然盘剥、敲诈商人,但并不鄙视商人。事实上,晚唐、五代的军阀集团很大程度上可以视作商人与军队的联盟(魏承思,1984)。一方面,很多军阀本身就来自商人。远者,"安史之乱"的安禄山、史思明皆出身于"互市郎";导致唐朝灭亡的黄巢起义军更直接由贩卖私盐的走私集团改组而成。而五代十国中,吴越钱镠、前蜀王建,甚至周世宗柴荣,未遇时都做过行商;南汉刘隐、荆南高季兴虽然自己没有从商经历,但也都出身商家③。另一方面,当时的大小军阀为攫取财富也深入涉足商业经营,甚至动用手中的军队为经商服

---

① 《懒真子·卷二》(马永卿,1983:69)。
② 其人未考,不过"金吾"二字很可能是指"金吾卫将军"的官名。而且"宿卫"二字说明这位"韩金吾"应当是一位有权进出皇宫的高级武官。
③ 刘隐,"其祖安仁上蔡人也,后徙闽中,商贾南海,因家焉"[《新五代史·卷六十五》(欧阳修,1974:809)]。高季兴,"少为汴州富人李让(笔者按:旧史作汴之贾人李七郎)家僮。梁太祖初镇宣武,让以入赀得幸,养为子,易其姓名曰朱友让。季兴以让故得进见,太祖奇其材,命友让以子畜之"[《新五代史·卷六十五》(欧阳修,1974:855),《旧五代史·卷一百三十三》(薛居正,1976:1751)]。

务。《五代史》和《宋史》上对这些军阀疯狂敛财的行径多有记载，如《宋史》记载后周太祖起兵篡位时随周太祖入汴的所谓"十军主"之一田景咸和王晖：

> 田景咸、王晖，皆太原人。……景咸性鄙吝，务聚敛，每使命至，惟设肉一器，宾主共食。后罢镇，常忽忽不乐。妻识其意，引景咸遍阅囊储，景咸方自释。在邢州日，使者王班至，景咸劝班酒曰："王班请满饮。"典客曰："是使者姓名也。"景咸悟曰："我意'王班'是官尔，何不早谕我。"闻者笑之。晖性亦吝啬，赀甚富，而妻子饭疏粝，纵部曲诛求，民甚苦之①。

粗俗无知而又贪财吝啬，这正是五代军阀的典型形象。除此之外，又如宋初著名富豪青州临淄麻氏，仅仅作为后汉青州军阀刘铢经商敛财的经办人，就积聚起了"富冠四方"的财富②。当时军阀经商敛财的规模可见一斑。

北宋在后周的基础上通过和平政变夺权，且宋太祖本人也是前面提到的五代军阀集团中的一员。因此北宋建立之初，几乎完全继承了五代以来的传统，不抑制商业、不歧视商人，所谓"不务科敛，不抑兼并，曰：富室连我阡陌，为国守财耳。缓急盗贼窃发，边境扰动，兼并之财乐于输纳，皆我之物"③。而且对官员经商问题，宋太祖也采取放任态度，甚至鼓励高级将领、国家重臣们经商敛财，以消弭他们的政治野心。他曾在"杯酒释兵权"时公开劝说诸大将：

> 人生如白驹之过隙，所为好富贵者，不过欲多积金钱，厚自娱乐，使子孙无贫乏耳。尔曹何不释去兵权，出守大藩，择便好田宅市之，为子孙立永远不可动之业，多置歌儿舞女，日饮酒相欢以终其天年。我且与尔曹约为婚姻，君臣之间，两无猜疑，上下相安，不亦善乎④！

但是到太宗朝，情况出现了变化。按王栐《燕翼诒谋录》：

> 国初，士庶所服革带未有定制，大抵贵者以金，贱者以银，富

---

① 《宋史·卷二百六十一》（脱脱等，1977：9049）。
② 《涑水记闻·卷六·临淄麻氏》（司马光，1989：112）。
③ 《历代兵制·卷八》（陈傅良，1992：393）。
④ 《续资治通鉴长编·卷二》（李焘，1993：50）。

者尚侈，贫者尚俭。太平兴国七年正月壬寅，诏三品以上铐以玉，四品以金，五品、六品银铐金涂，七品以上并未常参官并内职武官以银。上所特赐，不拘此令。八品、九品以黑银，今世所谓药点乌银是也。流外官、工商、士人、庶人以铁角二色①。

可见，宋朝建立之初对商人的服饰并无限制，而且从"贵者以金，贱者以银，富者尚侈，贫者尚俭"的实际情况判断，当时用金带扣的人中恐怕还要以财大气粗的商人为多。然而到太平兴国七年（982年）一开春，宋太宗却突然下令规范服饰制度，其中特别强调，"工商"与流外官、士人、庶人只能用铁带扣。《宋史·舆服志》对这一事件的前因后果有更全面的记载：

> 太宗太平兴国七年，诏曰："士庶之间车服之制，至于丧葬，各有等差。近年以来颇成踰僭，宜令翰林学士承旨李昉详定以闻。"
>
> 昉奏："今后富商大贾乘乌漆素鞍者②，勿禁。近年品官绿袍及举子白襕下皆服紫色，亦请禁之。其私第便服，许紫皂衣、白袍。旧制，庶人服白，今请流外官及贡举人、庶人通许服皂。工商庶人家乘檐子，或用四人、八人，请禁断，听乘车；兜子，舁不得过二人。"③

服饰、车舆在中国古代是等级身份的标志之一，同时也是在形式上维护等级社会的具体手段之一。在秦汉以来的官僚等级社会中，官员的任免由皇帝掌握，服饰、乘舆的规格也由皇帝"赐予"，从而使不同等级被严密控制在一个十分稳定的结构中，谁也不能超越皇帝的意愿随意进入另一个阶层。

但是在晚唐乱局中，随着政府机能的失效，这种秩序被另一种秩序所取代——基于武力和财富的秩序。在这种新秩序中，基于武力的部分表现为藩镇割据和僭伪称帝，而基于财富的部分最主要表现就是商人们凭借财富以区区庶民"踰僭"制度，使用只有贵族才有权使用的舆服。

对于朝廷来说，后者更加不可容忍。因为前者至少在形式上还是服从原有秩序的：军阀们的"节度使"头衔在名义上仍然必须由中央授予，即便割据称帝的军阀，也大多会知趣地接受中央政府的"册封"，使中央政府至少在理论上保留住对等级秩序的控制力。而商人却不服从任何秩序——除了

---

① 《燕翼诒谋录·卷一》（王栐，1981：7-8）。
② 原文作："富商大贾乘马，漆素鞍者。"按《宋史·卷一百五十》："余官及工商庶人，许并乘乌漆素鞍，不得用狨毛暖坐。"（脱脱等，1977：3512）《燕翼诒谋録·卷一》："常参官银装鞍，丝绦六品以下不得闹装，仍不得用刺绣金皮饰鞯。未仕者乌漆素鞍。"（王栐，1981：8）可知"马"字当为"乌"字之误，今视原意改之。
③ 《宋史·卷一百五十三》（脱脱等，1977：3573-3574）。

金钱的秩序。他们根本不管什么册封或批准，而是只凭自己的财富、自己的意志去随意使用任何等级的舆服。这一点对中央政府而言是极端可怕的。因为这意味着高等级的社会身份竟然还可以在不经政府批准的情况下通过另一种方式得到。由此带来的危险主要有两方面：第一，助长某些商人的政治野心，使其发展成与政府对抗甚至武装叛乱的力量——事实上这样的商人在历史上确实屡见不鲜；第二，影响臣子们的忠心，使他们忠于金钱甚于忠君——对于很多官员而言，忠于皇帝是因为他们得到功名利禄的唯一希望都寄托在皇帝对他们的垂青上，但如果这些东西——特别是荣誉和社会地位——都可以凭借金钱更容易地获得，那么必然会有更多的官员会冒着触犯国法的危险去贪赃枉法、聚敛财富。

要避免这种现象发生，最好的办法就是将荣誉、社会地位这些东西的控制权重新收归政府所有，也就是重建等级秩序。而重建秩序所依托的外在形式，首先就是对舆服的控制。值得注意的是，就在颁行这道诏书之前，太平兴国三年（978年）吴越纳土，四年（979年）北汉授首，盘踞银、夏四州的李继捧也表示出归附之意（七年五月归朝纳土），中国全境基本统一，这应当是重建等级秩序的问题被提到日程上来的重要条件。

如果说太平兴国七年的诏书还只是从制度上矮化商人的政治地位，那么到真宗朝，对商人和经商行为的鄙视和道德批判就开始逐渐形成风气了。当然，这种风气很大程度是来自皇帝有意的引导。咸平五年（1002年）十月癸未侍御史知杂事田锡的一份奏折中写道：

> 臣又睹近敕戒励大臣，谓其不守廉隅，多置资产。禄厚而不知耻者尚应慊恨，官崇而能自省者岂不忧惭？斯乃陛下示之以止足之训词，责之以贪饕之显过。然敕文尚有漏略，事意未得精详。盖文武班官僚不该戒励，似王者命令有失均平，更须颁行诏书，遍下分明条贯。在京则已行止绝，外郡则未有指挥。况近畿阛阓之间，悉大臣资产之地，好利忘义，未知云何擅富兼贪，一至于此。可以检郡县税籍，自然见公卿户名，其务殖货财，不知纪极。以贪化下，安得风俗淳和，忘国忧家，岂令官吏廉洁！今敕命施行之后，兼文武豪富之家，可于敕书更布新令，食厚禄者不得与民争利，居崇官者不得在处回图。此乃申明旧章，备载前史，可师古制，以戒贪夫①。

这份奏折值得注意之处在于，在太祖、太宗朝虽然也有整顿官员经商、敛

---

① 《续资治通鉴长编·卷五十三》（李焘，1993：1159）。

财的奏议和诏令，但基本上都是针对"回图"等具体的不法商业行为。例如：

> 太平兴国二年（977年）春正月丙寅……诏中外臣僚，自今不得因乘传出入，赍轻货，邀厚利，并不得令人于诸处回图，与民争利，有不如诏者，州县长吏以名奏闻①。

但田锡奏折针对的却是大臣们"多置资产""与民争利"的行为本身，是在从根本上否定这种行为，并要求严禁这种行为。

又《长编》此条下有注曰："按锡称近敕大臣不守廉隅，多置资产，盖指宰相向敏中也。"向敏中一案，《长编》《涑水记闻》等书皆有记载，其中《涑水记闻》的记载较为清晰简略，因录之于下：

> 向敏中为相，典故薛居正宅。居正子妇柴氏上书讼敏中典之亏价，且言敏中欲娶己，己不许。上面问，敏中对曰："臣自丧妻以来，未尝谋及再娶。"既而上闻其欲娶王承衍女弟，责其不实，罢相归班②。

另按《宋宰辅编年录》记向敏中罢相制云：

> 庙堂之上，辅弼之臣，实代天工，式隆政本。或徇私踰矩，罔上图安，其在公朝，曷副金属。具官向敏中，逮事先帝，尝列中枢，暨朕纂承，遂正台宰。翼赞之功未著，廉洁之操蔑闻。喻利居多，败名无耻。始营故相之第，终兴嫠妇之词。对朕食言，为臣自昧。宜从罢免，用肃群伦③。

关于向敏中购买薛居正故宅事，《长编》还记载了一个细节：

> 安上兄弟素不肖，先是，尝争竞财货，遂有诏不许其贸易父祖赀产。而向敏中乃违诏贸其居第，令安上日出息钱二千④。

也就是说，这笔交易是在公然违背圣旨的情况下进行的。再加上向敏中在自己的婚姻问题上奏对不实，这两项都是欺君之罪，因此判处罢相也并不为过。《宋史·宰辅表》也正是以这两条罪名来描述向敏中罢相原因的⑤。但值得注意的是，在向敏中的罢相制中，主要强调的问题却并非"对朕食

---

① 《续资治通鉴长编·卷十八》（李焘，1993：392-393）。
② 《涑水记闻·卷七》（司马光，1989：138）。
③ 《宋宰辅编年录·卷三》（徐自明和王瑞来，1986：94）。
④ 《续资治通鉴长编·卷五十三》（李焘，1993：1157）。
⑤ 《宋史·卷二百一十》（脱脱等，1977：5436）。

言，为臣自昧"，而是"翼赞之功未著，廉洁之操蔑闻。喻利居多，败名无耻。始营故相之第，终兴嫠妇之词"，也就是说是针对他置产牟利的行为的。这说明在当时的社会舆论下，牟利本身已经成了足以导致一位宰相被罢免的"恶劣"行为，甚至比"欺君之罪"还不可容忍。

而且在向敏中罢相后，宋真宗的反应是：

> 上谓吕蒙正等曰："向敏中所负如此，腾于清议，不可不加黜免。朝廷进退宰辅，亦非细事，卿等更思持正守道，以辅朕躬。"①

这不但说明向敏中罢相的主要原因确实是他在这起财产纠纷中暴露出的私德问题，而且还可以看到宋真宗要求其他大臣以向敏中为鉴，廉洁自律。这与宋太祖公开放纵臣下置产敛财的态度相比，形成了鲜明的反差。

向敏中案可以说是宋真宗打击官员敛财牟利之风的代表性案例，而对民间商人，真宗朝也采取了更加强硬的态度。天禧四年（1020年）青州麻氏案是这种变化中的一个标志性事件：

> 丙申，杖杀前定陶县尉麻士瑶于青州。其兄大理评事致仕士安削籍配隶汀州，侄右正言直史馆温舒、太常丞直集贤院温其并削职，温舒改太常博士、监升州粮料，温其监光州酒税。家僮范辛等及州院司理、院典级、冒名买场务人借词进士王圭等并黥面，决配广南、福建远恶州军牢城，家僮五十人分隶诸军。以临淄宅一区给其家，邸店资财取十之三均给其族，自余悉籍之。其田庄本因平债吞并典质者，许元主收赎。本路劝农使副、青州知州、通判，悉降等差遣。
>
> 初，士瑶祖希梦事刘铢为府掾，专以掊克聚敛为己任，兼并恣横，用致巨富。至士瑶，累世益豪纵，郡境畏之，过于官府。士瑶素帷薄不修，又私蓄天文禁书、兵器。侄温裕先有憾，常欲讼之。士瑶惧，乃絷之密室，命范辛等三仆更守，绝其饮食。数日死，即焚之。又尝怒镇将张珪，遣家僮张正等率民夫伺珪于途中殴杀，弃其尸。顷之，珪复苏，讼于州，典级辈悉受士瑶赂，出其罪。承前牧宰而下，多与亢礼，未尝敢违忤。及镇海节度推官孙昌知临淄，愤其凶恶，有犯必讯理之。士瑶常声言遣人刺昌。昌乃送其族寓于他郡，每夕宿县廨，列人严更为备。士瑶复与王圭诬告昌不公事，

---

① 《续资治通鉴长编·卷五十三》(李焘，1993: 1157-1158)。

又借同邑人姓名买场务。

先是，侍御史姜遵风闻士瑶幽杀其侄事，奏遣监察御史章频、推直官江钧往鞫之，于是并得他罪，故悉加诛罚焉。仍诏刑部遍牒三京、诸路，揭榜谕民。擢遵为工部郎中，孙昌为大理寺丞，依前知临淄县，赏其发摘奸伏也①。

青州麻氏是宋初地方富豪的代表。司马光《涑水记闻》载：

真宗景德初契丹至澶渊，其游兵至临淄。麻氏率壮夫千余人据堡自守，乡里赖之全济者甚众。至今基址尚存，谓之麻氏寨。兵退，麻氏敛器械，尽输官，留十二三以卫其家。麻温舒兄弟皆举进士，馆阁美官②。

说明麻氏直到真宗初年，仍然与朝廷有很好的合作，在澶渊之战中还曾组织乡民守土卫家，立有大功。麻士瑶本人官拜定陶县尉，其兄麻士安以大理评事致仕，两个侄子更"皆举进士，馆阁美官"，可以说已经比较成功地实现了财富与政治的联姻。但是到真宗末年，麻氏与朝廷间的矛盾突然发生了激化。一方面是麻氏自己依仗财力目无法纪，甚至到了公然殴杀镇将、谋刺县令的地步。但另一方面，朝廷对麻氏的重惩也未尝没有深意。司马光就对这一案件的前因后果有不太一样的描述：

（麻氏）家既富饶，宗族横于齐。有孤侄懦弱。麻氏家长恐分其财，幽饿杀之。事觉，姜遵为转运使，欲树名声，因索其家，获兵器及玉图书小印，因奏："麻氏大富，纵横临淄，齐人慑服。私畜兵、刻玉宝，将图不轨。"于是麻氏或死或流，子孙有官者皆贬夺，籍没家财不可胜纪，麻氏由是遂衰③。

对这则记载，《长编》的作者李焘曾指出，当时姜遵所任官职并非京东转运使，而是侍御史。另按李之亮《宋代路分长官通考》，姜遵任京东路转运使在乾兴元年（1022年），宋仁宗即位后（李之亮，2003：352）。这更暴露出这一案件中的蹊跷。按司马光的说法，姜遵调查麻氏的起因仅仅是因为麻温裕被杀一案，这一点也为《长编》所承认——只是在调查开始后，才"并得他罪"。可是要知道，当时是宗法社会，麻士瑶幽毙孤侄固然为人伦惨剧，但终

---

① 《续资治通鉴长编·卷九十五》（李焘，1993：2188-2189）。
② 《涑水记闻·卷六·临淄麻氏》（司马光，1989：112）。
③ 《涑水记闻·卷六·临淄麻氏》（司马光，1989：112）。

究是麻氏族内争端，即便因牵涉人命而需要官府介入，一般来讲也应该由州、县地方官来管辖，而犯不上惊动远在京城的殿中侍御史。更何况麻氏并非皇亲贵胄，为这样一件案子竟然要京城亲自派员调查，似乎有些小题大做。

此外，《长编》天禧二年（1018年）条下还记载了与麻氏败亡有关的一个细节：

> 戊戌，徙河北都转运使李士衡知青州，代戚纶，以纶知郓州。纶尝作书劝临淄麻氏出粟以济饥民，太常丞致仕景宗拒之，答纶书极不逊。纶愤甚，具奏其事，上怒曰："纶选懦不能抑豪强，乃烦朝廷耶。"亟命士衡代之。士衡至，麻氏具粟千斛以献，景宗曰："祸吾宗矣。"居二年而麻氏破①。

这则记载中最值得注意的是"上怒曰"三字，这直接表露了宋真宗本人对麻氏的愤怒。尽管当时的麻氏族长麻景宗认识到问题的严重性后立刻改正前非，"具粟千斛以献"，试图修补与朝廷的关系，但朝廷对麻氏的不满与猜忌已经种下。《长编》也特意在后面缀上"居二年而麻氏破"几个字，以表明二者间的因果关系。

此案的办理过程中还涌现出一位关键人物——胡顺之，麻氏案发时他的身份是青州从事。《长编》对胡顺之在此案中的作用言之寥寥，只是说"发麻氏罪，破其家，皆顺之之力"②。而《宋史·胡顺之传》则有更详细的记载：

> 大姓麻士瑶阴结贵侍，匿兵械，服用拟尚方。亲党仆使甚多，州县被陵蔑，莫敢发其奸。会士瑶杀兄子温裕，其母诉于州，众相视曰："孰敢往捕者？"顺之持檄径去，尽得其党③。

之所以提到这个胡顺之，是因为除了麻氏案以外，他还与另一起承办不法富民的案件有关：

> 浮梁县民臧有金者，素豪横，不肯输租。畜犬数十头，里正近其门，辄噬之。绕垣密植橘柚，人不可入。每岁，里正常代之输租。及临泾胡顺之为县令，里正白其事，顺之怒曰："汝辈嫉其富，欲使顺之与为仇耳，安有王民不肯输租者耶？第往督之。"里正白不能。顺之使手力继之，又白不能。使押司录事继之，又白不能。顺之怅然曰："然则此租必使令自督耶。"乃命里正取筹，自抵其

---

① 《续资治通鉴长编·卷九十一》（李焘，1993：2103）。
② 《续资治通鉴长编·卷九十五》（李焘，1993：2190）。
③ 《宋史·卷三百三》（脱脱等，1977：10 046）。

居，以藁塞门而焚之。臧氏皆逆逸，顺之悉令掩捕，驱至县，其家男子年十六以上，尽痛杖之。乃召谓曰："胡顺之无道，既焚尔宅，又痛杖汝父子兄弟，尔可速诣府自讼矣。"臧氏皆慑服，无敢诣府者。自是臧氏租常为一县先①。

可见，在宋真宗时代类似青州麻氏的案例绝非孤证。而且更耐人寻味的是，在以"仁政"著称的北宋，行事强横、手段狠辣的胡顺之不但没有受到弹劾，反而因为在麻氏案中的表现被宋真宗"闻其名，召至京师，除著作佐郎、洪州金判"②。这进一步说明胡顺之对富民的强硬态度与当时北宋朝廷的态度完全一致③。

经过真宗朝对牟利官员和富裕平民的一系列打压，至宋仁宗初年，当时士大夫阶层的财富观已较五代和宋初发生了极大的改变。蔡襄在《国论要目·废贪赃》一则中提到：

> 传曰："廉吏，民之表。"今夫食禄而治官，材与不材出于天性。不材者不可强之，使材虽废职尚可恕也。至于凭恃官威、因缘为奸、求取赃贿、以曲为直，上负朝廷之用，下为百姓之害，是其心岂复有所畏哉？……又有不取赃赇自为营利者。臣自少入仕，于今三十年矣。当时仕宦之人粗有节行者，皆以营利为耻。虽有逐锥刀之资者，莫不避人而为之，犹知耻也④。

这段文字出自蔡襄呈送给刚刚即位的英宗皇帝的奏折，时间在1063年左右。这段话中有两个地方很值得注意：其一，这里直接将"不取赃赇自为营利者"与"凭恃官威、因缘为奸、求取赃贿、以曲为直"者相并列，可见在当时，即使"不取赃赇"，仅仅凭"自为营利"这一项，就足以被视为在道德上不可接受的行为了。其二，蔡襄在这里提到"臣自少入仕，于今三十年矣。当时仕宦之人粗有节行者，皆以营利为耻"的情况。蔡襄为天圣八年（1030年）进士，距向敏中案不到三十年，距青州麻氏案十年，而当时"仕宦之人"已经"皆以营利为耻"了。这说明真宗朝打压牟利官员和富裕平民的道德示范目的可以说被非常完美地实现了⑤。

---

① 《续资治通鉴长编·卷九十五》（李焘，1993：2189-2190）。
② 《涑水记闻·卷六·临淄麻氏》（司马光，1989：112）。
③ 讽刺的是，这个胡顺之在因病解官后，本身也加入了经商牟利的行列。"家于洪州，专以无赖把持长短，凭陵细民。赀产至富。"[《涑水记闻·卷六·临淄麻氏》（司马光，1989：111）]。
④ 《蔡襄集·卷二十二·国论要目·二曰正风俗·废贪赃》（蔡襄，1996：379-380）。
⑤ 需要强调的是，北宋对经商官员与民间商人的打压主要是为了提供一种道德示范作用，而并不是真的限制商业。相反，北宋历代帝王都颁布过旨在促进商业、减免商税的诏令（宋晞，1974）。这一方面可以解释为何宋代商业在社会评价如此低的情况下能够取得那样令人瞩目的发展；另一方面也再次让人看到，将经济利益、物质享受与社会地位、政治权力进行切割，使"人各安其位"，是赵宋皇室一贯的也是极其成功的一条驭人方略。

第二节　庆历变革——历史的分界点

自北宋"祖宗家法"全面形成后，到庆历年间，发生了一次重要的转向。不过与其将这次变革理解成一次突变，倒不如说是一直以来不断积聚的各种因素最终汇集成了这场变革。究其根源，太祖、太宗、真宗三朝的祖宗家法，正是这些因素积聚的原因。

一、科举改革

变革的迹象最早出现在 11 世纪 20～30 年代，即天圣-景祐年间。一方面，前文曾经提到，在这二十年间（主要是 20 年代），北宋曾出现过一个遍及各个职业兴趣领域（包括科技领域）的人才产出高峰。而后来推行庆历新政的主要干将们，除了作为领袖的范仲淹［大中祥符八年（1015 年）进士，新政时任参知政事］和晏殊［景德二年（1005 年）召试赐同进士，时任宰相兼枢密使］、杜衍［大中祥符元年（1008 年）进士，时任宰相兼枢密使］以外，也都是在这个时代步入自己职业领域的，其中韩琦（时任枢密副使）为天圣五年（1027 年）进士，富弼（时任枢密副使）为天圣八年（1030 年）进士，欧阳修（时任知谏院）、蔡襄（时任知谏院）亦为天圣八年进士，王素（时任知谏院）天圣五年召试赐进士出身，余靖（时任右正言、谏院供职）为天圣二年（1024 年）进士。此外，在当时学术界的主要领袖中，石介为天圣八年进士，孙复、胡瑗虽未中过进士，但其成名时间也大致相仿[①]。

另一方面，在这二十年间，北宋文化史上发生了两件具有标志性的大事：一是天圣年间的科举改革，二是天圣-景祐年间州县兴学风潮的出现（陈植锷，1992：79-104，120-126）。

天圣科举改革，简单说，就是将考试内容从过去主要以诗、赋为主变成"以策论兼考之"：

---

① 魏泰《东轩笔录·卷十四》："范文正公在睢阳掌学，有孙秀才者索游，上谒文正，赠钱一千。明年孙生复道睢阳谒文正，又赠十千，因问何为汲汲于道路。孙秀才戚然动色曰：'老母无以养，若旦得百钱则甘旨足矣。'文正曰：'吾观子辞气，非乞客也。二年仆仆，所得几何？而废学多矣。吾今补子为学职，月可得三千以供养，子能安于为学乎？'孙生再拜大喜。于是授以《春秋》。而孙生笃学，不舍昼夜，行复修谨。文正甚爱之。明年文正去睢阳，孙亦辞归。后十年，闻泰山下有孙明复先生以《春秋》教授学者，道德高迈。朝廷召至太学，乃昔日索游孙秀才也。"（魏泰，1983：159）范仲淹掌应天府（睢阳）学在天圣五年［《范仲淹全集·附录二·年谱·范文正公年谱》（范仲淹，2007：870）］。又，《宋名臣言行录·前集·卷十》："胡瑗安定先生……布衣时与孙明复石守道同读书泰山，攻苦食淡，终夜不寝，一坐十年不归。"（朱熹，1661）由是推知，孙复、胡瑗大致在天圣年间已在学术领域崭露头角。

> 天圣五年春正月……己未，诏礼部贡院比进士以诗赋定去留，学者或病声律而不得骋其才，其以策论兼考之，诸科毋得离摘经注以为问目①。

宋科举考试仍唐制，以进士科为重，其他诸如明经、明法等科统称诸科，应试和录取都远少于进士科。进士科的考试内容主要包括诗赋杂文、时务策、帖经三大部分。其中杂文包括箴、论、表、赞等，唐时或试诗、赋，或试杂文，未见二者同试②，至后周显德二年（955年），始见诗、赋、论同试的记载：

> 其年五月，尚书礼部侍郎、知贡举窦仪奏："其进士请今后省卷限纳五卷以上，于中虽有诗、赋、论各一卷，馀外杂文、歌篇，并许同纳，只不得有神道碑、志文之类……"③

以上记载中还谈及了帖经、对义的考核标准，但并未言及时务策的问题。又，马端临在《文献通考》中称：

> 祖宗以来，试进士皆以诗、赋、论各一首，除制科外，未尝试策。天圣间，晏元献公请依唐明经试策而不从。宝元中，李淑请并诗、赋、策、论四场通考，诏有司施行。不知试策实始于何年。当考④。

这说明后周和宋初的进士考试中是没有时务策一项的。不过，这一科目应该至迟在太宗时已经恢复。按《宋史·梁颢传》：

> （梁颢）初举进士不中第，留阙下，献疏曰："……陛下诚能设科以擢异等之士，俾陈古人之治乱、君臣之得失、民生之休戚、贤愚之用舍，庶几有益于治，不特诗、赋、论、策之小技，以应有司之求而已。"疏上不报。雍熙二年复举进士……⑤

这说明至迟在太宗雍熙二年（985年）以前，进士考试已形成了以诗、赋、论、策为主的命题结构。不过，直到天圣前，考试中起决定性作用的还是诗、赋一项，考生录取与否基本上全视诗、赋水平决定，论、策、经、义

---

① 《续资治通鉴长编·卷一百五》（李焘，1993：2435）。
② 《文献通考·选举二》（马端临，1986：271-276），《文献通考·选举三》（马端临，1986：280-281）。
③ 《文献通考·选举三》（马端临，1986：282）。
④ 《文献通考·选举四》（马端临，1986：290）。
⑤ 《宋史·卷二百九十六》（脱脱等，1977：9862-9863）。

基本上只用作划定名次时的参考。大中祥符元年（1008年）时任参知政事冯拯就曾进言说：

> 比来省试，但以诗赋进退，不考文论。江、浙士人，专业诗赋，以取科第。望令于诗赋人内兼考策论[①]。

这说明当时礼部在录取进士时，基本不考察其文论水平，只看其诗、赋是否工整。而天圣五年（1027年）诏书所下的命令，就是要求在当届考试的阅卷中，不能再仅以诗、赋作为录取考生的唯一依据，也要参考策、论两题的答题质量。

需要指出的是，虽然本书取天圣五年（1027年）诏书作为北宋科举改革正式开始的标志，但实际上，增加策、论权重的呼声早就已经形成了风气，而沿着这一方向做出的调整也早就开始进行了。例如，上引梁颢、冯拯的言论[②]，就是其中的代表性观点。而北宋对科举中策、论权重的逐渐增加，更可追溯到宋太宗时代：

> （太平兴国）三年（978年）九月，上御讲武殿试礼部贡士举人，进士加论一首，自是以三题为准[③]。

在宋初，殿试只考诗、赋各一首，宋太宗首次在殿试科目中增加了论，应该也是为了让殿试更能体现进士们的真才实学。而宋真宗在对前引大中祥符元年冯拯的进言表示赞同后，亦曾降诏要求加强策、论在科举考试成绩中的权重：

> [天禧元年（1017年）九月癸亥]右正言鲁宗道言："进士所试诗赋，不近治道。诸科对义，但以念诵为工，罔究大义。"上谓辅臣曰："前已降诏，进士兼取策论，诸科有能明经者，别与考校。可申明之。"[④]

可见，最迟在天禧元年（1017年）以前，宋真宗已下过"进士兼取策论"的诏书。只不过这道诏书今天已无从得见，并且显然没能很好地推行下

---

① 《续资治通鉴长编·卷六十八》（李焘，1993：1522）。
② 梁颢的批评虽然将"策""论"也包括在内，但从其语境可知，他批评的是只重文学水平的考核标准。这也说明当时的"策""论"考试已失去了考查应试者政治、哲学、历史知识的本意，而与诗、赋一样沦落到只以辞藻定优劣。而当时大多数士人所呼吁加强的并不是这种策论考核，而是恢复了策、论考试本意之后的考核。这与梁颢关于科举考试应考查"庶几有益于治"的真才实学的主张是一致的。
③ 《文献通考·卷三十》（马端临，1986：284）。
④ 《续资治通鉴长编·卷九十》（李焘，1993：2082）。

去。不过，宋真宗既已明确下诏要求"进士兼取策论"，说明他对于在科举考试中加大策、论权重这一问题的态度与宋太宗相比又要明确了很多。而在此之后，从天圣科举改革，到庆历新政中的科举政策，再到王安石熙宁变法废黜诗、赋，可以看到在科举考试中加重策、论、经、义所占的比例，削弱诗、赋权重的倾向是越来越强的。其间虽有反复，如庆历新政失败后"诏礼部贡院，进士所试诗赋、诸科所对经义，并如旧制考校"①，以及元祐时苏轼主导的恢复诗、赋考试的动议，但最终，北宋科举制度还是走上了由诗赋而策论，由策论而经义的发展方向。这种变化一方面可以视为因主张"明体达用""发明义理"的宋学逐渐兴起而导致的一个结果；另一方面，从汉学注疏、训诂到宋学心性、义理研究旨趣的转变能够如此迅速地在广大知识分子中完成，其中也未尝没有科举考试这根"指挥棒"所提供的推手。

二、天下兴学

有人曾指出《长编》天圣五年（1027年）的记载中一个有趣的细节——在天圣五年（1027年）正月己未日颁布改革科举诏之后，紧接着的一条记载就是：

> 庚申，降枢密副使、刑部侍郎晏殊知宣州……寻改知应天府。殊至应天，乃大兴学，范仲淹方居母丧，殊延以教诸生。自五代以来，天下学废，兴自殊始②。

"第一条讲贡举考试新制，第二条讲北宋学校兴办之始，作为儒学繁荣的标志出现，决非偶然。"（陈植锷，1992：79-80）而且值得注意的是，这座代表着北宋兴学运动开端的学校的主持者和发起者正是二十年后在台前幕后主导和推动了庆历新政的参政范仲淹与宰相晏殊。

关于应天府学以外的其他州郡的兴学情况，陈植锷先生也进行了很详细的梳理。早在乾兴元年（1022年），就有孙奭在兖州孔庙内建学的记录：

> ［乾兴元年（1022年）十一月］庚辰，判国子监孙奭言："知兖州日，于文宣王庙建立学舍，以延生徒，自后从学者不减数百人，臣虽以俸钱赡之，然常不给。自臣去郡，恐渐废散。伏见密州马著山讲书、太学助教杨光辅素有经行，望特迁一官，令于兖州讲

---

① 《续资治通鉴长编·卷一百五十五》（李焘，1993：3761）。
② 《续资治通鉴长编·卷一百五》（李焘，1993：2435）。

书,仍给田十顷,以为学粮。"从之。遂以光辅为奉礼郎。(原注:诸州给学田,盖始此。)①

孙奭天禧五年(1021年)二月至乾兴元年(1022年)八月知兖州(李之亮,2001:343-344),因此,兴学之事可能在天禧五年(1021年)就已经开始了。不过也许因为孙奭的兖州学是在兖州孔庙庙学基础上扩建而成的,所以《长编》并未以此作为州县兴学之始。不过"诸州给学田,盖始此"这一点也是非常重要的,这不仅开创了一个先例,也显示了朝廷在兴学问题上的姿态。

而在天圣五年(1027年)以后,北宋州郡兴学的高潮就名副其实地来临了。按陈植锷先生对《长编》中景祐到宝元年间州郡建学及赐学田情况的记载进行的整理,记:

景祐元年,共6处:京兆府、河南府、陈州、扬州、杭州(以上卷一百十四)、舒州(卷一百十五)。

景祐二年,共10处:亳州、秀州、濮州、郑州、楚州(以上卷一百十六),蔡州、苏州、应天府、孟州(以上卷一百十七)。

景祐三年,共17处:洪州、密州、潞州、常州、衡州、许州、润州、真州、越州、阶州、真定府、博州、鄆州(以上卷一百十八)、并州、绛州、合州、江州(以上卷一百十九)。

景祐四年,共3处:宣州、福州、徐州(以上卷一百二十)。

宝元元年,共3处:鄆州、颍州(以上卷一百二十一)、襄州(卷一百二十二)。

宝元二年,共3处:明州、泉州(卷一百二十三),建州(卷一百二十五)(陈植锷,1992:124-125)。

天圣五年(1027年)至明道二年(1033年)的情况,陈先生未作整理,但从以上材料中已经能够明显看出,从景祐元年(1034年)到景祐三年(1036年),也就是11世纪30年代中期,是北宋州郡兴学的高峰。这与之前的统计中教育家比例在11世纪30年代达到高峰的事实正好相符②。

天圣科举改革和景祐兴学之风为众多研究者所注意,它们与庆历新政之间的渊源也已被很多人探讨过。不过,恐怕还不宜过早地将北宋庆历时代的人才之盛归结到这两项变化上。因为值得注意的是,天圣科举改革和大规模

---

① 《续资治通鉴长编·卷九十九》(李焘,1993:2303)。
② 参见图2-2。

州郡兴学都出现在 11 世纪 20 年代后期到 30 年代，而不是 11 世纪 20 年代初或更早。因此，如果这种改革对人才的产出有所影响，那么这种影响应该主要显示在 11 世纪 30 年代，而非 11 世纪 20 年代。特别是学校的建设，从建学、培养人才，到这些人才能够登科入仕或在其他领域崭露头角，至少需要数年的周期。更何况兴建学校之风本就在景祐年间才达到高潮，要给社会带来能够察觉到的影响，最早也要等到宝元－康定年间，也就是 11 世纪 30 年代末期。

但是统计数据显示出的情况却恰恰与此相反，北宋最引人注目的人才产出高峰既不是出现在 11 世纪 30 年代，也不是出现在 11 世纪 40 年代，而是出现在 11 世纪 20 年代。当然，在很多领域中，11 世纪 30 年代也可以算是一个人才产出的黄金时期——包括科技领域。但必须承认，与科举改革和兴学之风兴起之前的 11 世纪 20 年代相比，这十年中的人才产出率不但并无提高，反而略有下降，到 11 世纪 40 年代还下降得更多（从比例上）。这足以说明，11 世纪 20 年代末到 30 年代中期发生的两项变革与各领域的人才产出率之间并不存在明显的正反馈关系。

因此，天圣－景祐间的科举改革和兴学之风并不是庆历"人才之盛"的根本原因。如果说它们之间有什么关系的话，那么也不会是因果关系。相反，它们很可能是同一种更大的社会潮流所导致的两个彼此平行的结果，并共同在庆历时代的变革中发挥了作用。而这种作用最重要的一个结果，恐怕就是"宋学"的形成。

三、宋学崛起

宋代以前的唐代，儒学领域流行的是传承自汉代的"汉学"。训诂、考证是汉学的基本研究方法。因此"汉学"也被称作"章句之学"。而儒学发展到宋代，风尚为之一变，"摆脱了汉儒章句之学的束缚，从经的要旨、大义、义理之所在，亦即从宏观方面着眼，来理解经典的含义，达到通经的目的"（漆侠，2002：5），从而形成了被称为"义理之学"的"宋学"。而庆历新政前后则是自南宋以来就被公认的宋学形成的时间点。所谓"言宋学之兴，必推本于安定泰山"（钱穆，1997：2）是也。

关于宋学形成阶段的关键人物和代表学派：宋初三先生——胡瑗、孙复、石介，以及范仲淹、欧阳修等人，第六章已进行了部分讨论。这里要补充讨论的是各学派共通的宋学整体精神。

钱穆言："宋学精神，厥有两端，一曰革新政令，二曰创通经义，而精神之所寄则在书院。革新政治，共事至荆公而止，创通经义，共业至晦庵而逐。而书院讲学，则其风至明末之东林而始竭。"（钱穆，1997：7）而漆侠先生在言及宋学之形成时，总结出疑经、对汉人注疏不信任、首创义理之学、讲求实用、追求"内圣外王之道"、以范仲淹为核心六大特点（漆侠，2002：256）。台湾的宋晞先生则将宋代学术精神概括为"博学与善疑、身心之修养、伦常与名分、经国与济世四方面"（宋晞，2003）。这些看法基本上比较全面地概括了宋学的主要精神。

首先是怀疑精神，即对汉唐注疏解释乃至孔孟之后一些经典文献的真实性提出质疑，从而产生了回到最原始的文本中去（特别是《周易》《论语》《孟子》《中庸》），通过自己的独立思考重新从"大义"上去理解经典，即"发明义理"的要求。这个过程与欧洲宗教改革前后新教徒对罗马正教教义的摒弃和对《圣经》文本的回归颇为相似。从这个意义上说，有人将宋代称为"中国的文艺复兴"，并非完全没有道理。

其次是经世济用的精神，钱穆所谓宋学精神之一端的"革新政令"，正得自经世精神与疑古精神的结合。从庆历新政到熙宁变法，经世精神一直在其中起着至关重要的作用。同时这也是北宋学术与政治联系紧密，乃至学术之争往往升格为政治斗争的根源。

然而正像第六章论述的，将经世精神推而极之，反而会滑向它的反面——这就是宋学精神的第三个方面：崇尚"心性"之学，亦即漆侠先生所云"内圣外王"之"内圣"以及宋晞先生所云"身心之修养"。这种倾向有两个来源，一是传统儒学以德为本的思想，二是道教修身养性和佛教内心反省的方法。值得注意的是，强调身心修养的倾向在庆历时代表现得并不明显。陈植锷将庆历时代的宋学称为"义理之学"，将熙宁以后的宋学称为"性理之学"，认为在11世纪60年代前后发生了一场从"义理之学"过渡到"性理之学"的转变（陈植锷，1992：218-235），这一概括可以说是非常准确的。当时的安定、泰山、高平、庐陵四大学派中，除安定胡瑗比较强调身心修养外，其他几派虽然也强调道德，但所宣扬者无非忠、孝、友爱及遵循礼法等传统道德，而并未涉及"心性"或所谓"道德性命"之类的抽象概念。盖当时儒家的仁德思想和佛教的心性理论这两大传统尚未合流，且以泰山学派为首，还在极力抵制佛、道两教的影响，"心性"说尚未得其门而入。

最后，对"伦常与名分"的重视——这条被宋晞先生独具慧眼地察觉到的特征同样非常重要。这正是前文提到的儒学秩序精神的集中体现，而泰山学派是其代表。这种倾向向两个方向发展：其一，所谓"伦常与名分"的概念被投射到学术界，促成了重师道、严师道、重道统、争道统风气的形成（王水照，1991），为后来各大儒学学派的学术交流态度逐渐转向保守，各守家法、固执己见、相互攻击，甚至焚禁别家学说著作埋下了伏笔。其二，将"伦常与名分"的标准映照于个人，加剧强调个人忠、孝、礼法等道德品质的风气，即道德至上主义。特别是到后期，这种倾向与崇尚"心性"修行的倾向相结合，使宋学到南宋时几乎已蜕变成语录体的道德说教。当然，在宋学初兴的庆历年间尚无此问题，但此时宋学对道德至上主义的影响也已初露端倪。诚如第二章数据所显示的，关于美德的记载在宋学初兴的11世纪30～40年代急剧增加，并且自此以后再也没有下降到11世纪40年代之前的水平。

此外，还有一个问题值得一辨，即"博通"精神在宋学中的位置。很多人将其作为宋学精神的另一个主要方面。诚然，确实有不少北宋士大夫表现出这种品质，如沈括、苏轼、胡宿、夏竦等。然而不能不让人注意的是，在狭义的宋学——前文讨论的作为"汉学的对立物"而存在的这种学术传统兴起的同时，宋人兴趣广泛度的指数并不是上升了，而是下降了[①]。同时宋学家们所表现出来的实际行动也实在无法让人相信他们是主张"博通"的。事实上，且不说艺术、方技，以及与科技有关的各种活动，就连作为知识分子最基本功课的"作文"，都被他们视为"害道"：

问：作文害道否？

曰：害也。凡为文不专意则不工，若专意则志局于此，又安能与天地同其大也？《书》曰："玩物丧志。"为文亦玩物也。吕与叔有诗云："学如元凯方成癖，文似相如殆类俳。独立孔门无一事，只输颜氏得心斋。"此诗甚好。古之学者，惟务养情性，其它则不学。今为文者，专务章句悦人耳目。既务悦人，非俳优而何[②]？

这段话出自著名的洛学（即在宋学几大学派的竞争中最终取得完胜的一派）宗师程颐。显然，按照这种观点，"学者"除了研究经术以外根本就什么都不该做，甚至最好连经术也不要研究——"惟务养情性，其它则不学"，否则就是"玩物丧志"，更遑论"博通"！

而且这还不仅仅是程颐晚年的观点。早在皇祐年间，年轻的程颐在安定

---

① 参见第二章第三节和图2-6。
② 《二程集·河南程氏遗书·卷第十八》（程颢和程颐，1981：239）。

先生胡瑗门下学习时，所作的《颜子所好何学论》就写道：

> 不求诸己而求诸外，以博闻强记、巧文丽辞为工，荣华其言，鲜有至于道者。则今之学与颜子所好异矣①。

在这里，程颐甚至更赤裸裸地对"博闻强记"提出了反对，而胡瑗在看到这篇文章后竟然"得其文大惊异之，即延见，处以学职"②。可见这种倾向实自安定学派时代就已经植根于宋学中。而且当时有此认识的显然不仅仅是安定学派。其他人且不论，就连自身博学多才，在政治、军事、经术、史地、文学、艺术六大领域都有所成就，且有《洛阳牡丹记》《钟虡说》等与自然科学有关的著作传世的欧阳修，也同样宣称博物"非学者本务"③。可见，宋人兴趣的广泛程度随着宋学兴起而下降并非是没有原因的。

第三节　熙宁党争——宋学精神气质的形成

综上所述，宋学的主要精神气质，除了对"心性"修养的追求外，余者在庆历时代都已初露端倪。而熙宁到元符年间，即北宋神宗、哲宗两朝，则是这些精神气质得以被强化的时代。但这一过程并非一个单调上升的过程，相反，正是对这些精神气质的反省、批判和学派斗争，起到了否定放大作用，使早期宋学中已经出现的各种精神气质进一步鲜明起来。而这一过程的具体表现，就是熙宁时代的政治-学术斗争。

一、"一道德"——王安石的意识形态一元化运动

文化专制主义的加强，既是熙宁以后宋学发展的一个重要特征，也是这个时代政治上的一个重要变化。这种变化一方面来自赵匡胤以来的"卧榻"主义对学术和思想领域的侵蚀，另一方面也是宋学追求"义理"的精神和秩序精神之间的内在矛盾所致。

如前所述，北宋开国以来，奉行"卧榻之侧，岂容他人鼾睡"的原则，加强中央集权，翦除对抗势力。不过这种政策仅仅是针对政权和疆土问题的，并未旁及思想领域，且皇帝还有意鼓励不同政见的存在。这一方面是

---

① 《二程集·河南程氏文集·卷第八·杂著·颜子所好何学论》（程颢和程颐 1981：578）。
② 《宋史·卷四百二十七》（脱脱等，1977：12 719）。
③ 参见第六章第二节。

因为宋太祖起于行伍，受五代传统浸染，深刻相信"枪杆子里出政权"的道理，在骨子里就对意识形态问题漠不关心，客观上为宋初的思想文化提供了宽松氛围。另一方面，鼓励不同政见，除有助于"兼听则明"以外，亦是为达到"异论相搅"目的而有意采取的权术。因此，北宋初期的思想和文化领域一直维持着相对自由的氛围。

但这种自由状态并不稳定。事实上，虽然宋代有"不杀士大夫和上书言事人"的传统，但对持不同政见者仍有远谪、贬黜、落职、除名甚至流放编管之类的处罚方式。可以施加于持不同政见者们的罪名也很多，如"谤讪""不敬"等。因此，宋初思想和言论相对自由的传统实际上并无可靠的制度保障，它的维系很大程度上依赖于皇帝个人的品德和执政能力。作为"异论相搅"原则的创立者，太祖、太宗、真宗三帝自不必说。以仁宗之谨厚，亦能恪守祖宗家法，宽待言事之人——且不论其对包拯、王素等名垂青史的直言之臣的优容，即便是一些在今天看来都不可接受的反政府言论，仁宗都尽可能宽大对待。例如，《曲洧旧闻》载：

> 仁宗时蜀中一举子献诗于成都府某人，忘其姓名，云："把断剑门烧栈阁，成都别是一乾坤。"知府械其人付狱，表上其事。仁宗曰："此乃老秀才急于仕宦而为之，不足治也。可授以司户参军，不厘事务，处于远小郡。"①

在封建时代，公开散布这样一首鼓动分裂的反诗，所得到的结果竟然是"授以司户参军"，历朝历代对言论的最大宽容也不过如此了。

然而到宋神宗即位时，这位年轻急躁、果于决断的皇帝却既不理解"异论相搅"的意义，也无他祖父仁宗的容人之量。他所能看到的只是"异论纷然"导致的政府效率下降，"异论相搅"导致的资源浪费和对权力的掣肘，使他"快意事便做不得一件"②。而相反，在疆土管理和政权控制方面表现出良好效果的极权主义则对急于求成的年轻人显示出巨大的吸引力。从即位之初罢黜富弼、司马光、文彦博等反对派，到元丰年间因苏轼一句"知其愚不适时，难以追陪新进；察其老不生事，或能牧养小民"就遽兴大狱，制造臭名昭著的"乌台诗案"，宋神宗完成了将"卧榻"主义"消灭竞争性力量"

---

① 《曲洧旧闻·卷一·仁宗命授蜀中老秀才以司户参军》（朱弁，2002：94）。
② 侯延庆《退斋笔录》云："神宗时，陕西用兵失利，内批出，令斩一漕臣。明日，宰相蔡确奏事。上曰：'昨日批出斩某人，已行否？'确曰：'方欲奏知。'上曰：'此事何疑？'曰：'祖宗以来，未尝杀士人。臣等不欲自陛下始。'上沉吟久之，曰：'可与痛面配ális恶处。'门下侍郎章惇曰：'如此，即不若杀之。'上曰：'何故？'曰：'士可杀，不可辱。'上声色俱厉曰：'快意事便做不得一件！'惇曰：'如此快意事，不做得也好！'"是书今见《说郛》[《说郛（涵芬楼本）·卷四十八·退斋笔录》（陶宗仪，1986）]。

的指导方针从政治领域扩展到思想文化领域的进程。将仁宗时代的成都府反诗案与苏轼乌台诗案进行一下对比，即可看出这种变化是何等剧烈。

然而就像"祖宗家法"并非取决于太祖、太宗的个人意志一样，如果仅凭神宗一人之好恶，亦不足以改变整个社会的精神风尚。这种改变的更深刻的背景是学术领域自身要求统一学术思想的潮流（方笑一，2003）。

宋学之兴，始自疑经、疑古，始自脱离汉唐注疏的独立思考。然而既然是独立思考，每个人对经典都会有自己的理解，由此必然造成"一人一义，十人十义"的百家争鸣的局面。而这却又是宋学崇尚正统的秩序主义精神所不能容忍的。

在宋学初兴的庆历时代，各学派间学术观点、研究旨趣的分歧尚未表面化，尚可在同一个虚构的、抽象的"道统"大旗下相安无事①。当时孙复、石介等虽然已经在高呼"排斥异端"，但其所针对的也只是佛、老等异教，以及"西昆体"等在他们看来"坏风俗"的"华靡之辞"，而非其他的儒学流派。

然而到熙宁时代，随着各学派学术观点的成熟化和清晰化，它们之间的分歧也逐渐扩大到了不可调和的程度。宋儒们在"排斥异端"旗帜下进行的学术争端，也从枪口一致对外、直指佛老，逐渐演变为儒学内战：不同学派互指为异端，而原来被作为"排斥异端"标靶的佛、道思想，反而被各学派引以为援。其中最具代表性的就是自熙宁以后统治中国思想界数十年、影响绵延百年的荆公新学及其创立者王安石。他是熙宁时代鼓吹学术一元化的代表人物。他的言论不止一次地表现出对学术界无政府状态的不满，以及统一学术思想的愿望。例如，他在《答王深父书》中所说：

> 古者一道德以同天下之俗，士之有为于世也，人无异论。今家异道，人殊德，又以爱憎喜怒变事实而传之……②

又，《与丁元珍书》：

> 古者一道德以同俗，故士有揆古人之所为以自守，则人无异论。今家异道、人殊德，士之欲自守者又牵于末俗之势，不得事事如古，则人之异论可悉弭乎③？

---

① 实际上，在庆历－嘉祐年间，就已经出现了欧阳修、张方平（范仲淹门人）与石介、张唐卿等泰山门人推崇的"太学体"之间的斗争（祝尚书，2006：383-392），可视作后来苏轼蜀学与二程洛学之争的一次预演。
② 《临川先生文集·卷七十二·答王深父书》（王安石，1959：768）。
③ 《临川先生文集·卷七十五·与丁元珍书》（王安石，1959：794）。

当然，最重要的言论还是他在神宗皇帝面前的进言：

> 今人材乏少，且其学术不一。一人一义，十人十义。朝廷欲有所为，异论纷然，莫肯承听。此盖朝廷不能一道德故也①。

所谓"一道德"，原出于《礼记·王制》：

> 司徒修六礼以节民性，明七教以兴民德，齐八政以防淫，一道德以同俗，养耆老以致孝，恤孤独以逮不足，上贤以崇德，简不肖以绌恶②。

可见所谓"一道德"最初只是原始国家形成初期，为了替代部落联盟时代基于血缘的集体认同、建立新的基于文化的集体认同、形成国家凝聚力，而进行的一种统一基本信仰、文化风俗和价值观的努力。然而在熙宁前后，《礼记》中提到的这个"一道德"的概念突然流行起来，并被加载了更多的内涵。不仅是王安石，洛学的代表人物程颢当时亦曾上书神宗皇帝称：

> 窃以去圣久远，师道不立，儒者之学几于废熄，惟朝廷崇尚教育之，则不日而复古者，一道德以同俗。苟师学不正，则道德何从而一？方今人执私见，家为异说，支离经训，无复统一。道之不明不行乃至于此③。

又如曾巩的《〈新序〉目录序》：

> 古之治天下者，一道德，同风俗。盖九州岛之广，万民之众，千岁之远，其教已明，其习已成之后，所守者一道，所传者一说而已④。

可见，王安石对"一道德"的鼓吹并不是孤立的，而是当时士大夫阶层内的一种普遍认同。而且从王安石、程颢的言论可以看出，这种思潮正是由"家异道，人殊德""人执私见，家为异说"的现状所导致的。

当然，在熙宁宋学的四大主要学派中，也并非所有学派都主张"一道德"。司马光就曾批评王安石：

> 王安石不当以一家私学，欲盖掩先儒，令天下学官讲解及科场

---

① 《文献通考·选举四》（马端临，1986：293）。
② 《礼记·王制第五》（陈澔，1985：74）。
③ 《二程集·河南程氏文集·卷第一·请修学校尊师儒取士札子》（程颢和程颐，1981：448）。
④ 《曾巩集·卷第十一·〈新序〉目录序》（曾巩，1984：177）。

程试同己者取,异己者黜①。

如果说这段批评中还多少带有一些党同伐异的嫌疑,那么苏轼的批评则更为中肯:

> 文字之衰未有如今日者也,其源实出于王氏。王氏之文未必不善也,而患在好使人同己。自孔子不能使人同,颜渊之仁,子路之勇,不能以相移。而王氏欲以其学同天下。地之美者,同于生物,不同于所生;惟荒瘠斥卤之地,弥望皆黄茅白苇。此则王氏之同也②。

在这里苏轼坦率地承认"王氏之文未必不善也",他所反对的只是王安石"好使人同己"的学阀作风。并指出,所谓"一道德",实际上就是在制造文化沙漠,将学术界、思想界变成"弥望皆黄茅白苇"的"荒瘠斥卤之地"。

然而这种声音在当时是处于严重劣势中的。正如第六章指出的,司马光代表的朔学和苏轼代表的蜀学都带有低群倾向(而相反,鼓吹"一道德"的王安石新学、程颢洛学都带有高群倾向)。可能正是低群群体的精神气质决定了他们会反对"一道德"。但也正是低群特征,决定了他们无法与高群的新学和洛学竞争。

从这场学术竞争的实际战果也可看出,自熙宁以后被确立为中国官方统治思想的,在熙宁是新学,在后世是洛学,朔学和蜀学则一直在野,甚至在元祐初年司马光出任宰相时,朔学也未曾获得统治思想的地位。这也是理所当然的,司马光和苏轼既反对"一道德",自然也就不会试图用自己的学术去搞统一思想的一套。然而新学和洛学就没有这样的费厄泼赖精神了。新学依靠自己掌握权力,洛学则通过依附权力③,皆自命为唯一的"正论",而抵他派为"邪说"。而且由于朔学和蜀学都没有去刻意营造一个明确的体系和纲领,因此其最终命运都是二代而终,最后被消化于洛学和新学中了。

到南宋,虽然王氏新学也最终在与洛学的竞争中落败,但最后留下来的洛学却是一个甚至比新学还要强硬地推行"一道德"的学派。南宋理学宗师朱熹曾评价前引苏轼对王安石的批评曰:

---

① 《司马光集·卷五二·章奏三七·起请科场札子》(司马光,2010:1082-1083)。
② 《苏轼文集·第四十九卷·答张文潜县丞书》(苏轼,1986:1427)。
③ 大程尝附王安石,小程尝依司马光,杨时为蔡京门下士,到南宋更找到了宋高宗和宰相赵鼎两个大靠山(漆侠,2002:458,522-527)。

东坡云："荆公之学未尝不善，只是不合要人同己。"此皆说得未是。若荆公之学是，使人人同己，俱入于是，何不可之有？今却说未尝不善，而不合要人同，成何说话？若是使弥望皆黍稷，都无良莠，亦何不可①？

可见，作为洛学传人，朱熹虽然对王安石的学术不以为然，但在"要人同己"的原则上，却与新学惺惺相惜。

除了这些因素之外，在客观方面，当时科举考试制度和教育制度的改革对"一道德"的推行也起到了推波助澜的作用。

第七章第二节曾提到，自宋初以来，科举考试中就一直存在着增加策论、经义权重，降低辞赋重要性的发展趋势。然而"诗赋声病易考，而策论汗漫难知"②，这种改革势必增加阅卷标准的控制难度。庆历科举改革尝试中遇到的正是这个问题。

而熙宁科举改革时彻底废除诗赋，以经、义、论、策入题，则进一步加重了这一问题。特别是当时的经义考试已不同于宋初只考察记忆力的"帖经""墨义"③，而是要考察"大义"，也就是阐发对经文的理解。这是新兴的"义理之学"在科举政策中的反映。但也正是由于"义理之学"兴起，导致了"经术今人人乖异"的问题，使科举考试的标准愈发难以掌握。实际上，王安石新学的纲领性著作《三经新义》本身就是为了提供这样一种标准而修纂的：

[熙宁五年（1072年）正月]戊戌，王安石以试中学官等第进呈，且言黎佽、张谔文字佳，第不合经义。上曰："经术今人人乖异，何以一道德？卿有所著可以颁行，令学者定于一。"安石曰："《诗》已令陆佃、沈季长作义。"上曰："恐不能发明。"安石曰："臣每与商量。"④

此为北宋置局编纂《三经新义》之始。这件事发生在熙宁科举新制颁行后的次年，可见当时王安石和宋神宗已经意识到新科举制度即将面临的阅卷标准问题。

一方面是科举新制对于"一道德"的客观要求；而另一方面，王安石

---

① 《朱子语类·卷一百三十·本朝四·自熙宁至靖康用人》（黎靖德，1986：3099-3100）。
② 《续资治通鉴长编·卷一百五十五》（李焘，1993：3761）。
③ 即类似于今天的填空和默写。"帖经"即给出一句缺字的儒经原文，让考生填出所缺的几个字。"墨义"则是要求考生默写出给定的儒经原文或注疏。
④ 《续资治通鉴长编·卷二百二十九》（李焘，1993：5570）。

也有意地利用科举考试的"指挥棒"效应来实现"一道德"的追求,"同己者取,异己者黜"。熙宁三年(1070年)中状元的叶祖洽就是以"所对专投合用事者"而被吕惠卿擢为第一。而在《三经新义》颁行后,更达到了"一时学者无敢不传习,主司纯用以取士,士莫得自名一说,先儒传注一切废不用"①的效果。

除此之外,对学校的控制也成为促进"一道德"的手段。在王安石最初对宋神宗的进言里就直言不讳地提到过:

> 一道德,则修学校;欲修学校,则贡举法不可不变②。

众所周知,"三舍法"是王安石新法的重要组成部分之一。而林希《野史》中记载的一则被不少历史文献引用过的事件则显示了王安石是如何通过对太学三舍的控制推进"一道德"的:

> 苏颂子嘉在太学,颜复尝策问王莽、后周改法事,嘉极论为非,在优等。苏液密写以示曾布曰:"此辈唱和,非毁时政。"布大怒,责张琥曰:"君为谏官、判监,岂容学官、生员非毁时政而不弹劾?"遂以示介,介大怒,因更制学校事,尽逐诸学官,以李定、常秩同判监,令选用学官,非执政喜者不预。陆佃、黎宗孟、叶涛、曾肇、沈季长:长,介妹婿;涛,其侄婿;佃,门人;肇,布弟也。佃等夜在介斋,授口义,旦至学讲之,无一语出己者。其设三舍皆欲引用其党耳③。

可见太学三舍在当时实际上已经成为实行文化专制、思想控制的阵地,"三舍法"亦完全蜕变成了剪除异端思想的工具。而且王安石还试图用三舍法全面代替科举制度。这一规划在王安石生前虽然没有完成,但后来却在宋徽宗时代借蔡京之手得以实现。这样就彻底实现了太学——官方统治思想对思想、学术界的垄断。

更严重的是,在官学大兴的同时,私学的生存空间遭受挤压,更彻底摧毁着学术思想和教育理念多元化的根基。刘子健先生指出,当时"最有名的地方私学,从这时起(指庆历以后)到南宋初年,反而有退步的现象"。而这一观点与前文统计中显示出的庆历以后,在政府一波高过一波的兴学浪潮

---

① 《宋史·卷三百二十七》(脱脱等,1977:10 550)。
② 《文献通考·选举四》(马端临,1986:293)。
③ 《续资治通鉴长编·卷二百二十八》(李焘,1993:5546),其中"介"当为"介甫"之省语,系指王安石。

中，教育家产出率反而急剧减少的情况是完全一致的。刘先生还指出："官学易受政治的影响而引起弊端"，而且后来到南宋时学术文化最发达的，恰恰是北宋后期"官学最少"的福建（刘子健，1969）。

二、从"义理"到"性理"

熙宁时代的另一个重要发展动向是"义理之学"进一步升格为"性理之学"。这也是第七章第二节中提到过的。

宋学本就以注重"义理"，即主张从大义上去把握经典，而不拘泥于训诂文字为特征。这种主张在道理上本来是正确的。然宋学之末流，以"义理"为名，急于创造浮华不实的宏大体系，置实学于不顾，天马行空、穿凿臆断，最终难免流于空谈。

熙宁以后，所谓"性理"或"道德性命"之说的兴起则进一步使这一问题严重化。第七章第二节曾经提到，"性理"之学的兴起是儒家传统的道德至上主义（亦即所谓"在德不在险"主义）与佛、道内省方法合流的产物。另外，北宋文教发达，士大夫阶层急剧膨胀，而官僚机构中却无法提供足够多的新岗位来吸纳他们，因此造就了一大批在仕途上郁郁不得志、空有经世之志却不得施展的闲散士大夫。加之熙宁以后党争愈发激烈，政治气候变化不定，士大夫们即使有幸占据高位，也往往"志未伸，行未果，谋未定，而位已离矣"[①]。在经世之志饱受挫折的情况下，"独善其身"成为这些士大夫唯一可以把握和控制的东西。由此潜心经术，进而疏谈"心性"，遂成风尚（郭学信，2007）。因此，有人将这一变化称为"宋明理学在致思路上由外向内的重大转折"（葛金芳，2000），可以说是非常形象的。

二程洛学是这一变化的最典型代表。在二程的著作里可以看到对"求诸己"的反复强调和对"求诸外"的严厉批评。这种精神早在程颐年轻时所作的《颜子所好何学论》中就已表露无遗：

> 不求诸己而求诸外，以博闻强记巧文丽辞为工，荣华其言，鲜有至于道者。则今之学与颜子所好异矣。

按，"求诸己"的概念本出自《论语·卫灵公第十五》：

> 子曰：君子求诸己，小人求诸人。

[①] 《宋论·卷二》（王夫之，2003：46）。

但这句话的本意并不是在鼓吹"内省"。在《论语》原文中,这句话前面还有两句:

> 子曰:君子病无能焉,不病人之不己知也。
> 子曰:君子疾没世而名不称焉①。

这三句话紧密地结合在一起,实际上是在说明一种学习和处世的态度,即君子注重的不是外在的虚名,而是专注于提高自己的能力、水平,因此"不病人之不己知",而只会"病无能焉",即担心自己的能力不足。而且即使遇到"没世而名不称"的情况,也只会从自己身上找原因,以提高自己的能力作为解决方法。

在孔子以后,孟子进一步在道德修养的层面上发明这一观点曰:

> 仁者如射。射者正己而后发,发而不中不怨胜己者,反求诸己而已矣②。

这同样是在强调遇到问题要向自己身上找原因,而不要怨天尤人的处事原则,而并不是说可以通过"内求"来获得知识。

到北宋,司马光在解释《易经》"安土敦乎仁,故能爱"一句时,也取"仁者求诸己"之说:

> 介甫曰:安土谓不择地而安之。光谓:仁者求诸己,不求诸人。安土敦仁,则内重而外物轻,乃能自爱③。

在这里,"求诸己"这一概念的使用方式出现了一个微妙的变化。"君子求诸己,小人求诸人"中"己"和"人"被不动声色地与"内(心)"和"外物"对等起来,"求诸己"与"求诸人"之间的对立由此偷换成了"求诸己"与"求诸外"之间的对立。不过,司马光谈论的仍然是一种处世态度,这一点与儒学先圣们对"求诸己"这一概念的使用还是相同的。这种态度就是不以外物为忤、守道自安的态度。司马光在解释《大学》"致知在格物"之语时,将"格物"解释成"扞御外物",也是从这个立场上出发的:

> 人之情莫不好善而恶恶,慕是而羞非。然善且是者盖寡,恶且非者实多,何哉?皆物诱之也,物迫之也……学者岂不知仁义之

---

① 《论语·卫灵公第十五》(孔子和朱熹,1985:67)。
② 《孟子·公孙丑章句上》(孟子和朱熹,1985,26)。
③ 《温公易说·卷五·系辞上》(司马光,1936:108)。

美、廉耻之尚哉？斗升之秩、锱铢之利诱于前，则趋之如流水，岂能安展禽之黜、乐颜子之贫乎？动色之怒、毫末之害迫于后，则畏之如烈火，岂能守伯夷之饿殍、比干之死乎？如此则何暇仁义之思、廉耻之顾哉？

不惟不思与不顾也，抑亦莫之知也。譬如逐兽者不见泰山，弹雀者不觉露之沾衣也。所以然者，物蔽之也。故水诚清矣，泥沙汩之，则俯而不见其影；烛诚明矣，举掌翳之，则咫尺不辨人眉目；况富贵之汩其智、贫贱之翳其心哉？

惟好学君子为不然。己之道诚善也，是也。虽茹之以藜藿，如粱肉；临之以鼎镬，如茵席。诚恶也，非也。虽位之以公相，如涂泥；赂之以万金，如粪壤。如此则视天下之事、善恶是非，如数一二，如辨黑白，如日之出，无所不照，如风之入，无所不通，洞然四达，安有不知者哉？所以然者，物莫之蔽故也……大学曰："致知在格物。"格犹扞也、御也。能扞御外物，然后能知至道矣①。

可见，司马光所说的"扞御外物"是指在道德上抵御外物的诱惑。这种态度与向外界寻求知识、积极经世的态度并不矛盾。比司马光更早的范仲淹所宣扬的"不以物喜，不以己悲，先天下之忧而忧，后天下之乐而乐"的境界就是在"扞御外物"与积极经世间实现统一的一个经典范例。"不以物喜"或"扞御外物"并不意味着放弃对外部世界的追求而求助于内心，相反，抵御身外之物带来的诱惑正是为了更专心地投入到"先天下之忧而忧，后天下之乐而乐"的经世活动中去。

而程氏兄弟却将"求诸己"的处事原则偷换成了"求诸己"的"为学之道"，即通过"求诸己"而"至于道"的学习进路。这种变化当然与他们的研究旨趣有关。在熙宁四主要学派中，司马光虽然有较强的道德至上倾向，注重内心修养，但同时也有强烈的重视实学的倾向，主张应首先掌握具体的经、史知识，而后才能奢谈"义理"。这就决定了在知识来源的问题上，他不可能接受"反求诸己"的观点。但推崇"性理之学"的二程就不一样了，他们所追求的是一个抽象的、包含万理的"天理"。在他们的理论体系中，一切学习活动都应该为认识这个"天理"而服务。而学习外部知识——或曰"求诸外"，在他们看来不但无关紧要，而且甚至可能有害于对"天理"的追求。其中，程颢由于受佛教的禅宗影响，尤其鼓吹"以心知天"。用他的

---

① 《司马光集·卷七一·论二·致知在格物论》（司马光，2010：1449-1450）。

话说：

> 只心便是天，尽之便知性；知性便知天，当处认取，更不可外求①。

而程颐表面上强调格物致知。而且不同于司马光的"扞御外物"，他将"格"解释为"至"，也就是"穷尽"。因此后世很多人认为他是"偏重于外求，讲究即事求理"的（卢连章，2004）。但实际上，他讲"格物致知"并不是主张去学习外部知识，而还是一种内求的手段。所谓：

> 致知在格物，非由外铄我也，我固有之也。因物有迁，迷而不知，则天理灭矣，故圣人欲格之②。

值得注意的是"非由外铄我也，我固有之也"一句同样语出孟子，原文是：

> 仁义礼智，非由外铄我也，我固有之也，弗思耳矣③。

而在程颐的理论体系中，"仁义礼智"这些道德情感同样被偷换成了知识。这样，程颐的"格物致知"就变成了类似于苏格拉底"助产术"的认识论方法。但是与古希腊哲学不同的是，程颐在通过"格物"达到"致知"的过程中使用的并不是一种严密的逻辑演绎方法。他的另外两段话解释了他是如何来"格物"的：

> 问：观物察己，还因见物反求诸身否？曰：不必如此说，物我一理，才明彼，即晓此，合内外之道也。

又曰：

> 观物理以察己，既能烛理，则无往而不识④。

可见，程颐的所谓"格物"实际上是一种类比的、模糊的方法，即"观物理以察己"的方法，最终还是落到内求上。

当然，就像"一道德"一样，"性理"之学的兴起也并不是一个直线上升的过程。如第六章谈到的，熙宁四学派中，新学和蜀学都是很注重实务，

---

① 《二程集·河南程氏遗书·卷二上》（程颢和程颐，1981：15）。
② 《二程集·河南程氏遗书·卷二十五》（程颢和程颐，1981：316）。
③ 《孟子·告子章句上》（孟子和朱熹，1985：86）。
④ 《二程集·河南程氏遗书·卷十八》（程颢和程颐，1981：193）。

尤其是具体技术工作的。这实际上即可视作对"内求"风气的反动。而苏轼和司马光更明确地撰文批评过这种不务实学、空谈性理的风气（见前引）。

但不容忽视的事实是，王安石在关注实务的同时，亦喜谈"性理"之学，甚至他谈论"性理"之学的历史比二程还要早①。而且王安石虽然在实践上继承了范仲淹汲汲于外用的经世路线，但在认识论上，他却同样是"内求"方法的积极鼓吹者。在他的《礼乐论》中曾提到：

> 圣人内求，世人外求，内求者乐得其性，外求者乐得其欲②。

可见，在认识论路线上，王安石同样是将"内求""外求"对立起来，并更倾向于"内求"的。而二程最激烈的批评者苏轼，虽然反对二程要求取消文学、艺术等所有具体知识的学习，而只专心营建"性理"的空中楼阁的极端观点，但其自身在晚年时也常以谈论"性命"之学为乐。可见"性理"之学在当时已成为知识分子一种普遍的研究兴趣，所区别者，也不过是只讲"性理"不讲实学和既讲"性理"也讲实学的区别。

三、博通与"玩物"

"性理"之学的兴盛，导致的一个直接后果就是宋人对除政治和儒学外的其他领域的兴趣全面衰退。

实际上，自宋初实行"祐文政策"以来，除政治、儒学、文学等领域之外的其他职业兴趣领域的社会地位和社会评价一直在下降，特别是天文、医学、算学等领域。这一点从专职从事此类工作的"伎术官"待遇的变化中就可以看出。

如天文官：唐代以司天监为最高天文学机构，最高长官从三品，而当时的六部尚书也不过正三品，可见在唐代司天监是一个行政级别非常高的机构。宋初仍唐制，司天监一职未降品。但由于北宋实行的是官、职、差遣相分离的制度，因此实际司天监往往是由职位更低的官员来"提举"的，如沈括以太子中允提举司天监③。按太子中允为正五品下（龚延明，1997：31），比司天监本来的行政级别低了整整两品。而到元丰官制改革以后，"罢司天监，立太史局，隶秘书省"。其最高长官"太史局令"仅有从七品。这就一下从朝廷重臣降到与县令比肩的芝麻官了——且这还是其中的最高长官。基

---
① 参见第六章第三节。
② 《临川先生文集·卷六十六·礼乐论》（王安石，1959：703）。
③ 《宋史·卷三百三十一》（脱脱等，1977：10 654）。

于上述事实，张邦炜做出结论："贱技思想在中国历史上虽然由来已久，但到宋代才趋于浓厚。"他还进一步认为这一现象"是集权专制制度进一步加强的结果和表现"（张邦炜，2005：133-135）。

不过，在北宋早期，尽管专业从事天文、医学乃至书法、绘画等活动的伎术官已受到歧视，但一般文人、士大夫在业余时间进行此类活动却并不被认为是什么不可接受的事（被严令禁止私习的天文学除外），反而被视作一种"风雅"的表现。如前所述，宋代的很多科技成就正是一些士大夫在这种业余兴趣活动中取得的副产品。最著名的沈括自不用说，其他如欧阳修《钟莛说》、孔武仲《扬州芍药谱》、唐询《砚谱》，以及苏轼的各种有关医学、养生、酿酒和农业的杂说、笔记，都纯粹是基于兴趣完成的。

然而"性理"之学的兴起却使文人们的"风雅"、兴趣也变成了批判对象，甚至原来被视作正当学术活动的文学创作、历史研究也被纳入到了被排斥的范围中。更有甚者，连谢良佐抄录五经的行为都被斥为"玩物丧志"①。这样就彻底使儒学和政治以外的领域都变成一片沙漠了。就像苏轼所说的："荒瘠斥卤之地，弥望皆黄茅白苇。"

对这种倾向，南宋周密曾借吴兴老儒沈仲固之语一针见血地揭露其非曰：

> 道学之名，起于元祐，盛于淳熙。其徒有假其名以欺世者，真可以嘘枯吹生。凡治财赋者，则目为聚敛；开阃扞边者，则为麤材；读书作文者，则目为玩物丧志；留心政事者，则为俗吏。其所读止四书、近思录、通书、太极图说、东西铭、语录之类。自诡其学为正心、修身、齐家、治国、平天下。故为之说曰："为生民立极，为天地立心，为万世开太平，为前圣继绝学。"其为太守，为监司，必须建立书院，立诸贤之祠，或刊注四书，衍辑语录。然后号为贤者，则可以钓声名，致膴仕，而上子场屋之文，必须引用以为文，则可以擢巍科，为名士。否则立身如温国，文章气节如坡仙，亦非本色也。于是天下竞趋之，稍有议及，其党必挤之为小人，虽时君亦不得而辨之矣。其气焰可畏如此。然夷考其所行，则言行了不相顾，卒皆不近人情之事。异时必将为国家莫大之祸，恐不在典午清谈之下也。②

---

① 《二程集·河南程氏外书·卷十二》（程颢和程颐，1981：427）。
② 《癸辛杂识·续集下·道学》（周密，1983：169）。

回过头来看朱熹对欧阳修、苏轼等人的批评：

  大概皆以文人自立，平时读书，只把做考究古今治乱兴衰底事，要做文章，都不曾向身上做工夫①。

真如为周密作注一般！而这种风气发展的最终的结果，便如叶适所说：

  今之为道者，各出内以治外，故常不合。古人多识前言往行以蓄其德，近世以心通性达为学，而见闻几废，狭而不充，为德之病②。

---

① 《朱子语类·卷一百三十·本朝四·自熙宁至靖康用人》(黎靖德，1986：3113)。
② 《水心先生文集·卷二十九·题周子实所录》(叶适，2004：678)。

第八章

抑制北宋科技发展的因素

前文定量分析了1001～1120年宋人对科技活动兴趣的变化情况,并从职业、地域、哲学观等几个方面分析了可能对宋人科技兴趣造成影响的原因,尤其对宋学精神及其演变过程进行了梳理。

可以看到,与传统的"中国古代科技黄金时代"的印象不同,北宋虽然在科技成果的绝对产出量方面确实达到了一个高峰,但是支持科学技术发展的环境条件却每况愈下。相应地,科技成果产出量本身也在北宋中叶以后不断下跌。而这种衰落又与宋学的兴起以及北宋中叶以来的一系列社会、思想和政治变革遥相呼应。本章将结合前文数据、史料,以及与西方科学发展史的对比,分析北宋乃至整个中国古代社会中抑制科技发展的因素。

第一节 自然知识的边缘化地位

自然科学知识的进步在中国古代面临的最大阻力也许在于,它们根本没有形成一个独立的问题域,并且完全不受重视。与为了争论地球和太阳究竟谁绕着谁转而不惜大开杀戒的欧洲人相比,在中国,就像本书第四章说的,这些问题甚至连争论都无法引发。与其说这保护了中国的自然哲学家免受狂热的教条主义势力的迫害,倒不如说它导致古代中国根本不会出现像样的自然哲学家——因为没有人会把宝贵的智力资源过多地浪费在这些"无聊"的问题上。这并不是宋学兴起后才出现的问题,而是贯穿于整个中国古代文化中的,甚至可能在先周时代,中国传统文化形成的阶段,就已经刻下了这种基因。

一、从知识分类思想看东西方自然观的不同

中国古代文化的这种趣味首先就体现在其知识分类系统中。本书第一章曾述及作为古代中国官方意识形态体系的儒学知识系统[①]。与作为欧洲文化之源的希腊文化相对照,可以发现二者在知识分类理念上的明显而有趣的区别。

希腊最早的知识分类体系通常被归功于亚里士多德。亚里士多德曾在不同的场合采用过不同的方法对知识进行分类。但其中被认为最"深思熟虑的",还是将全部知识分为"实践知识""创造知识"[②]和"理论知识"三大类的三分法。其中实践知识"是关于行动的,或者更精确地说是关于在各种环境下、在私人和公共事务中,我们该怎样行动的";创造知识是"那些关于事物的造作[③]的"知识;理论知识则指那些"其目标既不是生产也不是行动,而就是纯粹为了真理"的知识。这三大类之下又包括若干子类。实践知识的范围比较窄,从亚里士多德本人的用法看,实际上主要就是指政治学和伦理学,以及其他与道德、人际关系等有关的学问。创造知识的覆盖面相对广泛,所有涉及人类生产和创造活动的领域,无论是工程、技术还是文学、艺术,都可被归入此类,包括农业、手工业、医药、文学、音乐、戏剧、舞蹈……不过亚里士多德本人对这一领域的讨论不多,现存著作中只有《修辞学》[④]和《论诗》属于这一领域。理论知识是亚里士多德本人涉足最深的一个领域,并且"在亚里士多德眼中,它容纳了到当时为止人类全部知识的绝

[①] 参见第一章第二节。
[②] 也有译为"诗性知识"的,因其希腊原文为 ποιητική,与希腊词"诗歌"(ποιητῶυ)是同根词,亦可理解为"诗性的"。中文或译为"创制的"(亚里士多德和苗立田,1993:147)或"制造的"(亚里士多德,1995:118)。
[③] 英文版文献中用 making 或 production 者皆有。
[④] 也有人将《修辞学》作为政治学的分支著作归入实践知识(Copleston, 1993: 277)。

大多数部分"。他把理论知识分为数学、自然知识①和神学②三种，其中自然知识中又包括植物学、动物学、心理学、气象学、物理学等分支（Barnes，2000：40-41；Copleston，1993：277；Shields，2015）。

有必要说明，亚里士多德本人从未正式地为他的知识分类体系给出过一个完整的架构。上述分类思想散见于他的《形而上学》《论题篇》《论天》《论灵魂》《尼各马克伦理学》等著作中，且各处论述多有自相矛盾之处（Shields，2015）。因此就其系统性和成熟性而言，远不及第一章提到的任何一套中国知识分类体系，甚至也不如更早的《洪范》"九畴"③分类体系。但是有一个特点至关重要，这也是亚里士多德体系被现代学科分类体系所继承，而迥异于中国古代知识分类体系的地方，那就是它的分类依据。亚里士多德的分类全都是根据每一门知识所处理的对象的内在属性的区别进行分类的。这一点在他的诸理论知识的分类中尤其明显。他的实践知识与创造知识中，虽然看上去存在与中国的农学、医学、天文学等形似的子类，但其概念内涵的定义方式亦存在意义深刻的区别。

反观中国的分类体系，无论其数千年来如何演进，亦有一个核心特征是一贯的。那就是所有知识都是根据其与人类的关系，或者说对人类的用途进行分类的。从最早的"九畴"（表 8-1）到最终成熟的"四部"（表 8-2）皆是。

这也就是说，在中国人的观念中，自然、外部事物、客体，从未被当作独立的研究对象来加以认识和研究。只有当它们与人类发生关系时，当它们对人类表现出具体的影响和功用时，它们才被认为是有意义的④。从这个意义上说，亚里士多德最为看重的，认为"比其他知识更优越"（Barnes，1984：3486），并开启了早期近代科学诸议题的"理论知识"，在古代中国从未存在

---

① 原文为 φυσικής，传统上译为"物理学"。剑桥版《亚里士多德全集》的编者巴恩斯（Jonathan Barnes）等建议除作为亚里士多德著作的《物理学》保留传统译法外，其余皆改译为"自然知识"（natural science）（Barnes，1984：3486；Barnes，2000：41）。亚里士多德本人对 φυσικής 一词的用法亦存在模棱两可之处。在《形而上学》中他明确将 φυσικής 列为三种理论知识之一，并将 φυσικής 定义为"处理某种可动物体"的学问（Barnes，1984：3485-3486；Bekkeri，1837a：115）。但是在《论动物部分》中，他又说"自然知识中的必然性方式和论证方式与理论知识中的不同"（Barnes，1984：2179），这里的"自然知识"在希腊文本中使用的同样是单词 φυσικής（Bekkeri，1837b：3）。如此似又把自然知识放在了与理论知识相并列的位置上。而《物理学》一书的书名，希腊原文同样是 φυσικής，但书中的内容显然又把动物学等学科排除在外了。但综合亚里士多德对 φυσικής 一词的用法来看，译为自然知识还是相对比较合适的。在亚里士多德的哲学体系中，广义的"自然知识"当指以可变和可运动的物体为研究对象的学问（对应于以不动而可分离者为对象的数学，和以永恒、不动且不可分离者为对象的神学）（Barnes，1984：3485-3486）。

② 或"第一哲学"，这两个词在《形而上学》一书中被不断混用，可以认为指的是同一概念，被用来指称研究永恒、不动且不可分离的对象的学问（Barnes，1984：3485-3486）。被亚里士多德归入这一类知识中的子类又包括形而上学、逻辑学等（Barnes，2000：45）。

③《尚书·洪范》（蔡沈，1985：74-79）。

④ 这一倾向甚至在现代中国仍能觅其遗迹。一个标志型的例子是直到 20 世纪 80 年代出版的《辞海》《新华字典》等工具书中，所有关于现生动植物的词条都会述及其经济价值，如"肉可食，皮可制革，角有药用价值"等，包括梅花鹿、天鹅等国家保护动物。

过,也不可能存在。

表 8-1 《洪范》中的"九畴"分类体系

类别	内容	研究范畴
五行	水、火、木、金、土	关于自然界的知识
敬用五事	貌、言、视、听、思	礼法(如何待人接物的知识)
农、用八政	食、货、祀、司空、司徒、司寇、宾、师	治理国家需要处理好的八种政务(如何治理国家的知识)
协用五纪	岁、月、日、星辰、历数	关于如何计时的知识
建用皇极	君王的职责	如何做君王的知识
乂用三德	正直、刚克、柔克	关于做人、做事、处事态度的知识
明用稽疑	雨、霁、蒙、驿、克、贞、悔	关于占卜预测的知识
念用庶征	用雨、旸、燠、寒、风五种天气比喻君主正面和负面的各五种品德	关于君王所应具有的品德的知识
向用五福、威用六极	五福:寿、富、康宁、攸好德、考终命 六极:凶短折(早夭)、疾、忧、贫、恶、弱	关于什么是幸福、什么是不幸的知识

表 8-2 "四部"知识分类体系(四库全书版)

部次	类目	研究范畴
经		关于儒家经典的研究、注释、考证、阐发
	易	先周占卜书
	尚书	先周政书
	诗	先周诗歌集;关于如何优雅和优美地言谈的知识
	礼	西周以来皇家和民间的礼法、仪式制度;关于在中国古代的等级制度和宗教传统下如何合乎社会规范地行动的知识
	春秋	记载东周时代历史的史书
	孝经	宣扬作为儒家核心价值观的"孝道"的经典
	五经总义	整体训释或研究五经(易、书、诗、礼、春秋)的著作
	四书	记载春秋儒家学派核心观点的原典
	乐	关于古代乐制的知识,实为礼制的一部分
	小学	关于文字读音、字义的知识;阅读、书写的基础
史		关于中国及当时中国人已知世界的过去历史的知识
子		除经、史两部之外的各种其他知识
	儒家	经部以外属于儒家学派的著作
	法家	法家学派的著作

续表

部次	类目	研究范畴
	兵家	关于如何作战的知识
	农家	关于耕种、畜牧的知识
	医家	关于如何诊治疾病的知识
	天文算法	关于如何通过天文观测编算历法的知识
	术数	数学,以及各种类型的占卜法
	艺术	关于书画、篆刻、琴艺(区别于作为礼制一部分的宫廷雅乐)等各种以消遣娱乐和陶冶性情为目的的活动的知识
	谱录	对各种奇珍、器玩、美食和其他用于玩赏的事物(包括动植物)的记录
	杂家	不属于上述任何一类的其他知识和学说(《梦溪笔谈》《物理小识》等皆在焉)
	类书	带有百科全书性质,可检索的著作
	小说家	异闻、杂事、荒诞不经、虚构臆造、不可考实的故事和记载
	释家	佛教著作
	道家	道家和道教著作
集		秦汉以来的所有传世文学作品,各种诗集、文集

并且从对象本身的属性出发进行分类的方式还赋予了亚里士多德知识体系一个相对于中国体系的微妙优势,即更加有利于促进知识的汇聚、积累。在这一体系下,具有相同自然属性的对象被当作同一类事物来研究,从而使所有关于此类对象的知识可以不受社会生产部门区隔地、更有效地汇聚到研究该类知识的学者手中,并实现融通。而知识的实际使用者——技术工人、工程师们,在面对所要处理的对象时,也能够比较容易地从学者那里获得——汇聚了不仅包括他们本行业,也包括其他行业对该对象的认识、发现与理解的——相关理论知识,并用来生成自己的创造知识。在社会生产规模小、信息流通缓慢、教育水平普遍低下的中世纪,这一优势并不明显,但在文艺复兴以后,随着经济规模和教育水平的雪崩式增长,这一优势的决定性意义就显露出来了。

相反,在古代中国,由于知识分类从使用目的而非物质本性出发,相同的知识被凌迟于不同的问题域中,原理上没有打通,以至于"每一项技术发明没有得到相关技术发明的支援,举一而不反三,难成'技术革命'之声势与效果"(郑学檬和徐东升,2013:269)。因此,尽管很多在后来的工业革命中被视为关键节点的技术,如大规模制造商品的机械技术、大规模运用水动力的技术,在中国早在宋代甚至宋代以前就已出现(谭徐明,1995),但一千年后，这些技术还是原来的样子，没有任何"革命"。

二、中国人自然观的宗教根源

古代中国人和希腊人不同的自然观也许可以从双方不同的宗教传统上找到根源。

与古代中国相比，古代希腊宗教最显著的一个特征是其浓重的、源远流长的自然崇拜传统。这与自然崇拜沉抑不扬、祖先崇拜一枝独秀的中国古代宗教传统形成了鲜明的对比。古希腊宗教崇拜的主要神祇——宙斯（雷电）、波塞冬（海洋）、阿波罗（太阳）等，不但大多都对应着一种强大的自然物或自然现象，而且还都有对应的动植物化身。最重要的是，在希腊神话中，这些神祇相对于凡人，不但完全不具备道德上的优越性——人类的陋行：贪婪、嫉妒、淫荡、骄傲、欺骗……在祂们身上一应俱全——而且其性格往往被刻画得比人类更加偏激、乖张、暴虐、喜怒无常。而这恰恰是古代人类在自然力面前的无力感的心理投射。人类最早的对自然神灵的崇拜并非是出于敬仰，而实出于畏惧。而故事中神祇们的暴虐和喜怒无常正反映出早期人类对自然力之强大、难测、不可驾驭的苦恼。

而在祖先崇拜基础上产生的神祇则完全相反。"不仅……这些神祇以祖先为'原型'而具有人的形貌，更为重要的是，由于受到人们的崇拜，人们在神话他们时把崇高的美德也赋予了他们，使之具有伦理道德化的倾向。所以，那些由祖先转化来的神祇往往都是圣德感天的道德楷模。"（赵沛霖，1995）从这个角度看，祖先崇拜传统在中国古代神话体系中的主导地位是非常鲜明的。中国古代的一些神灵虽然也被附会为掌管某些自然物之神，如炎帝为太阳神、后稷为谷神、雷震子为雷神、赵公明等为财神，但从神话系统中可以看到，他们首先都是以凡人身份生存过的帝王或英雄，因其德行和功绩，在死后被授予掌管某一自然物的殊荣。并且这些神灵都被描绘为生前具有崇高德行、建立过惠及万民的功业、被人民自发地爱戴和祭祀的形象。因此与古希腊人将自然物人格化的造神策略恰恰相反，中国古代神话系统走的是一条将祖先神灵化，或者更确切地说，自然神化的路径。

事实上，对祖先神的道德美化在古希腊宗教中亦可见端倪。经过过去一个多世纪的学术争鸣，希腊宗教中的英雄崇拜起源于祖先崇拜的观点已得到神话学研究者们的广泛认同（王以欣，2006：14-26）。而将目光聚焦于这些英雄，会发现他们往往比在神话中作为他们父亲的奥林匹斯诸神们更具备高尚的情操、无私的精神与豁达的心胸。"他们都有强烈的使命感,渴望冒险,建立功勋,追求荣名。显示超人的力量,追求不朽的荣誉是英雄们的最高奋斗目标。""他们总是死得轰轰烈烈,充满英雄主义气概和震撼人心的悲剧效果,在道德和经验方面也有垂范后世的价值。"(王以欣,2006:3,4)可见,古希腊英雄身上同样鲜明地体现出祖先神的伦理道德化特征。而古希腊英雄们与神灵父亲们之间的复杂纠葛,所折射的正是希腊宗教从传统的单纯自然崇拜到祖先崇拜兴起过程中的阵痛。英雄对神的挑战、与神的斗争反映了人类应对甚至控制自然力能力的增强,以及他们与大自然的战斗;而英雄的父神血统,以及死后升入奥林匹斯山的安排,则反映了早期希腊人将祖先神灵化过程中所采用的神化策略,以及祖先神在神灵谱系中对自然神地位的追赶。

尽管古希腊宗教中同样显现出祖先崇拜兴起的普遍趋势,但重要的是,自然崇拜的传统在希腊从未断绝,至少在古风时代末期早期希腊哲学兴起以前尚未断绝。而正是在对自然神的信仰中,"神"的概念逐渐与"本原""罗格斯"这些概念发生重叠和置换。从以水神为至上神的信仰中萌发出"水是万物本原"的判断;奥菲斯教的创世神话则与阿那克西曼德的早期宇宙演化学说互为注脚(汪子嵩等,1988:69-81)。

更至关重要的是,自然崇拜和祖先崇拜带来了人与神关系的根本性区别。在自然崇拜传统中,人与神之间的区别是先天的、本质的,是无法跨越的。即使在英雄崇拜兴起后,希腊英雄们也只是在自己先天的神圣血统的护佑下才得以进入奥林匹斯山。这就在人与神之间,即在人与自然界之间,形成了一对截然对立、互为异己的关系。正因为截然有别,故人与人相处之法则无法通行于人神之间,使得建立独立于人伦、道德、政治知识之外的研究神以及神之造物的专门学术,通过考察神藉由其造物展示出的各种迹象来揣摩神的意志成为必要。也正因为互为异己,使得从外部、以他者的眼光去观察、窥测、分析作为神之领域的自然界和自然对象成为可能的,也是必需的。

而祖先崇拜则不同。祖先神曾经是人类,是与在世之人或在世之人的祖先一起生活过的君王、长者、父亲、兄长。人与神之间不存在绝对的差别,相应地,人与神统治的自然物之间也不存在截然的对立。人之事神无非臣之事君、子之事父,则究天人之际亦无非明伦理纲常。中国古代自然哲学中的浓厚的泛道德化倾向亦由此而来。

按照现代的宗教和神话发生、演化理论,人类的宗教崇拜皆是由自然崇拜而图腾崇拜，再祖先崇拜，渐次演化而来。与苏美尔、埃及、希伯来等诸古文明的宗教-神话体系相对比也可发现，类似于希腊，在这些文明的神话系统中皆存在一条祖先崇拜出现并地位逐渐上升的轨迹，但皆不至于使自然崇拜传统完全断绝。相反，自然崇拜仍会发挥巨大的影响力。事实上这些民族的神灵系统都是以传统的自然神系统为基底，辅以祖先神的因素形成的。其中有像希腊人一样在原有的自然神名单中加入新的祖先神的，也有在原有的自然神形象上叠加上祖先神的新特征要素的。例如，希伯来《旧约》中的上帝形象，即兼具自然神的暴虐无常与祖先神的父亲形象这双重特征。无论如何，在诸文化中，唯有中国，自然崇拜传统如此之弱，而祖先崇拜传统如此之强，这是极特殊的。

按丁山先生的观点，"'自然崇拜'，是宗教的发轫，任何原始民族都有此共同的俗尚"，中国亦莫能外。只是由于封建统治者的刻意打压和引导，导致"人们靡神不宗，除了祖先以外也就不能建立一种有中心信仰的宗教。尤其是'天子祭天，诸侯祭土'的学说完成，上帝成为大封建主的私人宗教，不许臣民僭祀，无形中好像将天主教所崇拜全知全能的耶和华上帝予以有力的限制，中国人的信仰，遂由无中心发展到无神……所谓'神道设教'的政治，在中国总行不通，想不到由慎终追远的思想所造成的祖先崇拜居然根深蒂固蔓衍成为一种特殊宗教"（丁山，1961：3，568）。

陶磊综合对比了考古证据、传世文献、上古神话记载，以及关于萨满教的人类学研究成果等，勾勒出一条中国自然崇拜传统渐至没落、祖先崇拜传统逐渐取得主导地位的更为清晰的轨迹。他认为从颛顼"绝地天通"，到殷"祖甲改制""武乙射天"，最终到西周初年确立"敬天法祖"的宗教制度、"兴正礼乐"，存在一条世俗君主不断限制、窒息自然崇拜传统，强化祖先崇拜传统的线索。而其背后是部落联盟的主导氏族与异姓氏族之间、世俗君主与祭祀阶层之间对宗教解释权的争夺。颛顼剥夺了代表自然崇拜传统的巫（祭祀）阶层沟通人神的权力，致使人神之间的直接沟通遭到断绝。由此，凡人与起源于自然神的至上神"帝"（天、天帝、上帝）之间的沟通，只能假手于死后升天为神、"宾于帝"的先祖。而与先祖的沟通权掌握在各家族的家长手中——也因此使与至上神的沟通可以由作为统治家族族长的世俗君主掌握。殷人进一步提高本家族祖先神的地位，奉先王为"帝"，将其抬升到与自然至上神一样的高度，并逐渐弱化对自然神的崇拜，直至帝辛"慢于鬼神""自绝于天"，由此导致了殷商后期宗教领域的激烈斗争。而周人通过将自然至上神祖先神化——将祖先神的道德伦理属性套用于天神、将祖先神与生人之间的人伦关系套用于上天与凡人（也就是所谓的"天人感应"理论），从而架空了自然崇拜传统，完成了由殷人发起的这场宗教改革。同时，周人又通过制定《周礼》规范了祖先崇拜，将祖先崇拜变成天子和诸侯的垄断物，最终奠定了绵延三千年的以祖先崇拜为核心、以道德伦理化为特征的中国古代宗教的基调（陶磊，2008：20-28，32-46）。

而周代正是中国古代学术文化的发端———一如古风时代之于希腊学术。因此中国的学术传统自起源伊始就处在一个自然崇拜传统薄弱、祖先崇拜传统浓厚的氛围中。且不论周人宗教系统的原始出发点是什么，仅从古代自然和技术知识积累的角度看，周人的伦理化宗教其实还是具有两个方面的优越性的。

第一，由于对至上神的道德化，"敬德、修德"成为世俗君主取悦至上神的根本依据。而具体什么是"德"，"准确地说，德是通过治民体现出来的，所谓'德以治民'。于是就有了民为神之主的观念，而作为君主，其所着力之事也从事神转向治民，所谓'圣王先成民而后致力于神'是也"（陶磊，2008：44）。这就奠定了古代中国主流价值观中注重公共福利的传统，使中国的世俗君主和精英阶层较其他文化更加关心底层民众的疾苦，也更加积极地利用一切可能的手段发展生产、推广一切有利于生产力水平提高和改善民众福祉的因素———技术因素当然是其中很重要的一个方面。这也正是李约瑟所说的"在公元前1世纪到公元15世纪期间，中国文明在获取自然知识并将其应用于人的实际需要方面要比西方文明有成效得多"（李约瑟，2002）的观念基础。

第二，周人的伦理化宗教将赏善罚恶的职责赋予了至上神。这也导致"一旦正常的社会秩序崩溃，善不得善报，恶不得恶报，人们对它的信仰就会动摇"，从而促使人们"反思既有的信仰，天是否具有明鉴是非善恶的能力，即所谓明德，鬼神是否有知，甚或有无神灵的问题，都被提了出来"（陶磊，2008：112，114）。而中国学术文化中最早的唯物主义倾向的种子正由此种下。肇兴于这个时代的、代表世俗士大夫利益的儒家学派正是当时若干持有这种思想倾向的学术派别的其中一个代表。而以儒家精神为代表的中国文化中的务实传统、理性传统，注重运用现实可得的知识、技术与手段，拒斥不可知的宗教教条的态度，也由此奠定。

但这一宗教传统也留下了后患，那就是由于将"德"置于人与神关系的核心，而只关注如何改善人世芸芸众生的福祉，忽视了对神本身——进而对作为神之意志和属性的外部表征的自然界——的关切和探究，或者以对人和神之间的（道德伦理）关系的研究取代对神本身的研究。这正是古代中国学术中没有形成独立的研究自然本身的问题域的核心思想根源。

三、大一统体制对贱技和忽视自然知识倾向的影响

如果说确立于周代的伦理宗教传统铸就了中国文化传统中轻视自然研究的思想倾向，那么秦汉以降的国家形态与政权组织形式无疑进一步为这一思想倾向起到了推波助澜的作用。并且在重视万民福祉的宗教趣味下，知识和技术作为改善民生的重要工具，其地位也理应水涨船高。然后世以儒家为代表的主流思想界却发展出贱技倾向，这也与大一统国家的政治实践密切相关。

（一）统治阶层的价值追求

在古代专制社会中，统治阶层的价值取向对社会经济资源的分配，进而对社会中人力资源的分配，无疑有着最具决定性的影响。在大多数古代国家中，统治阶层主要由两股势力组成：起源于巫师阶层的宗教势力和起源于军事领袖的世俗君主。

这两股势力拥有各自不同的诉求。宗教代表着社会需求中超越性的一面，代表着人类对理解上帝（或理解自然界）以及理解自身本质的追求。故一些人类思想史上的大问题，如世界的本原、上帝的本性、宇宙的结构、万物运动的原理、万物及人类自身的起源等，多从宗教系统中产生。因此尽管在历史上，宗教权威在上述问题的认识进步过程中往往会扮演绊脚石的角色，但这些问题之所以能够被提上议事日程，并得到广泛和深刻的讨论，也不得不归功于宗教的影响。

世俗王权则代表着社会需求中务实的一面，代表着对国家富强、万民乐业的追求。与此相联系的通常是科学技术中实用技术的一面。历史上不同地区的世俗君主们，无论昏君、暴君还是明君，都以自己的方式促进着或自以为促进着实用技术的进步和推广。或者通过他们的英明治理为工农业发展提供良好的环境，从而促进民间创新的自发出现；或者亲自下令研发或参与推广新技术，如宋真宗推广占城稻；甚至是为了满足自己的穷奢极欲而给工程师们提出工程或技术难题，以压力的形式促进新技术解决方案的提出，如尼布甲尼撒的空中花园、东汉邓太后的书法爱好对蔡伦造纸的促进等。

教权与君权的共存在不同文明中表现为不同形态：或者通过一系列的斗

争与合作形成并立的两个权力中心和两套相互交织的社会组织系统——如同中世纪欧洲的情况；或者神权与君权融合在一起，形成所谓"政教合一"的政权与社会组织模式。而古代中国的情况最为特殊。自殷周之际的宗教改革翦除了祭祀阶层的势力，将宗教领导权收归到世俗君主手中后，中国事实上也建立了一种政教合一的政权。但是由于周人以"德"为中心的伦理化宗教观，对国家的正确治理、对百姓福祉的保护成为取悦于神的根本手段，这就使宗教诉求和世俗王权的诉求发生了重叠，而宗教本应具有的超越性的色彩最终完全被世俗的功利诉求所偷换。因此宗教势力在中国古代最高层级的社会资源分配中几乎没有发挥作用[①]，形成了事实上世俗君权一家独大的局面。

因此在宗教势力，特别是来源于自然崇拜传统的宗教势力，对社会资源的分配拥有较大话语权的社会中——如中世纪和文艺复兴时代的欧洲，对自然本性的探究，即对上帝及其造物的探究，是容易引起重视并获得资助的。因为这些问题对于宗教势力而言是有至关重要的意义的。但在古代中国，尽管对类似问题的讨论并非完全阙如，但它们永远也得不到重视。因为对于中国古代的统治者而言，这些问题即便不是毫无意义，也差不了多少。对他们来说，真正有价值的是那些能够帮助他们维持国家的长治久安的学问，例如：

（1）如何管理和驾驭官僚机构的学问——具体而言主要是政治学和历史学。前者散落在儒家和其他诸子百家（主要是法家和道家）论述从为人到治国的各种大道理的著作中；后者则以各种体裁的史书的形式出现，主要起到为当代统治者提供正确和错误的施政案例的借鉴与教训的作用。

（2）如何击败内外敌人的学问，也就是军事学，包括战略战术、军队的组织管理，以及各种军事技术（特别是军工技术）等方面的学问。

（3）用来满足整个国家的臣民生存需要的学问。比如，农学——有助于更好地喂饱人民，使他们免于饥饿；医学——诊治人民的疾病、增进人民的健康；以及其他生产技术等。

（4）一些能够为统治提供合法性的学问，比如占星、礼制。这是古代中国君王关注的问题中唯一以宗教为出发点的，但同样附加了明确的实用目的——用来避免麻烦、解决争端、凝聚共识、增强

[①] 虽然佛教和道教兴起后对社会资源的分配有一些影响，甚至在一些时代这种影响还达到了国家级的规模，但是它们作为民间宗教的地位，以及它们获得的支持的非制度性，导致其影响力仍无法与君权同日而语。事实上它们自身的影响力也要靠依附君权来实现。参见第四章第一节关于宋代僧道群体的讨论。

中央政府和皇帝本人的威信。因此这一类知识虽然没有前三类知识重要，但是也不错。

至于其他知识，园艺、绘画、豢养宠物的知识等，就只是点缀了。虽然有时皇帝本人对这些知识还是很感兴趣的，但它们，按照正统的儒家观念，并不"必要"，甚至是有害的。毕竟不是每个皇帝都是李后主或宋徽宗那样的艺术爱好者，而且这些高贵的艺术家的下场通常都不是特别光明。这也经常被用作反面教材儆诫后世的统治者。

那么儒学家呢？如果说儒学在中国古代社会中扮演了在欧洲由宗教充当的主导意识形态的角色，那么儒学家在一定程度上也可以类比于基督教的教士。他们的眼光有没有可能超越维持个人统治的实用需求呢？也没有。因为他们的终极追求是践行孔孟的"仁义"之道。而在仁义的大纛之下，还有什么比让百姓安居乐业更重要呢？尽管出发点不同，但是在具体诉求上，儒学家与世俗君王的意见是高度一致的。

（二）国家治理的现实需要

在对治理国家有用的各种知识中，应该把哪一种放在最紧要的位置上？这又是一个问题。同样是关于治理国家的学问，儒、墨、法、道（黄老派）等以治国之道（或之术）为旨趣的学派能够占据"显学"的地位，而不是专注于某一具体领域的兵家、农家、医家，这显然不会是偶然的。

答案很可能与中国"大一统"的政治结构有关。中国自秦汉建立起来的这种制度将广大领土的统治权集中到一个唯一的统治者之下，并由这位统治者自上而下地制定秩序、分派管理者。这套体制的优越性在于，最大限度地减少了封建领主之间的相互攻伐，使一片极广大的领土内部能够维持较长周期的和平稳定，而且还加强了整个国家应对天灾和外敌入侵的能力、促进了疆域范围内的经济整合[①]，无论在促进经济和文化发展方面，还是对百姓当时的安居乐业而言，无疑都是有利的。

但随之而来的也有一个显而易见的问题，那就是面对过于庞大的领土和人口，最高统治者显然无法直接进行管理，不得不委派官吏到各地去代替自己"牧守万民"。而且随着领土的扩大和人口的增加，官吏的数量是成几何级数增长的。因为随着基层行政单位的增加，基层亲民官吏的数量也很快超

---

① 在当时主要是通过国家对财赋的征收和跨区域调拨。在打破民间商业贸易的地区间壁垒方面，由于对交通线的控制力不足、地区间币制不统一，以及税收政策等问题，大一统体制带来的帮助并没能很好地转化为现实效果（姜锡东，2002：373-377，385，388，391-393）。

出天子个人的管理能力①，不得不在这些官之上再设管官的官和管官的机构，管官的官数量增加后在他们之上又要再设更大的官和更高的机构。最终形成了一个庞大的、层级繁多、结构复杂的金字塔结构。

庞大、复杂的组织机构一方面拉大了最高统治集团与基层的距离，另一方面也对最高统治者及其高级官员的管理能力、处理人际关系的能力，以及对国家发展大势的判断能力提出了极高的要求。这些能力和相关学术自然而然地成了培养、选拔人才，以及决定优先发展的学术领域时首要考虑的对象。而由于距离基层较远，对具体技术知识的掌握对他们来说价值反而没有那么大。毕竟，在技术进步的速度没有出现飞跃性增长的情况下，对中国这样庞大的一个实体而言，减少政府施政过程中的错误、增强政府运行的有效性，从而节省下来的社会运行成本，远比在当时水平下的技术进步所能带来的利益更可期望，也更可观。因此在中国古代，一个县令精通农业技术可能还非常有助于他当个出色的县令，而一个地方乡绅则几乎必然是熟悉农业技术知识的；但是这些知识和能力对于担任知州、转运使、侍郎、尚书乃至宰相，就很少能帮上忙了。并且由于中国的土地过于广大，如果宰相本人熟识技术知识，并且对自己的科技才能还很有自信，依据自己的技术实践经验制定了政策，指导全国的工作，那反而可能成为一场灾难，就如同王安石的农田水利法那样。

与此相反的是欧洲中世纪那样诸侯林立的扁平式结构，特别是文艺复兴时期的意大利城邦。屹立于决策层顶端的封建领主直接与工农业生产和军事的第一线保持接触，他们的领土和人口规模也决定了他们面临的社会管理压力要小得多。在这种情况下，关于具体技术的知识和能力的含金量对他们而言就显得高得多了。因此，作为工程师的达·芬奇可以直接把求职信送到米兰大公桌上，并期待得到回信。而如果在宋代的中国，他能够打交道的最显贵的人物恐怕也就是为皇帝管理皇家工场的宦官了。

---

① 以秦汉时代为例，当时主民施政的基层单位是"乡"，另有独立的交通与治安管理单位"亭"（苏卫国，2010：29-33）。按《汉书·百官公卿表》："亭有长""乡有三老、有秩、啬夫、游徼"，"凡县、道、国、邑千五百八十七，乡六万六百二十二，亭二万九千六百三十五"[《汉书·卷十九上》（班固，1962：742-743）]。粗略算来，仅乡、亭一级的基层吏员就以万计。即便把直接管理的层级提升到更高一级的县，管理难度也是不可想象的。按后晓荣考证，"秦置县明确者732县"，存其名而"地望不详置县者24县"，再加上资料阙如的一些边郡，后晓荣判断秦代置县数在"八九百"（后晓荣，2009：455）。而按前引《汉书·百官公卿表》，西汉末年全国县数更升至1587。即便是每县只有一名主官向天子直接负责，要全部记清这几百上千位县令的名字，对天子而言恐怕亦不可能。故秦代于县之上又置55个郡级地方行政单位，每郡辖十至二十几县（也有一些小郡不足十县）（后晓荣，2009：116，445-449），这个管理规模就相对合理了。至汉武帝郡国数量上升至109时（周振鹤，1987：17），又不得不在郡国之上别置"十三刺史部"，代替天子对郡国实行监察，并最终发展为新的高一级行政单位"州"（顾颉刚，1933）。唐以后人口增加和州一级行政单位数量膨胀后，又不得不进一步在其上设置道、节度、路、行省等行政区划。

类似的例子还有日本。尽管在文化上深受中国影响，但古代日本的社会结构却更类似于中世纪西欧，本就不大的国土分散在少则几十个、多则上百个藩国手中（视时代不同而增减），每个藩国都领土不大、人口不多。而古代日本"技艺之士"受到的礼遇，以及向上流动的机会，看来也是好过他们的中国同行的。例如，日本战国时期的毛利重能、涩川春海等，皆以技艺侍奉于大名门下，并进而得到幕府加封、重用。按日人记载，丰臣秀吉为日本关白时，为了支持毛利重能渡海赴中国学习算学，甚至特意加封他为出羽守（从五位下）①，以免他被中国官府轻视（袁江洋和乌云：2003），可见其礼重之意。

（三）社会形态对精英阶层兴趣取向的塑造

除了统治阶层的主观偏好，以及通过资源投放而实现的对学术兴趣和学术发展方向的引导，社会组织方式及其提供工作机会的能力也引导着精英阶层的兴趣取向。

英国科学史家罗维在对比古代中国和希腊科学技术发展的特征时曾提出一种假设。他指出，中国和希腊之间的一个重要区别在于，希腊的城邦民主制缺乏发达的官僚传统，它的政府结构简单、规模有限。这一方面意味着国家没有足够的津贴和职位用来豢养学者，即便有时能够提供一些诸如御医、宫廷教师之类的工作机会，但这类工作机会既不稳定，也很少能指望遇到，因此古希腊的学者们往往需要在社会上自谋生路，比如教书、行医，担任建筑师、占星师，乃至替人撰写演讲稿；而这也就导致了另一方面的后果，即这些学者经常需要——鉴于作为希腊民主制度一部分的公开辩论传统——通过与同行进行辩论和赢得辩论来提升名气、夺取客户（Lloyd，2002：82-104）。

而在中国，无论是分封制时代，还是大一统时代，鉴于诸侯或皇帝在其统治疆域中的不容置疑的地位，他们手中总是握有最庞大的资源。通过获得这些君主的赏识而在庞大的官僚体系中谋得一席之地，甚至成为一人之下万人之上，进而获取一份优厚而稳定的待遇，这种梦想虽然不是每个人都能实现，但机会之门却至少看似是一直敞开着的。

---

① 日本奈良时代模仿中国的州郡制建立"令国制"，将全日本分为60余"国"（相当于中国的州）。一"国"之长官称为"守"。"守"根据"国"的级别，在日本九品官制中位于从五位到从六位。至战国时代，随着天皇权力被架空，"国守"一职已逐渐成为一个象征性的名誉职位，并不真的就藩理政。但由于名义上是由天皇任命的命官，并且其所附带的官品也仍具有一定的实际意义，因此很多实力强大的大名都热衷于向天皇讨要这一类官职，赐给自己亲信的武士，以示拉拢，并抬高自己团队的身价。出羽国在令国制中为上国，出羽守官职为从五位下（相当于中国的从五品下），可以算是武士能够获得的比较高的加封了。

关于这种区别为中国和希腊科学技术发展带来的利弊，罗维自有讨论。本书关心的是它对中国和希腊学术的议题选择所带来的影响：在希腊，学者谋生手段的多样性和客户的多样性保证了他们辩论议题的多样性。并且鉴于辩论的核心目的是提高自己在客户群中的知名度，以及直接驳倒对手以证明自己对客户而言是更好的选择，希腊学者往往务求专精于某一个领域，并且希望尽可能地使自己的观点区别于前人和对手，以突出自己的独特价值。因此他们更倾向于提出新概念，并且喜欢在基本的概念问题上发难，从而往往能够将一个非常狭窄领域中的讨论推进到一个非常深入的水平上。

而中国的学者们，本质上面对的是同一种客户，并且对他们每个人而言，他们其实只需要说服一个人，即他们希望效忠的君主。而君主感兴趣的议题——治国——自然也就成了他们共同致力于的核心议题。当然，中国漫长的历史中不乏对治国以外的其他议题表现出浓厚兴趣的君主，如宋徽宗之于艺术、明熹宗之于木工技术，以及无数的君主之于炼丹术，但那只是个人兴趣，而不是君主这个特定身份群体的制度化需求。而就这个身份群体而言，他们的事业目标，特别是对于那些至少自认为有一些责任感和事业心的君主来说，始终是以让国家富强而安定为第一位的。而这就使致力于这些问题的学者能够获得最多的机会，他们的学术谱系能够得到最大的扩展，他们的思想学说能够得到最广泛的流传。从这个意义上说，不是"显学"们把如何治理国家这个问题变成了中国学术的核心问题，而是君主的兴趣把这些以治国问题为核心议题的学派哺育成了显学。儒、墨、法等诸家的以道为本、以术为用的功利主义技术观其实只是君主们技术观的投射。

第二节　北宋儒学变革的影响

如果说中国的文化基因中天生就潜藏了某些排斥自然科学的因素，那么从数据看，宋学的兴起无疑对这些不利因素起到了强化作用。考虑到宋代兴起的程朱理学对后世儒学的主导作用，在这个时代得到强化或被新增到儒学中的那些元素，其意义可能十分深远。本书仅尝试讨论几个可能的方面。

一、文化专制主义

文化专制主义是随着北宋儒学变革而出现的一个重要的副产品。它根源于庆历宋学崇尚师道、崇尚正统、尊王攘夷的秩序主义精神，确立于熙宁新学"一道德"主张的提出，表现为太学三舍法的实施以及将《三经新义》作为科举考试唯一标准答案的举措。

专制主义对于科学创新的破坏作用早已成为人们的共识。从中世纪欧洲的宗教专制主义，到苏联的李森科事件。至于用"封建专制主义"来解释"李约瑟悖论"者，更不胜枚举。不过，大部分著作在谈及专制主义阻碍科学发展的具体案例时，都更关注专制主义势力利用暴力手段对具体科学家的迫害、对具体科学理论的发展和传播的抑制和干扰。殊不知，文化方面的专制主义造成的思想窒息、思想贫乏，对一个社会创新能力——不仅仅是科学创新，而是包括一切创新——的伤害更加严重、更加深远，也更加隐秘。

众所周知，文化的多样性程度越高、相互间的交流与争论越频繁，越有利于形成创新的氛围，这是一个现在被人们所公认的观点，也是以《保护非物质文化遗产公约》为代表的世界范围内的保护文化多样性运动的合理性依据。

而文化专制主义，无论是通过暴力的手段，还是非暴力的手段，无论是通过强制性的手段，还是非强制性的手段，总之就是要取消文化的多样性，实现文化的一元化。就北宋来说，这样做的直接后果，一是破坏了职业兴趣的多样性——正如统计显示的，自1070年以后，不但宋人平均涉足的职业领域有所减少，而且几乎再也找不到在所有领域中都有出色建树的全才了；二是破坏了解题思路和答案的多样性——尤其是在理学取代新学成为"正统"之后，由于吸收了百源学派的"象数学"数字神秘主义系统，它成功地将自己塑造成了一种包罗万象的理论，并将对包括自然界在内的一切问题的思考与解答都仅仅限制在这种万有理论之中了。

兴趣多样化被破坏的结果是遇到自然科学问题、提出自然科学问题机会的减少。第四章曾提到，由于中国传统的并在宋代被进一步加强的"贱技"思想的影响，以伎术官为代表的专职科技人员对宋代科技发展作出的贡献很小，特别是对于天文学这样的理论化程度比较高的学科而言[①]。而今天在这些方面流传下来的大量的科学成就，正是依靠一大批"业余"的研究者本着自己的兴趣去提出问题、探索问题，才最终取得的。而如博物学、物理学等当时尚未形成专业学科的研究领域中留下的科学成就，则更几乎全部来自士大夫们基于个人兴趣而进行的研究和留下的记录。事实上，定量性研究也为关于职业兴趣多样性与科技活动之间联系的假设提供了支持：《大辞典》所进

---

① 参见第四章第一节。

行的统计显示，在1001～1120年曾经参加过科技活动的人物平均涉足的职业兴趣领域为2.77个，远高于全体入选者的平均值1.88。

而解题思路多样性遭到破坏的后果更是不言而喻的。在理学将自然界也纳入到他们的"天理"体系中后，他们就不但是通过"教化"和"排击异端"取消了从其他思想来源中寻求答案的合法性，而且通过自我粉饰，在表面上取消了这样做的必要性。而这就剥夺了人们获得不同答案，并在不同的答案和观点间进行比较和鉴别的机会。正所谓"真理越辩越明"。失去了比较和鉴别，所能剩下的将只有盲信。这不但使人们得到正确答案的机会变得渺茫，甚至就连发现错误都变成了不可能的。

以上观点绝非仅仅是理论推演。关于"一道德"主义造成的创新能力枯竭的恶果，有时人的论述为证。如前引苏轼之言：

> 文字之衰，未有如今日者也，其源实出于王氏。王氏之文，未必不善也，而患在于好使人同己。自孔子不能使人同，颜渊之仁，子路之勇，不能以相移。而王氏欲以其学同天下！地之美者，同于生物，不同于所生。惟荒瘠斥卤之地，弥望皆黄茅白苇，此则王氏之同也。

甚至于与王安石同样"好使人同己"的程颐，在尚未成为"宗师"之前，也曾批评新学造成的学术垄断曰：

> 本朝经术最盛，只近二三十年来议论专一，使人更不致思[①]。

这二者说的还都是当时作为"学者本务"的经术和文学，而当时本来就生存在各个职业兴趣领域夹缝间的科学技术下场当如何，就更可想而知了。

值得注意的是，对比欧洲近代的科学革命，容易发现，这两个时空之间刚好存在着两种截然相反的背景。在欧洲，"发生这些变化的环境也就是人们所说的从中世纪末期到整个17世纪一直影响着欧洲政治、社会和文化的那一场持续危机。这场持续危机的一些里程碑式的标志是：13世纪以降封建秩序的崩溃和强大的民族国家的同时兴起；新大陆的发现和随着地平线的延伸而出现的文化震荡和经济震荡；印刷术的发明和接踵而至的文化参与之边界的变化；16世纪新教改革导致统一的西欧宗教秩序分裂。以上每一个事件，特别是最后一个，破坏了多个世纪以来一直控制着人类行为的那些制度的权威性和有效范围。罗马天主教教皇制度的权威至少曾经在形式上依照

[①]《二程集·河南程氏遗书·卷第十八》（程颢和程颐，1981：232）。

单一的基督教权威概念一统西欧，此时也让位于分裂的权威源"（史蒂文·夏平，2004：121）。

然而在北宋，正如我们所看到的，情况恰恰相反。从庆历－嘉祐间的百家争鸣，到熙宁后新学、洛学借皇权之力交替对思想界实施控制，朔、蜀、关各派或被吞并，或被灭亡，再到洛学在与新学的竞争中最终胜出，一统中国思想界。中国所走过的恰恰是一条由秩序分裂到归于一统，由几大权威并立到唯一权威胜出的道路。问题并不在于这个最终的权威是王安石的《三经新义》还是朱熹的《四书集注》，而是在于一元化本身。无论何时何地，无论哪一种试图用一个思想代替其他思想、取消其他思想的主张，无论他选用的是哪一种思想，用南宋历史学家马端临对王安石"一道德"主张的评价来概括都是适用的：

> 至所谓"学术不一""十人十义""朝廷欲有所为，异论纷然，莫肯承听"，此则李斯所以建焚书之议也，是何言欤①！

二、内求精神和非利倾向

从某些方面看，宋学，特别是二程的洛学，的确与科学革命时代的清教表现出某些气质上的相似性，比如勤奋、刻苦、视文学艺术为"浪费光阴的自我放纵"（默顿，2000：105）。

但是必须看到，这两种"勤奋"和"刻苦"精神的目标指向是截然相反的：清教主义以"颂扬上帝"作为"存在的目的和（存在的）一切"（默顿，2000：95），因此将这种热情导向了对"上帝所创造的"大自然的探索与改造中；而以二程洛学为代表的宋学所追求的则是"内圣外王"——并且对于洛学而言，首先是"内圣"，他们甚至主张：

> 今自家一个身心不知安顿去处，而谈王说霸，将经世事业别作一个伎俩，商量讲求，不亦误乎②？

在他们的视野中，就连自孔子以来就被推崇的"经世事业"，也变成了"不亦误乎"，因此宋儒们所付出的勤奋和刻苦最终被导向的是"向身上做功夫"的内求。正如清教徒们对自然之理与"公共福利"的孜孜以求会被宋儒

---

① 《文献通考·选举四》（马端临，1986：293）。
② 《晦庵先生朱文公文集·卷四十七·书·答吕子约》（朱熹，2002：2199）。

们视为可耻的"玩物丧志"和"汲汲以财利兵革为先务",宋儒们的"性理之学"也恰好可以作为被清教徒视为"游手好闲"而予以"深深蔑视"的"空洞无物的逍遥派哲学"(默顿,2000:134)的真切写照。

这看上去导致了一个很荒谬的结论:对虚无缥缈的、建立在盲信与神秘主义基础上的上帝的追求,最终导致了立足于尘世的客观务实的作风;而世俗的、以个人体验和理性思辨为基础的哲学探索,最终却导致了空疏玄秘的道德说教。

这并不是因为"颂扬上帝"与"内圣外王"的追求本身有什么问题。事实上,同样以对上帝的虔诚为出发点,中世纪基督教表现出的价值取向就与清教主义完全不同,而是更像宋学,相信"冥思式的职业和更具苦行性质的知识性、宗教性职业,优越于手工行业"——尽管按照《圣经》的原教旨,手工艺是"在上帝的创导下受到了尊崇"的(霍伊卡,1999:100-103)。

因此,决定事物最终发展方向的并不仅仅是目标本身,人们根据对各自目标的不同理解所选择的实践手段甚至更为重要。

清教徒的追求虽然是立足于虚幻的、神秘的上帝的,但他们为达到这一目标而采取的实践手段却是具体的、物化的。而直接指向自然科学研究的"通过自然、神恩和天国的荣耀向人们宣示上帝的形象",以及利用科学技术"使人类的生活变得更甜蜜"(默顿,2000:109),正是其中最受尊敬的实践方式之一。

相反,宋儒们的追求虽然立足于世俗的、现实的人,但他们的实践却纯以虚幻的思辨和冥想为务。尽管他们也谈"一草一木皆有理,须是察",但前提却是"求之性情,固是切于身"①。对此,朱熹的解释最为明白:

> 格物之论,伊川意虽谓眼前无非是物,然其格之也亦须有缓急先后之序,岂遽以为存心于一草木器用之间而忽然悬悟也哉!且如今为此学而不穷天理、明人伦、讲圣言、通世故,乃兀然存心于一草木一器用之间,此是何学问!如此而望有所得,是炊沙而欲其成饭也②。

这种分歧仅用"客观""主观""唯心""唯物"之类的词汇恐怕是很难解释清楚的。因为根据"如何认识世界本原"的分类标准,理学与清教通常都是被划分入"客观唯心主义"阵营的,且二程的"天理"与基督教的人格

---

① 《二程集·河南程氏遗书·卷第十八》(程颢和程颐,1981:193)。
② 《晦庵先生朱文公文集·晦庵集·卷三十九·书·答陈齐仲》(朱熹,2002,1756)。

化"上帝"相比,听起来还要更"客观"一点。而最终造成它们走上截然相反路线的很可能只是对这个自在的或"上帝制定的""天理"的理解上的一个极其微小的不同,即探究者本人是否也包含在这个"天理"之中。

正如本章第一节指出的,在自然崇拜传统中,人与神,进而与神所创造并支配的这个世界是对立的、互为异己的。因此,人类是大自然中的旁观者,来自上帝的信息蕴藏在他周围的外部世界中,需要他向外去探索。虽然与中国人类似,希伯来人在试图调和自然崇拜与祖先崇拜两种传统时,采取了将祖先的道德伦理特性叠加于自然神之上的策略,但最重要的是,他们仍然保留了传承自自然神传统的天人有别、截然对立教义。非但如此,在古代希伯来宗教发展为基督教并进一步传承演化的过程中,通过对上帝与人类之间的鸿沟的不断强调,上帝的神性得到不断强化、古代宗教常常赋予自然神的人性特质被尽可能地抹除,这就愈发否定了以凡人之心去揣度上帝的可能。虽然就基督教的实际历史来看,这一理念并不是必然地、立即就能引发对自然的研究热潮,但是它将这种可能性埋藏在了基督教的基因中,并最终,在经过了八百多年的碌碌无为以后,通过自然神学的崛起被表达出来。

相反,对于从祖先崇拜的宗教氛围中发展起来,并将祖先崇拜深深植根于自己的核心理念之中的儒学而言,并不存在这样一条人和神之间的绝对界线。神与人之间的关系被类比于君臣、父子的伦理关系,自然规律也被类比于人类社会的伦理规律——虽然儒学家们经常是反过来,试图到自然规律中去寻找道德伦理教训。这就是二程的"物我一理,才明彼,即晓此"。既然自然规律无非道德伦理规律,且研究自然规律的最终目标无非是提供道德教训,那么"格物"自然可以为其一途,却并不是必然和唯一的,"向身上做功夫"反而更加直接有效。因此在二程的哲学中,不但没有"物我"之分,也没有道德伦理之理与自然科学之理的分别。他们所说的"天理"在根本上是以三纲五常的道德和伦理为原型建构出的概念。他们所要"察"的"一草一木之理"也并非草木自身的生长规律本身,而是可以与这些规律进行类比的一些道德隐喻。这与清教科学家试图探索的上帝为自然所订立的法则是不同的。

因此,科学革命时代英国清教徒的勤奋刻苦精神可以成为将身心奉献于科学的动力;而中国的情况恰恰相反,科学惨淡的萌芽只有在贵族与文人的闲情逸致中苟延残喘,而那些正统的学者们,他们的刻苦只是让科学离他们越来越远。

而清教所给出的另一项研究科学的合理性依据——"使人类的生活变得

更甜蜜"，更干脆就是宋学所最猛烈批判的。新党所背负的"言利之臣"的尴尬名声最好地说明了这种道德批判被强化的程度——要知道，他们并不是因为"言"个人之利而背负这一罪名的，他们所言的，正是与清教伦理所追求的"公共福利"具有相似性的国家之利。而且这种批判功利主义的传统远比"至圣"路线上的内求传统更为悠久，可以直接在作为儒学原典的"四书"中找到思想根源：

> 孟子见梁惠王。王曰："叟不远千里而来，亦将有以利吾国乎？"
>
> 孟子对曰："王何必曰利？亦有仁义而已矣。王曰'何以利吾国'？大夫曰'何以利吾家'？士庶人曰'何以利吾身'？上下交征利而国危矣。万乘之国弑其君者，必千乘之家；千乘之国弑其君者，必百乘之家。万取千焉，千取百焉，不为不多矣。苟为后义而先利，不夺不餍。未有仁而遗其亲者也，未有义而后其君者也。王亦曰仁义而已矣，何必曰利？"①

正像儒家的全部理论一样，这段话就其本身的论述而言并无明显的逻辑漏洞。正相反，孟子所指出的正是利益不宜作为人生目标，特别是国家目标的一个最关键的理由——"上下交征利而国危矣"，这一点可以说非常敏锐。特别是在今天，"囚徒悖论"进一步为这一命题提供了极其精密和极其充分的推广证明。

但孟子只论证了应当以"仁义"而不是"利"作为追求的目标，而并不是说应当完全避免与"利"有关的一切活动。正相反，在孟子的学说中还有：

> 谷与鱼鳖不可胜食，林木不可胜用，是使民养生丧死无憾也。养生丧死无憾，<u>王道之始也</u>②。

诸如"谷与鱼鳖不可胜食，林木不可胜用"正可归为今天所说的"公共福利"范畴。孟子说这些东西是"王道之始"。这说明在孟子的理论体系中，同样是把民众的公共福利当作"仁义"实践的最重要手段的——尽管孟子本人并不承认这是"言利"。

而且事实上，想要完全避开利益问题而达到"仁义"也是不可能的。应该说，早期宋儒对此是有清晰认识的。例如，被誉为"不曾得君行道的王安

---

① 《孟子·梁惠王章句上》（孟子和朱熹，1985：1）。
② 《孟子·梁惠王章句上》（孟子和朱熹，1985：2）。另见林桂榛（2001）。

石"（胡适，1998）的李觏（范仲淹门人）就明确指出：

> 利可言乎？曰人非利不生，曷为不可言！欲可言乎？曰欲者人之情，曷为不可言！言而不以礼，是贪与淫，罪矣。不贪不淫，而曰不可言，无乃贼人之生，反人之情！世俗之不憙儒以此。孟子谓"何必曰利"，激也；焉有仁义而不利者乎①？

与李觏相反，王安石不是从批判孟子，而是从发明孟子观点的角度对义利问题进行了同样的论证：

> 孟子所言利者，为利吾国、利吾身耳。至狗彘食人食则检之，野有饿莩则发之，是所谓政事。政事所以理财，理财乃所谓义也。一部《周礼》，理财占其半，周公岂为利哉②！

从这个角度说，传统儒学和早期宋学的义利观与清教的功利主义并不矛盾，相反，在把"为公众行善"当作通向更终极目标的可取手段方面，这二者还显示出某些相似的观点。只不过这个更终极目标对于儒学而言是"仁义"，对于清教而言则是"颂扬上帝"。

但是在熙宁后宋学的发展中，这种对发展科技具有积极意义的义利观却并没有能够延续下去，而是逐渐滑向两个极端。在新学之末流的体系中，利益逐渐从践行"仁义"的手段变成了目的本身，最终的结果恰恰是堕入了孟子所批判的"上下交征利而国危矣"的漩涡。这也正是最终导致王安石的追随者们最终几乎全部被归入"奸臣"之列③的根本原因。而另一个极端则是以洛学为代表的后期宋学的主流。在这个极端中，传统儒学一直弘扬的由利国利民而达到"仁义"的道路干脆被彻底断绝了。

洛学的这种态度一方面可能是出于对新学功利主义的反动，但更深刻的原因恐怕还是要归结到他们对"仁义"或"天理"这一目标本身的理解上。正像前文提到的，与传统儒学追求的"内圣外王"相比，洛学的目标更倾向于直指内心的"内圣"。因此，内求就变成了一种通向"天理""仁义"的更加直接和更加高尚的道路，而相应地，功利之路则显然变成了不必要的，甚至是与"天理""仁义"背道而驰的。

这里还有一个起到关键作用的细节：不像清教伦理中存在一种基于"上帝恩选"（马克斯·韦伯，2002：77-80）的等级结构，儒学所信奉的是"人

---

① 《李觏集·卷二十九·原文》（李觏，1981：326）。
② 《临川先生文集·卷七十三·答曾公立书》（王安石，1959：773）。
③ 《宋史·卷四百七十一》《宋史·卷四百七十二》（脱脱等，1977：13 697-13 733）。

皆可以为尧舜"①的平等主义原则，程颐更进一步将其发展为"圣人可学而至"②之说。因此，清教徒相信每个人"并非都有能力从事那些最可取的职业"，特别是"只有那些具有'特殊神召'的人才应该成为牧师"，从而为他们退而求其次地选择其他方式"为上帝服务"提供了依据（默顿，2000：101）。而宋学既承认每个人都"可以为尧舜"，也就暗含了每个人都有能力采用最直接、最高尚的学习道路去"至圣人"的观点。能够采用更可取的学习方式而不用，却反而向"财利"中去寻求"仁义"，自然是缺乏正当性的。

三、重义理寡实证

前人对于宋学精神的讨论，在第七章中已经提及。其中，近代学术名家钱穆将宋学精神归纳为"一曰革新政令，二曰创通经义"。漆侠先生则总结出疑经、对汉人注疏不信任、首创义理之学、讲求实用、追求"内圣外王之道"等几大特征。而宋晞先生指出了"博学与善疑、身心之修养、伦常与名分、经国与济世四方面"③。另外，陈植锷先生在他的《北宋文化史述论》中，曾将宋学精神概括为议论精神、怀疑精神、创造精神、实用精神、内求精神和兼容精神（陈植锷，1992：287-323）。近年又有乐爱国先生提出的济世精神、博学精神、怀疑精神和求理精神。此外，还有"自由的思想与怀疑创新的开拓精神""求理精神""求实精神""道德精神""忧患精神""主体精神"等提法（乐爱国，2007：62-63）。

以上各家观点，或有分歧、或可商榷，但值得注意的是，所有这些观点中都没有提到"实证精神"，而这恰恰是宋学精神与现代科学精神相比所缺失的最重要的部分。

事实上宋学精神中有非常接近实证精神的成分。宋学之兴，肇始于怀疑精神、求实精神。宋学的主要分支中，亦一度包括非常重视实践的范仲淹-李觏高平学派、王安石荆公新学。这几项因素相加，几乎已经凑齐了通向实证精神的所有要素，然而最终，还是没能形成足以造成影响的实证之风。

当然，实证精神在北宋也并非完全空白。陈植锷先生指出："宋儒在从事性理之学研究时所不重视的实证精神，在同时代著名的自然科学家沈括的著作中，却得到了突出的表现。"（陈植锷，1992：518）在沈括最著名的作

---

① 《孟子·告子章句下》（孟子和朱熹，1985：93）。
② 《二程集·河南程氏文集·卷第八·杂著·颜子所好何学论》（程颢和程颐，1981：577）。
③ 参见第七章第二节。

品《梦溪笔谈》中，不但到处记录着他为验证听来的传闻和自己的猜测进行亲身体验、实地考察的经历，而且还记有诸如纸人实验①这样设计巧妙的物理实验。

这里有一个也许并非巧合的细节：按照西方科学史家的观点，实验科学之所以能够在欧洲产生，很大程度上要归功于社会风尚对手工业劳动的认同。正如前文中提到的，在《圣经》的文本中，手工工作并不像古希腊和古中国那样受到鄙视，正相反，它被认为是上帝所赐予的高贵的"天赋"。"因此，在希腊哲学中的那些阻碍实验科学发展的因素，在《圣经》中并不存在。"（霍伊卡，1999：100-102）宗教改革的一个很重要的结果，就是恢复了手工业的这种被《圣经》的原教旨所认同的神圣性。"一旦机械师的劳动被承认是一种体面的劳动，那么实验工作就会受到尊重。"（霍伊卡，1999：111-117）

而在"贱技思想趋于严重"（张邦炜，2005：135）的北宋，在这样一个看起来几乎不可能出现任何尊重技术的思想倾向的环境中，唯独在沈括身上，却能够发现宋人中绝无仅有的对手工劳动的尊重：

> 观古者至治之时，法度文章，大备极盛，后世无不取法。至于技巧器械、大小尺寸、黑黄苍赤，岂能尽出于圣人？百工，群有司、市井、田野之人，莫不预焉。其卒使天下之材不遗而至于大备极盛，后世无不取法，在所用之何如耳②。

不过，沈括终究只是一个个例。不重实证、鄙视技艺才是宋学的主流。在北宋儒学史中，沈括虽然被后人承认拥有一席之地，但其地位却比较尴尬。尽管在政治上明显倾向于新党，并深受王安石重用，俨然与吕惠卿、章惇、曾布等新党核心成员并列。但在《宋元学案》和《宋元学案补遗》中，他却并未与吕惠卿等一起被列入《荆公新学略》，而是被视为无门无派的独立学者被划入了《宋元学案补遗·别附》③。究其根源，恐怕正是因为他在轻视"性理之学"、重视实证知识方面表现出来的与王氏新学的异趣所致。而这也是他与整个宋学精神的异趣。

---

① 《梦溪笔谈·补笔谈·卷上》：
琴瑟弦皆有应声：宫弦则应少宫，商弦则应少商，其余皆隔四相应。今曲中有声者，须依此用之。欲知其应者，先调诸弦令声和，乃剪纸人加弦上，鼓其应弦，则纸人跃，他弦即不动。声律高下苟同，虽在他琴鼓之，应弦亦震，此之谓正声（沈括，1975）。
② 《长兴集·卷七·上欧阳参政书》（沈括2011：51）。
③ 《宋元学案补遗·别附·卷一·沈先生括》（王梓材和冯云濠，1980）。

第三节 社会结构因素

除了文化传统及儒学变革带来的主观因素，北宋社会结构中亦蕴含着一些不利于自然科学知识增长和积累的客观因素。在漫长的古代社会，这些因素广泛地存在于所有文明中，并非中国所独有。但中国古代社会的诸多特性，尤其是其整套社会运行机制的精致性和有效性，导致了社会结构和制度的高度稳定，从而使这些因素一直得以延续，直至外来之力将中国传统社会的结构强行打破。

而在西欧，也许是分裂的政治版图为制度和政策多样性提供了更多可能，也许是封建统治者在基层社会治理上的无能和漫不经心为民间力量留下了更多活动空间，总之，在中世纪后期以来种种偶然和必然因素的作用下，逐渐孕育出一系列制度、结构，这些制度和结构的奇妙组合最终以出人意料的方式导致了一种机制，将自然知识与技术导向了一条协同加速发展的轨道。

一、科技活动的主体

本书第四章分析过北宋科技活动参与者的构成，从中不难发现一个严重的问题：几乎所有以研究自然知识或从事技术活动为主业的职业和准职业群体，都属于低地位、低收入阶层。这就意味着：第一，他们很难（就普遍的情况而言）获得足够的支持他们进行创新活动的社会资源；第二，进行创新的积极性得不到鼓励、动力得不到激发；第三，进行创新的自由甚至也受到限制（特别是对于伎术官和官用工匠而言）；第四，即便发现了新知识、创造了新技术，也缺乏记录和传播这些知识的能力。

职业和准职业群体中唯一社会地位相对高的只有在儒学框架内研究自然哲学等问题的学官和民间学者，相对而言他们也有较强的著述能力和获取社会资源的能力。事实上他们在北宋社会中的位置与欧洲文艺复兴时期的自然哲学家们有重合之处。但他们的数量太少、在儒学系统中的影响力太弱了。他们研究的范畴从来不是主流儒学的核心议题。即便在熙宁以后四大学派斗争最激烈的时代，其相互攻讦也很少涉及对方在自然观、物质观等方面的观点，由此可见这些议题甚至进入不了主流儒学家的视野（而相比之下，在欧洲类似的问题是可能引来教皇亲自发表意见，并动用宗教法庭进行裁判的）。

研究者稀少且在时间和空间上的分布又极度分散，使得中国古代即便偶尔出现对自然哲学问题感兴趣的学者，也不可能在相关领域形成类似后世的所谓"学术共同体"的东西，更不可能组织起足够频度和烈度的学术争论。因此，且不论儒家自然哲学的伦理化特性带来的限制，即便没有这样的先天不足，它也缺乏中世纪后期西欧出现的那种促进了欧洲学者对自然问题的思考加深和新思想迸发的辩论氛围。

而非职业群体，尽管他们获取社会资源的能力普遍更好些，个人才智也普遍高于职业群体，而且就实际情况而言，古代流传下来的绝大部分记载自然知识和技术的著作都出自作为非职业科学技术活动者的儒家知识分子（文官-知识分子集团）之手。但他们的非职业身份决定了他们不可能把主要精力贡献于自然知识的探索和新技术的创造。他们对科学技术活动的参与缺乏制度性保障和社会支持（甚至还被主流价值观所责备），只能以个人兴趣作为唯一的驱动力，这就决定了他们的科学活动是个人的、偶发的、孤立的、缺乏连续性。而相反，无论是近代欧洲由自然神学信仰支撑起来的自然哲学研究，还是得到整个社会体制持续支持的现代科学，它们支撑起来的都是一种社会性的、系统性的研究活动，其对社会智力资源的获取并非依赖于多变的个人情感，而是一些具有社会普遍性的信仰、观念，以及相应的社会保障机制，并且为参与者设置了一些持续可达数百年的共同研究议题，使同一时代和不同时代的学者能够在同一问题框架内进行研究、展开学术交流。

还有一种非职业群体参与科学技术活动的特殊情况，是基于政治任务的科学技术活动。这一类活动确实在中国古代科技史上扮演了重要角色，并且贡献了为数众多的重要成果。然而这一类活动虽非建立在参与者的个人兴趣上，但其基础甚至更加不可靠，那就是封建君主的主观意志。当君主心血来潮，想要做一些能够媲美古代圣王的丰功伟绩时，就不惜兴师动众地重订乐律、重铸浑仪、重编药典、重修历法，一旦换了心思不同的皇帝，或者出现了更加迫切需要解决的问题，这些事务也就被抛诸脑后，相关知识更无人问津了。

二、社会支撑机制

探索和创新活动需要经济上的支撑，这种支撑至少包括两部分：维持科技活动参与者生活的基本费用和探索、创新活动本身需要消耗的成本。

在前现代社会，一项社会事业要筹措运行经费，主要有四种可能的来源：①来自国家或封建君主的支持；②来自宗教势力的支持；③市场；④私人资助以及其他来自社会的支持。

就古代中国而言，由于其漫长的大一统国家传统，国家的经济力量一直对其他三者有压倒性的优势，国家的直接支持也是一项事业可以期望的最强大和最有效的资助来源。国家为一项事业提供资助的方式又可以分为两种：一种是制度性和持续性资助，主要通过为该项事业设立专门的官衙和职位来实现；另一种是随机性的支持，主要通过随机的一次性资助或临时性的项目任务（如皇祐勘订乐律、熙宁重修历法）来实现。其中，前一种资助尤其重要，因为它有助于培养一支相对稳定的人才队伍，并建立持续传承的知识和技能传统。但是就科学技术活动而言，特别是就自然知识的研究、探索活动而言，在前现代社会，它们获得这种制度性支持的机会很少，在北宋也不例外。

本书第一章讨论了北宋官僚系统中与科学技术有关的部门的构成①。可以看到，尽管北宋中央政府中近一半的机构都有与科学技术相关的业务，但具体而言，绝大多数是技术方面的业务，真正与自然研究有关的只有国子监、太常寺、司天监、翰林天文院等极少数机构，而其中涉及自然哲学研究的更只有国子监和太常寺。即便在这两个机构中，自然哲学问题也是他们研究和教授的诸多儒学议题中的最不重要的一个，研究和教授自然哲学方面问题的职位甚至不是常设的。而且这些机构提供的专业性职位不仅少，品级和俸禄也极低。由于缺乏合理的评价和激励机制，这些机构中的专业人员的水平也十分可疑②。

公正地说，作为一个世俗政权，北宋政府避免在自然哲学等玄奥议题上投入过多资源的做法并没有什么不恰当，在当时的情况下看甚至是务实、尽责的表现。正如本章第一节指出的，世俗政权代表的本就是社会需求中务实的一面，而缺少超越性。因此，对于这些在当时看来无法为国家富强和民众福利提供直接帮助的知识，除了为维护朝廷在意识形态领域的最高发言权而对其保持最低限度的研究规模以外，尽可能少地为它们占用国家资源，恰恰符合儒家"先成民而后致力于神"的主张。与此相反，在欧洲，不是由封建国家，而恰恰是由基督教会——代表社会需求中超越性部分的力量——建立了遍布全欧洲的修道院和大学，并在其中提供大量研究和教学岗位。哥白尼、伽利略、牛顿最终正是从这些机构中崛起的。

---

① 参见第一章第三节。
② 参见第一章第三节和第四章第一节、第三节。

那么中国自己的宗教系统有没有为自然知识的探索提供资源呢？在中国，从原始的天神崇拜和祖先崇拜演化而来的官方宗教崇拜系统自周代起就被天子所垄断，与国家政权合而为一，不再成为独立的社会力量[①]。而其在民间留下的宗教真空最终由佛教和道教填补。在北宋，佛教和道教掌握的社会资源尽管无法与国家相比，也无法与欧洲的基督教相比，但也仍是比较可观的。中国的寺庙和道观数量虽无法与欧洲的基督教堂数量相提并论，但也颇具规模。寺观与僧道，实际上是具备条件扮演欧洲教堂、修道院与其中的僧侣在科学革命中扮演的角色的。但问题在于这两大宗教都缺乏基督教那种对外部世界的关切，自然也就不会将这些潜力投入到相关议题的研究上。

至于市场和私人资助，同样很少能够为自然研究提供支持。市场追求的是盈利，而自然知识在当时尚缺乏提供盈利的能力。私人资助则取决于社会——尤其是上层阶级对一项事业是否重视和感兴趣。北宋学术史上最著名的是，司马光对邵雍的接济和文彦博捐赠田产助程颐开设学校。而以自然相关研究在当时的名声和受重视程度，显然是无法争取到这种规模的资助的。

与自然研究相比，技术活动的处境相对好些。无论官府还是市场，都为技术人才提供了大量工作机会。这是造就中国古代的工程技术繁荣的一个重要条件。但北宋社会对技术活动的支撑同样不是无懈可击的。最大的问题就出在官府手工业系统中技术活动的实际执行者——工匠与资源的提供者——官府之间的地位严重不对等，这使得工匠们在向官府出售服务时，不但严重缺乏议价权，而且连人身自由甚至生命都会受到威胁，自然也就不必谈什么创新积极性了[②]。更何况官僚系统中乖戾的游戏规则还经常使官府手工业系统中的技术评价标准发生扭曲。即既不以技术的创新性、有效性，也不以其性价比为依据进行判断，而是根据波谲云诡的政治需求随时变更其评判依据[③]。

与官府系统相比，市场为技术活动提供的支持更具含金量。在市场上，技术人员可以自由地出卖自己的技术劳动或技术产品，买卖双方的地位要平等得多，技术人员能够从中收获更多的尊重，也更有动力去提升自己的技能、创新自己的产品。市场对技术的评价标准也相对简单：总是质优价廉者能够获得更多的奖赏。但北宋时代市场系统的问题在于，它的势力太弱小了。支撑民间市场的中坚力量，同时也是民间资本的主要掌握者——商人阶层的力量过于弱小，并受到官方的强力打压与侵夺。他们手中的商业资本很

---

① 参见本章第一节。
② 参见第四章第一节、第三节。
③ 参见第六章第三节提及的"铁龙爪"浚河案。

难转化为制造业资本投入到技术市场中，用于支持技术创新[①]。

三、知识的交流与汇聚

最后一个方面是知识的交流与汇聚机制。在科学技术的发展过程中，一个显而易见的事实是，新知识和新技术传播的范围越广、速度越快，它们被应用于新的创新的可能性就越高、速度就越快，整个知识系统进步得也就越快。

现代学术期刊制度已将最新科技成果的传播速度推至极限，但在北宋，信息传播的手段和效率远不可同日而语，尤其作为传播对象的又是一些在当时不那么引人关注的知识。对某些知识领域，国家甚至还采用严刑峻法，刻意阻抑其传播，最典型的就是天文学。

在北宋，由于太祖、太宗即位（或篡位）过程中，乃至前代的后周建国过程中都有天文术士携天象鼓噪作势的身影[②]，所以天文、术数之学素为朝廷所忌，太祖、太宗先后数次下诏明令禁止民间私习[③]。至宋真宗时，除进一步严明私习天文之禁[④]，更加强了对司天监的约束，景德元年（1004年）正月，诏：

> 司天监、翰林天文院职官学生诸色人，自今不得出入臣庶家课算休咎，传写细行星历及诸般阴阳文字。如违，并当严断。许人陈告，厚与酬奖。其学生已下令三人为一保，互相觉察。同保有犯，

[①] 参见第四章第一节关于北宋商人阶层的讨论。

[②] 《宋史·方技传》："赵修己，开封浚仪人，少精天文推步之学……汉乾祐中……召为翰林天文。周祖镇邺，奏参军谋。会隐帝诛杨邠、史弘肇等，且将害周祖，修己知天命所在，密谓周祖曰：'……则明公之命，是天所与也。天与不取，悔何可追？'周祖然之，遂决渡河之计。"

"苗训，河中人，善天文占候之术。仕周为殿前散员右第一直散指挥使。显德末，从太祖北征，训videoB上复有一日，久相摩荡，指谓楚昭辅曰：'此天命也。'夕次陈桥，太祖为六师推戴，训皆预白其事。既受禅，擢为翰林天文，寻加银青光禄大夫、检校工部尚书。"

"马韶，赵州平棘人，习天文三式。开宝中，太宗以晋王尹京，申严私习天文之禁，韶素与太宗亲吏程德玄善，德玄每戒韶不令及门。九年冬十月十九日，既夕，韶忽造德玄，德玄恐甚，诘其所以来，韶曰：'明日乃晋王利见之辰，韶故以相告。'德玄惶骇，止韶一室，遽入白太宗。太宗命德玄以人防守之，将闻于太祖。及诘旦，太宗入谒，果受遗戢阼。韶以赦狱得免。逾月，起家为司天监主簿。"[《宋史·卷四百六十一》(脱脱等，1977：13 496, 13 499-13 500)]

[③] 《续资治通鉴长编·卷十三》：开宝五年（972年）十一月癸亥"禁释道私习天文地理"（李焘，1993：291）。《续资治通鉴长编·卷十七》：开宝九年（976年）十一月庚午"令诸州大索明知天文术数者，传送阙下。敢藏匿者，弃市。募告者，赏钱三十万"（李焘，1993：385）。《续资治通鉴长编·卷十八》：太平兴国二年（977年）"诸道所送知天文相术等人，凡三百五十有一。十二月丁巳朔诏，以六十有八隶司天台，余悉黥面流海岛"（李焘，1993：416）。

[④] 《续资治通鉴长编·卷五十六》：景德元年（1004年）正月辛丑"诏：图纬、推步之书，旧章所禁，私习尚多，其申严之。自今民间应有天象器物、谶候禁书，并令首纳，所在焚毁，匿而不言者论以死，募告者赏钱十万，星算伎术人并送阙下"（李焘，1993：1226-1227）。

连坐之。保内陈告，亦与酬奖①。

大圣五年（1027年）三月，以太后垂帘的刘后又严旨申诫司天监：

> 近日多有闲人、僧道于监中出入止宿，私习乾象。又街市小术之人，妄谈天道灾祥，动惑人民。令开封府密切捉捕，严行止绝②。

私习天文历法之禁本已严重打击了民间研究天文历法之学的力量，宋真宗和刘太后的两道诏书则进一步斩断了司天监内的职业天文官与民间研究者之间的交流。讽刺的是，这两道诏书的本意是进一步加强私习天文历法之禁，从源头上杜绝"臣庶""僧道"从司天监偷师学艺的可能，但从政策的执行结果看，在这两道诏书颁行若干年后，学术水平受损最严重的反而不是民间天文研究力量，而是司天监。因为从史料记载看，真宗以后，司天监以外的官员、士人私习天文的现象其实并未断绝。前文提到的宋仁宗年间的刘扑就是一例。而宋仁宗及朝廷对刘扑的处理，也不过是略加折辱而已，并未真的捕系治罪③。可见私习天文之禁，至少对士大夫而言，到仁宗年间就已经执行得不那么严格了。而到了神宗初年，司天监内的天文官们则已经"皆市井庸贩，法象、图器大抵漫不知"了。沈括提举司天监，编订新历，还要到民间去请自学成才的卫朴来帮忙，并且"募天下上太史占书"，在司天监的人员配备上"杂用士人"④。几十年来一直合法地研习天文学的天文官们，水平反不及私习天文的平民和士人，甚至连天文书籍都要到民间去重新征集。而且不要忘记，民间的天文图书和仪器六十多年前已经被宋神宗的曾祖父宋真宗查抄和焚毁过一轮了⑤。

在中世纪末期的欧洲，作为专业学术机构，大学在知识的汇聚过程中起到了重要作用。凭借其远播的声名以及在组织上的稳定性，大学成了当时欧洲的学术网络中的支点和蓄水池，所有新知通过大学内外、大学之间的学者交流而汇聚于一所所大学、在大学之间传递，复又散布于全社会。但是同样作为专业机构的司天监，既没有可进行学术交流的兄弟机构⑥，又被切断了与外部研究者之间的联系，不但无法扮演知识集散地的角色，而且自己也无法从他人的工作中汲取营养，而内部又固守家法（由于得不到外来知识的启

---

① 《宋会要辑稿·职官三一》（徐松，1957：3001）。
② 《宋会要辑稿·职官三一》（徐松，1957：3002）。
③ 参见第四章第一节。
④ 《宋史·卷三百三十一》（脱脱等，1977：10 654）。
⑤ 《宋会要辑稿·职官三一》（徐松，1957：3001）。
⑥ 北宋虽然除司天监外还设有翰林天文院，但实际运行中两机构在人员和管理上时有重合，且都在同一套官僚体制下运行，根本发挥不了学术交流和学术竞争的作用。参见第一章第三节。

发)、近亲繁殖(由于得不到外来人才的补充),其学术水平自然只能每况愈下了。

除了司天监以外的其他北宋官方知识机构,如翰林医官局、算学、太常寺等,虽然没有像天文官们这样被严防死守,但从史料记载来看,除了翰林医管局尚编印过一些医学著作,其他机构也都没有在本领域的知识汇聚与流通中发挥过什么看得见的作用。机构稀少、单一且高高在上、脱离社会可能是其中一个原因。另一个原因是,作为政府机关,这些机构的考核标准,进而其人员的目标追求,在于完成政府布置的工作,而非追求知识、追求对外部世界的理解。因此,无论是走出自己的机构去学习新知、收集新知,还是向社会去传播本机构掌握的知识,他们都缺乏积极性。

因此,在近代欧洲由大学和大学中的专业学者扮演的知识交流系统枢纽的角色,在古代中国则无法由官办的专业机构和职业学官、伎术官来充当。在这种情况下,反倒是非职业的士大夫集团中的一些成员部分地起到了枢纽人物的作用,促进了中国古代自然科学和技术知识的社会交流和进步。例如,高若讷广结天下名医,建立起名震一方的医学学派[①]。更不用说沈括、苏轼这样的鸟兽草木、天地医卜无所不闻,公卿黎庶、僧道伎艺无所不交的全才型人物[②],甚至扮演了在不同阶层的科学技术参与者群体间传递知识的载体(当然主要是自下层向上层传递)。但这些工作终究不是士大夫的本务,他们只能凭借个人热情偶尔为之。并且这些行动都是个人性的和偶发性的,他们无法充当稳定的知识汇聚点,更无法形成相互连通的和可延续的知识汇聚、传播网络。更何况士大夫参与、讨论自然和技术问题的热情同样时时面临着主流价值观的打压。例如,前文提到的刘抃因谈论天文而被改授伎术官的事件发生后,就一度使"士人之知术数者不敢以自名"[③],当然就更不用说相互交流了。

[①] 参见第六章第二节。
[②] 参见第六章第三节。
[③] 《华阳集·卷三十八·翰林侍读学士贾君黯墓志铭》(王珪,1935:511)。

结　语

　　本书评估了北宋科学和技术知识的生产、流通和使用系统的运行情况及各种影响因素。无论对书中所陈述的各种情况作何种价值判断，有两个结论是本书作者比较有把握的：第一，宋人对科技的热情，在庆历年间以后一直在直线衰退；第二，这种衰退与宋学的兴起，特别是与宋学对儒家核心价值理念的强化与弘扬同步。

　　但这并不意味着今人有立场批评指责什么，或者作出有利于科技发展的就是好的，不利的就是坏的这样的简单判断。科技并非人类存在的唯一目的。正如书中提到的，宋儒们的选择建立在极端理性的基础上。站在当时的立场上，我们没有任何理由指责他们背弃科技，而将目光投向其他方面的选择。不要忘记，不但在靖康时代，而且在靖康之变一百五十多年后，崖山陆沉之日，宋人也仍然掌握着对世界上任何一个其他民族的技术优势。宋人并不是因为技术落后而亡国的——两次都不是，先进的技术也没能帮助宋人避免亡国——两次都没有。而恰恰是在夫子们谆谆告诫的选贤任能、仁政爱民、"进君子退小人"等问题上出现的错误，最终断送了宋人的国运。宋人对科技的轻视，如果说产生了任何恶果的话，那么也是在八百年后。但是如果一种理念连百年之内的国家兴亡都无法拯救，指望它对八百年后的问题负责，岂不可笑？在世诸公，又有谁敢自诩负八百年之远虑？

　　更何况对于今人而言，宋儒们的观点及实践亦提供了一些颇具启发性的洞见。在现代社会，随着科技进步和人本主义的勃兴，曾经摆在宋儒甚至孔子、墨子们面前的问题再次被提上了现代思想家们的书案。科技的发展是否必然带来幸福？国家和社会发展的目的究竟是什么，是人民幸福，还是国家疆域的广阔、宗庙宫室的雄伟、万世不朽的丰碑？科学已如此发达的今天，是否还有必要继续将社会资源虚耗在宇宙探索、微观粒子研究等既不能喂饱非洲饥饿儿童，也不能弥合中东长期战乱的业务上？

问题的答案恐怕在于我们选择视何者为幸福，视何者为个人、民族乃至人类前进的目标。

若以个人安逸为目标，则纵有家财万贯，所能受用者亦不过三餐之食、一席之地，杨朱之学可矣。若以国家安逸为目标，则苟能缨城自守、百姓足食，墨翟、陶朱之学足矣。纵以人类之安逸为目标，亦无非老有所终，壮有所用，幼有所长，鳏、寡、孤、独、废、疾者皆有所养，未尝过孔孟所教。但如果以对自然界真理的认识为目标，则前进之路漫长修远、永无止境；则科技发展是否带来幸福的问题本身亦为可笑。

参 考 文 献

艾素珍，宋正海．2006．中国科学技术史·年表卷［M］．北京：科学出版社．
班固．1962．汉书［M］．北京：中华书局．
蔡沈．1985．书经集传［M］//四书五经［Z］．北京：中国书店．
蔡襄．1996．蔡襄集［Z］．上海：上海古籍出版社．
昌彼德，王德毅，程元敏，等．1986．宋人传记资料索引［K］．台北：鼎文书局．
晁公武．1990．郡斋读书志校正［M］．孙猛校正．上海：上海古籍出版社．
陈定荣．1991．德兴张氏世家的两方碑碣［J］．江西文物，（1）：86-96，53.
陈峰．2004．北宋武将群体与相关问题研究［M］．北京：中华书局．
陈傅良．1992．历代兵制［M］//中国兵书集成（第七册）［Z］．北京：解放军出版社，沈阳：辽沈书社．
陈澔．1985．礼记集说［M］//四书五经［Z］．北京：中国书店．
陈梦雷．1934．古今图书集成［M］．上海：中华书局．
陈寿．1971．三国志［M］．北京：中华书局．
陈寅恪．1980．邓广铭《宋史职官志考证》序［A］//陈寅恪．陈寅恪集·金明馆丛稿二编［C］．北京：三联书店：277-278.
陈植锷．1992．北宋文化史述论［M］．北京：中国社会科学出版社．
陈自良．2011．外科精要［M］．北京：中国医药科技出版社．
程颢，程颐．1981．二程集［Z］．北京：中华书局．
程俱．2004．北山小集［Z］//舒大刚．宋集珍本丛刊［Z］．北京：线装书局．
戴念祖．1988．中国力学史［M］．石家庄：河北教育出版社．
戴念祖．2002．中国物理学大系·古代物理学史［M］．长沙：湖南教育出版社．
邓椿．1963．画继［M］//于安澜．画史丛书［Z］．上海：上海人民美术出版社．
丁传靖．1981．宋人轶事汇编［M］．北京：中华书局．
丁山．1961．中国古代宗教与神话考［M］．上海：龙门联合书局．
董春林．2010．论唐宋僧道法之演变［J］．江西社会科学，（10）：138-143.
董春林，雷炳炎．2013．内外兼济与财权迁移—宋代内藏库考论［J］．求索，（7）：54-57.

董诰，等.1983.全唐文［Z］.北京：中华书局.

顿贺.2004.中国古代造船业对世界的贡献与影响（连载四）［J］.舰船电子工程,（4）：131-134.

范纯仁.2004.范忠宣公文集［Z］//舒大刚.宋集珍本丛刊［Z］.北京：线装书局.

范浚.2004.范香溪先生文集［Z］//舒大刚.宋集珍本丛刊［Z］.北京：线装书局.

范仲淹.2007.范仲淹全集［Z］.成都：四川大学出版社.

方立天.1986.略论中国佛教的特质［J］.文史知识,（10）：31-37.

方笑一.2003.北宋学术—元化暗流与实用文学观——以古文家为中心［J］.文艺理论研究,（2）：72-80.

费衮.1985.梁溪漫志［M］.上海：上海古籍出版社.

傅璇琮.2005.宋登科记考［M］.南京：江苏教育出版社.

盖建民.2005.道教科学思想发凡［M］.北京：社会科学文献出版社.

葛金芳.2000.宋代儒学的伦理学转向［A］//张其凡,陆永强.宋代历史文化研究［C］.北京：人民出版社：10-23.

宫磊.2007.宋真宗封禅探究［D］.济南：山东师范大学硕士学位论文.

龚延明.1997.宋代官制辞典［K］.北京：中华书局.

顾颉刚.1933.两汉州制考［A］//庆祝蔡元培先生六十五岁论文集［C］.北平：中央研究院历史语言研究所：855-902.

郭若虚.1963.图画见闻志［M］//于安澜.画史丛书［Z］.上海：上海人民美术出版社.

郭学信.2007.宋代士大夫文化心理探析［J］.西北师大学报（社会科学版),44（2）：59-64.

韩毅.2005.宋代佛教的转型及其学术史意义［J］.青海民族学院学报（社会科学版）,31（2）：31-37.

韩毅.2014.政府治理与医学发展：宋代医学诏令研究［M］.北京：中国科学技术出版社.

何薳.1982.春渚纪闻［M］//唐宋史料笔记丛刊［Z］.北京：中华书局.

何兆泉.2006.论宋代宗室的法律管理［J］.浙江社会科学,（2）：176-181.

洪迈.1978.容斋随笔［M］.上海：上海古籍出版社.

洪迈.1981.夷坚志［M］.北京：中华书局.

后晓荣.2009.秦代政区地理［M］.北京：社会科学文献出版社.

胡适.1998.记李觏的学说——一个不曾得君行道的王安石［A］//欧阳哲生.胡适文集3［C］.北京：北京大学出版社：25-40.

黄富荣.2005.略论胡瑗的分斋教学法及其历史命运［A］//姜锡东,李华瑞.宋史研究论丛·第6辑［C］.保定：河北大学出版社：415-434.

黄淮，杨士奇. 1985. 历代名臣奏议（第二版）[M]. 台北：台湾学生书局.

黄仁宇. 1992. 赫逊河畔谈中国历史[M]. 北京：生活·读书·新知三联书店.

黄仁宇. 1997. 中国大历史[M]. 北京：生活·读书·新知三联书店.

黄世瑞. 1985. 秦观《蚕书》小考[A]//农史研究（第五辑）[C]. 北京：农业出版社：251-252.

黄庭坚. 2001. 黄庭坚全集[Z]. 成都：四川大学出版社.

黄宗羲，全祖望. 1986. 宋元学案[M]. 北京：中华书局.

霍伊卡. 1999. 宗教与现代科学的兴起[M]. 2版，邱仲辉，钱福庭，许列民译. 成都：四川人民出版社.

霍有光. 1993. 宋代砚石文献的地学价值[J]. 中国科技史料，14（2）:3-10.

姜锡东. 2002. 宋代商人和商业资本[M]. 北京：中华书局.

金观涛，樊洪业，刘青峰. 1982. 历史上的科学技术结构——试论十七世纪之后中国科学技术落后于西方的原因[J]. 自然辩证法通讯，（5）：7-23.

金观涛，樊洪业，刘青峰. 2002. 文化背景与科学技术结构的演变[A]//刘钝，王扬宗. 中国科学与科学革命：李约瑟难题及其相关问题研究论著选[C]. 沈阳：辽宁教育出版社：326-393.

金净. 1985. 从"洛蜀之争"看文、道之争[J]. 江汉论坛，（9）：51-55.

孔文仲，孔武仲，孔平仲. 2004. 三孔先生. 清江文集[Z]//舒大刚. 宋集珍本丛刊[Z]. 北京：线装书局.

孔子，朱熹. 1985. 论语章句集注[M]//四书五经（第二版）[Z]. 北京：中国书店.

乐爱国. 2007. 宋代的儒学与科学[M]. 北京：中国科学技术出版社.

黎靖德. 1986. 朱子语类[M]. 北京：中华书局.

黎沛虹，王绍良. 1984. 北宋时期初创的几项运河工程技术[J]. 武汉水利电力学院学报，（4）:101-106.

李焘. 1993. 续资治通鉴长编[M]. 北京：中华书局.

李觏. 1981. 李觏集[M]. 北京：中华书局.

李光地，等. 1985. 御纂朱子全书[M]//景印摛藻堂四库全书荟要[Z]. 台北：世界书局.

李国强. 2010. 论北宋熙宁年间的宗室改革[J]. 江西社会科学，（10）：144-147.

李弘祺. 1987. 宋代官员数的统计[A]//宋史研究集·第十八辑[C]. 台北：编译馆：79-104.

李华瑞. 2003. 20世纪中日"唐宋变革"观研究述评[J]. 史学理论研究，（4）：87-95.

李华瑞. 2006. 北宋士大夫与王安石变法的兴起[J]. 史学集刊，（1）：10-12.

李诫.1925.营造法式［M］.天津：传经书社.

李心传.1956.建炎以来系年要录［M］.北京：中华书局.

李养正.1989.道教概说［M］.北京：中华书局.

李约瑟.1975.中国科学技术史·第四卷［M］.北京：科学出版社.

李约瑟.1990.中国科学技术史·第二卷［M］.北京：科学出版社，上海：上海古籍出版社.

李约瑟.1990.中国科学技术史·第一卷导论［M］.北京：科学出版社，上海：上海古籍出版社.

李约瑟.2002.东西方的科学与社会［A］//刘钝，王扬宗.中国科学与科学革命：李约瑟难题及其相关问题研究［C］.沈阳：辽宁教育出版社：83-101.

李真真.2007.蜀党与北宋党争［D］.济南：山东大学硕士学位论文.

李之亮.2001a.北宋京师及东西路大郡郡守考［M］//李之亮.宋代郡守通考［Z］.成都：巴蜀书社.

李之亮.2001b.宋两淮大郡守臣易替考［M］//李之亮.宋代郡守通考［Z］.成都：巴蜀书社.

李之亮.2001c.宋两湖大郡守臣易替考［M］//李之亮.宋代郡守通考［Z］.成都：巴蜀书社.

李之亮.2001d.宋两江郡守易替考［M］//李之亮.宋代郡守通考［Z］.成都：巴蜀书社.

李之亮.2001e.宋两广大郡守臣易替考［M］//李之亮.宋代郡守通考［Z］.成都：巴蜀书社.

李之亮.2003.宋代路分长官通考［M］.成都：巴蜀书社.

林璧属.2008.历史认识的科学性［M］.北京：科学出版社.

林桂榛.2001.论孟子的义利观——《孟子》义利学说考察［J］.合肥联合大学学报，11（1）：24-30.

林立平.1989.唐宋时期商人社会地位的演变［J］.历史研究，（1）：129-143.

凌迪知.1999.万姓统谱［M］.文渊阁四库全书原文及全文检索电子版［DB/CD］.上海：上海人民出版社，香港：迪志文化出版有限公司.

刘兵.1996.关于科学史研究中的集体传记方法［J］.自然辩证法通讯，18（3）：49-51.

刘兵.1996b.克丽奥眼中的科学——科学编史学初论［M］.济南：山东教育出版社.

刘道醇.1590.圣朝名画评［M］.金陵：王氏淮南书院.

刘宰.2004.漫塘集［Z］//舒大刚.宋集珍本丛刊［Z］.北京：线装书局.

刘知几.1978.史通通释［M］.浦起龙释.上海：上海古籍出版社.

刘子健.1969.略论宋代地方官学和私学的消长［A］//宋史座谈会.宋史研究集·第四辑

［Z］．台北：编译馆：189-208．

楼宇烈．1984．原始道教——五斗米道和太平道［J］．文史知识，(4)：64-67．

卢连章．2004．二程理学与佛学思想［J］．中州学刊，(1)：125-130．

陆游．1979．老学庵笔记［M］//唐宋史料笔记丛刊［Z］．北京：中华书局．

陆友．1921．墨史［M］//鲍廷博．知不足斋丛书·第十二集［Z］．上海：古书流通处．

吕本中．1999．童蒙训［M］．文渊阁四库全书原文及全文检索电子版［DB/CD］．上海：上海人民出版社，香港：迪志文化出版有限公司．

吕科伟．2006．宋代科学技术史的计量研究［D］．北京：北京科技大学硕士学位论文．

吕科伟，潜伟．2006．宋代科学技术史的计量研究——兼论中国古代四大学科［J］．科学学研究，24（增刊）：41-46．

罗桂环．2001．宋代的"鸟兽草木之学"［J］．自然科学史研究，20（2）：151-162．

马端临．1986．文献通考［M］．北京：中华书局．

马永卿．1886．元城语录［M］//王灏．畿辅丛书［Z］．定州：定州王氏谦德堂．

马永卿．1983．懒真子［M］//笔记小说大观（第六册）［Z］．扬州：江苏广陵古籍刻印社．

马忠庚．2007．佛教与科学——基于佛藏文献的研究［M］．北京：社会科学文献出版社．

麦尼尔．1996．竞逐富强——西方军事的现代化历程［M］．倪大昕，杨润殷译．上海：学林出版社．

茅以昇．1973．介绍五座古桥——珠浦桥、广济桥、洛阳桥、宝带桥及灞桥［J］．文物，(1)：19-34．

孟子，朱熹．1985．孟子章句集注［M］//四书五经（第二版）［Z］．北京：中国书店．

弥勒论师．2008．瑜伽师地论［M］．玄奘法师译．北京：宗教文化出版社．

苗书梅．1995．宋代宗室、外戚与宦官任用制度述论［J］．史学月刊，(5)：32-38．

默顿R．2000．十七世纪英格兰的科学、技术与社会［M］．范岱年，吴忠，蒋效东译．北京：商务印书馆．

内藤湖南．1992．概括的唐宋时代观［A］//刘俊文．日本学者研究中国史论著选译［C］．北京：中华书局：11-18．

欧阳修，宋祁．1975．新唐书［M］．北京：中华书局．

欧阳修．1974．新五代史［M］．北京：中华书局．

欧阳修．2001．欧阳修全集［Z］．北京：中华书局．

漆侠．2000．唐宋之际社会经济关系的变革及其对文化思想领域所产生的影响［J］．中国经济史论坛，(1)：95-108．

漆侠．2002．宋学的发展和演变［M］．石家庄：河北人民出版社．

钱宝琮．1960．从春秋到明末的历法沿革［J］．历史研究，(3)：35-67．

钱宝琮.1966.宋元时期数学与道学的关系［A］//钱宝琮等.宋元数学史论文集［C］.北京：科学出版社：225-240.

钱穆.1966.唐宋時代文化［A］//宋史座谈会.宋史研究集·第三辑［C］.台北：编译馆：1-6.

钱穆.1974.理学与艺术［A］//宋史座谈会.宋史研究集·第七辑［C］.台北：编译馆：1-22.

钱穆.1994.国史大纲［M］.北京：商务印书馆.

钱穆.1997.中国近三百年学术史［M］.北京：商务印书馆.

钱穆.2001.中国历代政治得失［M］.北京：生活·读书·新知三联书店.

潜伟,吕科伟.2007.宋代科技政策的计量研究——以《宋史》本纪中记载科技内容为计量对象［J］.科学学研究,25（2）：233-238.

乔伟·李玛科.1991.宋代四川士人的作用和贡献［A］//孙钦善,曾枣庄,安平秋,等.国际宋代文化研讨会论文集［C］.成都：四川大学出版社：106-114.

秦观.1173.淮海集［Z］.高邮：高邮军学.

卿希泰.1996.中国道教史（修订本）·第一卷［M］.成都：四川人民出版社.

任继愈.2001.中国道教史（增订本）［M］.北京：中国社会科学出版社.

邵伯温.1983.邵氏闻见录［M］//宋史座谈会.唐宋史料笔记丛刊［Z］.北京：中华书局.

沈括.1975.元刊梦溪笔谈［M］.北京：文物出版社.

沈括.2011.沈括全集［Z］.杭州：浙江大学出版社.

沈松勤.1998a.论王安石与新党作家群［J］.杭州大学学报,28（1）：71-77.

沈松勤.1998b.北宋文人与党争——中国士大夫群体研究之一［M］.北京：人民出版社.

石介.2004.徂徕文集［Z］//舒大刚.宋集珍本丛刊［Z］.北京：线装书局.

司马光.1868.司马氏书仪［M］.苏州：江苏书局.

司马光.1919.资治通鉴考异［M］//四部丛刊［Z］.上海：商务印书馆.

司马光.1936.易说［M］//王云五.丛书集成初编［Z］.上海：商务印书馆.

司马光.1956.资治通鉴［M］.北京：中华书局.

司马光.1989.涑水记闻［M］//唐宋史料笔记丛刊［Z］.北京：中华书局.

司马光.2010.司马光集［Z］.李文泽,霞绍晖校点整理.成都：四川大学出版社.

司马迁.1959.史记［M］.北京：中华书局.

宋丽华,于赓哲.2011.中古时期医人的社会地位［A］//杜文玉.唐史论丛（第十三辑）［C］.西安：三秦出版社：234-249.

宋晞.1964.宋代士大夫对商人的态度［A］//宋史座谈会.宋史研究集·第二辑［C］.台北：编译馆：199-212.

宋晞.1974.从科举与舆服制度看宋代的商人政策［A］//宋史座谈会.宋史研究集·第七辑［C］.台北：编译馆：175-186.

宋晞.2003.论宋代学术之精神［A］//张其凡，范立舟.宋代历史文化研究（续编）［C］.北京：人民出版社：109-119.

苏轼.1981.东坡志林［M］//唐宋史料笔记丛刊［Z］.北京：中华书局.

苏轼.1982.苏轼诗集［Z］.北京：中华书局.

苏轼.1986.苏轼文集［Z］.北京：中华书局.

苏卫国.2010.秦汉乡亭制度研究［M］.哈尔滨：黑龙江人民出版社.

苏湛.2008.《中国科学技术史·年表卷》五代至北宋部分考证［J］.中国科技史杂志，29（4）：385-394.

孙觌.2004.南兰陵孙尚书大全文集［Z］//舒大刚.宋集珍本丛刊［Z］.北京：线装书局.

孙逢吉.1988.职官分纪［M］.北京：中华书局.

孙辉莹.2005.浅述环境对青少年人格发展的作用和影响［J］.北京化工大学学报（社会科学版），（4）：66-69.

谭徐明.1995.中国水力机械的起源、发展及其中西比较研究［J］.自然科学史研究,（1）：83-95.

唐春生，丁双胜.2008.宋代学士院与馆职之选拔［J］.重庆师范大学学报（哲学社会科学版），（2）：74-84.

陶磊.2008.从巫术到数术：上古信仰的历史嬗变［M］.济南：山东人民出版社.

陶宗仪.1959.南村辍耕录［M］//元明史料笔记丛刊［Z］.北京：中华书局.

陶宗仪.1986.说郛［Z］.北京：中国书店.

陶宗仪.1988.说郛三种［Z］.上海：上海书籍出版社.

田杰.2009.北宋宦官群体研究［D］.西安：西北大学硕士学位论文.

田松.2003.永动机与哥德巴赫猜想——江湖中的科学［M］.上海：上海科学技术出版社.

脱脱，等.1977.宋史［M］.北京：中华书局.

汪前进.2007.宋代地图制度初探［A］//孙小淳，曾雄生.宋代国家文化中的科学［C］.北京：中国科学技术出版社：64-86.

汪子嵩，范明生，陈村富，等.1988.希腊哲学史（第一卷）［M］.北京：人民出版社.

王安石.1959.临川先生文集［Z］.北京：中华书局.

王偁.2000.东都事略［M］.济南：齐鲁书社.

王成海，袁建新，王凯成.2007.默顿博士论文：集体传记方法和内容分析方法的确立［J］.科学技术与辩证法，24（3）：18-22.

王德毅.1998.宋代士大夫的道德观［A］//宋史座谈会.宋史研究集·第廿八辑［C］.台北：编译馆：1-28.

王夫之.2003.宋论［M］.北京：中华书局.

王巩.1983.甲申杂记［M］//笔记小说大观（第二册）［Z］.扬州：江苏广陵古籍刻印社.

王珪.1935.华阳集［Z］.上海：商务印书馆.

王国维.1997.宋代之金石学［A］//傅杰.王国维论学集［C］.北京：中国社会科学出版社：201-206.

王季同.1935.佛法与科学之比较研究［M］.苏州：弘化社.

王明清.2001.挥麈录［M］//上海：上海书店出版社.

王明忠.2007.仵作错位传承的研究——官衙中的仵作［J］.法律与医学杂志,（1）：65-68.

王明忠.2009.《洗冤集录》中仵作社会地位的分析［J］.中国法医学杂志,24（6）：429-430.

王溥.1955.唐会要［M］.北京：中华书局.

王水照.1991.北宋的文学结盟与尚"统"的社会思潮［A］//孙钦善,曾枣庄,安平秋,等.国际宋代文化研讨会论文集［C］.成都：四川大学出版社：253-274.

王锡阐.1936.晓庵新法［M］//王云五.丛书集成初编［Z］.上海：商务印书馆.

王尧臣,等.1937.崇文总目［K］.上海：商务印书馆.

王以欣.2006.神话与历史：古希腊英雄故事的历史和文化内涵［M］.北京：商务印书馆.

王应麟.1977.玉海（合璧本）［K］.京都：中文出版社.

王栐.1981.燕翼诒谋录［M］//唐宋史料笔记丛刊［Z］.北京：中华书局.

王曾瑜.2010.宋朝阶级结构（增订版）［M］.北京：中国人民大学出版社.

王曾瑜.2011.宋朝军制初探（增订本）［M］.北京：中华书局.

王志远.1986.唐宋之际"三教合一"的思潮［J］.文史知识,（10）：86-88.

王梓材,冯云濠.1980.宋元学案补遗［M］//丛书集成续编［Z］.上海：上海书店.

韦伯M.2002.新教伦理与资本主义精神［M］.彭强,董晓京译.西安：陕西师范大学出版社.

魏承思.1984.略论后五代商人和割据势力的关系［J］.学术月刊,（5）：39-42,50.

魏泰.1983.东轩笔录［M］//唐宋史料笔记丛刊［Z］.北京：中华书局.

吴之鲸.2006.武林梵志［M］//赵一新.杭州佛教文献丛刊［Z］.杭州：杭州出版社.

夏鼐.1982.梦溪笔谈中的喻皓木经［J］.考古,（1）：74-78,73.

夏平S.2004.科学革命［M］.徐国强,袁江洋,孙小淳译.上海：上海科技教育出版社.

肖存.2001.青少年人格发展与人格特点探析［J］.山东教育科研,（Z2）：73-76.

谢深甫.2003.庆元条法事类［M］//中国珍稀法律典籍续编［Z］.哈尔滨：黑龙江人民出版社.

徐松.1957.宋会要辑稿［M］.北京：中华书局.

徐自明,王瑞来.1986.宋宰辅编年录校补［M］.北京：中华书局.

许慎.1963.说文解字［M］.北京：中华书局.

薛居正.1976.旧五代史［M］.北京：中华书局.

亚里士多德.1995.形而上学［M］.吴寿彭译.北京：商务印书馆.

亚里士多德,苗力田编.1993.亚里士多德全集（第七卷）［Z］.北京：人民大学出版社.

严可均.1958.全上古三代秦汉三国六朝文［Z］.北京：中华书局.

严耀中.2006.唐宋变革中的道德至上倾向［J］.江汉论坛,（3）：104-106.

杨世利.2007.论北宋诏令中的内降、手诏、御笔手诏［J］.中州学刊,（6）：186-188.

叶适.2004.水心先生文集［Z］.舒大刚.宋集珍本丛刊［Z］.北京：线装书局.

伊永文.1993.宋代"船坞"考略［J］.中国科技史料,14（1）：86-89.

佚名.1892.靖康要录［M］//陆心源.十万卷楼丛书三编［Z］.湖州：归安陆氏.

佚名.1971.宣和画谱［M］.台北：故宫博物院.

佚名.1994.宣和遗事［M］//古本小说集成［Z］.上海：上海古籍出版社.

永瑢,等.1965.四库全书总目［K］.北京：中华书局.

尤玘.1921.万柳溪边旧话［M］//鲍廷博.知不足斋丛书·第十集［Z］.上海：古书流通处.

袁江洋,乌云.2003.重审毛利重能渡明之说［J］.自然辩证法通讯,（5）：70-76,112.

岳珂.1981.桯史［M］//唐宋史料笔记丛刊［Z］.北京：中华书局.

岳珂.1983.愧郯录［M］.笔记小说大观（第八册）［Z］.扬州：江苏广陵古籍刻印社.

臧励和,等.1921.中国人名大辞典［K］.上海：商务印书馆.

曾巩.1528.隆平集［M］.南丰：南丰县庠.

曾巩.1984.曾巩集［Z］.北京：中华书局.

曾国藩.2001.曾国藩全集［Z］.北京：京华出版社.

曾雄生.2015.宋代士人对农学知识的获取和传播——以苏轼为中心［J］.自然科学史研究,34（1）:1-18.

曾枣庄.2004.中国文学家大辞典·宋代卷［K］.北京：中华书局.

曾慥.1936.高斋漫録［M］//王云五.丛书集成初编［Z］.上海：商务印书馆.

湛如.1998.敦煌结夏安居考察［J］.佛学研究,328-341.

张邦炜.1988.宋代对宗室的防范［J］.北京师院学报（社会科学版）,（1）：25-31.

张邦炜. 1993. 北宋宦官问题辨析［J］. 四川师范大学学报（社会科学版），（2）：89-96.

张邦炜. 2005. 宋代政治文化史论［M］. 北京：人民出版社.

张伯端. 1988. 紫阳真人悟真篇注疏［M］//道藏（第二册）［Z］. 北京：文物出版社，上海：上海书店，天津：天津古籍出版社.

张辉. 1991. 试论宋笔记的史料价值［J］. 喀什师范学院学报（哲学社会科学版），（4）：63-74.

张耒. 1990. 张耒集［Z］. 北京：中华书局.

张围东. 2005. 宋代《崇文总目》之研究［M］. 台北：花木兰文化工作坊.

张允熠. 1996. 论儒学的实用理性主义与近代实证主义的会通［J］. 学术界，（6）：30-35.

张知甫. 2002. 可书［M］//唐宋史料笔记丛刊［Z］. 北京：中华书局.

赵沛霖. 1995. 神话、历史与古史传说人物［J］. 天津师范大学学报（社会科学版），（2）：53-60.

赵忠祥. 2000. 试析宋代的吏强官弱［J］. 西北师大学报（社会科学版），（2）：107-112.

震华法师. 1999. 中国佛教人名大辞典［K］. 上海：上海辞书出版社.

郑樵. 1987. 通志［M］. 北京：中华书局.

郑兴裔. 1999. 郑忠肃奏议遗集［Z］. 文渊阁四库全书原文及全文检索电子版［DB/CD］. 上海：上海人民出版社，香港：迪志文化出版有限公司.

郑学檬，徐东升. 2013. 唐宋科学技术与经济发展的关系研究［M］. 厦门：厦门大学出版社.

周瀚光，史华，赵美杰. 2007. 宋代的佛教与科学［J］. 上海佛教，（5）：13-16.

周密. 1983. 癸辛杂识［M］//唐宋史料笔记丛刊［Z］. 北京：中华书局.

周密. 2002. 宋代刑法史［M］. 北京：法律出版社.

周振鹤. 1987. 西汉政区地理［M］. 北京：人民出版社.

朱弁. 2002. 曲洧旧闻［M］//唐宋史料笔记丛刊［Z］. 北京：中华书局.

朱长文. 1999. 乐圃余稿［M］. 文渊阁四库全书原文及全文检索电子版［DB/CD］. 上海：上海人民出版社，香港：迪志文化出版有限公司.

朱熹. 1661. 宋名臣言行录［Z］. 徽州：林云铭刊本.

朱熹. 2002. 晦庵先生朱文公文集［A］//朱人杰，严佐之，刘永翔. 朱子全书［Z］. 上海：上海古籍出版社，合肥：安徽教育出版社.

朱亚宗. 1995. 中国科技批评史［M］. 长沙：国防科技大学出版社.

朱彧. 2007. 萍洲可谈［M］//唐宋史料笔记丛刊［Z］. 北京：中华书局.

祝尚书. 2006. 宋代科举与文学考论［M］. 郑州：大象出版社.

庄绰. 1983. 鸡肋编［M］//唐宋史料笔记丛刊［Z］//北京：中华书局.

左玉河. 2004. 从四部之学到七科之学——学术分科与近代中国知识系统之创建［M］. 上海：上海书店出版社.

佐佐木教悟，等. 1966. 印度佛教史概说［M］. 杨曾文，姚长寿译. 上海：复旦大学出版社.

Barnes J. 1984. The Complete Works of Aristotle［Z］. Princeton：Princeton University Press.

Barnes J. 2000. Aristotle：A Very Short Introduction［M］. Oxford：Oxford University Press.

Bekkeri I. 1837a. Aristotelis Opera Tomus 8［Z］. Oxonii, E Typographeo Academico.

Bekkeri I. 1837b. Aristotelis Opera Tomus 5［Z］. Oxonii, E Typographeo Academico.

Copleston F C. 1993. A History of Philosophy Vol. 1：Greece and Rome［M］. New York：Bantam Doubleday Dell Publishing Group, Inc.

Lloyd G，Sivin N. 2002. The Way and the Word: Science and Medicine in Early China and Greece［M］. New Haven and London: Yale University Press.

McNeill W H. 1995. The rise of the west after twenty-five years［A］//Sanderson S K. Civilizations and World Systems: Studying World-Historical Change［C］. Walnut Creek：Alta Mira Press：315-319.

Sanderson S K. 1995. Expanding world commercialism: the link between world-systems and civilizations'［A］//Sanderson S K.. Civilizations and World Systems: Studying World-Historical Change［C］. Walnut Creek：Alta Mira Press,：263-269.

Shields C. Aristotle［A］//Zalta E N. The Stanford Encyclopedia of Philosophy（Fall 2015 Edition）［C］. http：//plato.stanford.edu/archives/fall2015/entries/aristotle.

附录

《中国科学技术史·年表卷》考证

为了得到有关北宋科技成果产出量变化的定量数据,本书以科学出版社出版的《中国科学技术史·年表卷》(简称《年表》)作为数据来源,对其中收录的相关科技成果以每十年为一组进行统计[①]。

《年表》考索群书,全面总结了自中国科学技术史学科建立以来国内外相关领域的研究成果,可谓目前关于中国古代科技成果的一份最详尽和最准确的清单。然而,史料典籍卷帙浩繁,散佚颇多,且版本纷杂,真伪难辨;至于二手文献,则更是龙蛇相混,良莠不齐,以一二人之力终难一一考证、面面俱到,纵有白璧微瑕亦属难免。因此,我们依据原始文献对《年表》中五代至北宋的部分进行了重新考证,以便增加本书统计的准确性。

一、《年表》辨误

(1)第316页,"公元923～936年·五代南唐","独孤滔《丹方鉴源》"一条:按南唐兴于937年,亡于975年(方诗铭,2007:106),公元923～936年南唐尚未建立,故言"公元923～936年"又言"南唐",属于自相矛盾。

《丹方鉴源》一作《丹房镜源》或《丹房鉴源》。何丙郁曾对现存各个版本的《丹方镜源》或《丹房鉴源》进行比较研究,根据《重修政和经史证类

---
① 参见第三章第一节。

备用本草》引《丹房镜源·自然铜》条内有"可食之自然铜,出信州铅山县银场铜坑中深处"之语,而信州铅山县为南唐所置,将该书成书时间定为南唐以后(何丙郁,2001)。只可惜这条关键性证据在现存的道藏本的《丹方鉴源》中已不存,有可能是在历代传抄、翻刻的过程中脱漏了。

《年表》将《丹方鉴源》的成书年代定在南唐,大概正是取自何氏之说,然而却弄错了南唐的起止时间。按公元923～936年恰好是五代后唐的起止之年,《年表》的编者有可能是混淆了作为五代之一的后唐和作为十国之一的南唐,在此犯了一个小小的低级错误。

如果取《丹方鉴源》成书于南唐的说法,那么正确的公元纪年就应该是937～975年。另按《铅山县志》,"南唐……保大十一年(953年)……升场为县,治所永平,隶信州"(郑维维,1990:36),则《丹方鉴源》成书不会早于953年。而另一方面,何氏虽然论证了《丹方鉴源》的成书不可能早于南唐,但对于《丹方鉴源》成书的年代下限实未给出充分的论证,所以《丹方鉴源》是否确实成书于975年以前,尚有待讨论。不过本书既然见于《崇文总目》,那么可以肯定地说,其成书不可能晚于《崇文总目》的成书之年,即宋仁宗庆历元年(1041年)(张围东,2005:7)。

(2)第317页,"公元925年乙酉·五代后唐庄宗同光三年","黄河遥堤始见文字记载"一条:《年表》称引自"南宋·李焘:《续资治通鉴长编》卷481",然《长编》卷四百八十一中却找不到相关记载,且《长编》起宋太祖建隆元年(960年),卷四百八十一所记为宋哲宗元祐八年(1093年)二月之事。未有涉及后唐之语。

另,司马光《资治通鉴·卷二百七十三》:"同光三年(925年)春正月……庚戌,至兴唐。诏平卢节度使符习治酸枣遥堤,以御决河。"(司马光,1956:8929)时间、事件都与《年表》的记载相符,应当就是本条记载的原始出处,但不知为什么《年表》会把《资治通鉴》卷二百七十三错抄成"《续资治通鉴长编》卷481"。

(3)第345页"1068～1077年·北宋神宗熙宁年间","李定献(北宋)创制偏架弩"一条:《年表》称引自《梦溪笔谈》,按《梦溪笔谈》原文为"熙宁中,李定献偏架弩,似弓而施干镫。以镫距地而张之,射三百步,能洞重扎,谓之神臂弓,最为利器。李定本党项羌酋,自投归朝廷,官至防团而死。诸子皆以骁勇雄于西边"[①]。《年表》以为沈括在这里写的是熙宁中一个叫"李定献"的人发明了偏架弩,并以发明者的名字将其命名为"李定献偏

[①] 《梦溪笔谈·卷十九》(沈括,1975)。

架弩"。然而后面的"李定本党项羌酋"一句说明,"李定"才是沈括所说的这个人的真实姓名,"献"则是动词。这段话说的是熙宁中一个叫李定的人向朝廷进献了一种新式的偏架弩,也就是宋代历史上大名鼎鼎的神臂弓。

除沈括外,《宋史》《文献通考》《玉海》《容斋随笔》也都记载了此事,且精确记载了李定神臂弓经有司试制成功并进献给皇帝的时间——熙宁元年(1068年)十二月庚申(二十二日)①。只不过在这些书中,李定皆作"李宏",且对"李宏"的出身背景完全没有记载。考虑到《梦溪笔谈》成书于北宋,而其他几部文献皆成于南宋以后,兼之沈括本人就是熙宁重臣,更曾亲任军械部门及陕西前线要职,因此沈括的记载应该更加可靠。

(4)第347页,"1074年甲寅·北宋神宗熙宁七年","王安石(北宋,1021~1086)变法时期推广胆铜法生产铜"一条:出言失之于草率。按王安石变法期间开铜禁、钱禁确有其事,然而目前无论考古还是文献,都并无任何证据可以证明熙宁年间宋人已经在将胆铜法用于实际的冶铜生产了。特别是在《宋会要辑稿》上,所引诸坑冶务元丰元年(1078年)账目中尚无胆铜记载,而直到乾道二年(1166年)七月内铸钱司的账目中始见胆铜名目②。

实际上,目前比较公认且有确凿证据的说法是哲宗绍圣年间(王菱菱,2002),而此时距离王安石变法早已过去近20年了。

在诸多文献中,可能引起歧义的记载有二。一是南宋章如愚《群书考索》:"神宗熙宁以后渐亏其旧,铜窟消耗,苗脉不兴,乃始侵铁为铜,谓之胆铜,今日则岁仅十五万缗。"③这种表述仅此一家,未见于他书。而且这条记载并不能确凿地证明熙宁中已经开始生产胆铜了。实际上,通过这条记载,我们能确切知道的只是胆铜的兴起与熙宁间大兴铜矿导致的过度开采、资源枯竭有关。换句话说,真正发生在"神宗熙宁以后"的是铜业生产"渐亏其旧,铜窟消耗,苗脉不兴",而为应对这一局面而出现的"浸铁为铜"可能还要更晚。如果根据其他文献,假设"浸铁为铜"出现于绍圣年间,则与章如愚的表述并不矛盾。

另一个可能引起歧义的是宋仁宗时三司判官许申"以药化铁成铜"的记载,一些人将此奉为北宋胆铜生产的开端。然而王菱菱已经详细论证了,许申当时尝试开发的是一种以铜铁混铸成钱的技术,并非胆铜冶炼法(王菱

---

① 《玉海·卷一百五十》(王应麟,1977:2848-2849)。
② 《宋会要辑稿·食货三三》(徐松,1957:5377,5379-5380,5383-5384)。
③ 《群书考索·后集·卷六十》(章如愚,1518)。

菱，2002）。目前看来，《年表》显然也并没有采纳此说。即便采纳了，这件事的发生时间也应该归入宋仁宗年间，而与王安石变法无涉。

因此，称"王安石（北宋，1021～1086）变法时期推广胆铜法生产铜"缺乏根据。更何况这也与《年表》后面第 352 页将兴建于"北宋哲宗元祐年间"的饶州兴利场称为"可能是兴建最早的胆水浸铜场"的说法自相矛盾。

（5）第 348 页，"1078～1094 年·北宋神宗元丰至哲宗元祐年间"，"陆续在各地开设和剂惠民局，简称惠民局或和剂局"一条：按"和剂惠民"之名始见于崇宁，见《太平惠民和剂局方·进表》："天锡神考，睿圣承统，其好生之德，不特见于方论而已，又设太医局熟药所于京师，其恤民瘼，可谓勤矣。主上天纵深仁，孝述前列，爰自崇宁增置七局，揭以和剂惠民之名，俾夫修制给卖，各有攸司。"（陈师文等，2006）

《进表》将宋神宗称为"神考"，又称"主上天纵深仁，孝述前列，爰自崇宁增置七局"，可见其明显作于宋徽宗崇宁以后。而其中更清楚地交待了和剂惠民局的由来：宋神宗创立的"太医局熟药所"只是和剂惠民局的前身，真正的和剂惠民局是崇宁年间宋徽宗改组并扩建太医局熟药所后才建立的。

如果说这一条所记载的是和剂惠民局的前身太医局熟药所的创立，那么又和同一页相隔仅六行的熙宁九年"京师开封道于太医局设官营药铺卖药所，即熟药所，调制各种熟药出售，实行国家专卖，此后推行全国"① 相重复了。

（6）第 350 页，"1080 年庚申·北宋神宗元丰三年"，"沈括（北宋）在《梦溪笔谈》卷 24 中记载中'石烟多似洛阳类'描述炭黑生产造成的烟尘污染"一条：本条出自《梦溪笔谈·卷二十四》"石油"一则，其中"石烟多似洛阳类"一句，原文应作"石烟多似洛阳尘"。一字之差，有可能是誊抄排印中出现的错误，但却可能造成理解上的巨大差异。

"石烟多似洛阳类"，看上去像是一句客观陈述，说陕西的"石烟"和洛阳的"石烟"很像，或者可以理解成洛阳的"石烟"污染很厉害，而在沿边的陕西"石烟"污染也已经直追洛阳了。

但问题是沈括原文是"石烟多似洛阳尘"，而且沈括写得很清楚，这并不是一种简单的客观陈述，而是"戏为延州诗"中的一句。诗句本就不能完全当作严肃的客观记录来理解。而且沈括此句还是在借用一个典故，典出晋

---

① 太医局熟药所熙宁九年（1076 年）开局事，见《续资治通鉴长编·卷二百八十九》："元丰元年（1078 年）夏四月……丁卯……三司言：太医局熟药所，熙宁九年六月开局，至十年六月，收息钱二万五千余缗，其息计倍。"（李焘，1993：7070-7071）

陆机《为顾彦先赠妇诗》："辞家远行游,悠悠三千里。京洛多风尘,素衣化为缁。"①陆诗本意是以此形容辞家宦游之苦,借以为后文抒发思妻之情做铺垫,本身就带有夸张的成分,而沈括则巧妙地用这个典故来呼应上文中的"石炭烟亦大,墨人衣"一句。如果仅凭这句诗就说沈括在谈论环境污染问题,那么不但过于牵强,而且也把沈括原诗中的情趣弄没了。

退一步说,如果将沈括此诗的意思解释成"陕西民间大规模以石油为燃料,从而造成了很大的烟尘污染",倒也能勉强自圆其说。但若谈什么"描述炭黑生产造成的烟尘污染",就干脆与沈括的原意南辕北辙了。因为《梦溪笔谈》原文明显是在说,沈括因看到燃烧石油冒出的滚滚黑烟而受到启发,提出了用石油代替木材生产炭黑的设想,并为"造煤人盖未知石烟之利"以至于"今齐鲁间松林尽矣,渐至太行、京西,江南松山大半皆童"的现状表示遗憾。既然沈括明明是在抱怨炭黑生产者迟迟"未知石烟之利",就说明在陕西还尚未兴起以石油生产炭黑的产业(实际上沈括明显是希望这一产业能尽快兴起的,并且还以"自予始为之"而自得),那么"炭黑生产造成的烟尘污染"又从何说起呢②?

(7)第352页,"1086~1094年·北宋哲宗元祐年间","位于今江西东北、景德镇与上饶之间的饶州兴得场创办"一条:按群书皆无"兴得场"者,而目前被公认的中国最早的胆水浸铜场为江西的饶州兴利场(王菱菱,2002)。

(8)第352页,"1086年丙寅·北宋哲宗元祐元年",《浑仪议》《浮漏议》《景表议》三条:《年表》称引自"《宋史·天文志一》",然而《宋史·卷四十八·天文一》明载"熙宁七年(1074年)七月,沈括上浑仪、浮漏、景表三议",并收录的三议全文。

此事亦见《长编》:"熙宁七年(1074年)六月……辛卯,诏以司天监新制浑仪、浮漏于翰林天文院安置,太常丞集贤校理兼史馆检讨同修起居注提举司天监沈括为右正言,赐银绢各五十……初,括上浑仪、浮漏、景表三议及浑仪制器,朝廷用其说,令改造法物历书,至是浑仪浮漏成故赏之。"③

---

① 《陆机集·卷五》(陆机,1982:54)。
② 《梦溪笔谈·卷二十四》。另附"石油"一条全文:"鄜延境内有石油,旧说高奴县出脂水,即此也。生于水际,沙石与泉水相杂,惘惘而出。土人以雉尾裹之,乃采入缶中,颇似淳漆,然之如麻,但烟甚浓,所沾幄幕皆黑。余疑其烟可用,试扫其煤以为墨,黑光如漆,松墨不及也,遂大为之,其识文为延州石液者是也。此物后必大行于世,自余始为之。盖石油至多生于中无穷,不若松木有时而竭。今齐鲁间松林尽矣,渐至太行、京西,江南松山大半皆童矣。造煤人盖未知石烟之利也。石炭烟亦大,墨人衣。予戏为延州诗云:二郎山下雪纷纷,旋卓穹庐学塞人。化尽素衣冬未老,石烟多似洛阳尘。"(沈括,1975)
③ 《续资治通鉴长编·卷二百五十四》(李焘,1993:6213)。另见《宋史·卷八十》:"(熙宁)七年(1074年)六月,司天监呈新制浑仪、浮漏于迎阳门,帝召辅臣观之,数问同提举官沈括,具对所以更之理。寻又言:'准诏,集监官较其疏密,无可比较。'诏置于翰林天文院。七月,以括为右正言,司天秋官正皇甫愈等赏有差。初,括上《浑仪》《浮漏》《景表》三议,见《天文志》。朝廷用其说,令改造法物历书。至是,浑仪、浮漏成,故赏之。"(脱脱等,1977:1905)

按此处，沈括上三议显然是在熙宁七年（1074年）六月辛卯日以前，《宋史》虽与之略有出入，但也相去不远。然而无论是在《宋史》还是在《长编》上，都找不到证据能说明元祐年间曾经有过一篇《浑仪议》《浮漏议》或《景表议》。而且在本页的《浑仪议》《浮漏议》两条中还分别堂而皇之地写道："熙宁浑仪即以这些改进意见制成""熙宁漏刻的制作及其操作即以此为准"。熙宁在元祐前近十年，因此这样写可谓错上加错。

综上所述，本条显然是把沈括在熙宁七年（1074年）上"三议"之事误收入元祐元年。而第346页"1073年癸丑·北宋神宗熙宁六年"下已收录了"沈括（北宋）上奏《浑仪议》《浮漏议》和《景表议》，并于次年制成熙宁浑仪、漏刻与圭表"一条，此处又属于重复收录了。

（9）第356页，"1098年戊寅·北宋哲宗绍圣五年/元符元年"，曾安止《禾谱》一条：按曾安止所作《禾谱》一事，曾被南宋周必大多次提及。《曾氏农器谱题辞》曰："绍圣初元，苏文忠公轼南迁，过太和。邑人宣德郎致仕曾公安止献所著《禾谱》。文忠美其温雅详实，为作《秧马歌》。"① 又《跋东坡〈秧马歌〉》曰："东坡苏公年五十九，南迁过太和县，作《秧马歌》遗曾移忠。"② 而苏轼的《秧马歌引》中也有"过庐陵，见宣德郎致仕曾君安止。出所作《禾谱》。文既温雅，事亦详实，惜其有所缺，不谱农器也"云云③。

按《苏轼年谱》，绍圣元年（1094年），苏轼59岁，自知定州落两职追一官，知英州，南行，未到任再贬惠州，于八月初过庐陵见曾安止，是年十月二日至惠州贬所④。则苏轼绍圣元年南迁及会见曾安止，事迹清晰，与周必大"东坡苏公年五十九"及"绍圣初元"皆相合，且其时曾氏《禾谱》已成书。《年表》作"元符元年"为误。

（10）第357页，"11世纪末"，"何薳（北宋，1077～1145）《春渚纪闻》记载了一种具有复合透镜装置的酒杯——'青华酒杯'"一条：按《春渚纪闻》全书今传本十卷，洋洋数万字，然独未有'青华酒杯'四字云。

另按戴念祖《中国科学技术史·物理学卷》第三章第三节"5 复合透镜的发明"题下有"宋代何薳曾记述一种奇异的鲫鱼杯……类似记载也见宋代一位佚名者所撰的《真率笔记》……根据何薳的记述，我们称它为'鲫鱼杯'；而《真率笔记》称其为'青华酒杯'"云云，并引用了两段原文，且于其后分别以脚注注明"鲫鱼杯"典出"何薳《春渚纪闻》卷九《记研》"，而

---

① 《庐陵周益国文忠公集·卷五十四·曾氏农器谱题辞》（周必大，2004：547）。
② 《庐陵周益国文忠公集·卷五十·跋东坡〈秧马歌〉》（周必大，2004：521）。
③ 《苏轼诗集·卷三十八·秧马歌并引》（苏轼，1982：2051）。
④ 《苏轼年谱·卷三十三》（孔凡礼，1998：1136-1178）。

"青华酒杯"典出"《真率笔记》,见《说郛》(宛委山堂本)卷三十一"(戴念祖,2001:240)。在这里,《春渚纪闻》和"青华酒杯"这两个词组倒的确同时出现在了一张纸上,但戴书中写得很明白,"青华酒杯"的故事来自《真率笔记》,而《春渚纪闻》所记述的是一个"玛瑙盂",戴念祖根据何薳记述将其命名为"鲫鱼杯"。

又,《真率笔记》原书已佚,诸家书录亦不著其作者名氏朝代,惟因明刻一百二十卷本(宛委山堂本)《说郛》收其断简(著者题"阙名"二字),故知其当作于宋元间。另张宗祥辑校百卷本(涵芬楼本)《说郛》,录有《真率记事》一卷,著者题"(宋)□□",且中记秦观事,可知当为南宋人所作①。然《真率笔记》与《真率记事》所收文字无一条相同,而《真率笔记》张本无之,《真率记事》宛本无之。又《真率笔记》所记"青华酒杯"事云:"关关赠俞本明以青华酒杯,酌酒辄有异香在内,或有桂花或梅或兰,视之宛然,取之若影。酒干亦不见矣。俞宝之。"②其所称"关关""俞本明"者,亦未知出处。

而《春渚纪闻》,诸家多有著录,南宋王洋有《隐士何君墓志》,述何薳生平,殊无疑义③。只不过鉴于《春渚纪闻》中多载崇观乃至绍兴间事,其作于南渡后明矣,绝非《年表》所称"11世纪末",尤其"两刘娘子报应"一则,有"入内都知宣庆使陈永锡言"④字样。按《要录·卷八十六》:"绍兴五年(1135年)闰二月……戊辰……宣庆使康州防御使入内内侍省都知梁邦彦,武功大夫文州刺史入内内侍省押班陈永锡,各进遥郡一官。"《要录卷一百三十九》:"绍兴十有一年(1141年)(岁次辛酉金熙宗亶皇统元年)……二月……乙未……上又遣入内内侍省都知陈永锡乘传往淮西劳军。"《要录卷一百四十二》:"绍兴十有一年(1141年)冬十月……丁卯……入内侍省都知陈永锡提举江州太平观"。《要录卷一百四十九》:"绍兴十有三年(1143年)……秋七月……壬戌宣庆使宣州观察使提举江州太平观陈永锡复为入内内侍省副都知。"《要录卷一百七十二》:"绍兴二十有六年(1156年)……五月……丁巳……延福宫使宁国军承宣使入内内侍省副都知陈永锡为入内内侍省都知。"(李心传,1956:1428-1429,2236,2279,2402,2841)

从以上记载可知,陈永锡绍兴五年时尚为内侍省押班,至迟绍兴十一年已升任《春渚纪闻》中所称之职,同年罢,绍兴十三年任入内副都知,直至

---

① 《说郛(涵芬楼本)·卷六十四》(陶宗仪,1986)。
② 《说郛(宛委山堂本)·卷三十一》(陶宗仪,1988:1457)。
③ 《东牟集·卷十四》(王洋,1999)。
④ 《春渚纪闻·卷一》(何薳,1982:3)。

绍兴二十六年才重任入内都知。鉴于陈永锡是因罪免职①，何薳不太可能在陈永锡免职后仍称其旧官，因此在《春渚纪闻》中，至少这一则故事应当是写于陈永锡在任入内内侍省都知期间。又何薳死于绍兴十五（1145年）年。因此这则故事只能记于绍兴五年至绍兴十一年，而全书成书只能晚于此时。按绍兴五年即1135年，其去"11世纪末"三十余年，已几近12世纪中叶。

（11）第358页，"1100年庚辰·北宋哲宗元符三年"，秦观《蚕书》一条：按秦观1100年殁，故有此说。然秦观著《蚕书》事，第351页"1083年癸亥·北宋神宗元丰六年"下已收录，盖从黄世瑞考（黄世瑞，1985），此处则为重复收录。

（12）第361页，"1107年丁亥·北宋徽宗大观元年"，"是年前，邓御夫（北宋，1030～1107）著《农历》"一条：按晁补之《邓先生墓表》曰："君讳御夫，字从义，济州巨野人……作《农历》一百二十卷，言耕织刍牧与凡种蓻、养生、备荒之事，较《齐民要术》尤密。州守王子韶为上其书朝廷，请颁之……卒大观元年正月十六日也，享年七十有六。"②邓御夫卒于大观元年殊无争议，然若大观元年七十有六，则生年当为1032年，非《年表》所言之1030年。

另，据《墓表》，《农历》成书时间亦可详考。邓御夫家济州，《农历》成书后"州守王子韶为上其书朝廷，请颁之"。按王子韶守济在绍圣元年（1094年）至三年（1096年）（李之亮，2001a：425-426），故《农历》成书亦当在此期间，或更早。

（13）第366页，"1126年丙午·北宋钦宗靖康元年"，紫砂壶一条：《年表》称"北宋末年，梅尧臣（北宋）诗句中'紫泥新品'和'砂罂'等词。一般认为二者就是指宜兴紫砂壶一类的器物"。按梅尧臣死于宋仁宗嘉祐五年（1060年），有欧阳修《梅圣俞墓志铭》为证③。且即便不知梅尧臣生卒之年，亦当知尧臣为宋仁宗时人，与苏舜卿、欧阳修等同时，断无入"靖康元年"下之理。

另按《梅尧臣集编年校注》，"小石冷泉留早味，紫泥新品泛春华"一句出皇祐四年（1052年）作《依韵和杜相公谢蔡君谟寄茶》，"雪贮双砂罂，诗琢无玉瑕"一句出至和二年（1055年）作《答宣城张主簿遗雅山茶次其韵》

---

① 《要录·卷一百四十二》："绍兴十有一年冬十月……丁卯……入内侍省都知陈永锡提举江州太平观。刘光远之被劾也，永锡与内侍康谞多受光远金钱，为之营救。右谏议大夫万俟卨言：'赦过有罪，人主之渥泽，而二人乃私布恩惆，以诬公上。望赐罢，责以清宫披。'乃诏永锡与宫观，谞送吏部。"（李心传，1956：2279）

② 《鸡肋集·卷六十三·邓先生墓表》（晁补之，1919）。

③ 《欧阳修全集·卷三十三·居士集卷三十三·梅圣俞墓志铭》（欧阳修，2001：496）。

（梅尧臣，2006：627，797-798）。

又，按吴光荣考证，"紫泥新品""砂罂"，以及同时代欧阳修诗中"喜共紫瓯吟且酌，羡君潇洒有余情"等字样是否即指紫砂壶，尚颇有可疑之处。吴氏以为紫砂器起源于明中期，是随着散茶代替片茶、冲泡代替烹煮的饮茶习惯上的革命而逐渐盛行的，而梅、欧诗中的"紫泥新品""紫瓯"诸语系指宋代盛行的"斗茶"用具——建州黑瓷，并引蔡襄《北苑十咏》"兔毫紫瓯新，蟹眼青泉煮"之句为证。其说论证充分，且有考古材料佐证，似更为可信（吴光荣，1998；吴光荣和许艳春，2009）。

（14）第366页，"北宋时期"，"皇甫牧（生活于五代至宋初时期）在《玉匣记》中记载了'红光验尸'法"一条：按皇甫牧《玉匣记》原书今已不传，惟宛委山堂本《说郛》有题为《玉匣记》一卷，（宋）皇甫牧"者，中有"红光验尸"一则，当为《年表》所据。然宛委山堂本《说郛》收录的这卷所谓的"《玉匣记》"实系伪书。

皇甫牧为唐末人，一作皇甫枚，其所著《三水小牍》，《直斋书录解题》著录曰："唐，皇甫牧·遵美撰，天祐中人。"① 按，天祐为唐朝最后一个年号，从904年到907年，共四年。又《太平广记》有"王敬之"一则，注曰："出皇甫枚《玉匣记》。"② 故皇甫牧为唐末人及撰《玉匣记》一事并无异议③。然而观宛委山堂《说郛》本《玉匣记》，多记张升、欧阳修、苏轼事，甚至还有"元丰中"字样，明显作于元祐之后，绝无可能出自皇甫牧之手。

另，查宛委山堂《说郛》本《玉匣记》"红光验尸"一条原文："太常博士李处厚知庐州慎县。尝有殴人死者，处厚往验伤，以糟麣灰汤之类薄之，都无伤迹。有一老父求见，曰邑之老书史也。知验伤不见其迹，此易辨也。以新赤油伞日中覆之，以水沃其尸，其迹必见。处厚如其言，伤迹宛然。自此江淮之间官司往往用此法。"与沈括《梦溪笔谈·卷十一》第21则一字不差。按《淳熙三山志》，李处厚为"李亚荀之子，字载之"，庆历二年（1042年）进士，"历屯田员外郎，终朝奉郎提举淮南等六路茶税"④。王安石有《太常博士李处厚可屯田员外郎制》⑤，亦可证明李处厚生活在熙宁年间，其时去皇甫牧生活的唐天祐年间已一百余年。

又，宛委山堂《说郛》本《玉匣记》所载故事共一十四则，除"红光验

---

① 《直斋书录解题·卷十一》（陈振孙，1987：322）
② 《太平广记·卷三百九十二》（李昉等，1961：3135）。
③ 另按，除皇甫牧《玉匣记》外，《道藏》中尚有《许真君玉匣记》，传为东晋道士许逊（许旌阳）所撰（任继愈，1991：1170），阴阳家之言耳，与皇甫牧《玉匣记》无涉。
④ 《淳熙三山志·卷二十六》（梁克家，1990：8011）。
⑤ 《临川先生文集·卷五十·太常博士李处厚可屯田员外郎制》（王安石，1959：532）。

尸"一则抄自沈括《梦溪笔谈》，其余一十三则都可在另一位活跃于熙、丰、元祐间的文人彭乘的《墨客挥犀》中找到，其中还有几则同时见于《梦溪笔谈》和《墨客挥犀》，其内容与二书所载几乎一字不差，就连第八则蜈蚣伏蛇一则中"余伯祖尝于野外见蜈蚣"①几字竟都原封照抄不误。可见其书非但穿凿蹈伪，且于伪书中亦属粗制滥造者②。

当然，也不能过多责备《年表》的编纂者未能察觉此书之伪，毕竟连明朝的方以智和清朝的张英、王士祯等大学问家也都被这本书骗了③。特别是在《物理小识》里也引用了"红光验尸"的故事，并声称出自《玉匣记》，这说明这部假冒的《玉匣记》至迟在明朝时已经在招摇过市了。

另，戴念祖《中国科学技术史·物理学卷》也引用了《玉匣记》所载的"红光验尸"故事，并进行了详细考证。其中亦提到沈括等人对此故事的记载。未知《年表》是否借鉴了戴先生的考证。但是戴氏以《太平广记》有"出《玉匣记》"的内容而断定《玉匣记》成书在前，并认为《梦溪笔谈》对此事的记载是抄自《玉匣记》（戴念祖，2001：252-253）。这是由于未能了解到关于李处厚其人及其生活年代的信息所致。其实仅凭李处厚是与沈括、王安石等同朝为官的同僚这一事实，基本已可以断定沈括才是"红光验尸"一事的最早记载者，而所谓"《玉匣记》"则是一部冒名抄袭之作。且此"《玉匣记》"亦非真正的皇甫牧《玉匣记》。

二、对一些事件发生年代的进一步考证

（1）第317页，"公元933年癸巳·五代后唐明宗长兴四年"，"是年前，道士杜光庭《录异记》卷七记载了宝石的变色现象"一条：按杜光庭是年殁，故《年表》有此言。今虽未见光庭原书，然于明曹学佺的《蜀中广记》内可以看到若干条引文，中有"乾德三年辛巳正月十六日癸卯"语④，可知是书成于前蜀乾德三年（922年）之后。又，"神武皇帝潜龙之时，光化二年（899年）己未五月四日丙申"一条⑤，是以帝号称王建。另按《四库全书总目》："考陶岳《五代史补》，光庭以唐僖宗幸蜀时入道，其后历事王

---

① 《墨客挥犀·卷三·蜈蚣伏蛇》（彭乘，2002：309）。
② 《说郛（宛委山堂本）·卷三十二》（陶宗仪，1988：1511-1513）。
③ 方以智《物理小识·卷三》收"红光验尸"事（方以智，1937：84），张英、王士祯等所编《渊鉴类函·卷四百四十九》收蜗牛伏蜈蚣事（张英和王士祯，1985）（见《墨客挥犀·卷三》（彭乘，2002：309），宛委山堂本《说郛》所传《玉匣记》第十则（陶宗仪，1988：1152）），皆言引自《玉匣记》，而不知其另有出处。
④ 《蜀中广记·卷八》（曹学佺，1999）。
⑤ 《蜀中广记·卷五》（曹学佺，1999）。

建、王衍，未入后蜀。即以此书而论，其记蜀丁卯年会昌庙城壕侧龟著金书王字、大吉字，则王建天复七年也；又称蜀皇帝乾德元年已卯七月十五日庚辰降诞，广圣节王彦徽得白龟以进，则王衍元年也，凡此皆为前蜀王氏诞陈符瑞。"①既以帝号称王建，且为王氏诞陈符瑞，当知此书成于后蜀亡国（925年）之前。故是书成书在922～925年。

（2）第318页，"公元937～975年·南唐时期"，"高越（南唐）、林仁肇（南唐）建造位于今南京的栖霞寺塔"一条：按《景定建康志》："严因崇报禅寺，即景德栖霞寺……寺有舍利塔，乃隋文帝葬舍利处……南唐高越、林仁肇建塔，徐铉书额曰妙因寺。"②

林仁肇为南唐大将，本为建阳人，南唐吞闽后投唐。周世宗柴荣攻唐，仁肇出援寿州，斩获甚重，以功授淮南屯营应援使［按《资治通鉴》，事在显德三年（956年）③］，此仁肇发迹之始。显德五年（958年）除浙西节度使（镇润州），建隆三年（962年）入为神武统军④，同年七月出镇宁国军（宣州），乾德二年（964年）移鄂州，乾德三年（965年）为南都（南昌）留守，开宝六年（973年）卒⑤。高越则为南唐重要文官，南唐元宗时曾长期担任中书舍人，后主即位后（961年）升任御史中丞，官至左谏议大夫兼户部侍郎，修国史，死于南唐亡国前，李后主为给葬费⑥。以情理度之，林仁肇发迹前不过一介武夫，在他身上很难找到与身为士大夫的高越之间的交集。因此林仁肇与高越一起主持栖霞寺塔的建造只能是在林仁肇升任节度使以后、去世之前，即958～973年。且最可能是在林仁肇入掌禁军的几个月内，即962年。此时林仁肇身在金陵，以禁军统帅会同新任户部侍郎共同主持栖霞寺塔的建造是可能的。考虑到962年正是唐后主李煜登基后第二年，且后主笃信佛教，为庆祝自己登基并祈福，在前代佛教圣地（隋文帝葬舍利处）修庙建塔是很正常的。如果这一推测符合事实，则以此项工程的级别，派出一位禁军统领和一位户部侍郎董役，并由重臣徐铉提额，也就不奇怪了。

（3）第321页，"公元907～960年·五代"，邱光庭《海潮论》一条：按邱光庭，《吴兴掌故集》称"乌程人，列太学博士"⑦。罗隐有《酬丘光庭》

---

① 《四库全书总目·卷一百四十四》（永瑢等，1965：1227）。
② 《景定建康志·卷四十六》（周应合，1990：2079）。
③ 《资治通鉴·卷二百九十三》）（司马光，1956：9552）。
④ 按神武军为唐禁军番号（沈起炜和徐光烈，1992：273-274），此为入掌禁军。
⑤ 《南唐书（马令）·卷四》《南唐书·（马令）·卷五》《南唐书·（马令）·卷十二》（马令，2004：5284，5289-5291，5293，5344-5345）。
⑥ 《十国春秋·卷二十八》（吴任臣，1983，405-406）。
⑦ 《吴兴掌故集·卷二》（徐献忠，1983：111）。

诗①，殷文珪有《题湖州太学丘光庭博士幽居》诗②。另杨夔《乌程县修建廨宇记》有"公（余蟾）乃檄请于邑人太学博士丘光庭编辑遗坠"③之句，《吴越备史》亦载邱光庭事。

以上诸史料，以《乌程县修建廨宇记》所载邱光庭应乌程县令余蟾檄请编集吴兴遗事之事为最早，其文题为"乾宁丙辰秋七月记"，即乾宁三年（896年），可知其时光庭已为太学博士。另按与邱光庭同时代的殷文珪所作《题湖州太学丘光庭博士幽居》诗，可知光庭供职地为湖州州学。

又《吴越备史》载吴越湖州刺史高沨叛乱事，注曰："沨夜叉精也。尝请太常博士丘光庭校书楼中，沨亦尝往观之。沨一日履袜而登，光庭不知，因回顾，见一青面鬼，遂大呼。俄而见沨。密言曰：'博士慎勿言。'"④另按《资治通鉴》："（开平）三年（909年）……冬十月……湖州刺史高沨性凶忍……戊辰，沨以州叛附于淮南……四年（910年）……二月……高沨……帅麾下五千人奔吴。"⑤注云："按唐昭宗乾宁四年（897年）李彦徽奔淮南，钱镠取湖州。天复二年（902年）徐许乱杭州，湖州刺史高彦遣子渭入援。唐昭宣帝天祐三年（907年）彦卒，子沨代立，至是而败。"可知高沨据湖州在907～910年，如果邱光庭此时仍供职湖学，那么高沨诣光庭一事也就容易理解了。由此还可以知道，至迟到907年——甚至很可能直到910年，邱光庭仍然身在湖州。

不过这里还有一个疑问，《吴越备史》称邱光庭为"太常博士"。按西汉置五经博士隶太常，掌教弟子，国有疑事，掌承问对，实负后世之国子监博士之责，兼备咨询如两宋之侍从。东汉光武帝为太学起学宫，但博士、学官仍隶太常。魏立太学，置博士十九人；另别置太常博士，掌导引乘舆、议定大臣谥号等礼仪事务，为后世"太常博士"一官之始。晋仍魏制，立太学、置博士，又别立国子学，置祭酒、博士各一人，助教若干，后又增设各经博士。晋元帝时不再以一人分掌一经，以十六人为额，通称太学博士，自此有"太学博士"之官名。南朝刘宋以后，国子、太学合为一学，南梁复分国子博士、太学博士和各经博士为独立官名（国子二、太学八、五经各一），皆隶国学。隋置国子寺（后改称国子监），统国子、太学、四门各学，别为一

---

① 《罗隐集·甲乙集》（罗隐，1980：166）。
② 《全唐诗·卷七百七》（彭定求等，1960：8136）。
③ 《全唐文·卷八百六十七·乌程县修建廨宇记》（董诰等，1983：9081）。
④ 《吴越备史·卷一》（钱俨，2004：6204）。
⑤ 《资治通鉴·卷二百六十七》（司马光，1956：8717，8720-8721）。

署，不再隶属于太常。此为太学与太常分署之始①，唐以后沿为定式②。

综上所述，太常博士与太学博士两职在起源上虽多有纠缠，但职责分野一直比较清晰。特别是隋唐设国子监后，太学博士与太常博士一字之差，在国家机器中已完全分属两个不同的系统。况且太常博士供职于京城太常寺，肩负着向天子提供礼仪制度咨询服务的重任，湖州既非唐、梁之都城，高沣或其他人也未在湖州称帝，那么一名太常博士，无论是受任于五代十国的哪一个政权，都是没有理由长居湖州的。

又，《吴越备史》作于宋代，其作者具考为末代吴越王钱俶之弟钱俨③。俨素以文、学名世，熟谙五代职官制度、吴越朝野典故，且其时去邱光庭在世日不过数十年，当不致笔误。且今存各版本《吴越备史》此处皆作"太常博士"，亦不似后世传抄错误。那么一个合理的解释就是，910年吴越钱氏攻取湖州后，邱光庭向钱氏投降，并出任了吴越小朝廷的太常博士。而钱俨作为吴越皇族，在谈到邱光庭的时候有意无意地使用了其在杭州小朝廷中的官职，而非他在事发时的真实职务。

如果情况是这样，那么这又透露了一个信息，即邱光庭可能在910年后出任过吴越国的太常博士。这也就不难理解邱光庭为什么要创作《海潮论》了，因为作为吴越国首都的杭州拥有举世闻名的钱塘大潮，中国古代讨论过海潮问题的作家几乎都有过钱塘观潮的经历，邱光庭恐怕也不例外。

其实，即使不考虑邱光庭曾在吴越朝廷里为官这一假设，从《海潮论》本身出发，也可以推测出邱光庭曾经在杭州待过一段相当长的时间。《海潮论》全文分十卷，其中单有一卷专门讨论"浙潮"④，这足以说明邱光庭创作《海潮论》前已对钱塘潮留下了深刻的印象。

因此，《海潮论》最可能创作于钱氏吞并湖州之后，即910年以后。又，前文已考证，邱光庭896年时已经在担任"太学博士"一职了。作为掌管一州之学的太学博士，需要博览群书、精通典籍，年纪不可能太轻。如果896年邱光庭是30岁左右，那么910年邱光庭就是44岁。而根据一项以唐代科举出身者为对象做出的研究，唐代科举出身的知识分子平均寿命大约为60岁（张燕波，2005）。考虑到唐末社会动荡，生活条件远非盛唐所比，这个数值可能还要偏低。即便假设邱光庭属于比较少见的长寿之人，还应考虑到随着年岁增高，创作欲和思维能力的下降。所以邱光庭创作《海潮论》的时

---

① 按北齐亦有"国子寺"之名，然其与太常寺关系未详。
② 《历代职官表·卷二十七》（纪昀，1989：513，515，634-639，642）。
③ 《四库全书总目·卷六十六》（永瑢等，1965：588）。
④ 《全唐文·卷八百九十九·海潮论》（董诰等，1983：9384-9385）。

间下限不太可能超过 930 年。也就是说《海潮论》成书的最可能时间是在 910～930 年。

（4）第 321 页，"公元 907～960 年·五代"，《蜀本草》一条：按《蜀本草》，后蜀韩保升奉蜀主孟昶诏修之。苏颂《补注神农本草总序》有"伪蜀孟昶亦尝命其学士韩保升等以唐本并图经参比为书，稍或增广，世谓之《蜀本草》，今亦传行是书"①，可为佐证。另按《十国春秋》："韩保升，潞州长子人，太尉保贞弟也。广政时积官至翰林学士，博洽无所不窥，尤详于名物之学。后主命保升取唐本草参校增注为图经二十卷，后主自为制序，谓之蜀本草。"②可知保升拜翰林学士在后蜀广政间（938～965 年），奉诏修书亦当在此时。故《蜀本草》成书当在 938～965 年。

（5）第 321 页，"公元 907～960 年·五代"，朱遵度《漆经》一条：按《十国春秋》："（朱遵度）避耶律德光之召，挈妻孥携书杂商贾来奔文昭王，待之甚薄。遵度杜门却扫，诸学士每为文章，先问古今首末于遵度，国人号为幕府书厨。后徙居金陵，高尚不仕，著《鸿渐学记》一千卷，《群书丽藻》一千卷，《漆经》若干卷。"③可知《漆经》成于朱遵度徙居金陵，闭门著书时。另按宋马永易《实宾录》"（朱遵度）客梁宋二十年，公卿多与之游。契丹耶律德光闻其名，使晋高祖召之"④，可知朱遵度避耶律德光召事在后晋高祖年间，即 936～942 年。且此前朱遵度已"客梁宋二十年，公卿多与之游"，则此时遵度至少当已四十许。后朱遵度又尝留楚，博得"幕府书厨"美名，故其迁居金陵的时间不会早于 937 年。朱遵度的卒年史书上没有明确记载，但按朱遵度南奔时 40 岁且唐代知识分子平均寿命 60 岁计算，朱遵度创作《漆经》的时间下限当在 960 年以前。故《漆经》当成书于 937～960 年。

（6）第 325 页，"公元 976～984 年·北宋太宗太平兴国年间"乐史《太平寰宇记》一条：按乐史《太平寰宇记自序》曰"太祖以握斗步天，扫荆蛮而干吴蜀；陛下以呵雷叱电，荡闽越而缚并汾"，可知该书著于宋取北汉之后。又有"臣职居馆殿，志在坤舆"之语，可知乐史时在馆阁（乐史，2007：1-2）。按宋取北汉在太平兴国四年（979 年）。另按《宋史》本传，乐史初入馆阁在太平兴国五年（980 年）后，亦知雍熙三年（986 年），史尚在三馆，淳化四年（993 年）与李巽使浙时已历任太常博士、知舒州、水部员

---

① 《苏魏公文集·卷六十五》（苏颂，1988：993）。
② 《十国春秋·卷五十六》（吴任臣，1983，817）。
③ 《十国春秋·卷七十五》（吴任臣，1983，1031）。
④ 《实宾录·卷五》（马永易，1999）。

外郎①。另按李之亮考证，乐史端拱二年（989年）至淳化三年（992年）出知舒州（李之亮，2001b：428）。则乐史在三馆当在太平兴国五年至端拱二年间，即980～989年。

（7）第329页，"公元996年丙申·北宋太宗至道二年"，僧赞宁《笋谱》一条：按《笋谱》"四之事"记"范旻著《邕管记》，有鹿头笋"（赞宁，1927：29）。按李之亮考证，范旻开宝四年至五年（971～972年）知邕州（李之亮，2001e：325）。《邕管记》为范旻卸去邕州之任后所著，而《笋谱》录之，故《笋谱》成书不早于972年。又，《太平御览·卷九百六十三》有："《笋谱》曰：笋者，笋箸也，竹之丑节种。"（李昉等，1966：4276）按《太平御览》，宋太宗太平兴国二年（977年）诏翰林学士李昉等编纂，至八年（983年）书成。考虑到也可能存在《笋谱》在《太平御览》编纂期间成书并被引用的可能（尽管这种性比较小），可以认为《笋谱》的成书时间在972～983年。

另，赞宁，《年表》注其生卒年为"？—996"，然《宋人传记资料索引》注为"919—1000"（昌彼德等，1986：4482）。按《十国春秋》"（赞宁）咸平元年，充右街僧录，年八十余卒。"咸平元年为998年，则赞宁死于998年后已明。又注云："按王禹偁序云：母周氏以梁贞明七年己卯生师于金鹅山别墅。"②按贞明止六年，己卯为贞明五年（919年）。故《宋人传记资料索引》之说更为可信。

（8）第330页，"1008～1016年·北宋真宗大中祥符年间"，张君房《潮说》一条：按陈振孙《直斋书录解题》："《潮说》一卷，知钱塘县张君房撰，凡三篇。"③可知《潮说》为君房知钱塘时撰。另，《分门古今类事》录张君房《灵梦志》云："君房自祥符乙卯冬十月改官领钱塘之命，王祠即部之名胜也，非时来自有期乎。自淳化癸巳冬距祥符乙卯，南至爱莅钱塘，今又三载。……今考秩告满，将远灵祠。……天禧三年秋九月二十一日，著作佐郎知钱塘县事张君房记。"④按天禧三年（1019年）去大中祥符八年（1015年）乙卯四年，宋制文官三年一考，君房亦自言"今又三载"且"考秩告满"，故知天禧三年当为二年之误。综上可知，君房为钱塘令并著《潮说》的时间在大中祥符八年冬至天禧二年冬（1015～1018年）。

（9）第336页，"1041～1048年·北宋仁宗庆历年间"，蔡襄创制"小

---

① 《宋史·卷三百六》（脱脱等，1977：10 111）。
② 《十国春秋·卷八十九》（吴任臣，1983，1288-1289）。
③ 《直斋书录解题·卷八》（陈振孙，1987：265）。
④ 《分门古今类事·卷八》（委心子，1987：127）。

龙团"一条：按方健据《淳熙三山志》《蔡襄年谱》等文献资料考证指出："（蔡襄）庆历八年（1048 年），巡历部内，二月到建州，监造小龙团茶入贡……是年秋，丁父忧，解官家居。"（方健，2002）故蔡襄创制"小龙团"事在 1048 年。

（10）第 337 页，"1041～1048 年·北宋仁宗庆历年间"，宿州知州陈守亮"始作飞桥无柱"一条：按李之亮《郡守年表》，陈希亮守宿在仁宗庆历七年至皇祐元年（1047～1049 年）（李之亮，2001b：75），故此桥当作于 1047～1049 年。

（11）第 339 页，"11 世纪上半叶"，"王洙说：'近世司天算，楚衍为首。'……'既老昏，有弟子贾宪、朱吉著名。'"一条：按此语出王洙《谈录》（亦称《王氏谈录》）"历官"一条，原文为"公言近世司天算楚衍为首。既老昏，有弟子贾宪朱吉著名。宪今为左班殿直，吉隶太史。宪运算亦妙，有书传于世。而吉驳宪弃去余分，于法未尽"（王钦臣，2003：180）。《谈录》为王洙之子于洙身后辑其父所言而成，故是书虽成于 1057 年以后，但书中所言之事俱早于此。

另按，楚衍，《宋史》有传，曰："补司天监学生，迁保章正。天圣初造新历，众推衍明历数。授灵台郎，与掌历官宋行古等九人制崇天历。进司天监丞，入隶翰林天文。皇祐中同造司辰星漏历十二卷，久之与周琮同管勾司天监，卒。"①按此楚衍天圣元年（1023 年）改历时升任灵台郎，入监为学生当在此之前，而皇祐中（1049～1053 年）尚有著述。另按《梦溪笔谈》："庆历中有一术士姓李……诏送司天监考验。李与判监楚衍推步日月蚀，限二刻。"②则楚衍庆历中（1041～1048 年）尝判司天监，且仍能亲自从事天文计算，显然不能以"老昏"称之。

又，按《宋人传记资料索引》及李之亮《郡守年表》，庆历四年至皇祐元年（1044～1049 年）王洙外放知州（李之亮，2001a：74，365；李之亮，2001b：56，457；李之亮，2001c：462），皇祐元年末回京，嘉祐二年（1057 年）卒（昌彼德等，1986：134）。故王洙此语若不早于庆历四年，则必在皇祐元年至嘉祐二年之间。因为书中提到的"左班殿直""太史"皆给事宫廷之小官，外郡知州不太可能对这些职务的除授情况了解得太详细。更何况王洙还谈到了发生在贾宪和朱吉之间的一场学术争论的细节，唯一合理的解释就是王洙当时身在京城，亲眼见证了这场争论。

---

① 《宋史·卷四百六十二》（脱脱等，1977：13 518）。
② 《梦溪笔谈·卷七》（沈括，1975）。

综上所述，王洙发表有关楚衍师徒言论的时间最可能在1049～1057年，由此亦可以推知贾宪、朱吉的事业高峰期在此前后。

（12）第341页，"1056～1063年·北宋仁宗嘉祐年间"，"约此时期，孔武仲（1502年进士）撰《芍药谱》一卷"一条：首先，此处孔武仲中进士的时间是一个明显的印刷错误，孔武仲高中宋仁宗嘉祐八年（1063年）省员，有《宋会要辑稿》和马端临《文献通考》为证①，历来殊无争议，且1502年已入明朝，即便编者考证有误，也不可能错到这种地步。

另按孔武仲《扬州芍药谱序》："余官于扬学，讲习之暇，尝载而之，六氏之园与凡佛宫道舍有佳花處颇涉猎矣。惧其久而遗忘也，问之州人，得其粗。又属秀州满君（方中）、丁君（时中），各集所闻，得其详盖可纪者三十有三种。世之有力者，或能邀致善工，列之图画，可揭而游四方，然未若书之可传于众。乃具列其名，从而释之。"②

由此可知，《芍药谱》作于孔武仲"官于扬学"期间。尽管现在在《宋史》本传和其他史料中都找不到孔武仲在扬州做官的明确记录，但此事出于孔武仲的自述，且孔武仲其他诗文中也有"扬之官属相与属余为文以记之"③、"昔公美为扬州都巡检使，余为州学教授"④等说法，说明孔武仲担任扬州教授确有其事，而《芍药谱》就创作于这一时期。

那么孔武仲任扬州教授是在什么时候？有没有可能是在孔武仲中进士之前呢？北宋文官入仕之道，除科举外还有荫补、辟举等，官宦子弟以荫补得官后又中科举者也不乏其人。不过嘉祐八年孔武仲年仅22岁，而宋仁宗年间的州府学校是由"委运司及长史于幕职州官内荐教授，或本处举人举有德艺者充"（庆历四年诏）⑤，这两条标准似乎都不太适用于一名未经科举的22岁年轻人。所以孔武仲任扬州教授更可能是在进士及第后。

目前关于孔武仲行年的记录，比较清晰的是从元祐元年（1086年）至元祐八年（1093年）孔武仲为京官期间，《长编》对此有详细的记载。此外，元丰三年（1080年）至八年（1085年）孔武仲任信州从事推官和湘潭知县，以及绍圣元年自礼部侍郎出知宣州、移洪州，直至因元祐党籍贬死池州的经历，也可以根据孔武仲本人的诗文及其他史料梳理清楚，这十几年中可以确定孔武仲是没有在扬州任过官的。因此孔武仲任扬州教授只能是在嘉祐八年

---

① 《宋会要辑稿·选举一》（徐松，1957：4236），《文献通考·选举五》（马端临，1986，306）。
② 《三孔先生清江文集·卷十八·扬州芍药谱（并序）》（孔文仲等，2004：218）。
③ 《三孔先生清江文集·卷十四·陈成肃公画像记》（孔文仲等，2004：168）。
④ 《三孔先生清江文集·卷十四·张公美偈言记》（孔文仲等，2004：174）。
⑤ 《文献通考·职官十七》；另见《学校七》："庆历四年，参知政事范仲淹等建议精贡举，请兴学校，本行实。乃诏州县立学，本道使者选属部为教授，不足则取于乡里宿学之有道业者。"（马端临，1986：571，431）

及第后至元丰三年出任信州从事推官前，即1063～1080年的目前比较模糊的二十七年中。

另外按照《四库全书总目》考证："扬州芍药，自宋初名于天下，与洛阳牡丹俱贵于时，《宋史·艺文志》载为之谱者三家，其一孔武仲，其一刘攽，其一即观此谱，而观谱最后出。"其根据是"观后论称：'或者谓唐张祜、杜牧、卢仝之徒居扬日久，无一言及芍药，意古未有如今之盛'云云，亦即孔谱序中语"①。按王观《扬州芍药谱》，据其自述"余自熙宁八年季冬守官江都，所见与夫所闻莫不详熟……今悉列于左"（王观，1927：2）云云，当作于熙宁八年（1075年）稍后，这样孔武仲在扬州并作《芍药谱》的时间就进一步缩小于嘉祐八年至熙宁八年（1063～1075年）了。

那么在这十三年间孔武仲都做了什么呢？《宋史》本传称孔武仲"举进士中甲科，调穀城主簿，选教授齐州，为国子直讲"②。但这段记载很可能有问题，因为《三孔先生清江文集》有孔武仲《治平中余始自广西赴吏部，过蔡，太守丁公召至后园观翁树，今复至此，适二十年，从太守黄公登西湖待月台》诗③，从"治平中余始自广西赴吏部"可知，这是孔武仲首次赴吏部诠试，且其当时的任所是在广南西路某地，而穀城县在京西南路的襄州（今湖北襄樊市）辖下，去广西千里之遥。另外，一个初入官场的县簿，如无特殊情况，也不太可能一秩未满就被跨州路调动。所以穀城主簿一职很可能是在孔武仲此次赴阙后才除授的。

按宋制，科举出身的文官正常情况下三年一考，孔武仲嘉祐八年四月礼部试及第，除官、到任最早也要拖到同年秋冬时节，因此其赴阙铨试应当是在治平三年（1066年）。诗名中"今复至此，适二十年"也可印证此事，按孔武仲"元祐丙寅春"回京"为秘书省正字"④，元祐丙寅即元祐元年（1086年），距治平三年刚好二十年，上边那首诗应该就是此时所作。而如果穀城主簿是治平三年赴阙后除授的，那么其任期就应该是治平四年（1067年）到熙宁二年（1069年）左右。孔武仲的诗文则可以证明熙宁二年孔武仲确实身在襄州，见孔武仲《谢史大卿荐馆阁启》："伏蒙知府大卿特有荐举者，入幕之荣已叨于汲引，登瀛之美复被于荐论……"⑤由"知府大卿""史大卿"等称谓可知，这是一位寄禄官为正卿的史姓知府。纵观英、神、哲三朝，则只

---

① 《四库全书总目·卷一百十五》（永瑢等，1965：991）。
② 《宋史·卷三百四十四》（脱脱等，1977：10 933）。
③ 《三孔先生清江文集·卷七》（孔文仲等，2004：77）。
④ 《三孔先生清江文集·卷十五·丙寅赴阙诗稿序》（孔文仲等，2004：183）。另见《续资治通鉴长编·卷三百六十三》（李焘，1993：8676）。
⑤ 《三孔先生清江文集·卷十二》（孔文仲等，2004：142）。

有熙宁元年至四年以光禄卿守襄的史炤符合此条件（李之亮，2001c：464-465）。而从孔武仲文中还可以知道，孔武仲不但曾在史炤守襄时与之共事，而且还担任了史炤的幕僚。他撰写《代史大卿谢欧阳永叔书》[①]、《代史大卿祭唐参政文》[②]的情况也说明他曾为史炤代理文字工作。最关键的是熙宁初年去世的曾出任参政的唐姓官员只有死于熙宁二年四月的唐介[③]，因此《代史大卿祭唐参政文》足以说明孔武仲至少熙宁二年春还在史炤幕中。

另外，孔武仲还有《谢曾学士举升擢启》，首句"伏蒙知府学士举某才行堪任升擢者"提到的"知府学士"，最大可能就是熙宁四年（1071年）至六年（1073年）知齐州的曾巩（李之亮，2001a：293），这也与孔武仲任齐州教授的记载相吻合。另外，已知苏辙熙宁六年出任齐州掌书记，到任已在当年四月以后，其时孔武仲仍在齐州教授任上，苏辙与其多有唱和（孔凡礼，2001：102-104）。多年后苏辙的《寄孔武仲》诗中还有"济南旧游中，好学惟君耳"之句[④]。这说明孔武仲不但熙宁六年苏辙到达齐州时尚在，而且之后还在齐州停留并与苏辙相处了相当一段时间。

而就在苏辙到齐州后的次年，熙宁七年（1074年）二月，孔武仲之父孔延之去世[⑤]，依宋制，孔武仲必须回乡丁忧三年，这与孔武仲《蝗说》中"熙宁甲寅秋七月，余将还江南"[⑥]的说法吻合。如果孔武仲任扬州教授是在齐州任之后的话，那么他必须在熙宁六年底到熙宁七年初不到一年之内就实现对扬州芍药的充分了解，以致产生为其著谱的冲动，这显然是不太可能的，更何况芍药的花期还有严格的季节限制。

因此，孔武仲出任扬州教授只能是在离开史炤幕府后到出任齐州教授之前，即熙宁二年至熙宁五年（1069～1072年），这也就是《芍药谱》的成文时间。

（13）第342页，"1059年己亥·北宋仁宗嘉祐四年"，"是年前，胡瑗任湖州府教授"一条：按蔡襄《太常博士致仕胡君墓志》："康定初，元昊寇边陕西，帅以辟为丹州推官，后移密州观察推官。丁父忧，举其族之亡于远者九丧归葬。服除，迁保宁军节度推官，治湖州州学，又召教授诸王宫。病家辞免，遂以太子中舍致仕。"[⑦]另按《长编》，瑗为丹州军事推官在康定元年

[①]《三孔先生清江文集·卷十六》（孔文仲等，2004：191-192）。
[②]《三孔先生清江文集·卷十九》（孔文仲等，2004：232-233）。
[③]《宋史·卷十四》（脱脱等，1977：270）
[④]《苏辙集·栾城集·卷七·寄孔武仲》（苏辙，1990：135）。
[⑤]《曾巩集·卷四十二·司封郎中孔君墓志铭》（曾巩，1984：575-577）。
[⑥]《三孔先生清江文集·卷十七·蝗说》（孔文仲等，2004：206）。
[⑦]《端明集·卷三十七》（蔡襄，1996：674）。

（1040年）八月[①]。又，欧阳修《胡先生墓表》："庆历四年（1044年），天子开天章阁，与大臣讲天下事，始慨然诏州县皆立学。于是建太学于京师，而有司请下湖州，取先生之法以为太学法，至今为著令。"[②] 考虑到其间胡瑗尚曾丁忧三年，则瑗初任湖州教授最早不会超过庆历三年（1043年）。

（14）第345页，"1068～1077年·北宋神宗熙宁年间"，刘彝修建赣州城福沟和寿沟一条：按李之亮《郡守年表》，刘彝熙宁五年至七年（1072～1074年）知赣州（李之亮，2001d：374），修建福、寿沟当在此时。

（15）第346页，"1072年壬子·北宋神宗熙宁五年"，"是年前，欧阳修撰《归田录》"一条：按《归田录序》落款为"治平四年九月乙未"。或言其书未成而序先出。《四库全书总目》以为其书虽成而初未付梓，以其序。后见知于圣听，文忠公为避不便而又加增删方以传世，故有书未成而序先出之说[③]。

（16）第351页，"1086～1094年·北宋哲宗元祐年间"，苏东坡在润州（今江苏镇江）金山寺作诗提及"糖霜"（即"冰糖"）一条：按南宋绍兴年间王灼有《糖霜谱》，称糖霜为唐大历间邹和尚所创，然宋以前无人提及，至坡公始见文字。另王灼所言诗为《送金山乡僧归蜀开堂》[④]，按《苏轼年谱》，作于元丰七年（1084年），非元祐年间事[⑤]。

（17）第352页，"1086～1094年·北宋哲宗元祐年间"，"潮州知州王涤倡议并主持修浚三利渠"一条：按李之亮《郡守年表》，王涤知潮州在元祐五年至七年（1090～1092年）（李之亮，2001e：82）。

（18）第358页，"12世纪"，"曾子谨作《农器谱》"一条：按周必大有《曾氏农器谱题辞》，云："绍圣初元，苏文忠公轼南迁过太和。邑人宣德郎致仕曾公安止献所著《禾谱》。文忠美其温雅详实，为作《秧马歌》。又惜不谱农器。时曾公已丧明，不暇为也。后百余年其侄孙耒阳令之谨始续成之。"其提款为"嘉泰辛酉八月。"[⑥]

如前所述，东坡题《秧马歌》事在绍圣元年（1095年），而嘉泰辛酉为嘉泰元年（1201年），去绍圣元年正百又六年，与百余年之说合。另按陆游《耒阳令曾君寄禾谱、农器谱二书求诗》诗，有"我今八十归抱耒"之句[⑦]。

---

① 《续资治通鉴长编·卷一百二十八》（李焘，1993：3031）。
② 《欧阳修全集·卷二十五·居士集卷二十五》（欧阳修，2001：389）。
③ 《四库全书总目·卷一百四十》（永瑢等，1965：1190）。
④ 《苏轼诗集·卷二十四》（苏轼，1982，1168-1169）。
⑤ 《苏轼年谱·卷二十三》（孔凡礼，1998：645）。
⑥ 《庐陵周益国文忠公集·卷五十四·曾氏农器谱题辞》（周必大，2004：547-548）。
⑦ 《剑南诗稿·卷六十七》（陆游，1976：1598）。

按《宋史》本传，陆游嘉泰三年（1203年）致仕，嘉定二年（1209年）卒，年八十五[1]。则陆游致仕时年79，"我今八十归抱耒"当指此事。故是诗作于此时明矣。

综上可知，《农器谱》付梓当于1201～1203年前后，其时已为13世纪初，非12世纪。

（19）第359页，"1101年辛巳·北宋徽宗建中靖国元年"，"苏轼撰《东坡杂记》有关于糯稻变异的记载"一条：考自宋至清以来诸家书录，皆不载《东坡杂记》其书。唯明七十五卷本《东坡先生全集》编有"杂记"一门，当即指此。

《年表》所言糯稻变异事，收于"杂记·草木饮食"门下，"马眼糯说"一则："黎子云言：海南秔稻，率三五岁一变，顷岁儋人，最重铁脚糯，今岁乃变为马眼糯，草木性理，有不可知者。"[2] 另按苏轼1097～1100年在儋（孔凡礼，1998：1273-1337），本则记载当出于此间。

（20）第359页，"1101年辛巳·北宋徽宗建中靖国元年"，"是年前，苏东坡在《去杭十五年复游西湖，用欧阳察判韵》一诗中记下了'我识南屏金鲫鱼'之事，'金鲫鱼'大约是一种比较原始的'金鱼'"一条：此条未为错也，然此诗并非苏轼首次言及金鱼之作，苏轼亦非首位在诗中言及金鱼之人。

按《苏轼诗集》，《去杭州十五年复游西湖，用欧阳察判韵》诗在元祐四年（1089年），而熙宁七年（1074年），苏轼《往富阳新城李节推先行三日留风水洞见待》诗中已有"金鲫池边不见君"之语[3]。且东坡之前，苏舜钦已有"松桥待金鲫"之句，东坡本人亦有《书苏子美金鱼诗》，云："旧读苏子美《六和寺》诗云：'松桥待金鱼，竟日独迟留。'初不喻此语。及倅钱塘，乃知寺后池中有此鱼如金色也。昨日复游池上，投饼饵，久之，乃略出，不食，复入，不可复见。自子美作诗，至今四十年。子美已有'迟留'之语，苟非难进易退而不妄食，安能如此寿耶！"[4]

另按苏舜钦《六和寺》诗，今仅存"松桥待金鱼，竟日独迟留"残句，亦未详其作于何年[5]。按，苏轼首赴杭州在熙宁四年（1071年），且熙宁七年已有"金鲫池边不见君"之句，《书苏子美金鱼诗》当即提于此时。则

---

[1] 《宋史·卷三百九十五》（脱脱等，1977：12 058-12 059）。
[2] 《苏轼文集·卷七十三》（苏轼，1986：2368）。
[3] 《苏轼诗集·卷九》（苏轼，1982：431），《苏轼诗集·卷三十一》（苏轼，1982：1646）。
[4] 《苏轼文集·卷六十八》（苏轼，1986：2145）。
[5] 《苏舜钦集编年校注·附录一·拾遗》（苏舜钦，1990：698）。

按"四十年"之说，苏舜钦《六合寺》诗当作于 1031 年。另按《苏舜钦年谱》①，苏舜钦天圣三年至六年（1025～1028 年）随其父苏耆在明州（浙江宁波），此后直至庆历元年皆不涉足江南。疑该诗即作于此时，而子瞻"四十年"之说乃为"四十余年"或"四十年有奇"之省。此方为有关"金鱼"或"金鲫"的最早记载。

（21）第 360 页，"1107～1110 年·北宋徽宗大观年间"，丰利渠一条：按元李好文《长安志图》对利丰渠的修建时间表有详细记载，盖修渠之议肇于大观二年（1108 年）四月，七月诏准，九月动工，大观三年（1109 年）七月渠成②。

（22）第 361 页，"1111～1118 年·北宋徽宗政和年间"，张邦基《陈州牡丹记》一条：按《陈州牡丹记》文首有"政和壬辰春"字样，盖政和二年，结尾又有"已明年花开果如旧品矣"③，故其成文当在政和三年（1113 年），或之后不久。

（23）第 363 页，"1117 年丁酉·北宋徽宗政和七年"，"刘跂在《暇日记》中记述侦刑官以水晶放大镜辨识案头文字"一条：按《暇日记》，原书不传，唯宛委山堂本《说郛》中存其断简。所谓水晶放大镜事，原文曰："杜二丈和叔说，往年史沆都下鞫狱，取水晶十数种以入。初不喻。既出，乃案牍故暗者，水晶承日照之乃见。"④按史沆，字子凝，其兄史经臣为宋仁宗年间眉山名士。史氏兄弟与三苏父子相友善，一说民间传说中的苏小妹即为史沆独女，因史氏兄弟早殁，苏洵痛惜挚友之亡，收养其遗孤，视如己出。苏洵尝为史经臣作祭文，有"庆历丁亥……爰弟子凝，仓卒就狱……及秋八月……遂丁大艰……子凝之丧，大临呕血，伤心破肝"之语⑤。按庆历丁亥即庆历七年（1047 年）。"及秋八月……遂丁大艰"指庆历七年苏洵之父苏序去世事，苏洵八月始闻噩耗。史沆下狱事，见《长编》及《宋史·魏瓘传》，史沆告魏瓘贿赂朝臣不实，二人同贬，沆以贬废事，按《长编》，事在庆历七年秋七月壬辰⑥，苏洵所言当即指此。

又，按《宋登科记考》，史沆为景祐元年（1034 年）进士（傅璇琮，2005：160）。故史沆断狱用水晶为放大镜事当在 1034～1047 年。

---

① 《苏舜钦集编年校注·附录二·苏舜钦年谱》（苏舜钦，1990：716-728）。
② 《长安志图·卷下》（李好文，1960：612-620）。
③ 《说郛（宛委山堂本）·卷一百四·陈州牡丹记》（陶宗仪，1988：4773）。
④ 《说郛（涵芬楼本）·卷四·暇日记》（陶宗仪，1986）。
⑤ 《嘉祐集·卷十五·祭史彦辅文》（苏洵，1993：425）。
⑥ 《续资治通鉴长编·卷一百六十一》（李焘，1993：3883-3882），《宋史·卷三百三》（脱脱等，1977：10 035）。

（24）第366页，"北宋时期"，"僧文莹（生活于宋朝时期）在《湘山野录》卷下《牧牛图》，画面中的牛白天在栏外吃草，夜晚归卧栏中。僧赞宁（北宋，公元919～1002）为此解释说：该画是用两种颜料画成的，一种为墨色，白日可见；一种为荧光物质，夜晚可见。从而揭开了古代'术画'的秘密。"一条：此条中的语病这里不讨论，对赞宁生卒年代的确定与第329页"笋谱"一条相矛盾一点，鉴于前文已讨论过赞宁生卒年的问题，此处也不予讨论，仅就《湘山野录》及《牧牛图》事的年代进行考证。

按《湘山野录》，《郡斋读书志》云"熙宁中僧文莹撰"[1]，可知其大致成书于熙宁前后。另此事原文见《湘山野录·徐知谔喜蓄珍玩》一则："(徐知谔）得画牛一轴，昼则啮草栏外，夜则归卧栏中。谔献后主煜，煜持贡阙下。太宗张后苑以示群臣，俱无知者。惟僧录赞宁曰：'南倭海水或减，则滩碛微露，倭人拾方诸蚌，胎中有余泪数滴者，得之和色著物，则昼隐而夜显。沃焦山时或风挠飘击，忽有石落海岸，得之滴水磨色染物，则昼显而夜晦。'诸学士皆以为无稽，宁曰：'见张骞《海外异记》。'后杜镐检三馆书目，果见于六朝旧本书中载之。"[2]

按赞宁太平兴国三年（978年）三月随钱俶入东京，受任翰林史馆编修[3]。李煜开宝八年（975年）被执，九年（976年）春正月至阙下，太平兴国三年七月薨[4]。故此事若属实，当在太平兴国三年。

（25）第403页，"宋朝"，"《宋史·兵志·马政》载：'群牧司言，马监草地四万八千余顷，今以五万马为率，马占地五十亩'。这是关于土地载畜量的最早的记载"一条：按此则当指段文字在《宋史·兵志十二》："嘉祐中，韩琦请括诸监牧地留牧外听下户耕佃。……五年，群牧司言：'凡牧一马，往来践食，占地五十亩。诸监既无余地，难以募耕，请存留如故。广平废监先赋民者亦乞取还'。"又："熙宁元年……群牧司言：'马监草地四万八千余顷。今以五万马为率，一马占地五十亩，大名、广平四监余田无几。宜且仍旧。而原武、单镇、洛阳、沙苑、淇水、安阳、东平等监余良田万七千顷，可赋民以收刍粟。'"[5]则群牧司上言土地载畜量事有二，首在嘉祐五年（1060年），次在熙宁元年（1068年）。

---

[1]《郡斋读书志·卷第十三》（晁公武，1990：589）。
[2]《湘山野录·卷下·徐知谔喜蓄珍玩》（文莹，1984：57）。
[3]《十国春秋·卷八十九》（吴任臣，1983，1288）。
[4]《续资治通鉴长编·卷十六》（李焘，1993：352-353），《续资治通鉴长编·卷十七》（李焘，1993：361），《续资治通鉴长编·卷十九》（李焘，1993：432）。
[5]《宋史·卷一百九十八》（脱脱等，1977：4937，4939-4940）。

三、另外几个值得讨论的问题

（1）第 317 页，"公元 930 年庚寅·五代后唐明宗天成五年"，"是年前，中国籍波斯人李珣（五代，约公元 855～约 930）游历岭南等地之后，撰《海药本草》6 卷"一条：按《十国春秋》："李珣，字德润，梓州人，昭仪李舜弦之兄也。珣以小辞为后主所赏，常制《浣溪沙》词，有'早为不逢巫峡夜，那堪虚度锦江春'，词家互相传诵。所著有《琼瑶集》若干卷。"又："昭仪李氏，名舜弦，梓州人，酷有辞藻，后主立为昭仪，世所称李舜弦夫人也。"① 另按黄休复《茅亭客话》："李四郎，名玹，字廷仪。其先波斯国人，随僖宗入蜀，授率府率。兄珣有诗名，预宾贡焉。"并述及李玹雍熙元年（984 年）游青城山事云②。

今或称李珣生卒年为 855～930 年③，然李珣之妹既为前蜀后主王衍昭仪，李珣之年龄亦不应长王衍过多。已知王衍生于 901 年（中国历史大辞典·隋唐五代史编纂委员会，1995：563）④，去 855 年四十余年，殊不合情理。且珣弟玹雍熙元年尚在世，并仍有力游青城山，年岁当不会太高，至少应未过古稀。如李珣生于 855 年，则与其弟、妹年龄差距皆过于悬殊。

另，唐僖宗入蜀在 881 年初⑤，如李珣生于 855 年，则唐僖宗入蜀时其已 26 岁，那么随僖宗入蜀的就应该是李珣本人，而非"其先"，并且按惯例，后世史家也不应将其记为"梓州人"，而应记为"××人，迁梓州"。故李珣生年当不早于 881 年，而其卒于 930 年之说亦可疑。

今 855～930 年之说，未见其原始出处。或因援庵公曾以《海药本草》引段成式《酉阳杂俎》之实而正濑湖谓珣为唐肃、代时人之非（陈垣，1983）。而《酉阳杂俎·续集》所收《寺塔记》两卷，卷首成式自序有"至大中七年（853 年）……复方刊整……次成两卷"之语⑥。后人遂苟以与大

---

① 《十国春秋·卷三十八》（吴任臣，1983：562），《十国春秋·卷四十四》（吴任臣，1983：644）。
② 《茅亭客话·卷二·李四郎》（黄休复，2003：21）。
③ 20 世纪 80 年代以来国内出版的大多数辞书皆用此说，如张㧑之等（1999：916）；另参见程郁缀（1992）的考证。
④ 另一说王衍生于 899 年（如张㧑之等，1999：114-115）。按张唐英《蜀梼杌》："衍字化源……即位年十八，时梁贞明五年也……成康元年……十月……庄宗遣兴庆宫使魏王继岌、枢密使郭崇韬来伐……十一月……魏王至七里亭，衍备亡国礼以降……四年……四月衍至长安，延嗣至，与留守张筠诛于秦州驿，夷其族，时年二十八。"（张唐英，2004：6078-6079）另按《通鉴》，王衍即位，事在贞明四年（918 年），张唐英为误，王衍举族被戮，事在同光四年（926 年）[《资治通鉴·卷二百七十》（司马光，1956：8826），《资治通鉴·卷二百七十四》（司马光，1956：8970-8971）]，则以 18 岁即位计，衍当生于 901 年，而以 28 岁死难计，则生于 899 年，是唐英自相矛盾。又唐英记天成元年（925 年）前蜀国灭称降，未述及撤业改元事，言"四年……四月衍至长安"时，亦未言年号。据他史可知，此处当指同光四年，是王衍降后已改用后唐年号。或唐英误以此为"天成四年"，天成元年去王衍即位七年，又三年则为王衍即位后十年，遂有卒年二十八之说。
⑤ 《资治通鉴·卷二百五十四》（司马光，1956：8239-8246）。
⑥ 《酉阳杂俎·续集·卷五·寺塔记上》（段成式，1981：245）。

中七年接近的855年附会为李珣生年。又李珣词作多见于《花间集》，该集因前有欧阳炯广政三年（940年）叙而知集于是年前。另清《御选历代诗余·词话》记李珣事有"事蜀主衍，国亡不仕"之语，称引自《茅亭客话》[①]（今本《茅亭客话》未见，或历代传刻中脱漏）。后人或据此将珣之卒年定于后蜀亡国至《花间集》成书之间的930年。未详，待考。

（2）第317页，"公元936～946年·后晋"，"在浙江绍兴城西由太守谢凤（后晋）建造的谢公桥"一条：按《嘉泰会稽志》，绍兴府城有"谢公桥，在新河坊，以太守谢公□所置，故名"，其中"□"为缺字，当即《年表》所言[②]。然未知《年表》断言所缺之字为"凤"，所据何说。

考宋以前历任会稽谢姓太守、内史、刺史，有谢玄、谢琰、谢輶、谢方明，未见有谢凤者。另《万姓统谱》有刘宋元嘉中鄞县令谢凤，尝于县东二里造方胜硬以蓄水，岁溉田五千余亩。又因硬北阻大溪，复架石为梁，民不病涉，因名"谢凤桥"[③]。然鄞县在明州，即今宁波之奉化县，则谢凤所造固非绍兴之谢公桥。且谢凤与上述会稽谢姓四太守皆为六朝时人。又绍兴后晋中为越州，吴越钱氏据之，设镇东节度，以钱氏子弟领节度使，岂有别置太守之理？

疑谢公桥本六朝中太守谢某所造，或两晋时事，因有关记载首见《嘉泰会稽志》，后人遂误为与宋代更接近的后晋。

（3）第318页，"公元937年丁酉·五代后晋高祖天福二年"以刀针割治瘿瘤一条：按《年表》称此条出"《太平广记》卷220"，似指《太平广记·卷二百二十》，"刁俊朝"一条："安康伶人刁俊朝，其妻巴妪项瘿者，初微若鸡卵，渐巨如三四升瓶盎。积五年，大如数斛之鼎，重不能行……时大定中也。"（出《续玄怪录》）又，"蒯亮"一条，"处士蒯亮，言其所知额角患瘤。医为割之，得一黑石棋子。巨斧击之，终不伤缺。复有足胫生瘤者，因至亲家，为猁犬所齘，正啮其瘤，其中得针百余枚，皆可用，疾亦愈"[④]（出《稽神录》）。

按宋以前以"大定"为年号者，唯北周静帝，仅一年，即581年。又，《续玄怪录》，李复言续牛僧孺《玄怪录》之书。李复言，正史无传，《郡斋读书志》称其为唐人。徐铉《稽神录》，其自序称"自乙未岁至乙卯凡二十年"，则其书始于清泰二年（935年），成于显德二年（955年）[⑤]。而《年表》

[①]《御选历代诗余·卷一百十三》（王奕清，1999）。
[②]《嘉泰会稽志·卷十一》（施宿等，1990：6915）。
[③]《万姓统谱·卷一百五》（凌迪知，1999）。
[④]《太平广记·卷二百二十》（李昉等，1961：1689-1690，1693）。
[⑤]《郡斋读书志·卷第十三》（晁公武，1990：551，555）。

称937年者，未知其所据。

（4）第321页，"公元907～960年·五代"，"高阳生托名王叔和，撰成歌括体的《脉诀》"一条：按高阳生，有称六朝人者，有称五代人者，皆无实据。唯谢缙翁直言"宋熙宁初校正脉经，尚未有此"，柳贯亦称"宋之中世人伪托"①。或熙宁（1068～1077年）以后人作。

（5）第326页，"公元978年戊寅·北宋太宗太平兴国三年"，巨人症一条：按此条似当指《太平广记》卷二百二十，"皇甫及"一条，"皇甫及者，其父为太原少尹，甚钟爱之。及生如常儿，至咸通壬辰岁，年十四矣，忽感异疾，非有切肌彻骨之苦，但暴长耳。逾时而身越七尺，带兼数围，长啜大嚼复三倍于昔矣。明年秋无疾而逝"②（出《三水小牍》）按咸通壬辰为唐懿宗咸通十三年（872年）。另按《直斋书录解题》，《三水小牍》，"唐皇甫牧·遵美撰，天祐中人"③，可知此事首见记载当在904～907年前后。

（6）第329页，"公元994年甲午·北宋太宗淳化五年"，烟萝子《内境图》一条：按烟萝子，诸书皆言五代人，晋天福间（936～943）耕于阳台宫之侧，得异参，举家食之，遂拔宅上升。见明李濂《游王屋山记》④，然未知李说所宗。《年表》言994年者，亦未知其所宗。

（7）第340页，"1053年癸巳·北宋仁宗皇祐五年"，"至1101年间，四川水稻加工采用'先蒸后炒'的方法"一条：按《年表》称此条引自陈师道《后山丛谈》。《后山丛谈》一作《后山谈丛》，《四库全书总目》云"（《后山丛谈》）第四卷中记苏轼卒时太学诸生为饭僧。考轼卒于徽宗建中靖国元年六月，师道亦以是年十一月二十九日从祀南郊感寒疾卒"⑤，则此书当成于1101年，或师道遗稿，身后方刊行。《年表》以陈师道生于1053年，故归入此年下。本书取陈氏书稿可能成书的最早时间，将此项成就列入1101年。

（8）第345页，"1068～1085年·北宋神宗熙宁元丰年间"，张遇制龙香剂一条：按陈师道《后山集》："张遇后梁供备使。"⑥陆友《墨史》曰："张

---

① 《濒湖脉学·附脉诀考证·脉诀非叔和书》（李时珍，1999）。
② 《太平广记·卷二百二十》（李昉等，1961：1691）。
③ 《直斋书录解题·卷十一》（陈振孙，1987：322）。
④ 《古今图书集成·方舆汇编·山川典·卷四十六》（陈梦雷，1934）。
⑤ 《四库全书总目·卷一百四十》（永瑢等，1965：1192）
⑥ 《后山集·卷十八》（陈师道，1999）。按此条当出《后山丛谈》，现存传世最早的《后山谈丛》刻本，明弘治马暾刻本此处即作"张遇后梁供备使"（马本将《谈丛》与后山诗文合编为一辑，即四库《后山集》之底本也）。而马本后的单行本此处有改作"张其后乎？供备使""张又后子。供备使""张之后有供备使"。今上海古籍《宋元笔记丛书》本校者用"张其后乎"之说，又注云："疑此底本当作：张遇后梁人。其后有供备使……"云（陈师道，1989：21）。盖因后接文字为"李唐卿，嘉祐中以书待诏者也"。诸本皆以"供备使"为李唐卿之官。然供备使在宋为西班诸司正使之一，是武臣阶官。李唐卿既以书待诏，可知为书法伎术官。虽熙宁后以东班诸使副并授伎术官用为阶官，但西班序列中的供备使并不在其中（龚延明，1997：584，586）。疑原文本即为"张遇后梁供备使"，马本为是，而后人自作聪明妄改之，徒增困扰。

遇，易水人。遇墨有题光启年者，妙不减廷珪。"①按"光启"为唐僖宗年号，起885年三月，终888年二月。此俱言张遇为唐末五代人。唯陈子兼《窗间记闻》（宛委山堂《说郛》本）称"熙丰间张遇供御墨，用油烟入脑、麝、金箔，谓之龙香剂"②。按陈子兼为南宋人，而陈师道为熙、丰、元祐间人，时称名士，若张遇确为熙丰间人，陈师道断无理由误称其为五代时人。或南宋时《后山谈丛》记遇为后梁供备使之字已窜乱，子兼不查，而误以为遇与师道为同时人。

（9）第366页，"北宋时期"，《灵砂大丹秘诀》一条：按《灵砂大丹秘诀》，其成书年代不见于著录。书分前后两部分，前半为《抱一圣胎灵砂》，后半为《九转金丹诀》《赤松子四转诀》《太极灵砂赋》《灵砂秘诀》四篇丹诀。《抱一圣胎灵砂》中称"其法自老子传之于葛仙公，仙公传之于郑思远，郑思远传之于葛洪真人，葛洪真人传之于张虚靖天师。天师于建中靖国元年（1101年）三月内入朝，次宣张侍中到禁位，言种子之术，皇帝与天师传之张侍中。因侍中之后入东川之任，传与鬼眼禅师"③。

另按，宋元丰官制以尚书左仆射兼门下侍郎行侍中事。宋绍圣至绍兴间张姓官至宰辅者唯张商英、张邦昌、张浚三人，邦昌、浚尝拜左仆射，然建中靖国元年浚尚年幼，邦昌亦未闻达。且考邦昌行年，未有赴川峡之任，唯商英建中靖国时为翰林学士，天子近臣，故张侍中者当指商英。商英尝谪居归、峡二州，归州时在川峡四路夔州路治下，东川之任盖指此。且商英一生多习佛老之事，通此法亦在情理之中。唯商英自守中书侍郎进尚书右仆射兼中书侍郎，终生未尝拜左仆射，亦不当有侍中之称，疑为著者之失。

若此处"张侍中"确指商英，则是书当成于靖康元年（1127年）商英平反后。且其言传至鬼眼禅师后再无下文，则成书去商英之时当不远，疑在绍兴初。

---

① 《墨史·卷上·张遇》（陆友，1921）。
② 《说郛（宛委山堂本）·卷三十一上》（陶宗仪，1988：1443）。
③ 《灵砂大丹秘诀·抱一圣胎灵砂》（佚名，1988：44）。